普通生物学

（第二版）

主　编　杨玉红（鹤壁职业技术学院）
　　　　曾　镭（信阳农林学院）
　　　　王　剑（辽宁医药职业学院）

副主编　谭燕宏（营口职业技术学院）
　　　　范　琳（威海职业学院）
　　　　闫宝荣（川北幼儿师范高等专科学校）
　　　　张晓璐（鹤壁市食品药品检验检测中心）

参　编　李永文（保定职业技术学院）
　　　　孙秀青（鹤壁职业技术学院）

华中科技大学出版社
中国·武汉

内 容 提 要

　　本书以生命的基本结构和生命活动的基本规律为主线,介绍了细胞、生物的类群、生殖和发育、遗传与变异、生命与环境、生命的起源、生物技术等内容。本书立足于高职高专教学基本要求,以"基础、必需、够用"为原则,并注重与生物类各专业相关课程的衔接,注重内容的综合性、可读性、实践性、新颖性。本书结合教学内容,安排了相关的实验实训内容,同时为方便教学,各章设置了"学习目标""本章小结""复习思考题"等栏目。

　　本书适合作为高等职业教育农林牧渔、食品药品类专业的教材,也可作为五年制高等职业教育、成人教育类相关专业的教材,还可供相关行业的技术人员学习、参考。

图书在版编目(CIP)数据

普通生物学/杨玉红,曾镭,王剑主编. —2 版. —武汉:华中科技大学出版社,2020.7(2024.8 重印)
ISBN 978-7-5680-6290-9

Ⅰ.①普… Ⅱ.①杨… ②曾… ③王… Ⅲ.①普通生物学-教材 Ⅳ.①Q1

中国版本图书馆 CIP 数据核字(2020)第 102091 号

普通生物学(第二版) 　　　　　　　　　　　　　　　杨玉红　曾　镭　王　剑　主编
Putong Shengwuxue (Di-er Ban)

策划编辑:王新华
责任编辑:王新华
封面设计:原色设计
责任校对:李　琴
责任监印:周治超
出版发行:华中科技大学出版社(中国·武汉)　　　电话:(027)81321913
　　　　　武汉市东湖新技术开发区华工科技园　　　邮编:430223
录　　排:华中科技大学惠友文印中心
印　　刷:武汉市籍缘印刷厂
开　　本:787mm×1092mm　1/16
印　　张:19
字　　数:448 千字
版　　次:2024 年 8 月第 2 版第 4 次印刷
定　　价:43.00 元

第二版 前言

本书是《普通生物学》（2012年）的修订版。第一版自出版以来，受到了广大高职高专院校师生的好评，教材不断重印，在高职高专相关专业的教学中起到了良好的示范和导向作用。应广大读者的要求，在对第一版教材进行修订和改进的基础上，推出了《普通生物学》的第二版。

第二版根据《国家职业教育改革实施方案》精神，按照高等职业教育农林牧渔、食品药品类专业规定的职业培养目标要求，在保留原有教材特色的基础上，结合多所高职高专院校本课程的教学及实践发现的问题，对原教材存在的疏漏及不当之处加以修正；删除了与现行标准不吻合的内容，新增及更新了部分实训内容。修订后的教材实用性更强，内容更新，但篇幅与第一版相近。

本书以生命的基本结构和生命活动的基本规律为重点，内容包括细胞、生物的类群、生殖和发育、遗传与变异、生命与环境、生命的起源、生物技术等。本书立足于高职高专教学基本要求，以"基础、必需、够用"为原则，并注重与生物类各专业相关课程的衔接，注重内容的综合性、可读性、实践性、新颖性。本书结合教学内容，安排了相关的实验实训内容，同时为方便教学，各章设置了"学习目标""本章小结""复习思考题"等栏目。

本书由杨玉红、曾镭、王剑任主编，谭燕宏、范琳、闫宝荣、张晓璐任副主编。编写分工如下：第一章由李永文（保定职业技术学院）编写；第二章由孙秀青（鹤壁职业技术学院）编写；第三章由杨玉红（鹤壁职业技术学院）编写；第四章由张晓璐（鹤壁市食品药品检验检测中心）编写；第五章由王剑（辽宁医药职业学院）编写；第六章由谭燕宏（营口职业技术学院）编写；第七章由曾镭（信阳农林学院）编写；第八章由范琳（威海职业学院）编写；第九章由闫宝荣（川北幼儿师范高等专科学校）编写。

本书适合作为高等职业教育农林牧渔、食品药品类专业的教材，也可作为五年制高等职业教育、成人教育类相关专业的教材，还可供相关行业的技术人员学习、参考。

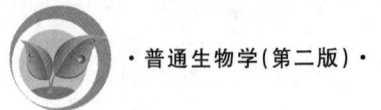

　　本书的编写得到了编者所在院校及华中科技大学出版社的大力支持,第一版作者付出了大量的劳动,打下了良好的基础,在此深表感谢!

　　由于编者水平有限,书中不足之处在所难免,敬请同行专家和广大读者批评指正。

编　者

2020 年 3 月

目 录

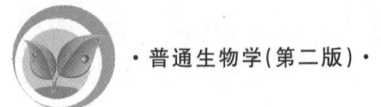

第一章

绪论——踏进生命的殿堂

 知识目标

1. 了解生命科学的产生与发展过程；
2. 熟悉生命科学的研究对象与研究范围；
3. 掌握生命的基本特征及生命科学的研究方法。

 技能目标

1. 能够运用生命的基本特征区分生命和非生命物质；
2. 能够认识到生命科学对于社会发展的重要性；
3. 能够把生命科学的研究方法应用到生物学实践中。

生物学是研究生命的科学，即研究生物体的生命现象和生命活动规律的科学，因此又称为生命科学，它是自然科学的基础学科之一。

普通生物学这门课程将对生命科学的基础知识和基本原理进行全面的阐述，把同学们带进生命科学的大门。

第一节　生命是什么？

一、生命的定义

在日常生活中，我们很容易区分有生命的生物和无生命的非生物，人们不难判断，花、草、鱼、虫是活的，是有生命的；水、石、房屋、桌椅是死的，是无生命的。那么，生命的定义是什么呢？

生命现象是多层次的，但是生命的本质是统一的。对于生命的定义，古今中外很多科学家和哲学家都曾为此问题而困惑、思索，众说不一。一些分子生物学家根据生命大分子

1

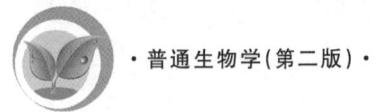

的特点给生命下了一个定义,即生命是由核酸和蛋白质特别是酶的相互作用而产生的可以不断繁殖的物质反馈循环系统。但是生命仅仅有核酸和蛋白质还是远远不够的,只有当这些分子和其他的有机物和无机物结合,生命才表现为完整。

二、生命的基本特征

生物体是有生命的,是因为它有区别于非生物体的基本特征,也就是生命与非生命的根本区别。

(一)化学成分的同一性

从元素成分来看,构成形形色色生物体的元素都是普遍存在于无机界的 C、H、O、N、P、S、Ca 等元素,并不存在生命所特有的元素,也就是说,组成生命的这些基本的化学元素在自然界中是存在的;进而由这些元素构成各种生物大分子,如蛋白质、核酸等;再由各种生物大分子构成细胞、组织、器官、系统乃至生物个体。所以说,生物种类虽多,但都是由这些基本类型的化学元素构成生物大分子,构成细胞的结构,在化学成分上具有同一性。

(二)严整有序的结构

生物体的各种化学成分在体内不是随机堆砌在一起的,而是严整有序的。除病毒外,构成生命的基本单位是细胞,细胞内的各结构单元(细胞器)都有特定的结构和功能。如线粒体有双层的膜,内膜有嵴,膜中大分子(酶)的排列是有序的。生物大分子,无论它如何复杂都不能称为生命,只有当它组成一定的结构,或形成细胞这样一个有序的系统时,才能表现出生命的特性。失去有序性,如将细胞打成匀浆,生命也就完结了。

生物界是一个多层次的有序结构,其结构层次和结构的有序性表现为:分子—细胞—组织—器官—系统—生命个体—种群—群落—生态系统—生物圈。每一个层次中的各个结构单元,如系统中的各种器官、器官中的各种组织等,都有它们各自特定的结构和功能,它们的协调活动构成了复杂的生命系统。

(三)新陈代谢

生物的新陈代谢包括物质代谢和能量代谢两个方面,由两个既矛盾又统一的作用组成:一个是生物体从外界摄入物质,经过一系列转化与合成过程,将其转变成为自身的组成物质,并储存能量,叫做同化作用;另一个是生物体将其自身的组成物质加以分解,释放其中所储存的能量,把分解所产生的废物排至体外,叫做异化作用。异化作用所释放的能量,一部分用于合成新的物质,一部分变成热能,维持一定的体温,还有一部分供其他生命活动的需要。同化作用和异化作用是相互矛盾的。前者是从外界吸收物质和能量,合成有机物,建设自身;后者却是向外界排出物质和能量,分解有机物,破坏自身。但是,这两个作用又是同时进行,相互依存的,有机体正是在这种不断的建设与破坏中得到更新。

新陈代谢是最基本的生命过程,为其他一切生命现象的基础。在自然界中,虽然非生物也能与外界环境进行物质交换,但交换的结果不像生物那样得到自我更新,而是导致自身的毁灭。例如铁氧化后变成了锈,岩石风化后变成了母质,蜡烛燃烧后本身消失,变成了二氧化碳和水蒸气。对于非生物来说,它愈是与外界环境隔绝,就愈能得到保存。由此可见,外界环境是生物生存的必要条件,却是非生物破坏的原因,这正是生物与非生物在与环境的相互关系方面的本质区别。

（四）生长发育

生长，通常指生物体在一定的生活条件下体积和质量逐渐增加，从小到大的过程，这是同化作用大于异化作用的结果。单细胞生物的生长主要是依靠细胞体积与质量的增加。多细胞生物的生长主要是依靠细胞的分裂来增加细胞的数目。

发育，一般理解为个体发育，它是指生物体从受精卵（合子）到个体各部分结构全部建成，直至衰老死亡的过程。另外，系统发育是指生物种族发展史，也即生物进化的历史。生物个体发育中的形态变化，虽是各式各样的，但都反映了系统发育的历程，生物系统发育从简单的原核生物，经一系列中间类型，直至发展到现代最高级生物——被子植物和哺乳动物，都是经过无数次个体发育逐步形成的。因此，高等生物的个体发育总是印证着生物进化的历程。

（五）繁殖和遗传

生物的生命具有周期性，一个生物体不可能长久生存，要把生命延续下去，必须通过繁殖，将其特性传给下一代。这种子承父代，秉承亲代各种生物特性的现象称为遗传。但是子代并不是亲代的复制，二者间存在一定的差异，这便是变异。遗传保持了物种的相对稳定。变异产生新的性状，使物种发生变化。遗传和变异是生物种群发展和进化的基础。

（六）应激性和运动

生物体对环境变化引起的刺激发生相应反应的特性，称为应激性。在大多数情况下，生物体都会以某种形式的运动来对刺激作出反应。反应的结果使生物"趋吉避凶"，例如某些高等植物茎和叶对光反应能产生趋光性，而根对地球引力能产生向地性；高等动物因出现神经系统和不同分化程度的感受器或效应器，形成了有规律的反射活动，使动物能迅速、准确地摄取食物或躲避敌害。

（七）适应

适应是生物界普遍存在的现象。它有两方面的含义：一是生物的结构都适合于一定的功能；二是生物的结构和功能适合于该生物在一定环境条件下的生存和延续。生物对环境的适应不是一个随意应变的现象，外界环境可能有很大的波动，而生物总是能维持自身的相对稳定，这称为稳态。尽管外界环境波动很大，哺乳动物总有某些机制使内环境的性质维持不变。细胞、个体、群落和生态系统在没有激烈外界环境的影响下，也保持稳态。

（八）演变和进化

生物具有系统进化的历史，生物的进化趋势是由简单到复杂，从水生到陆生，由低级到高级逐渐演变的。在漫长的生物进化过程中，生物形成了适应性和多种多样的类型。

上述生命特征，可以作为划分生物与非生物的相当可靠的依据。唯一的例外是病毒类物质形态，当病毒进入寄主细胞内时能表现某些生命特征，如类似繁殖行为的复制增殖等，但当病毒单独存在时则不表现这些生命特征。因此严格地讲，病毒不是独立的生物。但是，病毒作为既可以独立存在于生物体之外，又能在寄主细胞中复制增殖并引起生物病变的一类特殊的大分子有机体，显然应属于生物学的重要研究对象。

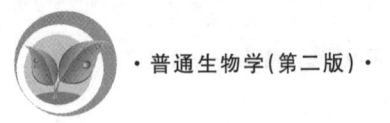
第二节　生命科学

一、生命科学的产生与发展

生命科学的发展经历了萌芽时期、古代生物学时期、近代和现代生物学时期。

(一)萌芽时期

生命科学发展的萌芽时期是指从人类产生(约300万年前)到阶级社会出现(约4 000年前)的一段时期。这时人类处于石器时代,原始人开始栽培植物、饲养动物,并有了原始的医术,这一切为生物学的发展奠定了基础。

(二)古代生物学时期

古代的生物学在欧洲以古希腊为中心,著名的学者有亚里士多德和古罗马的盖仑。

亚里士多德是古代知识的集大成者,又是第一个系统掌握生物学知识的人。他在动物分类、解剖、胚胎发育等方面做了大量工作,著有《动物志》《动物的结构》《动物的繁殖》和《论灵魂》等。亚里士多德的开创性研究使他被公认为生物学的创始人。

亚里士多德在植物学方面的著作没有留存下来。他的学生泰奥弗拉斯托斯对植物分类、植物解剖和植物生理做了许多研究,著有《植物志》和《论植物的本源》等。

生于小亚细亚帕加马、在罗马行医的盖仑,在古代生物学方面取得光辉成就。他把希腊解剖知识和医学知识系统化,并把一些医学学派统一起来,是古代解剖学、医学知识的集大成者,著有《解剖纲要》(16卷)及《人体各部分的功能》等,但他以猴体代替人体,有不少结论是错误的。盖仑的著作阐述清楚而有条理,但他用有神论的观点解释他的实验和观察,带有浓厚的宗教色彩。

他们的学说在生物学领域整整统治了1 000年。

(三)近代和现代生物学时期

近代和现代生物学的发展,大致可分为进化生物学、实验生物学和分子生物学三个阶段,从三个阶段的层递关系上,反映了人类对生命科学认识的逐渐深入。

1. 进化生物学阶段

人们对生物进化的认识从神创论开始,到18世纪,法国博物学家布丰的《自然史》对自然界给出唯物主义的解释。拉马克提出"用进废退"和"获得性状遗传"两个观点,是进化论的第一次突破。

1859年11月《物种起源》出版,使进化论得到了越来越多的人的支持,生物进化论终于战胜了神创论。

这一时期支持和发展进化论的有两位重要的生物学家,一位是德国学者赫克尔,一位是德国动物学家魏斯曼,两人都是新达尔文主义的创始人。赫克尔解释了人类的进化来源,魏斯曼则将发育、细胞遗传和进化联系在一起,提出了"种质"论,推动了进化论的发展。细胞学说和进化论是 19 世纪的重大发现,也是近代生物学的两大理论基石。17 世纪罗伯特·胡克发现了细胞,19 世纪以德国植物学家施莱登和德国解剖学家、生理学家施旺为代表的一组科学家建立了细胞学说。细胞学的研究先于生物的进化,然而在生物学发展的初期,二者并没有很好地结合,而是在各自的方向扩展。

进化论在于自然史和形态学分类研究,细胞学在于结构和物质的研究。染色体遗传学说(细胞遗传学)的建立,才使得细胞学的研究和遗传、进化的研究(遗传学)汇合在一起,这归功于新达尔文主义。同时,对于动物发育机制的研究又促成了细胞学和胚胎学的结合,形成了细胞胚胎学和组织胚胎学等发育生物学学科。遗传和发育在细胞学基础上的研究进展也促进了进化生物学的蓬勃发展。

2. 实验生物学阶段

19 世纪末和 20 世纪初是科学思想史上大动荡的时期。在生物学上,生物学家一改过去单纯形态观察的研究,努力采取物理和化学的手段进行生物学研究,结果发展了实验生物学。

对动物的结构和功能进行实验研究始于 16 世纪。这时正处于文艺复兴时期,科学的进步思潮在欧洲风行。著名画家达·芬奇摆脱了神学偏见,从事观察和解剖实验,研究了光学定律、眼睛构造、人体解剖的细节以及鸟雀的飞翔,绘制了精确的解剖图,提出人体运动是骨骼和肌肉的作用。他比较了动物与人体的结构,指出二者的同源现象。比利时解剖学家维萨里通过大量的人体解剖实验,发现了不少人体解剖描述的错误。1543 年,出版了他的解剖学巨著《人体构造》,震惊了整个科学界和宗教界。他摒弃了加伦有关血液运行的观点,提出并用实验证明了肺循环的存在,被称为“近代解剖学之父”。被认为文艺复兴时期生物学上最重要的成就是英国医生、生理学家哈维建立的血液循环学说。意大利解剖学家马尔皮基开创了动物与植物的显微解剖工作。

1753 年瑞典植物学家林奈(1707—1778)发表《植物种志》,确立了双名制,此后与分类学进展相并行的实验植物学相继展开。荷兰的凡·海尔蒙通过著名的插栽柳枝实验证明植物从水中取得物质。1742 年英国的海尔斯研究了植物的蒸腾作用、失水和与空气交换气体。1774 年英国的普利斯特利观察到阳光下植物的放氧现象。1779 年荷兰的印根浩兹、1804 年瑞典的索苏尔进一步验证了气体营养和植物之间的关系。英国植物学家格鲁在显微镜下发现植物叶面有气孔及其功能,并揭示了植物体的花器构造,他的著作《植物解剖》一书作为植物学的解剖经典,流传了 100 多年。

19 世纪中叶,德国赫尔姆霍兹倡导的医学唯物论把有机体看作一部复杂的机器,其活动可以用理化方法来研究分析,为典型的机械论。他们在方法论上的特点及其片面性对后来实验生物学的发展有深远的影响。施培曼发现“组织者”现象,对实验胚胎学的发展有很大的影响。1900 年孟德尔定律的重新发现是遗传学发展中的一个转折点。他的分离和自由组合定律是动、植物界普遍遵循的遗传规律,孟德尔被誉为现代遗传学的奠基人。摩尔根以果蝇为材料,研究了伴性遗传、连锁和互换等现象,把遗传学和细胞学结合起来,确立发展了遗传的染色体学说。英国数学家哈迪和德国医生温伯格将生物统计方法应用于遗传分析、种群内基因进化,产生了群体遗传学(或进化遗传学)。

生理学是实验生物学中的一个最古老的学科。这一时期一个重要方向是对生理过程

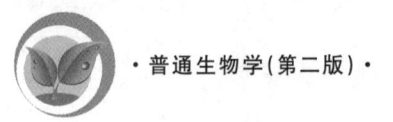

化学基础的研究,由此产生了生物化学。维生素、激素和酶的发现,以及肌肉收缩和呼吸过程的能量和物质代谢途径的阐明,代表着这一时期的生物化学成就。生物化学从早期对生物体的化学组成的静态分析进入对代谢过程的动态分析,然后又和细胞形态结构的研究结合起来,形成细胞化学、组织化学等新学科分支。

　　3. 分子生物学阶段

　　20 世纪特别是 50 年代后,生物学同化学、物理学及数学相互交叉渗透,取得了一系列划时代的科学成就,使它跻身于精确科学,成为当代成果最多和最吸引人的基础学科之一。

　　1944 年,加拿大的爱威瑞用肺炎双球菌的转化实验,第一次证明了遗传的物质基础是脱氧核糖核酸(DNA)。1953 年,美国的沃森和英国的克里克在《自然》杂志上发表了《核酸的分子结构》论文,揭示了遗传物质 DNA 是由四种核苷酸排列的双链螺旋结构,开创了分子生物学的研究领域,使生物学的发展从此进入一个崭新的迅猛发展的分子生物学阶段。1957 年克里克提出著名的遗传信息流——“中心法则”,揭示了生物的遗传、发育和进化的内在联系。

　　1961 年,法国巴黎巴斯德研究所的莫诺和雅各布提出了乳糖操纵子模型,探讨基因的调控原理。1966 年,美国生物化学家尼伦伯格等用大肠杆菌无细胞体系实验破译了遗传密码的编码机制。1973 年被称为基因工程元年,美国柯恩领导的小组开创了体外重组 DNA 并成功转化大肠杆菌的先河。1975 年,柯勒和米尔斯坦成功地创立了淋巴细胞杂交瘤技术,在生物医学领域树起了一座新的里程碑。1997 年,Dolly 羊的克隆再一次震撼了人类社会。

　　1990 年启动“人类基因组计划”,2000 年 6 月六国科学家宣告人类基因组工作框架已经测序完成,2003 年人类基因组序列草图完成。美国和英国科学家 2006 年 5 月 18 日在英国《自然》杂志网络版上发表了人类最后一个染色体——1 号染色体的基因测序,至此解读人体基因密码的“生命之书”宣告完成。

　　20 世纪后叶分子生物学的突破性成就使生命科学在自然科学中的位置发生了革命性的变化。生命科学的发展和进步也向数学、物理学、化学、信息、材料以及工程科学提出了很多新问题、新思路和新挑战,带动了其他学科的发展和提高,生命科学已成为 21 世纪的带头学科。

二、生命科学的研究对象

　　生命科学是研究生物体的生命现象和生命活动规律的科学。它的研究对象包括各种生物的生命活动、生物的发生与发展规律以及生物与生存环境之间的相互作用。整个物质世界可划分为非生物界和生物界,而生物学的研究对象包括整个生物界的高度复杂的各种生命物质形态,同时也涉及构成生物生存环境的一些非生物界的物质形态,所以从这个意义上讲,生命科学是研究领域最广泛的自然科学。

三、生命科学的分科

　　当我们研究生物界时,因研究对象、性质、研究角度和层次的不同,生命科学就有了许多的不同分支学科,呈现"多层蛋糕"结构。

(一)依据研究类群不同

依据研究类群不同,生命科学可划分为动物学、植物学、微生物学、人类学和古生物学。

动物学是研究动物的形态结构、生理机能、分类、生态分布、遗传和进化的科学。

植物学是研究植物的形态结构、生理机能、分类、生态分布、遗传和进化的科学。

微生物学是研究微生物,包括细菌、真菌、病毒等的形态结构、分类、生理生化、遗传变异等生命活动规律的科学。微生物学中还派生出细菌学、真菌学和病毒学。

人类学是研究人类体质特征、类型及其变化规律的科学。

古生物学是研究保存在地层中各种古代生物遗体和遗迹的科学。

(二)依据研究生命现象内容的不同

依据研究生命现象内容的不同,生命科学可划分为形态学、生理学、生态学、胚胎学、分类学、遗传学及进化论。

形态学研究生物形态结构特点和形成的规律,以及形态与周围环境相适应的关系。

生理学研究生物体生命活动的各种过程,以及这些过程在有机体个体发育和系统发育中,因生活条件不同而发生变化的规律性。

生态学研究生物与环境的相互关系,包括生物对环境的改变和环境对生物的影响等。

胚胎学研究动、植物的胚胎形成和发育的规律。

分类学研究不同生物的形态和性状的异同点,以及彼此的亲缘关系和进化线路。

遗传学研究生物的遗传和变异以及进化。

进化论研究生物发生、发展的规律,目前进化论的研究往往与分类学和遗传学密切相关。

(三)依据对生物研究的不同结构水平

依据对生物研究的不同结构水平,生命科学划分为分子生物学、细胞生物学、个体生物学、居群生物学、生物群落学及生态学。

分子生物学从分子水平上来研究生命现象的物质基础,现在主要研究核酸和蛋白质的结构和功能。

细胞生物学以细胞为研究对象,包括细胞结构、细胞化学成分和细胞的繁殖。

个体生物学以生物个体为研究对象,包括个体生物的生长、发育和繁殖的全过程。

居群生物学以某一物种的居群来研究它的迁入、迁出、出生和死亡等规律,并预测该居群的消长和分布格局。

生物群落学研究在一定空间内各个生物种群有规律的集合和群落演替规律。

生态学研究在一定空间内生物群落与非生命环境相互作用,其主要纽带是能量转化和物质循环,把生物与非生命环境紧密相连。

随着近代科学的发展,运用化学、物理学、数学等理论对生命现象进行了最本质的研究,从而建立了生物化学、生物物理学、生物数学等许多交叉学科。

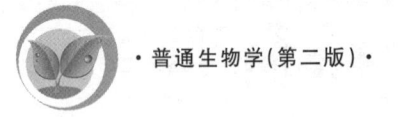

四、生命科学与社会发展

生物与人类生活的许多方面都有着非常密切的关系。生命科学作为一门基础科学，一直是农学和医学的基础，涉及种植业、畜牧业、渔业、医疗、制药、卫生等多方面的研究。随着生物学理论与方法的不断发展，它的应用领域不断扩大。现在，生物学的影响已突破上述传统的领域，而扩展到食品、化工、环境保护、能源和冶金工业等领域，对提高人类健康水平、提高农牧业和工业产品质量，促进社会发展发挥着越来越大的作用。

人口问题是一个社会问题，也是一个生态学问题。在这方面生物学应该而且可能作出自己的贡献。内分泌学和生殖生物学的成就导致口服避孕药的发明，已促进了计划生育在世界范围内的推广。在人口问题中，除了数量剧增以外，遗传病也严重威胁人口质量。将基因工程应用于遗传病的治疗称为基因治疗，在实验动物上对几种遗传病的基因治疗已取得一些进展。随着基因工程技术的发展，基因治疗将为控制和治疗人类遗传病开辟广阔的前景。

和人口问题密切相关的是食物问题。食物匮乏是发展中国家长期以来未能解决的严重问题，当前世界上有几亿人口处于营养不良状态。人类食物的最终来源是植物的光合作用，但在陆地上扩大农业生产的土地面积是有限的，增加食物产量的主要道路是改进植物本身。过去，在发展科学的农业和"绿色革命"方面，生物学已作出了巨大的贡献。今天，人类在一定限度内定向改造植物，用基因工程、细胞工程培育优质、高产、抗旱、抗寒、抗涝、抗盐碱、抗病虫害的优良品种已经不是不切实际的遐想。

工业废水、废气和固体废物的大量排放，农用杀虫剂、除莠剂的广泛使用，使大面积的土地和水域受到污染，威胁着人类的生产和生活。现代生物学证明，微生物所具有的生物催化活性是极为广泛的，利用富集培养法几乎可以找到降解任何一种有机物的微生物，利用基因工程等技术还可以不断提高它们的降解作用。因此，有降解作用的微生物及其酶制剂就成为消除污染的有力手段。利用微生物防治害虫，以部分代替严重污染的有机杀虫剂也是大有前途的。在农业中尽快使用生物防治、生物固氮等新技术，改变农业过分依赖石油化工的局面，这是关系到恢复自然生态平衡的大事，也是农业发展的大势所趋。大量消耗资源的传统农业必将向以生物科学和技术为基础的生态农业转变。

全世界的化工能源(石油、煤等)储备总是有限的，总有一天会枯竭。自然界中的生物能大多是纤维素、半纤维素、木质素。将化学的、物理的和生物学的方法结合起来加工，就可以把纤维素转化为乙醇，用作能源。沼气是利用生物质开发能源的另一产品。中国和印度利用农村废料进行厌氧发酵产生沼气已取得显著成绩。世界上已经出现了利用固定化细胞技术的工业化沼气厌氧反应器。一些单细胞藻类中含有与原油结构类似的油类，而且可高达总重的70%，这是另一个引人注目的可再生的生物能源。太阳能是人类可以利用的最强大的能源，而生物的光合作用则是将太阳能固定下来的最主要的途径，可以预测，利用生物学的理论和方法解决能源问题是大有希望的。

现代应用生物技术的发展受到了各界人士的普遍关注，更有许多专家将21世纪称为生命科学的世纪，现代应用生物技术产业也必将成为21世纪的朝阳产业。

第三节 生命科学常用的研究方法

生命科学是研究生物和生命现象的科学,其常用的研究方法有观察与分析、假设和实验及模型实验三种。

一、观察与分析

观察与分析是最基本的研究方法,是把生物体及其生活条件看成一个统一体,作客观的观察、剖析和叙述,记载自然状态下的生物的结构与机能、发生及其生活史。

人类早期的观察是凭借人的感觉器官进行,有了光学显微镜以后,人们的观察力得到了很大的提高,电子显微镜的发明更使人们的观察力深入超显微领域。客观性、全面性、灵活性、典型性是科学观察的基本原则。

二、假说和实验

实验是在一定的人工控制的条件下,从事对各种生命现象的观察以及对生命本质的研究,它可提供第一手的感性材料,同时又可检验认识是否正确。实验不仅意味着某种精确操作,又是一种思考的方式。要进行实验,首先必须对研究对象所表现出来的现象提出某种可能的解释。也就是提出某种设想或假说,然后设计实验来验证这个假说。假说必须是可以验证的,比如,在植物组织培养过程中,蝴蝶兰、文心兰等植物生根比较慢,组培工作者就设想通过在培养基中添加适量的活性炭,给其根系生长提供适宜的黑暗条件可能促进这些植物组培根的生长,结果通过大量实验证明,加入适量活性炭的培养基能够促进蝴蝶兰、文心兰等植物根系的生长。

三、模型实验

由于种种原因,直接用研究对象(原型)进行实验非常困难或简直不可能时,可用模型来代替研究对象进行实验。模型必须和原型有某种相似性,这样才有可能把模型的研究结果外推到原型客体本身。模型既可以是物质形式的,也可以是思维形式的。在生物学中常常用动物的模型来代替人体进行实验。如诱发豚鼠血脂增加,来作为高血脂患者的模型。利用此模型来筛选降血脂的药物以及研究这种药物的作用机制。现代自然科学常常用语言、符号、图表等手段来表示一个实体内部的功能。符号、图表等称为思维形式模型。如1970年,专门研究全球性问题的J. W. Forrester等,根据他们对人口增长、工业发展、粮食增长、不可再生资源的消耗和污染环境的研究,用几十个相互联系的变量组成一个模型,人们可以借助计算机来进行各种运算,对模型进行检验,同时也可以对未来作出预测。

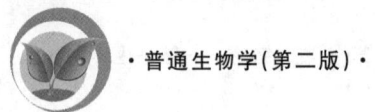

 本章小结

　　生命是由核酸和蛋白质特别是酶的相互作用而产生的可以不断繁殖的物质反馈循环系统。基本特征表现为化学成分的同一性,严整有序的结构,新陈代谢,生长发育,繁殖和遗传,应激性和运动,适应,演变和进化。生命科学的发展经历了萌芽时期、古代生物学时期、近代和现代生物学时期。生命科学是研究生物体的生命现象和生命活动规律的科学。它的研究对象包括各种生物的生命活动、生物的发生与发展规律以及生物与生存环境之间的相互作用。其常用的研究方法有观察与分析、假设和实验及模型实验三种方法。观察与分析是最基本的研究方法。

 复习思考题

1. 简述生命的基本特征。
2. 简述生命科学的发展历程及各个时期的特点。
3. 生命科学的定义及研究内容是什么?
4. 为什么说 21 世纪是生命科学的世纪?
5. 生命科学的研究方法有哪些?

第二章

细胞——生命活动的基本单位

 知识目标

1. 掌握细胞的主要结构和功能,理解真核细胞结构与功能的关系;
2. 掌握细胞有丝分裂和减数分裂的过程和特点;
3. 理解细胞分化的原理及应用,了解细胞衰老及凋亡的特性;
4. 理解细胞呼吸和光合作用的实质,了解生物固氮的意义。

 技能目标

1. 会运用所学知识,解释相关的生命现象;
2. 能够举例说明细胞分裂和细胞分化的原理在实践中的应用;
3. 能够运用细胞呼吸、光合作用的原理,列举并分析其在实践中的应用。

第一节　细胞的形态与结构

一、细胞的形态

(一) 细胞大小和数目

不同种类的细胞其大小差距悬殊。支原体是最小、最简单的细胞,直径仅约 0.1 μm,要用电子显微镜才能看到;最大的细胞,如鸵鸟的蛋黄,细胞直径可达 70 mm,长颈鹿的神经细胞可长达 3 m 以上。但细胞一般都比较小,直径在 1~100 μm,用肉眼是看不见的,必须借助显微镜才能观察到。细胞靠表面接受外界的信息,并和外界进行物质交换。细胞体积小,则单位体积的表面积相对较大,有利于细胞的生命活动。

单细胞生物,如衣藻、草履虫,全身只是一个细胞。多细胞生物由多个细胞构成,其个体的生长主要是由于细胞数目的增多,而不是细胞体积的增大。例如,新生儿约有 2 万亿

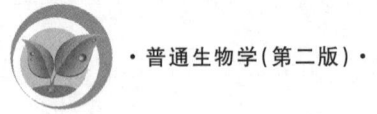

个细胞,成人约有60万亿个细胞。大象的肝脏比老鼠的肝脏大,但两者的肝脏细胞大小相似,只是大象肝脏细胞的数目大得多。一般来说,多细胞生物的细胞数目和生物体的大小成正比。

(二) 细胞的形状

细胞的大小各不相同,细胞的形状也是千姿百态,多种多样的(图2-1)。有球形或近似球形的,如卵细胞、植物花粉母细胞;有筒状的,如水绵细胞;有管状的,如植物筛管细胞;有扁圆形的,如人的红细胞;有梭形的,如平滑肌细胞;也有无一定形状的,如单细胞的变形虫,它的形态处于不断变化之中。

尽管细胞的形状各异,但它们的形态结构总是与其功能相适应。红细胞扁圆形,有利于在血管中快速流动;肌细胞呈细长状或梭形,利于附着和伸缩;卵细胞较大,含营养物质多,利于供受精卵发育之需;精子呈细长状,有鞭毛,利于运动;神经细胞有长的轴突,利于传导兴奋等。

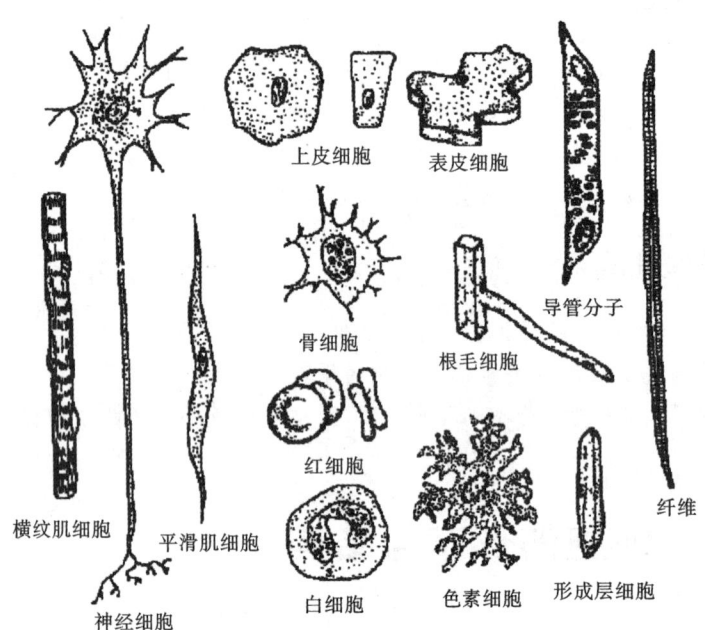

图2-1　各种形状的细胞

二、真核细胞的结构与功能

真核细胞(图2-2)最主要的特点是细胞内有膜将细胞分隔成许多功能区,其中最明显的是含有由膜包裹的细胞核,此外还有膜围成的细胞器。细胞内分区是细胞进化的表现,分区使细胞的代谢效率大大提高。

(一) 细胞壁

植物细胞区别于动物细胞的显著特征之一是在细胞膜之外还具有细胞壁。一般认为,细胞壁是由原生质体所分泌的非生活物质构成的。但近年来实验证明,在细胞壁(主

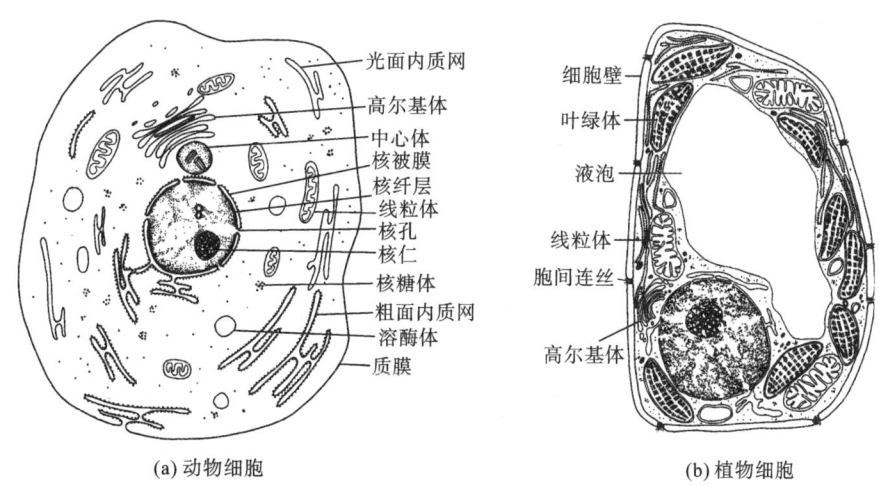

(a) 动物细胞 (b) 植物细胞

图 2-2 真核细胞的结构模式图

要是初生壁)中含有少量具有生理活性的蛋白质,它们参与细胞壁的生长、物质的吸收、细胞间的相互识别以及细胞分化时细胞壁的分解等生理活动。

根据形成的时间先后和化学成分的不同,可将植物细胞壁分为三层:胞间层、初生壁和次生壁(图 2-3)。

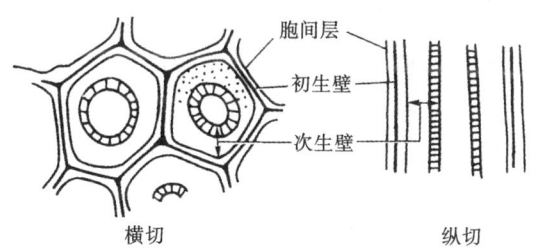

横切   纵切

图 2-3 植物细胞壁的结构层次

胞间层是在细胞分裂末期产生新细胞时,在两个子细胞之间形成的位于细胞最外面的薄层,主要成分是果胶质。果胶质具有较强的亲水性和可塑性,起着连接相邻两个细胞的作用。果实成熟过程中,胞间层的果胶质在果胶酶的作用下变成可溶性的果胶,果肉细胞即相互分离,所以果肉变软。

初生壁位于胞间层内侧,是在细胞生长过程中由原生质体分泌所形成的壁层。其化学成分主要是纤维素、半纤维素和果胶质。初生壁薄而有弹性,能随着细胞的生长而延伸。

有些细胞为了执行特殊的功能,还会形成次生壁。次生壁位于细胞壁最内层,是在细胞停止生长后,在初生壁内侧继续积累物质而形成的。次生壁主要成分是纤维素,此外还有半纤维素、木质素、木栓质等。次生壁或厚或薄,其硬度与色泽随不同植物、不同组织而异。植物细胞壁产生了地球上最多的天然聚合物:木材、纸与布的纤维。

相邻细胞的细胞壁上有小孔(图 2-2(b)),细胞质通过小孔而彼此相通,这种细胞质的连接称胞间连丝。

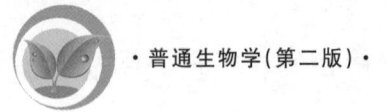

　　细胞壁具有一定的机械强度,使细胞维持一定的形状,能承受外力的挤压,还能防止病原体侵袭。细胞壁在植物的吸收、分泌、蒸腾作用和细胞间物质运输、信息传递中也起重要作用。

　　除植物细胞外,细菌、真菌细胞也具有细胞壁,但它们的结构与主要成分各不相同。

(二) 细胞膜

　　细胞膜又称质膜,是细胞表面的膜,是各类细胞都具有的结构。它的厚度通常为7~8 nm,主要由脂质(主要是磷脂)和蛋白质构成。脂质分子的特性和排列方式,以及膜上的一些作为特殊分子或离子进出细胞的载体蛋白和通道蛋白,使细胞膜对细胞内外物质的通过具有选择性。因此,细胞膜是一种半透性或选择透过性膜,即有选择地允许物质通过扩散、渗透和主动运输等方式出入细胞,从而保证细胞正常代谢的进行。此外,细胞膜上还存在激素的受体、抗原结合点以及其他有关细胞识别的位点,所以细胞膜在物质运输、细胞分化、代谢调控、激素作用、免疫反应和细胞通讯等过程中起着重要作用。

　　真核细胞除细胞膜外,细胞质中还有许多由膜分隔成的多种细胞器,这些细胞器的膜结构与细胞膜相似,只是功能有所不同,这些膜称为内膜。细胞膜和内膜统称为生物膜。

　　在电子显微镜下观察,生物膜可分为内、中、外三层。内、外两层为电子密度大的暗层,中层为电子密度小的亮层。通常把这种三层结构的膜称为单位膜。

　　根据生物膜所含蛋白质和磷脂分子排布情况以及电子显微镜所观察到的膜的形态,曾提出多种生物膜的结构模型,目前较为公认的是桑格于 1972 年提出的流动镶嵌模型(图 2-4)。这个模型表示生物细胞生活在含水的环境里,细胞内部也含有水分,因此细胞膜的内外两侧都是含水的液体,组成膜的磷脂形成双分子层,构成膜的骨架,其亲水性的头部暴露在两侧的水中,疏水性尾部两两相对,藏在中间。这些脂类分子是可以运动的,而不是静止固定不变的,所以脂质双分子层是一层薄薄的半流动性的油。许多球形蛋白质分子镶嵌在脂质双分子层之间,或附在它的内外表面,也有的穿过整个双分子层,这些蛋白质分子也是可以运动的,就好像一群"蛋白质冰山"漂浮在脂质双分子层的"海洋"中。膜的外表还常含有糖类,形成糖脂和糖蛋白。归纳起来,这个模型有两个主要特点:一是膜的结构不是静止的,而是具有一定的流动性,这是膜结构的基本特征;二是蛋白质分布的不对称性,即有的镶嵌入脂质中,有的附在表面等。

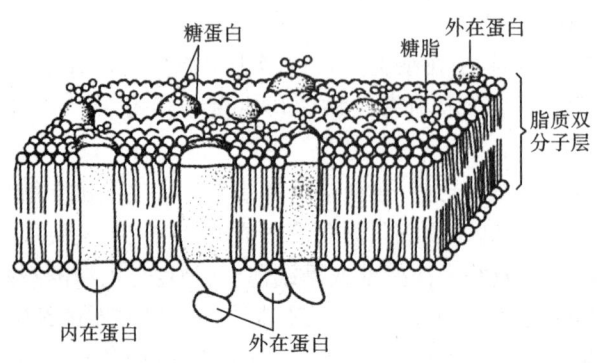

图 2-4　生物膜结构的流动镶嵌模型

（三）细胞质及细胞器

细胞膜以内和细胞核以外的原生质称为细胞质。用光学显微镜观察活细胞时,细胞质呈半透明的胶体状。用电子显微镜观察时,可以看到细胞质的结构十分复杂,有各种细胞器和膜结构构成的内膜系统,以及由微管、微丝和中间纤维丝组成的细胞骨架系统。作为这些细胞器和亚显微结构的环境,是细胞质基质。

1. 细胞质基质

细胞质基质也称基质或胞质溶胶,是一种半透明、无定形、可流动的胶状物质,它的成分复杂,含有无机盐、脂类、糖类、氨基酸、蛋白质、核苷酸、酶类等。在生活细胞中,细胞质基质处在运动状态之中,它能带动其中的细胞器在细胞内作规则的持续运动,这种运动称胞质运动。胞质运动可以朝一个方向进行,也可以同时有不同的流动方向。它对于细胞内物质的转移具有极为重要的作用,促进了细胞器之间在生理上的相互联系。因此,细胞质基质不仅是细胞核、细胞器的微环境,而且为细胞器的生理活动提供原料。

2. 内质网

内质网是由一层单位膜围成的小管、小囊和扁囊所构成的相互连通的隔离于细胞基质的管道系统(图 2-5)。内质网膜向内与核膜相通,向外与细胞膜相连,甚至还能随同胞间连丝穿过细胞壁,与相邻细胞的内质网发生联系。因此,内质网构成了一个从细胞核到细胞膜,甚至与相邻细胞相连而直接贯通的管道系统。

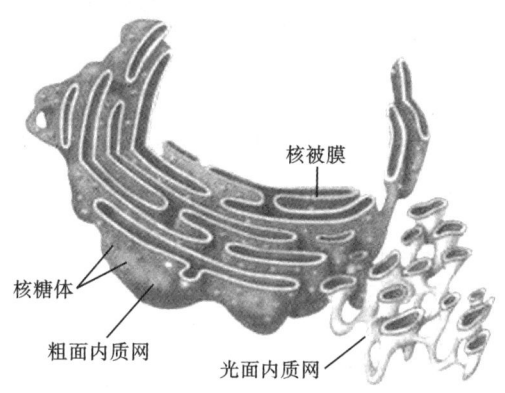

核被膜

核糖体

粗面内质网

光面内质网

图 2-5　内质网模式图

根据内质网表面是否附着核糖体,可将其分为粗(糙)面内质网和光(滑)面内质网两种类型。粗面内质网膜表面附有核糖体,排列较整齐,形态多呈扁平囊状。核糖体是细胞合成蛋白质的场所,所以粗面内质网的主要功能是参与蛋白质的合成与运输。凡蛋白质合成旺盛的细胞,粗面内质网就发达,如胰腺腺泡细胞粗面内质网分布丰富。

光面内质网的膜是光滑的,没有核糖体附着其上,形态多为管状,在一定部位与粗面内质网相连。这种内质网比较少见,但在与脂类代谢有关的细胞中很多。光面内质网的功能,在睾丸和肾上腺细胞主要是合成固(甾)醇;在肌细胞是储存钙,调节钙的代谢,参与肌肉收缩;在肝细胞是制造脂蛋白所含的脂类和解毒作用。此外,光面内质网还有合成脂肪、磷脂等功能,所以脂肪细胞中总含有丰富的光面内质网。

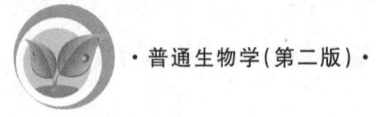
光面内质网和粗面内质网在一定的部位相通,因此管腔中的蛋白质和脂类能够相遇而产生脂蛋白。管腔中的各种分泌物质都逐步被运送到光面内质网,然后内质网膜围裹这些物质,从内质网上断开而形成小泡,移向高尔基体,由高尔基体加工、排放。

3. 高尔基体

高尔基体是由一些排列有序的扁平膜囊堆叠而成,在扁平膜囊的周围结合有一些小管、小囊和许多大小不等的囊泡。除红细胞外,几乎所有动物、植物细胞中都有这种细胞器。高尔基体是一种具有极性的细胞器:面向内质网,接受内质网转运泡的一面称为形成面或顺面;面向细胞膜并释放分泌泡的一面称为成熟面或反面(图 2-6)。

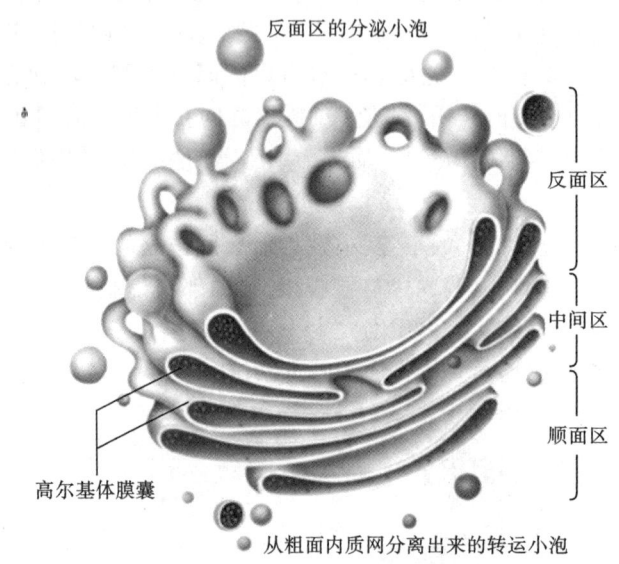

图 2-6　高尔基体三维结构

高尔基体是内质网合成产物和细胞分泌物的最后加工、包装、分选和转运的场所。从内质网断下来的转运小泡移至高尔基体,在形成面与高尔基体融合。小泡中的分泌物在这里加工、修饰、包装和分类后,围以外膜而成分泌泡。分泌泡脱离高尔基体向细胞外周移动。最后,将分泌物运送到细胞中的特殊部位或分泌泡外膜与细胞膜愈合而将分泌物排出细胞(图 2-7)。

高尔基体没有合成蛋白质的功能,但能合成多糖,如黏液等。植物细胞的各种细胞外多糖就是高尔基体分泌产生的。植物细胞分裂时,新的细胞膜和细胞壁的形成都与高尔基体的活动有关。动物细胞分裂时,横缢的产生以及新细胞膜的形成也是由高尔基体提供材料的。

4. 溶酶体

溶酶体来源于高尔基体,是由一层单位膜包围而成的球形囊状结构的细胞器。溶酶体数目可多可少,大小也颇多差异,普遍存在于动物、真菌和一些植物细胞中。其特点是含有各种水解酶,能分解蛋白质、脂类、核酸和多糖,起溶解和消化作用,故名"溶酶体"。

溶酶体的功能主要有三个。一是与正常的细胞内消化过程有关(图 2-8),它可以分解由外界进入细胞的物质,如分解异物,消除病菌以及原生动物借助它消化摄入的食物

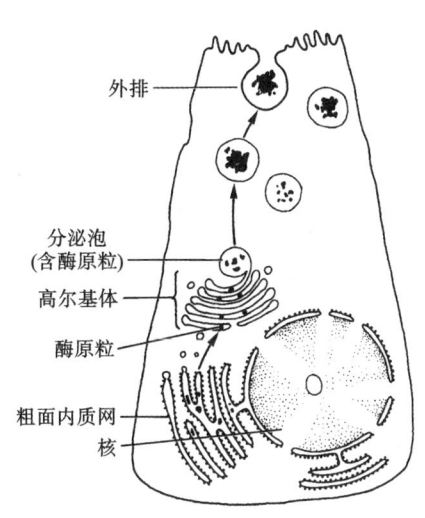

图 2-7　动物细胞中的高尔基体

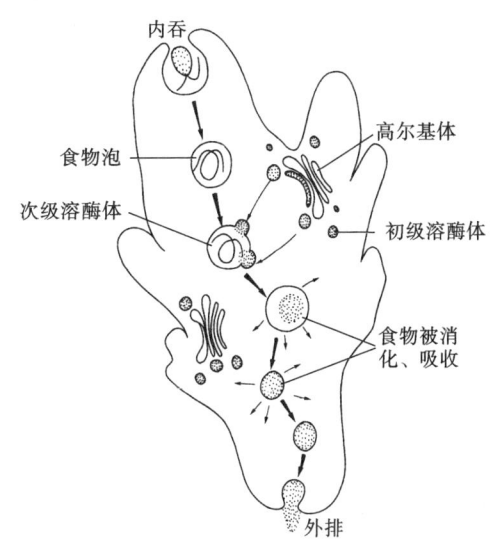

图 2-8　溶酶体参与细胞消化

等,因此具有营养和防御功能。其次,它具有自体吞噬作用,对细胞内由于生理或病理原因破损的细胞器或其碎片起溶解作用。例如,把残破的线粒体、高尔基体等消化掉。溶酶体的第三种作用是自溶,当溶酶体破裂后,酶释放出来,溶解整个细胞。例如,植物导管的形成、蝌蚪尾巴的退化都是溶酶体进行自溶的结果。

如果溶酶体发育不全,所含的酶种不全,就可能引起疾病。例如,有些幼儿肝细胞的溶酶体中缺乏水解糖原的酶,糖原不能被消化,因而在细胞中形成大的糖原泡。这种婴儿一般只能维持生命一年。类似这样的水解酶缺乏症有 20 余种。

5. 微体

微体是一种由单层膜围成的与溶酶体很相似的小体,但所含的酶与溶酶体不同。细胞中有两种微体:过氧化物酶体和乙醛酸循环体。

过氧化物酶体存在于动、植物细胞内,含有多种氧化酶和过氧化氢酶,促使细胞内一些物质氧化和 H_2O_2 的分解。细胞中大约有 20％的脂肪酸是在过氧化物酶体中被氧化分解的。氧化反应产生的对细胞有毒的 H_2O_2 则被过氧化氢酶分解而解毒,因此过氧化物酶体具有解毒作用。例如人们饮入的酒精(乙醇)几乎有一半是以这种方式被氧化而解毒的。此外,高等植物细胞中的一些过氧化物酶体还与光呼吸密切相关。

乙醛酸循环体只存在于植物细胞中,特别是含油分高的子叶和胚乳细胞,它能将脂类转化为糖。

6. 线粒体

线粒体是一种普遍存在于真核细胞中的重要的细胞器。在光学显微镜下,线粒体多呈颗粒状或短杆状,横径 $0.5\sim1~\mu m$,长 $2\sim3~\mu m$,相当于一个细菌的大小。线粒体的数目随细胞的不同而异,如大鼠肝细胞中线粒体可达 800 多个,而单鞭金藻的细胞中只有一个线粒体。细胞中线粒体的数目与其生物代谢活动正相关,新陈代谢旺盛、需要能量多的细胞,线粒体的数目就较多。

在电子显微镜下观察,线粒体是由双层膜包裹而成的囊状细胞器,主要由外膜、内膜、膜间隙和基质组成(图 2-9)。外膜平整无折叠,内膜向中心腔内折叠而形成浴于基质中的嵴。嵴的形成大大增加了内膜的表面积,有利于生物化学反应的进行。在内膜和嵴上分布着许多带柄的球形的小球,称为 ATP 合成酶复合体。在内、外膜之间以及内膜以内的中心腔中,充满着以可溶性蛋白质为主的基质,与呼吸作用有关的一系列酶定位于基质和内膜中,基质中还有核糖体、RNA 和环状的线粒体 DNA。

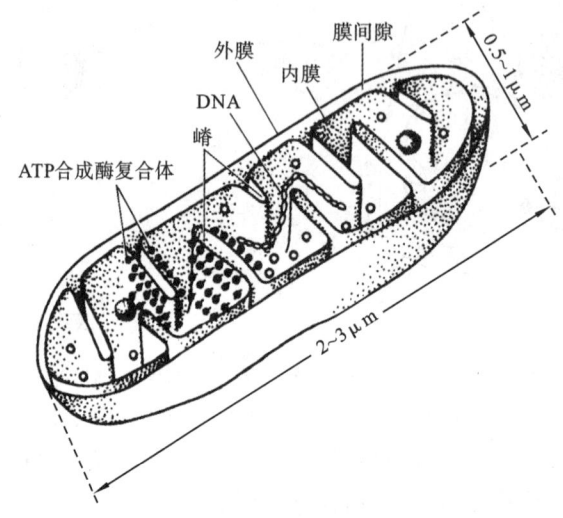

图 2-9 线粒体模式图

线粒体是呼吸作用的场所,是细胞内能量代谢的中心。细胞生命活动所必需的能量,绝大部分来自线粒体,因此线粒体被比喻为细胞的"动力工厂"。根据内共生假说,真核细胞中的线粒体是由侵入细胞或被细胞吞入的好氧细菌逐渐演变来的。

7. 质体

质体是植物细胞所特有的一类细胞器,其作用与糖类物质的合成和储藏有关。根据所含色素的不同,质体分为三种类型:叶绿体、白色体和有色体。

1) 叶绿体

叶绿体是存在于植物绿色部分的薄壁细胞(如叶肉细胞、幼茎皮层细胞)中,能够进行光合作用的质体。叶绿体中主要有四种色素,即叶绿素 a、叶绿素 b、胡萝卜素和叶黄素,在颜色上,它们分别呈蓝绿色、黄绿色、橙黄色和黄色。在正常生长季节,植物叶子中的叶绿素含量高于胡萝卜素和叶黄素,因此叶片呈绿色。

在电子显微镜下,叶绿体呈现为由膜组成的复杂片层结构(图 2-10)。叶绿体由两层单位膜包被,其中外膜通透性大,内膜对物质的进入有选择性,内、外膜之间的空隙称膜间隙。在膜内的无色液相基质中分布着许多绿色颗粒,称基粒。基粒是由基粒片层闭合形成的扁囊状结构的基粒类囊体垛叠而成,好像叠摞起来的硬币。基粒之间通过基质片层(基质类囊体)相连。两种结构在组成上大致相同,由于它们相互连接,因此构成了一个完整的类囊体系统。

和线粒体一样,叶绿体中也有环状的 DNA 和核糖体,能合成某些蛋白质,在遗传上

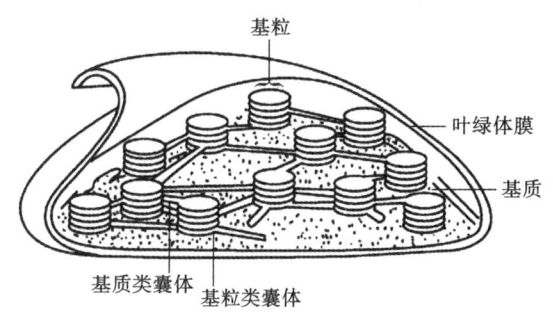

图 2-10 叶绿体结构模式图

具有一定的自主性,是一种半自主性的细胞器。"内共生假说"认为叶绿体是由单细胞真核生物"捕获"的原核生物蓝藻经长期共生逐渐演变而来的。

2）白色体

白色体不含色素,无色。白色体常分布在植物体无色部分的储藏细胞中,起着淀粉和脂肪合成中心的作用。当积累淀粉时,便形成淀粉体;当储藏脂肪时,便形成造油体。

3）有色体

有色体含有各种色素,如叶黄素、胡萝卜素等。有色体存在于花瓣、果实以及其他部分器官(如胡萝卜的根)中,其主要作用是吸引昆虫传粉和动物采食,以利于受精作用的进行和种子的传播。

三种质体在一定条件下可以相互转化。例如:生长在土壤中的萝卜根呈白色,其细胞内含有白色体;如果萝卜根露出地面,则见光部分细胞中的白色体就转变成叶绿体,从而使萝卜的根呈现绿色。又如:番茄果实在发育初期是无色的,其细胞中含有白色体;在发育过程中幼果呈现绿色,说明果实细胞中的白色体已转变为叶绿体;成熟的番茄呈鲜红色,这时叶绿体又转变成有色体。有色体也可以转化为其他质体。

8. 核糖体

核糖体又称核糖核蛋白体或核蛋白体,它几乎存在于一切细胞内,目前,仅发现在哺乳动物成熟的红细胞等极个别高度分化的细胞内没有核糖体。

核糖体呈不规则的颗粒状,其表面没有被膜包被,主要成分是蛋白质和 RNA,每个核糖体中由大、小两个亚基组成一定的三维结构。核糖体以游离态(游离于细胞基质中)和附着态(附着于内质网膜和核膜上)两种形式存在。其功能是按照 mRNA 的指令由氨基酸高效且精确地合成肽链,即核糖体是合成蛋白质的场所。

9. 中心体

中心体是动物细胞和某些低等植物细胞具有的细胞器。因其接近细胞中心或位于细胞主轴上而得名。内含两个中心粒,每个中心粒由排列成圆筒状的九束三体微管组成。它与细胞分裂时染色体的移动有关。

10. 液泡

液泡是植物细胞中由一层单位膜包被的充满水溶液的囊泡。年幼的细胞中有许多分散的小液泡,随着细胞的逐渐成熟,这些小液泡不断扩大融合成一个大的中央液泡,可占

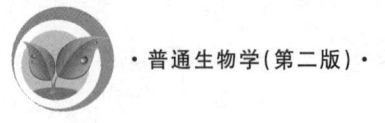

据细胞总体积的 90%。

植物液泡中的液体称为细胞液,其主要成分是水,其中还溶有无机盐、可溶性蛋白、糖类、多种水解酶以及各种色素,特别是花青素等。细胞液中的花青素与植物颜色有关,花、果实和叶的蓝色、紫色、深红色等都取决于花青素。液泡中的水解酶在一定条件下能分解储存物质,促使细胞组成物质的再循环。液泡还是植物细胞囤积代谢废物的场所,这些废物以晶体状态沉积于液泡中。细胞液是高渗的,所以植物细胞才能经常处于吸涨饱满的状态。

11. 细胞骨架

包围在各细胞器外面的细胞溶质不是简单的匀质液体,还含有一个由几种蛋白质纤维构成的支架,即细胞骨架。依其纤维的直径大小、存在的位置及相关的功能不同,主要有三种:微管、微丝(又称肌动蛋白丝)和中间纤维(又称中间丝)。细胞骨架被认为是细胞的骨骼和肌肉,它们对于细胞形态、细胞运动、物质运输、能量转换、信息传递、细胞分化等都起着重要的作用。

(四) 细胞核

细胞核的出现是细胞进化的重要标志之一,除哺乳动物的成熟红细胞和植物筛管细胞失去细胞核外,所有生活的真核细胞都有完整的细胞核。生活的细胞一般具有一个核,也有具两个或多个核的。形状一般为球形,也有梭形等其他形状。细胞核是细胞的控制中心,也是遗传物质的主要存在场所。

将细胞固定、染色后,在显微镜下,可以看到细胞核是由核被膜、核仁、染色质和核基质几部分构成(图 2-11)。

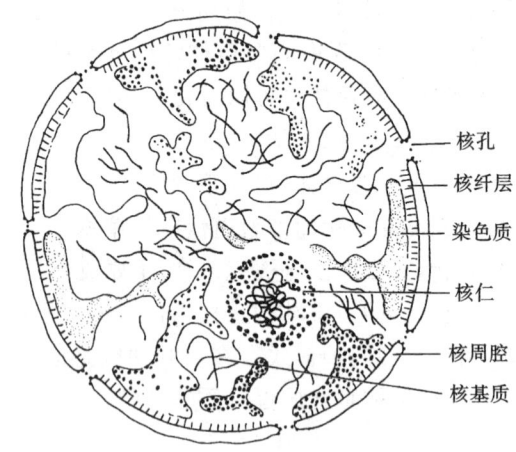

图 2-11　细胞核模式图

1. 核被膜

核被膜包在核的外面,结构很复杂,包括核膜和核膜下面的核纤层两部分。核膜由内、外两层单位膜组成。两膜之间 10～50 nm 的空隙叫核周腔。核外膜上常附有核糖体,有些部位还与内质网相连,因此核外膜可以看成内质网膜的一个特化区。内、外膜在许多地方愈合形成小孔,称为核孔。核孔是蛋白质、RNA 和核糖体亚基等出入的通道。

核膜内面的一层致密纤维网络结构叫核纤层,其厚薄随不同的细胞而异。核纤层的成分是一种纤维蛋白,称核纤层蛋白,对核膜具有支持作用。

2. 核仁

在光学显微镜下,核仁是折光性很强的小球体。一个细胞核的核基质中有一个或几个核仁,其形状、大小、位置不定。在电子显微镜下看到的核仁是无膜结构,由颗粒成分、纤维状成分、无定形基质、核仁染色质和核仁液泡组成。已知核仁的功能是合成 rRNA。

3. 染色质和染色体

经适当的药剂(如洋红、苏木精)处理后,核内易着色的部分叫染色质,染色质的基本成分是 DNA、组蛋白、非组蛋白和少量 RNA 等。其中 DNA 与组蛋白比例约为 1:1。分裂间期核内染色质分散,呈细丝状,光学显微镜下不能分辨。当核进入分裂期,这些染色质丝经过几级螺旋化形成光学显微镜下可见的染色体。当分裂结束,进入分裂间期时,染色体的螺旋又松散开来,扩散成染色质。因此,染色质和染色体实际上是同一物质在细胞的不同时期表现出的不同形态。

4. 核基质

核基质是指在细胞核内,除了核被膜、染色质及核仁以外的网络状结构体系。由于其形态与细胞骨架很相似,故也称为核骨架。核基质的主要成分是纤维蛋白,它布满于细胞核中,网孔中充满液体。核基质是核的骨架,为核中的染色体以及 DNA、RNA 代谢相关的酶类提供支撑点和锚定位点,与 DNA 复制、基因表达和染色体构建有关。

综上所述,可知真核细胞是以生物膜的进一步分化为基础,使细胞内部构建成许多更为精细的具有专门功能的结构单位。真核细胞虽然结构复杂,但是可以在亚显微水平上划分为三大基本结构体系:以脂质及蛋白质成分为基础的生物膜系统,包括细胞膜、核膜及各种由膜围成的细胞器等;以核酸与蛋白质为主要成分的遗传信息表达系统,包括染色质、核仁、核糖体等;由特异蛋白质分子装配构成的细胞骨架系统,包括微管、微丝、中间纤维、核基质及核纤层等。这三大基本结构体系构成了细胞内部结构精密、分工明确、职能专一的各种细胞器,并以此为基础保证了细胞生命活动的高度程序化与高度自控性。

三、原核细胞与真核细胞的主要区别

原核细胞的核很原始,发育不全,只是 DNA 链高度折叠形成的一个核区,没有核膜,核质裸露,与细胞质没有明显的界线,叫拟核。原核生物没有线粒体、质体等细胞器,只有由细胞质膜内陷形成的不规则的泡沫结构体系,如间体和光合作用片层及其他内褶。也不进行有丝分裂。有些原核细胞(如细菌)还有紧贴细胞膜外的细胞壁,其化学成分主要是肽聚糖,区别于以纤维素为主的植物细胞壁。

原核细胞与真核细胞在形态结构、细胞分裂方式等方面存在明显的差别(表 2-1)。

表 2-1　原核细胞与真核细胞的区别

特　性	原 核 细 胞	真 核 细 胞
细胞大小	较小($1\sim10\ \mu m$)	较大(一般 $5\sim100\ \mu m$)

特 性	原 核 细 胞	真 核 细 胞
细胞膜	有(多功能性)	有
核糖体	70S(50S＋30S)	80S(60S＋40S)
细胞器	极少	有高度分化的细胞器
细胞核	无核膜和核仁	有核膜和核仁
染色体	一个细胞只有一条染色体	一个细胞有多条染色体
DNA	环状,不与或很少与组蛋白结合	线状,与蛋白质联结在一起
内膜系统	无独立的内膜系统	有
细胞骨架	无	有
细胞分裂方式	无丝分裂	有丝分裂为主

第二节 细胞分裂

　　细胞分裂是细胞繁殖的方式,生物通过细胞繁殖以维持其生长、发育和繁衍后代。单细胞生物(如酵母)以细胞分裂的方式产生新个体,导致生物个体数量的增加,保持了物种的延续。多细胞生物从一个受精卵发育成由亿万个细胞构成的生物体,也必须通过细胞分裂才能实现。不同的细胞,其寿命不同,例如,红细胞寿命约130天,结缔组织细胞可生存2～3年,神经细胞如人的脑细胞则可和个体寿命一样长。脑细胞通过不断更新细胞的成分以保持活力,其细胞器及膜结构等全部成分不到一个月就更新一遍。如此看来,在生物体内,大多数细胞生活周期较短,需要不断更新,细胞更新也是靠细胞分裂来实现的。

　　生物经过长期的进化过程,由原核细胞逐渐演化到真核细胞,细胞分裂也由简单而逐渐趋于完善,出现了无丝分裂、有丝分裂和减数分裂三种方式。

一、无丝分裂

　　无丝分裂又称直接分裂,较为简单,最常见的是细胞横缢。细胞分裂时,先是核仁拉长分裂为二,接着细胞核拉长,两个核仁分别向核的两端移动,然后核的中部凹陷断裂,细胞质也从中部收缩一分为二。无丝分裂常出现在低等生物和高等动植物生命力旺盛、生长迅速的器官和组织中。无丝分裂过程中不出现纺锤丝和染色体,分裂的结果也不能保证母细胞中的遗传物质平均分配到两个子细胞中去,因而在一定程度上会影响到细胞遗传的稳定性,但无丝分裂的速度快,物质和能量消耗少,细胞分裂时仍能进行正常的生理活动。另外,当细胞处于不利环境时,以无丝分裂作为一种适应性分裂可使细胞得以增殖。

二、有丝分裂

有丝分裂又称间接分裂,是真核细胞分裂最普遍的一种方式。高等生物的体细胞增殖主要以有丝分裂方式进行。有丝分裂过程较复杂,细胞核、细胞质都发生很大变化,因分裂过程中有纺锤丝及染色质的形态变化而得名。有丝分裂一般包括两个过程:一是细胞核分裂,主要是核形状及内含物发生一系列变化,产生两个子核;二是细胞质分裂,即在两个子核之间形成新的细胞膜或细胞壁,将母细胞一分为二,产生两个子细胞。当子细胞形成后,又将经过由小到大的生长、物质的积累,并准备下一轮的细胞分裂,如此周而复始。细胞的两次分裂之间有一定的间隔期。

（一）分裂间期

细胞从上一次分裂结束到下一次分裂开始之间的间隔期为分裂间期,简称间期。间期细胞内进行着旺盛的生理生化活动,为下一次分裂做好物质准备,主要是进行 DNA 复制和多种酶、蛋白质的合成。

根据 DNA 的复制情况,间期可分为三个时期:G_1 期、S 期和 G_2 期。

（1）G_1 期（DNA 合成前期）:上一次有丝分裂完成后到 S 期开始之间的时期,主要进行 RNA、蛋白质和酶的合成,为 S 期的 DNA 合成做准备,特别是进行物质和能量的准备,包括 DNA 前体物质和 DNA 聚合酶的合成等。细胞进入 G_1 期后可能出现三种情况:一是继续分裂;二是不再增殖,终生处于 G_1 期,直至衰老死亡;三是暂不继续增殖,但在某些因素的作用下可恢复分裂能力。

（2）S 期（DNA 合成期）:主要是进行 DNA 分子复制与有关组蛋白的合成,然后组装成染色质。

（3）G_2 期（DNA 合成后期）:进行某些为染色体凝聚和纺锤体形成所需的一些物质的合成,主要是 RNA、微管蛋白及其他物质的合成。

（二）分裂期（M 期）

G_2 期结束,细胞便进入分裂期。此期细胞 RNA 合成停止,蛋白质合成减少,细胞进行细胞核分裂和细胞质分裂。母细胞分裂成两个染色体数目相等的子细胞,使子细胞与母细胞保持遗传上的一致性,从而保持物种的稳定性。

1. 细胞核分裂

有丝分裂是一个连续的动态变化过程,为了描述方便,常根据其主要形态变化特征人为地将核分裂分为前期、前中期、中期、后期和末期五个时期（图 2-12）。实际上各期之间无明显界限。

（1）前期　细胞进入前期最明显的变化是细胞核膨大,染色质丝螺旋盘曲,逐渐缩短变粗,成为在光学显微镜下明显可见的染色体,此时染色体已经完成复制,每条染色体实际上由两条并列的染色单体组成,两条染色单体上各有一个由特殊的异染色质区共同构成的着丝粒。开始由微管形成纺锤丝,由纺锤丝构成的网状纺锤体牵制有丝分裂中染色体的分布和运动。染色体先是随机分布于核中,以后逐渐移向核周,在前期末核仁、核膜逐渐消失。

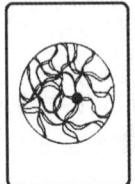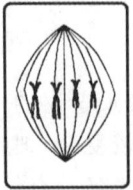

图 2-12　有丝分裂图解

(2) 前中期　此时双层的核膜开始破碎成零碎的小泡,分散于纺锤体周围,纺锤体进入细胞核区域。着丝粒与纺锤体微管相连,这些纺锤体微管从染色体的两侧分别向相反方向延伸而达到细胞两极。

(3) 中期　染色体继续浓缩变短,在纺锤体微管的作用下,各染色体都排列到纺锤体的中央,它们的着丝粒都位于细胞中央的同一平面,即赤道面或赤道板。此期为观察染色体数目的最佳时期。

(4) 后期　进入后期,连接两个染色单体的着丝粒已分裂为二,此时的两个染色单体实际上已经是两个独立的染色体了,在纺锤体微管的牵引下开始分别向细胞两极移动,分移两极的染色体与原来的染色体数目相等。如用秋水仙碱处理细胞,使纺锤体解体,则染色体不能移向两极,细胞不能分裂而造成染色体加倍。

(5) 末期　染色体移到两极以后就进入了末期,末期特征大体上和前期相反,这时染色体的螺旋逐渐解开而伸直,变长、变细,最后成为染色质。核仁、核膜重现,纺锤体消失。至此,细胞核的分裂结束。

在分裂的后期或末期,随着染色体的分离,细胞质开始分裂。

2. 细胞质分裂

(1) 动物细胞质分裂　在动物细胞中,细胞膜在两极之间的"赤道"上形成一个由肌动蛋白构成的环带。微丝收缩使细胞膜以垂直于纺锤体轴的方向凹陷,形成环沟,环沟渐渐加深,最后将细胞分割成为 2 个子细胞(图 2-13)。

(2) 植物细胞质分裂　植物细胞质的分裂(图 2-14)不是在细胞表面出现环沟,而是在细胞的赤道板上,形成由微管和含有细胞壁前体物质的高尔基体或内质网囊泡融合而成的细胞板,然后细胞板逐步扩展至原细胞的细胞壁,这样把细胞质一分为二。细胞板以

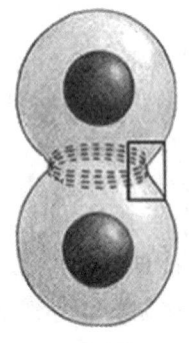

图 2-13　动物细胞质分裂

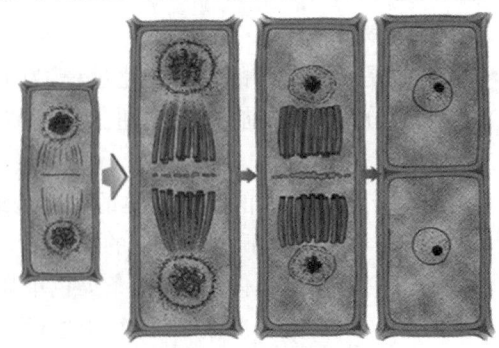

图 2-14　植物细胞质分裂

后发育成子细胞壁,1个细胞就分裂成2个子细胞。

细胞分裂不但要使两个了细胞获得和母细胞相同的染色体,也必须保证它们都能获得细胞中的各种细胞器。叶绿体和线粒体这样的细胞器只能通过原有的细胞器分裂增生,它们不能在没有这些细胞器的细胞质中重新产生。高尔基体和内质网是在细胞分裂时破成碎片或小泡,这样也就能够进入子细胞中。内质网在细胞分裂时多附着在纺锤体微管上,这可能有利于它们进入子细胞。各种细胞器的增生都是在细胞分裂之前的分裂间期发生的。

有丝分裂中最引人注目的是染色体有组织的行为。它在分裂间期复制,而在分裂后期分离,并且分离的染色体移向两极,平均分配给两个子细胞,每个子细胞获得一整套与母细胞完全相同的染色体,保证了物种的遗传稳定性。有丝分裂的实质是把细胞内已经加倍的染色体平均分配到两个子细胞中去的过程。

三、减数分裂

高等生物繁殖后代,一般是通过卵和精子结合的有性生殖途径来实现的。如果它们的卵子和精子的染色体和体细胞一样多,那么精子和卵子结合所形成的合子(受精卵)的染色体就加倍了。如果这样一直加倍繁殖下去,染色体数目就会无限地递增。但事实上各个世代的染色体数目通常是恒定的,这是因为有性生殖过程中存在另一种分裂方式——减数分裂。减数分裂是发生在生殖细胞形成过程中的一种特殊的有丝分裂,它包括两次连续发生的细胞分裂(图2-15)。

减数分裂的基本过程与有丝分裂相似,但有两个显著的特点。

第一,减数分裂是细胞连续分裂两次,而染色体只复制一次,结果形成四个子细胞(四分体)。减数分裂后子细胞的染色体数目减少了一半。这样,当各自含半数染色体的精子和卵子结合形成受精卵时,染色体又恢复到原有数目。因此,减数分裂对维持物种染色体数目的恒定有重要意义。

第二,前期Ⅰ的偶线期有同源染色体配对的现象,叫联会。每对同源染色体各含两个姊妹染色单体,共四个染色单体,故称为四联体。通过联会,同源染色体的非姊妹染色体之间可以发生交叉、断裂和重接,而产生节段互换,这种互换可以产生结合不同非姊妹染色体片段的重组型染色体,这对遗传物质的分配、重组有重要意义,使后代可能出现更多不同于亲本的新组合类型。

假如不发生交换,如果一个生物有2对染色体($n=2$),则减数分裂可产生$2^2=4$种配子,如果有3对染色体($n=3$),则减数分裂可产生$2^3=8$种配子。染色体数越多,产生不同组合的配子数越多。例如,人有23对染色体($n=23$),人的精子或卵子就有$2^{23}=8\ 388\ 608$种染色体组合。而染色体的交换可产生各种新的重组型染色体,基因组合的种类就更多了,因此,不可能存在完全相同的两个精子或两个卵子。由精子和卵子融合形成的受精卵的染色体组合数是不同精子数和卵子数的乘积,所以后代遗传变异极多。除了来源于同一个受精卵的同卵双胞胎或同卵多胞胎之外,世界上没有其他基因组完全相同的两个人。

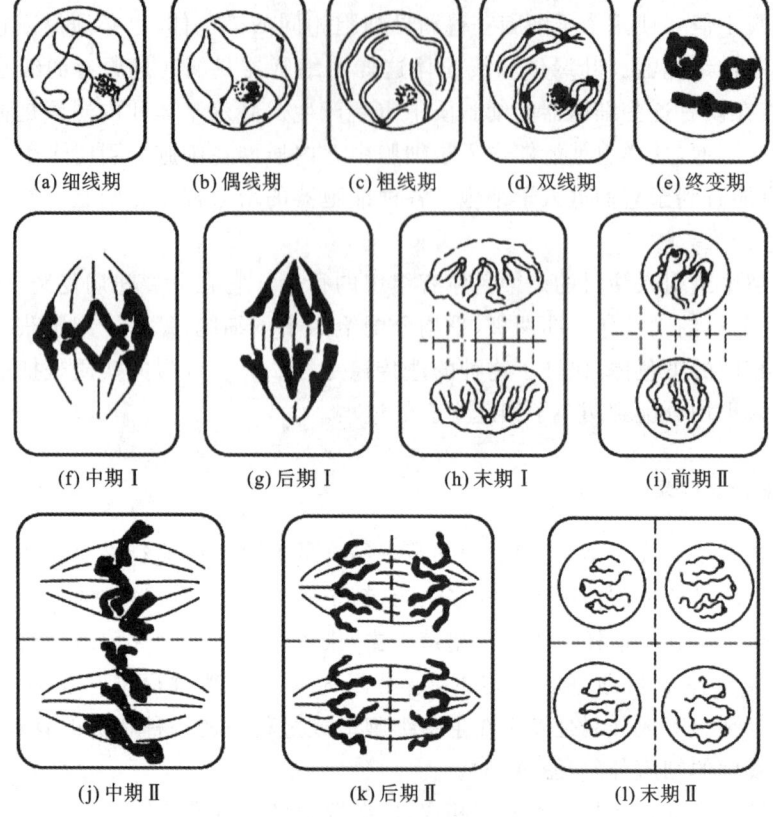

(a) 细线期　　(b) 偶线期　　(c) 粗线期　　(d) 双线期　　(e) 终变期

(f) 中期 I　　　(g) 后期 I　　　(h) 末期 I　　　(i) 前期 II

(j) 中期 II　　　　(k) 后期 II　　　　(l) 末期 II

图 2-15　植物细胞的减数分裂模式图

经过减数分裂后,一个母细胞所形成的 4 个子细胞,其最终的命运有所不同。动物的精母细胞或植物的花粉母细胞,通过减数分裂可产生 4 个有功能的精子或小孢子;动物的卵母细胞或植物的胚囊母细胞则只形成 1 个有功能的卵子或大孢子,其余 3 个细胞解体、消失。

第三节　细胞分化与衰老

一、细胞分化

多细胞有机体在个体发育过程中,由相同的细胞类型经细胞分裂后逐渐在形态、结构和生理功能上形成稳定性差异,产生不同的细胞类群的过程称为细胞分化。

细胞分化是动、植物发育的基础,大量地出现在成年阶段以前的发育过程中,但是一部分细胞的分化持续于整个生物体一生。例如,哺乳类的骨髓中,终生都在发生血细胞的分化成熟。

受精卵具有发育成完整个体的全能性。一般来说,随着细胞分化程度的不断提高,细胞发育潜能逐渐变窄。在植物细胞方面,高度分化的植物细胞仍具有全能性。1937年,美国科学家怀特成功地配制出植物细胞的培养基,它能使胡萝卜的一小段根分裂并形成愈伤组织。1958年,美国科学家斯蒂伍德把胡萝卜根的细胞分开放在培养基上培养,长出了一株株的小胡萝卜。利用植物组织或细胞培养新的植物体的技术称为植物组织培养技术。

二、干细胞

在一般情况下,特别是对高等动物而言,随着胚胎发育,细胞逐渐丧失了发育成为个体的能力,仅具有分化成有限的细胞类型和构建组织的潜能,这种潜能称为多潜能性。具有多潜能性的细胞称为干细胞。一般来说,根据细胞分化的发育潜能,可以将干细胞分为三种类型。

(1)全能性干细胞:受精卵具有使后代细胞分化出各种组织细胞并建成完整个体的潜能,这种情况称为全能性。具有全能性的细胞称为全能性干细胞。

(2)多能性干细胞:有的细胞具有使后代细胞分化出各种组织细胞的潜能,但已不能建成完整的个体,这样的情况称为多能性,具有多能性的细胞称为多能性干细胞,如多能性造血干细胞、胚胎干细胞、生殖嵴干细胞。

(3)单能性干细胞:有的细胞具有更窄的发育潜能,仅具有分化成一种细胞的潜能,这样的细胞称为单能性干细胞,如单能性造血干细胞。

干细胞经过培养后分化形成的特异细胞可以用于组织和器官的修复再生。

三、细胞衰老与凋亡

(一) 细胞衰老

细胞也同生物体一样,有一定的寿命,在生命后期活力自然减退直至最后丧失的不可逆过程,即为细胞衰老。在生物体内,大多数细胞都要经历未分化、分化、衰老到死亡的历程。因此,细胞总体的衰老反映了机体的衰老,而机体的衰老是以总体细胞的衰老为基础的。生物体内的细胞不断地衰老与死亡,同时又有细胞的增殖与新生进行补充。这不仅发生在胚胎发育过程中,在成体内的各组织器官中也有细胞的死亡。因此,细胞的衰老和死亡是正常的发育过程,也是生物体发育的必然结果。

衰老细胞在结构和功能上会发生一系列的变化,如核膜内折、染色质固缩、线粒体和内质网均有减少的趋势,膜流动性降低,初级溶酶体增多等。目前,对细胞衰老机制有多种解释,概括起来主要有两个方面。

1. 端粒与细胞衰老

端粒是线性染色体末端的一种特殊结构,由特定的DNA序列和蛋白质组成。端粒DNA是由一种特殊的酶——端粒酶合成的。当DNA复制时,由于DNA聚合酶只能由$5'{\rightarrow}3'$方向进行复制,且必须要RNA引物,这样DNA每复制一次,则其$5'$端的端粒便会缩短一截,从而提出关于细胞衰老的"有丝分裂钟"假说,很多实验支持这一假说。但是另

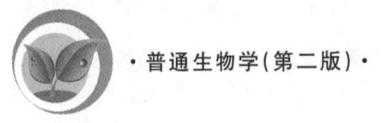

一些实验表明,虽然端粒的缩短可导致细胞衰老,但细胞衰老不仅仅是端粒缩短的结果。

2. 氧化性损伤与细胞衰老

在细胞利用氧分子,获得能量的同时,也有 2%～3% 的氧分子转化成过氧化氢(H_2O_2)和羟自由基($\cdot OH$)。这些活性氧自由基对细胞中的 DNA、RNA 和蛋白质等均会造成较大的损伤。虽然细胞内存在抗氧化的防御机制,但不可能在任何生理状态下都能完全有效地清除活性氧自由基的损伤。氧化损伤的积累造成细胞乃至机体的衰老。活性氧自由基主要在线粒体产生。实验表明,限制能量的摄入可降低线粒体中过氧化氢和超氧阴离子产生的速率,明显延长小鼠和大鼠的寿命。

(二) 细胞凋亡

细胞凋亡是指多细胞生物体内的某些细胞按一定程序自我毁灭并将细胞裂解成许多用膜包被的小碎片的主动死亡过程。细胞凋亡又常称为程序性细胞死亡,二者虽有一定的差别,但常常互用。

细胞凋亡过程中会发生一系列的形态学变化:细胞体积缩小,原生质凝缩;内质网变疏松并与细胞膜融合;核糖体、线粒体等细胞器聚集;细胞核固缩,染色质凝聚。此后,细胞膜不断出芽、脱落,细胞变成若干个大小不等的由膜包裹的凋亡小体。最终,凋亡小体被巨噬细胞、上皮细胞等吞噬而从组织中清除。在细胞凋亡的过程中,细胞内容物一直为细胞膜包被而不会释放出来,因此不会引起周围组织细胞的损害。

细胞死亡的另一种形式是细胞坏死,即细胞受到急性强力伤害时立即出现的早期反应。细胞坏死与凋亡有着本质的区别,坏死细胞的早期变化是细胞和线粒体肿胀,继而细胞膜发生裂解、渗漏,使内容物(多为蛋白水解酶)释放到胞外,导致周围组织的炎症反应,并在愈合过程中常伴随组织器官的纤维化形成瘢痕。

细胞凋亡对生物的正常发育和生存都是至关重要的。例如,小蝌蚪长成青蛙时,其尾巴会逐渐消失,原来构成尾巴的细胞都会凋亡,其中的物质转移到身体的其他细胞中。生物体受到创伤时,一些遭受重创、不可能再修复的细胞也能干净利落地迅速凋亡,随后由健康细胞加速分裂产生的新细胞所取代。人体的免疫系统在病菌入侵时,会产生大量淋巴细胞吞噬病菌。而一旦病菌被消灭,继续存在大量淋巴细胞则可能对人体的正常细胞造成危害,因此,过剩的淋巴细胞需要以细胞凋亡的形式迅速消失。

细胞凋亡具有复杂的调控机制,凋亡过程的紊乱会导致严重后果。据研究,细胞凋亡过少可能与白血病等免疫系统疾病和癌细胞的异常增殖有关,而细胞凋亡过多又可能与中风患者和老年性痴呆患者的脑组织损伤有关。深入研究细胞凋亡机制,有可能找到针对上述严重疾病的新的治疗手段和新药物,具有极大的潜在应用价值。因此,近年来细胞凋亡已成为现代生物学最热门的研究领域之一。

第四节　细胞代谢

细胞是新陈代谢的基本单位,在细胞极其微小的空间内发生着数千种生物化学反应。新陈代谢是生物体内所有生物化学反应和能量转换过程的总称。生物体将简单小分子合成复杂大分子并消耗能量的反应,称为同化作用或合成代谢;生物体将复杂化合物分解为简单小分子并释放出能量的反应,称为异化作用或分解代谢。同化作用与异化作用组成了新陈代谢的两个方面。细胞呼吸是最重要的异化作用过程,光合作用是最典型的同化作用过程。

一、细胞呼吸

生物学家将细胞呼吸定义为细胞在有氧条件下从食物分子(主要是葡萄糖)中取得能量的过程。细胞呼吸与气体交换是密切相关的两个过程。例如,当运动员做跳跃运动时,吸入肺部的 O_2 被输送到血液中,血液再将其输送给肌肉细胞,肌肉细胞便利用这些 O_2 进行细胞呼吸,将由血液输送来的葡萄糖等食物分子氧化分解成 CO_2 和 H_2O,并产生能量使肌肉收缩运动,运动员便完成了跳跃动作。同时 CO_2 废气又被血液运送到肺部,再经口、鼻腔排至体外。

细胞呼吸是由一系列生物化学反应组成的一个连续完整的代谢过程,每一步反应都需要特定的酶参与才能完成。在这一系列反应中,某一步化学反应得到的产物同时又是下一步反应的底物。根据产物的性质和反应在细胞中发生的部位,将细胞呼吸的化学过程分为三个阶段(图 2-16)。

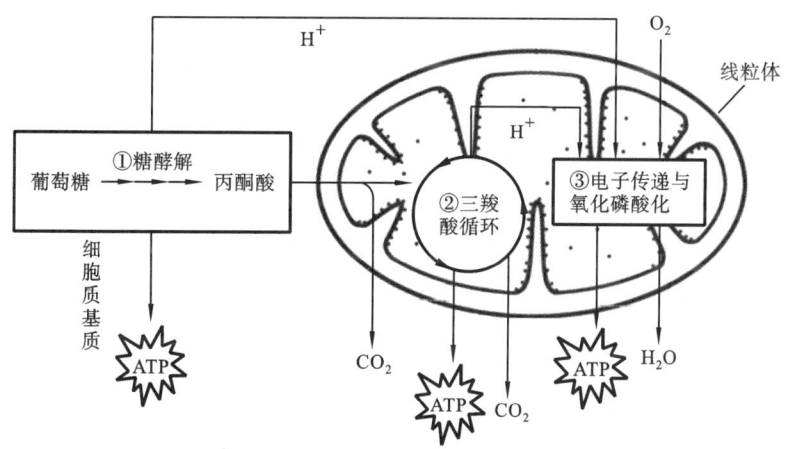

图 2-16　细胞呼吸过程图解

(一) 糖酵解(EMP)

糖酵解就是葡萄糖的分解,其最终产物是一种三碳酸——丙酮酸。糖酵解包括发生在细胞质中的多步生物化学反应(图 2-17)。参与糖酵解的化合物包括葡萄糖(食物分子)、ADP 和磷酸、NAD^+(氢的载体)。另外,在糖酵解的起始阶段还需要消耗 2 分子 ATP 来启动整个葡萄糖的代谢过程。但在糖酵解的后期共可产出 4 分子 ATP,特别是还形成了高能化合物 NADH。糖酵解的总反应可表示如下。

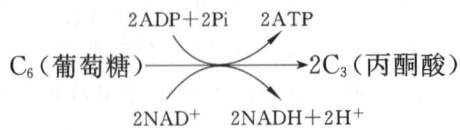

总之,糖酵解在细胞质中将 1 个六碳的葡萄糖分解为 2 个三碳的丙酮酸,这一阶段净产生 2 个 ATP,还生成 2 分子 NADH,糖酵解过程不需要氧参与。

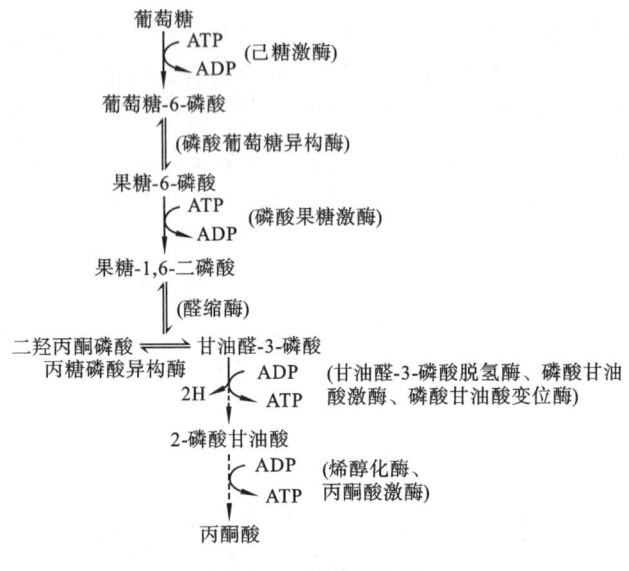

图 2-17　糖酵解途径

糖酵解中每个葡萄糖分子所产生的 2 个 ATP 分子只是细胞从每个葡萄糖分子所能获取的能量的 6% 左右。这对于一般细胞的能量需求是远远不够的,只有在一些特殊情况下,如酵母细胞在无氧条件下存活时,才利用这么少的能量。

(二) 柠檬酸循环

糖酵解是在细胞质中发生的,其最终产物丙酮酸会经过扩散作用进入线粒体。柠檬酸循环是在线粒体中发生的,但是丙酮酸并不能直接参与柠檬酸循环,而是先氧化脱羧释放出 1 分子 CO_2,剩余的二碳片段与维生素来源的辅酶 A 结合形成二碳的乙酰辅酶 A（乙酰 CoA）,同时 NAD^+ 接受该反应放出的氢和电子,形成 NADH。乙酰 CoA 是柠檬酸循环中的高能分子,在线粒体中,实际上只有乙酰 CoA 乙酰基(二碳部分)与四碳的草酰乙酸反应生成了六碳的柠檬酸,才开始循环反应,CoA 片段脱下后又成为上一步骤的反应物。接下来,柠檬酸继续氧化,通过多步反应,逐步脱去 2 个羧基碳,又形成四碳的草酰乙酸,由此完成了一轮循环(图 2-18)。这个循环又称 Krebs 循环,是英国科学家克雷布斯(Hans Krebs)于 20 世纪 30 年代发现的。

每一轮柠檬酸循环产生 1 个 ATP、3 个 NADH 和 1 个 $FADH_2$。1 个葡萄糖分子产生 2 个乙酰 CoA,所以 1 个葡萄糖分子在柠檬酸循环中要产生 2 个 ATP、6 个 NADH 和 2 个 $FADH_2$。与糖酵解相比,柠檬酸循环所产生的高能分子要多得多。

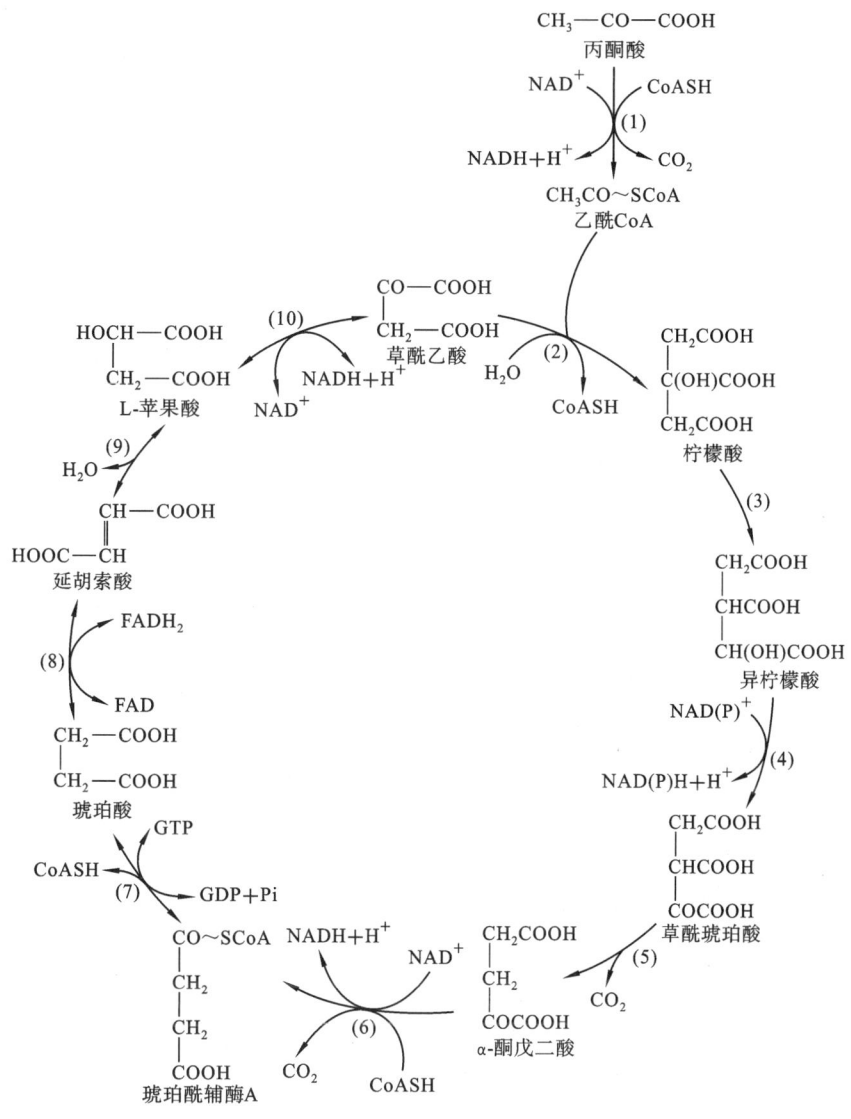

图 2-18 柠檬酸循环

(三) 电子传递链和氧化磷酸化

葡萄糖经过糖酵解和柠檬酸循环被氧化分解成 CO_2，产生的能量一部分直接形成 ATP，一部分保留在 NADH 和 $FADH_2$ 中。在细胞呼吸的第三阶段，电子传递链就是通过一系列的氧化还原反应，将高能电子从 NADH 和 $FADH_2$ 最终传递给分子氧(图2-19)，同时伴随着电子能量水平的逐步下降，高能电子所释放的化学能就通过磷酸化途径储存到 ATP 分子中。

电子传递链又称呼吸链，是典型的多酶体系。电子传递链的主要成分是线粒体内膜上的蛋白复合物，这些复合物包含一系列的电子传递体如黄素腺嘌呤单核苷酸(FMN)、辅酶 Q(CoQ)、各种细胞色素分子(Cyt)等。每一个电子传递体从上游(较高能量水平)的

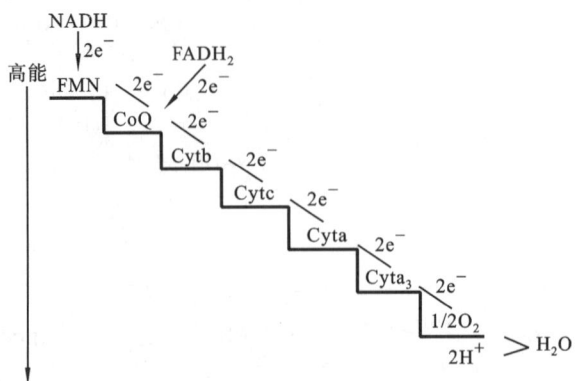

图 2-19　化学能通过磷酸化途径储存到 ATP 分子中

相邻电子传递体接受电子后呈还原态,当它把电子再传递给下游相邻的电子传递体时,它又转变成氧化态。分子氧是电子传递链中最后的电子受体,当电子经上述电子传递体最终传到分子氧($1/2\ O_2$)时,它便结合周围溶液的 2 个 H^+ 形成细胞呼吸的最终产物 H_2O了。2 个电子从最上游的 NADH 经呼吸链传递到分子氧,释放出的能量可形成 2.5 个 ATP(以前认为是 3 个);2 个电子从最上游的 $FADH_2$ 经呼吸链传递到分子氧,释放出的能量可形成 1.5 个 ATP(以前认为是 2 个)。由于线粒体内膜上发生的磷酸化作用与氧化作用偶联,因此这一过程又称为氧化磷酸化(图 2-20)。

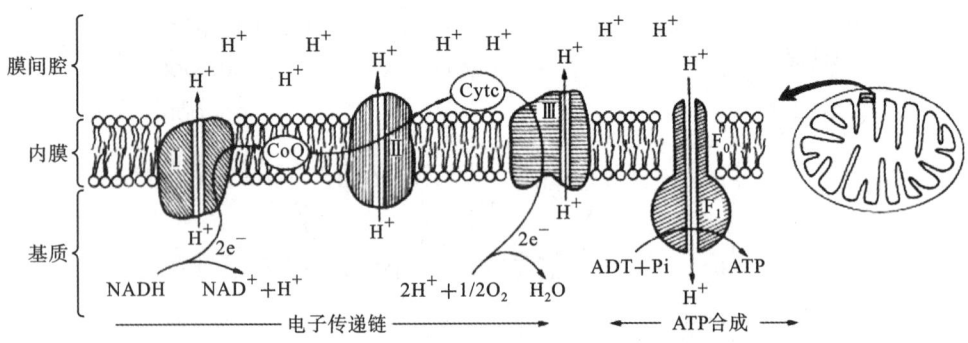

图 2-20　线粒体的氧化磷酸化

1 个葡萄糖分子经过上述的细胞呼吸全过程,共生成多少个 ATP 分子呢? 具体统计如下。

糖酵解:底物水平的磷酸化 ·· 4ATP(细胞质)

己糖分子活化消耗 ·· 一2ATP(细胞质)

产生 2NADH,经过电子传递链生成 ··········· 3 或 5ATP(线粒体)

净积累 ··· 5 或 7ATP

丙酮酸氧化脱羧:产生 2NADH(线粒体),生成 ············· 5ATP

柠檬酸循环:底物水平磷酸化(线粒体) ························· 2ATP

产生 6NADH(线粒体),可生成 ··································· 15ATP

产生 $2FADH_2$(线粒体),可生成 ···································· 3ATP

总计生成 ………………………………………………………… 30 或 32ATP

1分子葡萄糖经过有氧呼吸共形成 30 或 32 个 ATP。整个有氧呼吸过程净产生 30 还是 32 个 ATP 取决于糖酵解阶段产生于细胞质中的 NADH 穿过线粒体膜进入呼吸链时是否消耗能量。按甘油磷酸穿梭穿过线粒体膜需要消耗 2 分子 ATP,按苹果酸-天冬氨酸循环则不需要消耗 ATP。

这 30 或 32 个 ATP 是理论值,实际情况往往少于这个数字。在无氧条件下,柠檬酸循环和电子传递都不可能发生。

(四) 发酵作用

细菌和酵母等微生物在无氧条件下,酶促降解糖分子产生能量的过程称为发酵。

1. 乙醇发酵

葡萄糖经糖酵解产生的丙酮酸,在细胞内的丙酮酸脱氢酶和乙醇脱氢酶的催化下,最终生成乙醇,其反应式如下:

$$2C_3H_4O_3 + 2NADH + 2H^+ \xrightarrow{\text{酶}} 2C_2H_5OH + 2CO_2 + 2NAD^+$$

乙醇发酵的产物乙醇中仍含有许多能量,在有氧条件下可继续被利用。但无氧条件下,乙醇就积累起来,而乙醇对细胞是有毒的,积累到一定浓度时细胞就会死亡。

2. 乳酸发酵

葡萄糖经糖酵解产生的丙酮酸,在乳酸脱氢酶的催化下,利用 NADH 使之还原生成乳酸,其反应式如下:

$$2C_3H_4O_3 + 2NADH + 2H^+ \xrightarrow{\text{酶}} 2C_3H_6O_3 + 2NAD^+$$

乙醇发酵和乳酸发酵所提供的可利用能量只是在糖酵解阶段净得的 2 分子 ATP。葡萄糖分子中原有的大部分键能则存留在乙醇或乳酸中。因此,发酵是产生 ATP 的一种低效途径。但是,乙醇发酵和乳酸发酵都有重要的用途。无氧呼吸对人体也有重要的生理意义。

(五) 各种分子的分解

细胞呼吸的主要底物是葡萄糖,但是食物中并不存在多少游离的葡萄糖。食物中的主要成分是多糖、脂肪和蛋白质。我们获得能量的主要来源是淀粉和一些双糖(如蔗糖)以及脂肪和蛋白质。

图 2-21 所示为食物分解产生 ATP 的过程。食物中的多糖和其他糖类都会转变成葡萄糖而参与糖酵解。消化管中的酶会将淀粉水解,产生葡萄糖,葡萄糖被运入细胞后通过糖酵解和柠檬酸循环被分解。肝和肌细胞中储存的糖原也会被水解成葡萄糖。

蛋白质被用作能量来源时首先被分解为氨基酸,氨基酸去掉氨基后就转变为丙酮酸、乙酰辅酶 A 或柠檬酸循环中的一种酸,最终进入该循环。

脂肪是含能最多的分子,所以氧化时产生的 ATP 也最多。细胞先将脂肪水解为脂肪酸和甘油,然后使甘油转变为糖酵解的中间产物甘油醛-3-磷酸。脂肪酸则转变为乙酰辅酶 A,然后参与柠檬酸循环。

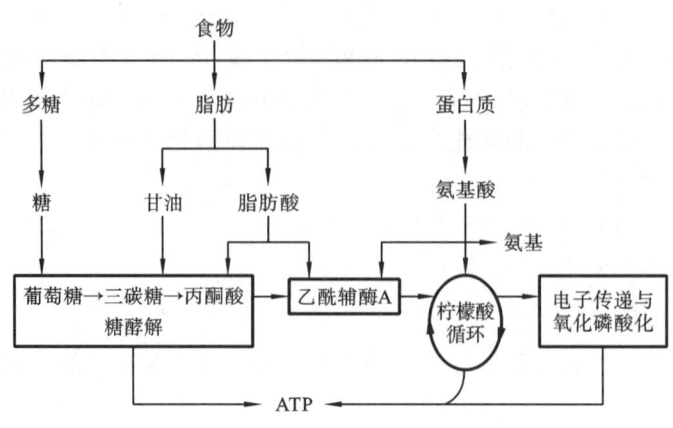

图 2-21 食物分解产生 ATP 的过程

二、光合作用

(一) 光合作用的概念

绿色植物和某些原核生物利用太阳光将 CO_2 和 H_2O 转化成糖的过程叫光合作用。CO_2 通过叶表皮的气孔进入植物体,水分则由根从土壤中吸收而来,二者在阳光作用下,在叶片中合成糖类并释放 O_2。1941 年,应用氧的重同位素(^{18}O)标记 H_2O 或 CO_2,证明了光合作用放出的氧来自 H_2O 而不是 CO_2。这一实验使光合作用通式合理地表示为

$$6CO_2 + 6H_2O^* \xrightarrow[\text{绿色植物}]{\text{光}} C_6H_{12}O_6 + 6O_2^*$$

光合作用对于整个生物界都有重要的意义。从物质转变和能量转换的过程来看,可以说光合作用是生物界最基本的物质代谢和能量代谢,它为地球上的绝大多数生物提供了最初的物质和能量来源。

(二) 光合作用的简单机理

1. 光合色素与光能的捕获

高等植物的叶绿体是由类囊体组成的膜器官,类囊体重叠组成基粒。类囊体是脂双层膜,光合色素位于类囊体膜上。高等植物叶绿体中所含的光合色素包括叶绿素 a、叶绿素 b、胡萝卜素和叶黄素。胡萝卜素和叶黄素都属于类胡萝卜素。叶绿素由卟啉环和叶醇组成,卟啉环的中央有一个镁原子。叶黄素的结构与 β-胡萝卜素十分接近,两者都属于光合作用的辅助色素。

根据功能不同,色素可分为两类:一类是作用中心色素,例如少数叶绿素 a 分子,它具有光化学活性,既能捕获光,又是光能的转换站;另一类是聚光色素,它只有收集光能的作用,将收集到的光能传到作用中心色素。绝大多数的色素(包括大部分叶绿素 a 和全部的叶绿素 b、胡萝卜素、叶黄素)都属于聚光色素。光合色素吸收的日光波长在 380~760 nm,对不同波长的光有不同的吸收强度。叶绿素 a 和叶绿素 b 各有两个吸收峰,一个位于蓝光区,另一个位于红光区,类胡萝卜素的吸收峰都位于蓝光区。上述色素均不吸收或

很少吸收绿光,绿光被大量反射出来,因而植物是绿色的。

叶绿体中的光合色素不是随机分布的,而是有规律地组成许多特殊的功能单位,即光系统。每一光系统一般包含 $250\sim400$ 个叶绿素和其他色素分子。光系统分为光系统Ⅰ和光系统Ⅱ两类,简称 PSⅠ和 PSⅡ。在 PSⅠ中,有 $1\sim2$ 个叶绿素 a 分子高度特化,其最大吸收峰为 700 nm,称为 P_{700},是 PSⅠ的反应中心。PSⅡ的反应中心也是少数特化的叶绿素 a 分子,最大吸收峰为 680 nm,称为 P_{680}。两个光系统之间由电子传递链连接(图2-22)。

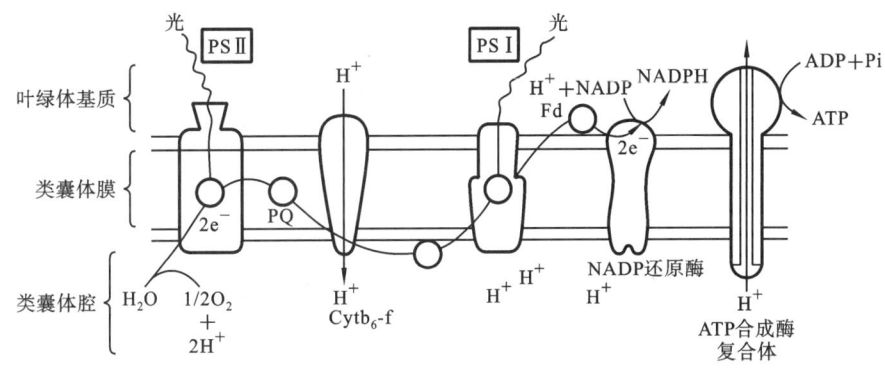

图 2-22　光合作用中的电子传递

2. 光反应

光合作用的机理比较复杂,包括一系列的光化学步骤和物质转变,但并非任何过程都需要光。根据需光与否,可将光合作用分为两个阶段——光反应和暗反应。

光反应是光引起的光物理和光化学反应,是在叶绿体的类囊体片层膜中进行的。光照时,数以百计的聚光色素分子把大量的光能吸收、聚集,通过共振传导迅速传递到 P_{680} 和 P_{700} 分子,使之激发并释放高能电子。在 PSⅠ中 P_{700} 分子释放的电子最后传递给电子传递体 $NADP^+$,生成 NADPH。与此同时在 PSⅡ中,P_{680} 分子释放的高能电子也在一系列电子传递体中传递,最后传给 P_{700},填补 P_{700} 的电子缺失。PSⅡ在吸收光子活化时产生一种强氧化剂,使水裂解放出电子,产生 O_2 和质子,电子用来填补 P_{680} 的缺失。这样两个光系统就合作完成了电子传递、水的裂解、O_2 的释放和 NADPH 的生成。激发态电子沿传递链上的一系列电子受体传递并推动 ADP 变成 ATP(光合磷酸化作用),这样光能就转换为活跃的化学能(图 2-22)。

在光反应中,主要是叶绿体捕获光能并将能量用来合成 NADPH 和 ATP 等,在这一过程中产生了 O_2,释放到体外。其总反应式可表示如下:

$$H_2O+NADP^++Pi+ADP \xrightarrow[\text{叶绿体}]{\text{光}} O_2+NADPH+H^++ATP$$

3. 暗反应

暗反应是在叶绿体基质中进行的利用光反应捕获的能量(NADPH、ATP),将 CO_2 固定、还原成糖类的酶促反应,即将活跃的化学能转换为稳定的化学能,积存于有机物中的过程,也称为碳同化。这个过程不依赖于光照,无光、有光条件下都能够进行,与光无直接关系,所以叫暗反应。它利用光反应的产物 NADPH 和 ATP 作为能源,使 CO_2 还原成糖类,同时 NADPH 再被氧化成 $NADP^+$,而 ATP 再次分解为 ADP 和磷酸。暗反应可以用以下通式表示:

$$CO_2 + NADPH + H^+ + ATP \longrightarrow C_6H_{12}O_6 + NADP^+ + ADP + Pi$$

现已阐明高等植物的碳同化有三条途径,即 C_3 途径、C_4 途径和 CAM 途径。其中 C_3 途径是碳同化最重要、最基本的途径,只有这条途径才具有合成淀粉等有机物的能力。其他两条途径只能起固定和转运 CO_2 的作用,不能单独形成淀粉等产物。

(1) C_3 途径 C_3 途径是所有植物进行光合碳同化所共有的基本途径,它包括一系列复杂的反应,可概括为三个阶段,即羧化、还原和 RuBP 再生阶段(图 2-23)。这个过程是美国科学家卡尔文(M. Calvin)等人在 20 世纪 40 年代至 50 年代阐明的,所以也称为卡尔文循环。

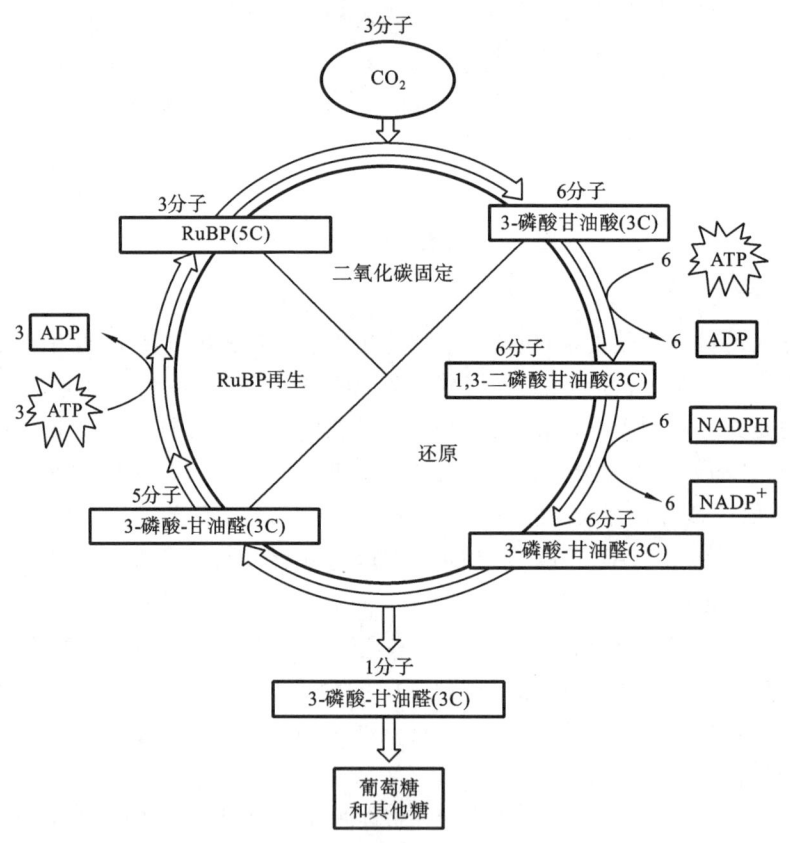

图 2-23 C_3 途径(卡尔文循环)

① 羧化阶段:在叶绿体基质中的 CO_2 羧化酶(1,5-二磷酸核酮糖羧化酶,Rubisco)作用下,CO_2 与 1,5-二磷酸核酮糖(简称 RuBP)分子结合,进而形成 2 分子 3-磷酸甘油酸(一种三碳化合物)。

② 还原阶段:在 ATP 和 NADPH 的参与下,经过磷酸化和脱氢两步反应将 3-磷酸甘油酸还原为 3-磷酸甘油醛。

③ RuBP 再生阶段：通过一系列复杂的酶促反应，3-磷酸甘油醛一部分形成糖类和细胞内的其他成分，大部分又重新转变为 RuBP，继续进行 CO_2 的固定、还原等一系列反应，使循环重复进行。

因此，C_3 途径的产物是 3-磷酸甘油醛（三碳的丙糖），再由 2 个 3-磷酸甘油醛分子化合成己糖，这一循环需要 3 次才能固定 3 个 CO_2 分子，生成 6 个 3-磷酸甘油醛分子，其中 1 个用来合成糖类，这 1 个是净收入，其余 5 个用来产生 3 个 RuBP 分子保证再循环。总之，C_3 途径是以光反应合成的 ATP 及 NADPH 为动力，推动 CO_2 的固定还原。每循环一次只能固定 1 个 CO_2 分子，循环 6 次才能把 6 个 CO_2 分子同化为 1 个己糖分子。

（2）C_4 途径　20 世纪 60 年代发现，某些热带或亚热带起源的植物中，除了具有 C_3 途径外，还存在着另一个独特的固定 CO_2 的途径，它们固定 CO_2 的最初产物是草酰乙酸（四碳化合物），所以称为 C_4 途径。草酰乙酸后来转变为 C_4 酸（苹果酸或天冬氨酸），C_4 酸转移到维管束鞘细胞，维管束鞘细胞中的 C_4 酸脱羧产生 CO_2，CO_2 通过 C_3 途径还原为糖类。具有这种途径的植物称为 C_4 植物，如甘蔗、玉米、高粱等。C_4 植物的叶脉周围有一圈含叶绿体的维管束鞘细胞，其外面又有环列着的叶肉细胞，C_4 植物对 CO_2 的固定是由这两类细胞密切配合而完成的，其利用 CO_2 的效率特别高，即使 CO_2 浓度很低时，也可固定 CO_2。因此，这类植物积累干物质的速度很快，为高产型植物。

（3）CAM 途径　生长在干旱地区的景天科等肉质植物的叶子，气孔白天关闭，夜间开放，因而夜间吸入 CO_2，在磷酸烯醇式丙酮酸羧化酶（PEPC）的催化下，与磷酸烯醇式丙酮酸（PEP）结合，生成草酰乙酸，进一步还原为苹果酸。白天 CO_2 从储存的苹果酸中经氧化脱羧释放出来，参与 C_3 途径，形成淀粉等。所以这类植物在夜间有机酸含量很高，而糖含量下降；白天则相反，有机酸含量下降，而糖分增多。这种有机酸日夜变化的类型，称为景天科酸代谢（CAM），具有景天科酸代谢的植物称为 CAM 植物，如景天、落地生根等。CAM 途径与 C_4 途径相似，只是 CO_2 固定与光合作用产物的生成在时间及空间上和 C_4 途径不同而已。

植物通过以上三种途径利用 CO_2 和水合成糖类。光合作用中从 CO_2 到己糖的总反应式可表示如下：

$$6CO_2 + 12NADPH + 12H^+ + 18ATP + 12H_2O \longrightarrow C_6H_{12}O_6 + 12NADP^+ + 18ADP + 17Pi$$

（三）光呼吸

光呼吸是指绿色植物在光照条件下，吸收 O_2、释放 CO_2 的呼吸过程。叶绿体中的 1,5-二磷酸核酮糖羧化酶具有双重作用，既能催化 CO_2 与 RuBP 结合，又能催化 O_2 与 RuBP 结合。在 CO_2 浓度低、O_2 浓度高时，此酶催化 O_2 与 RuBP 结合生成三碳的 3-磷酸甘油酸和二碳的 2-磷酸乙醇酸，后者水解生成乙醇酸和无机磷酸，乙醇酸进入过氧化物酶体被氧化，氧化产物进入线粒体释放出 CO_2，这就是光呼吸的全过程。

光呼吸与一般生活细胞的呼吸作用显著不同，是在光刺激下释放 CO_2 的现象，它往往将已固定的大约 30% 的碳又变成 CO_2 释放出去，所放出的能量也不能以 ATP 的形式储存起来，而是以热的形式散失掉，是一个消耗光合产物的过程，对光合产物的积累很不利。但光呼吸对植物本身可能具有一定的积极意义。

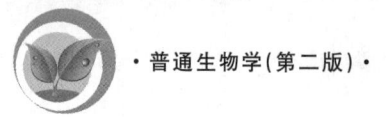

三、生物固氮

某些微生物可利用 ATP 和 NADPH 将空气中游离的 N_2 固定转化为含氮化合物,这一过程称为生物固氮。

生物固氮主要是由三类微生物来完成的。第一类是自生固氮微生物,包括一些细菌和蓝藻。第二类是与其他植物(宿主)共生的微生物,例如与豆科植物共生的根瘤菌,与非豆科植物共生的放线菌,以及与水生蕨类满江红共生的鱼腥藻等,其中,根瘤菌最重要。第三类是联合固氮微生物,必须生活在植物的根际、叶面或动物肠道等处才能进行固氮,如固氮螺菌、雀稗固氮菌等,这些固氮微生物和植物之间具有一定的专一性,但是不形成根瘤那样的特殊结构。

生物固氮至少需要以下几个条件:ATP,这些能量来自氧化磷酸化或光合磷酸化;还原力及其载体,在体内进行固氮时,还需要一些特殊的电子传递体,其中主要的是铁氧还蛋白和黄素氧还蛋白,铁氧还蛋白和黄素氧还蛋白的电子供体来自 NADPH,受体是固氮酶;固氮酶,其结构比较复杂,由铁蛋白和钼铁蛋白两个组分组成;Mg^{2+};严格的厌氧微环境。

生物固氮过程见图 2-24。

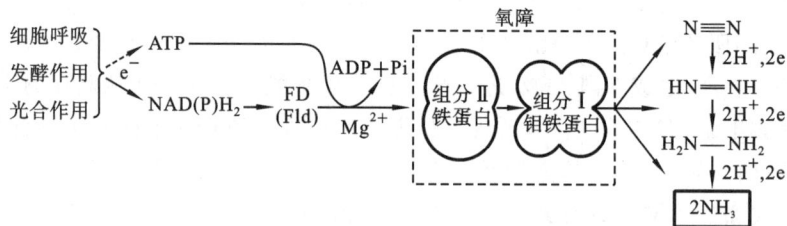

图 2-24 生物固氮的生化途径

氨是生物固氮的最终产物,分子氮被固定为氨的总反应式如下:

$$N_2 + 8H^+ + 8e^- + 16ATP \xrightarrow{\text{固氮酶}} 2NH_3 + H_2 + 16ADP + 16Pi$$

生物固氮虽然可以利用固氮酶作用得到可利用的氮,满足植物需要,但是从上述反应式可见,固氮酶固定 1 分子 N_2 要消耗 8 个电子(e^-)和 16 个 ATP。据计算,高等植物固定 1 g N_2 要消耗有机碳 12 g。如何减少固氮所需的能量投入是生物固氮研究中亟待解决的问题。

 本章小结

细胞是生命活动的基本结构与功能单位。细胞多种多样的形态总与其功能相适应。真核细胞具有真正的细胞核,具有许多由膜包被或组成的细胞器。原核细胞与真核细胞最主要的区别是原核细胞不具有完整的细胞核及高度发达的细胞器而真核细胞具有。

细胞分裂是细胞繁殖的方式,包括无丝分裂、有丝分裂和减数分裂三种方式。通过细胞分裂,再经过细胞分化,朝着不同的方向发展,会导致组织、器官和系统的形成以及生物体的复杂化。根据细胞分化的发育潜能,将干细胞划分为全能性干细胞、多能性干细胞和单能性干细胞三种类型。

代谢是生物体内所有生物化学反应过程的总称。细胞呼吸、光合作用和生物固氮作用等是地球上最重要的生物化学反应。

 复习思考题

1. 为什么说细胞是生命活动的基本单位?

2. 试比较原核细胞与真核细胞、植物细胞与动物细胞、线粒体与叶绿体,它们分别有哪些共同点与不同点。

3. 简述真核细胞各细胞器的结构与功能。

4. 有丝分裂和减数分裂的共同点与差别是什么?

5. 有些既能进行无性生殖又能进行有性生殖的生物,在环境发生不利变化时,往往进行有性生殖。从无性生殖转化为有性生殖,在适应环境方面有哪些优势?

6. 试述细胞分化的内涵。

7. 光合作用与呼吸作用有哪些异同点?

8. 试指出细胞光合作用与呼吸作用各阶段的化学反应发生的部位。

第三章

丰富多彩的生命世界

 知识目标

1. 掌握生命世界的各类群及主要特征；
2. 掌握高等植物各器官的主要特征和功能；
3. 掌握哺乳动物基本系统的组成；
4. 理解动、植物生命活动的调节机理；
5. 了解动物的行为、植物的运动及其意义；
6. 了解微生物与人类的关系。

 技能目标

1. 能够识别一定数量的常见植物；
2. 会选择适当的植物生长调节剂应用于生产实践；
3. 能够举例说明哺乳动物各器官系统的功能；
4. 能够运用动、植物调节机理解释动、植物表现出的生命活动过程；
5. 能举例说明人类生产生活与微生物密不可分的关系。

第一节　郁郁葱葱的植物世界

一、植物类群

　　植物是具有纤维素细胞壁，绝大多数含光合色素，能进行光合自养生活的真核生物。作为生态系统的生产者，绿色植物通过光合作用，最大规模地合成了有机物，储藏了能量，不仅直接或间接地为人类和其他生物提供了食物、能源以及某些工业原料，而且推动了生物圈的物质循环；光合放氧维持空气中氧的含量，并在大气上层形成臭氧层，使需氧生物和其他所有生物得以在地球生存、繁衍。

伴随着地球的演变史,植物经历了由单细胞到多细胞、由简单到复杂、由水生到陆生、由低等到高等的演化和对辐射的适应过程,形成了现今由50多万物种植物构成的五彩缤纷的世界。依据形态结构、生殖方式、生态特性等方面反映出的植物在系统演化上的相互关系,通常将植物分为4个类群:藻类植物、苔藓植物、蕨类植物和种子植物(图3-1)。种子植物又分为裸子植物和被子植物。

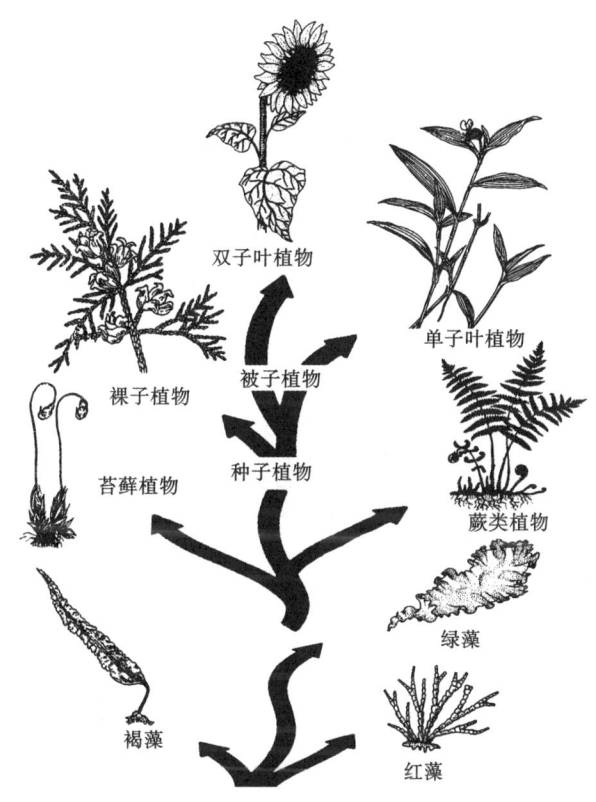

图 3-1　植物的主要类群及进化关系

(一)藻类植物

藻类植物无根、茎、叶的分化,生殖器官多由单细胞构成,有性生殖形成的合子不发育成胚而直接长成新个体。

藻类形态大小悬殊,结构繁简不一,有单细胞的,也有多细胞的。单细胞藻类小到直径仅数微米,而海洋中一种巨藻体长可达 70 m 左右。根据所含色素的差异和其他特征,藻类可分为多个类群。常见类群及其代表植物有衣藻、团藻等绿藻;紫菜、石花菜等红藻;多数无细胞壁,有鞭毛、能运动的裸藻,如囊裸藻;海带、裙带菜等褐藻。

目前已知藻类植物约有 3 万种。它们在自然界中几乎到处都有分布,多数水生,在潮湿的岩石、树干、土壤表面等地方,也有它们的分布。

藻类植物大多含有丰富的蛋白质、脂肪、糖类、盐类以及维生素等。多数为鱼虾和水产养殖业的主要饵料,有的可供人类直接食用,有的可作为提取琼脂、碘、铀及其他贵重金属元素的原料,有的还是重要的中药材。固氮蓝藻作为农业氮源,也有着广阔的开发前景。

(二) 苔藓植物

苔藓植物是一类由水生向陆生过渡的小型高等植物,多生于阴湿环境中。苔藓植物一般较小,大者不过几十厘米,通常看到的植物体(配子体)大致可以分成两种类型:一种是苔类,保持叶状体的形状;另一种是藓类,开始有类似茎、叶的分化。苔藓植物没有真根,只有假根。茎内组织分化水平不高,仅有皮部和中轴的分化,没有真正的维管束构造。叶多数由一层细胞组成,既能进行光合作用,也能直接吸收水分和养料。

苔藓植物的生活史中有明显的世代交替现象。有性生殖器官由多细胞组成,精子借助于水使卵受精形成合子,合子发育成胚,胚再发育成孢子体,孢子体寄生在配子体上。

已知苔藓植物约2.3万种,最常见的代表植物有地钱、葫芦藓(图3-2)等。苔藓植物除在自然界里有形成土壤、保持水土,作监测大气污染指示植物的作用外,许多苔藓植物如大金发藓、仙鹤藓、提灯藓、泥炭藓等均有一定的药用价值。

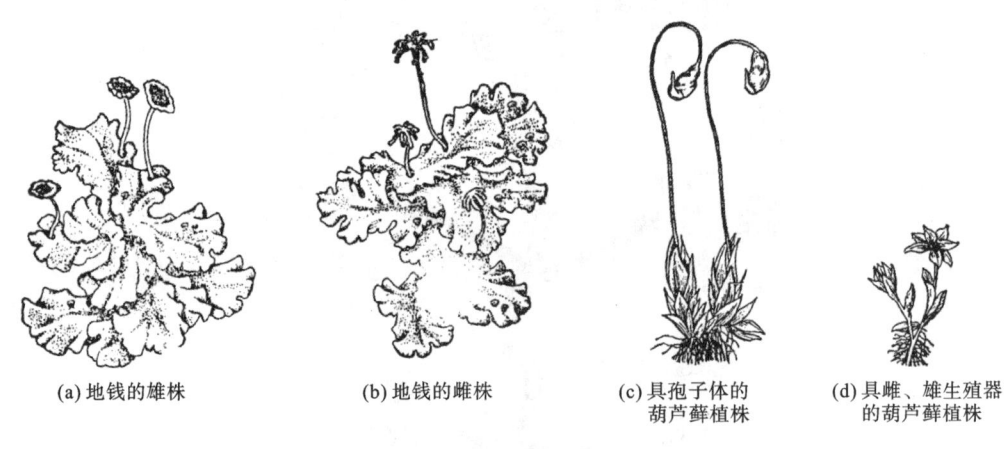

(a) 地钱的雄株　　　　(b) 地钱的雌株　　　　(c) 具孢子体的　　　(d) 具雌、雄生殖器
　　　　　　　　　　　　　　　　　　　　　　　　　葫芦藓植株　　　　的葫芦藓植株

图 3-2　常见的苔藓植物

(三) 蕨类植物

蕨类植物又名羊齿植物,是一类逐渐摆脱水环境的陆生植物。与苔藓植物相比,蕨类植物进化程度较高,主要体现在:①孢子体发达,配子体退化;②孢子体有根、茎、叶的分化;③出现了维管系统,由木质部和韧皮部组成,木质部中含有运送水分的管胞分子,韧皮部中含有运输无机盐和养料的筛胞。能长距离运输水分和养料,并加强了植物体的支撑功能。因而蕨类植物进一步适应了陆生环境,以致一些原始古蕨曾一度成为高大的树木。这些古蕨的遗体形成了地层中的煤炭。

蕨类植物的生殖仍较原始,有性生殖器官与苔藓植物类同,精子有鞭毛,受精作用仍摆脱不了水的束缚。

现存蕨类约1.2万种,除沙漠和海洋外,分布于世界各地,其中绝大多数是草本植物。我国有2 600余种,仅云南省就有1 000余种。常见蕨类植物有可供食用的菜蕨,有可做指示植物的芒萁,有可入药的贯众、江南卷柏、木贼、海金沙等,有可供观赏的肾蕨、翠云草、卷柏等,还有可做绿肥的满江红等(图3-3)。

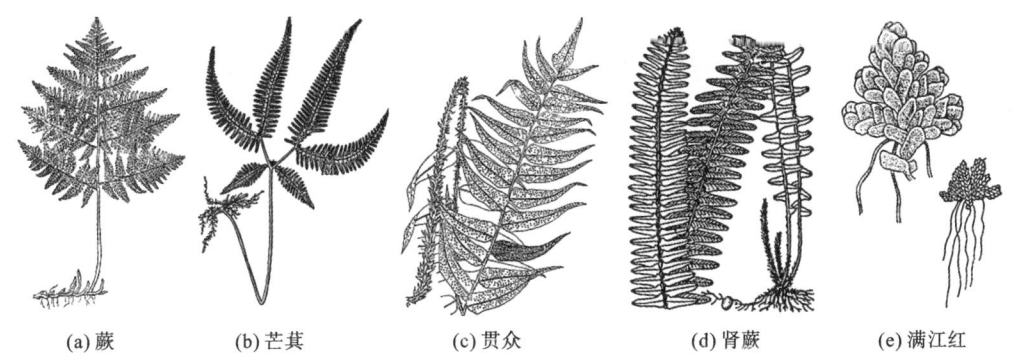

| (a)蕨 | (b)芒萁 | (c)贯众 | (d)肾蕨 | (e)满江红 |

图3-3 常见蕨类植物

(四) 种子植物

种子植物是真正适应陆生生活的高等植物,其进化特征如下。①产生种子,用种子繁殖。种子外被种皮,内有胚和胚乳。种皮能保护胚免受各种不良环境的侵害和适应各种传播方式;胚乳储存营养,供胚发育之需。因此种子比单细胞的孢子具有更强的生命力,有利于种子植物在陆地繁衍。②形成花粉管,精子由花粉管直接送达卵子附近完成受精过程。以上两点,使种子植物的有性生殖完全摆脱了对外界水环境的依赖,因而能成为真正的陆生植物。③生活史中,孢子体极发达,配子体完全寄生在孢子体上。

根据种子外面有无包被,将种子植物分为裸子植物和被子植物两大类。

1. 裸子植物

裸子植物(gymnospermae)是种子植物的低等类型。其主要特征如下。①孢子体发达,均为多年生木本植物,且多为乔木。叶多为针形、条形或鳞片状。②花单性,无花被,胚珠和由它发育而成的种子是裸露的。

现存裸子植物约800种,我国是裸子植物种类最多、资源最丰富的国家,约有240种。其中不少是第三纪的孑遗植物,或称"活化石"植物。银杏、金钱松、黄山松、银杉、台湾杉木、水杉、侧柏、红豆杉等为我国特有树种。

2. 被子植物

被子植物(angiospermae)约有30万种。其进化特征如下。①孢子体进一步完善和多样化。有各种木本、草本、藤本。②具有真正的花。花形态多样、颜色各异,适应于各种传粉方式。③产生了果实。种子包被在果实中得到很好的保护,并有利于种子的散布。④具有双受精现象。以三倍体的胚乳提供营养,使后代具有更强的生命力。⑤配子体进一步简化。

这些特征使被子植物对陆生环境的适应更为完善,从而获得生存竞争的绝对优势而成为植物界最高级、最繁盛、种类最多的类群。被子植物的产生,使地球上第一次出现色彩鲜艳、类型繁多、花果丰茂的景象,使得直接或间接地依赖植物为生的动物界(尤其是昆虫、鸟类和哺乳类)获得了相应的发展,迅速地繁茂起来。

根据胚内子叶数目,被子植物又可分为双子叶植物和单子叶植物两大类群,其区别见

表 3-1。

表 3-1　双子叶植物纲和单子叶植物纲的区别

项　目	双子叶植物纲(木兰纲)	单子叶植物纲(百合纲)
根	主根发达,多为直根系	主根不发达,由多数不定根形成须根系
茎	维管束呈环状排列,有形成层	维管束星散排列,无形成层,通常不能加粗
叶	具网状脉	常具平行脉或弧形脉
花	各部分基数为 4 或 5,极少 3 基数,花粉粒具 3 个萌发孔	各部分基数为 3,极少 4 基数,绝无 5 基数,花粉粒具单个萌发孔
胚	具 2 片子叶(极少 1、3 或 4)	具 1 片子叶(有时胚不分化)

二、植物的形态结构与功能

在植物的各大类群中,被子植物的形态与功能更加完善,与人类的关系也最为密切,因此,本书主要以被子植物为代表,介绍植物的形态结构与功能。

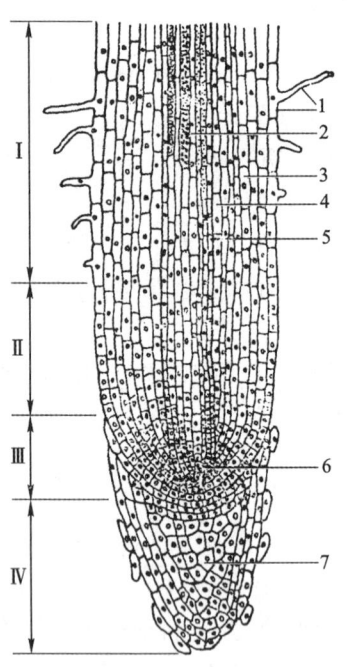

图 3-4　根尖的纵切面

注:Ⅰ—成熟区;Ⅱ—伸长区;
　　Ⅲ—分生区;Ⅳ—根冠;
　　1—表皮及根毛;2—导管;
　　3—皮层;4—内皮层;5—中柱鞘;
　　6—顶端分生组织;7—根冠。

(一) 根

根是植物在长期进化过程中,适应陆地生活逐渐发展和完善的器官,一般位于地下。

1. 根的形态结构

植物长出的第一条根是从种子的胚根发育而来的,这条根称为主根。主根在一定部位生出许多分支,称为侧根,侧根可再次分支,形成多级侧根。除了主根和侧根外,还有一类从茎、叶或胚轴上生出的根,称为不定根。

一株植物地下部分所有根的总和,称为根系。根系有直根系和须根系两种类型。直根系主根发达粗壮,与侧根有明显区别,大多数双子叶植物和裸子植物具有这种根系。主根和侧根无明显区别的根系,或者全由不定根组成的根系,叫须根系。单子叶植物多为须根系,但少数双子叶植物如毛茛、车前等也形成须根系。

从根的尖端到着生根毛的部分叫做根尖。根尖是根生长最活跃的部分,在根的伸长生长、根的吸收、根的分支以及根的组织分化中都起着十分重要的作用。根尖可分为根冠、分生区、伸长区和成熟区(根毛区)四个部分(图 3-4)。

从分生区到成熟区,各区的细胞逐渐分化成熟,形态结构和生理功能各不相同(表3-2)。

表 3-2　根尖分区的结构特点与功能

分　区	外　观	细胞特点	功　能
根冠	帽状	不规则,外围细胞排列松散,具丰富的线粒体、质体、高尔基体和内质网	保护、向重力性
分生区	圆锥状	等径、排列紧密、细胞质浓、细胞器丰富、核大、分裂能力强	分裂、补充新细胞
伸长区	圆柱状	远离分生区的细胞体积较大,细胞沿纵轴方向伸长,液泡化明显,分化程度高	细胞生长和分化
成熟区	柱状,具毛	细胞分化成熟,形成不同的结构层次,适应对水分等的吸收和运输	吸收水分、无机盐

双子叶植物根的初生结构由外向内依次为表皮、皮层、维管柱(图 3-5)。大多数双子叶植物的根在初生结构形成以后,由于形成层细胞分裂,而得以增粗。单子叶植物的根由于没有形成层,因此不能继续增粗。

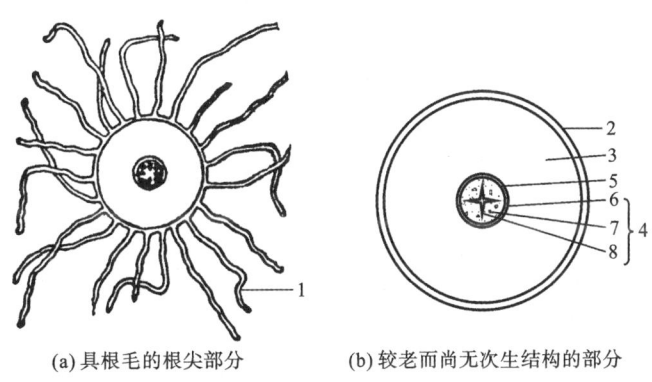

(a)具根毛的根尖部分　　(b)较老而尚无次生结构的部分

图 3-5　根的初生结构横切面图解

注:1—根毛;2—表皮;3—皮层;4—维管柱;5—内皮层;6—中柱鞘;7—初生韧皮部;8—初生木质部。

2. 根的变态

有些植物的营养器官在形态结构上发生变异,以适应不同环境、行使特殊的生理功能,经过长期的自然选择,成为该种植物的遗传特性,这种现象称为变态。根的变态有储藏根(主要功能是储藏营养物质,如萝卜、胡萝卜、甜菜和甘薯等)、气生根(生长在地面以上空气中的根,如玉米的支柱根、常春藤的攀缘根、红树的呼吸根)、寄生根(不定根的变态,如菟丝子)等(图 3-6)。

3. 根的功能

根的主要生理功能是吸收作用,可从土壤中吸收水分以及溶解在水中的无机盐,供植物生长发育所需。根常常反复分支形成庞大的根系,使其具有固着和支持作用,使地上部分的茎、叶得以伸展,稳固地直立于地面。根的薄壁组织比较发达,常为储藏营养物质的场所。有些植物的根能产生不定芽,由不定芽萌发为新枝,从某种意义上理解,根还具有一定的无性繁殖作用。另外,根还有一定的合成作用。据研究,有十余种氨基酸、植物碱及其他含氮有机生理活性物质(如细胞分裂素)是在根内合成的。

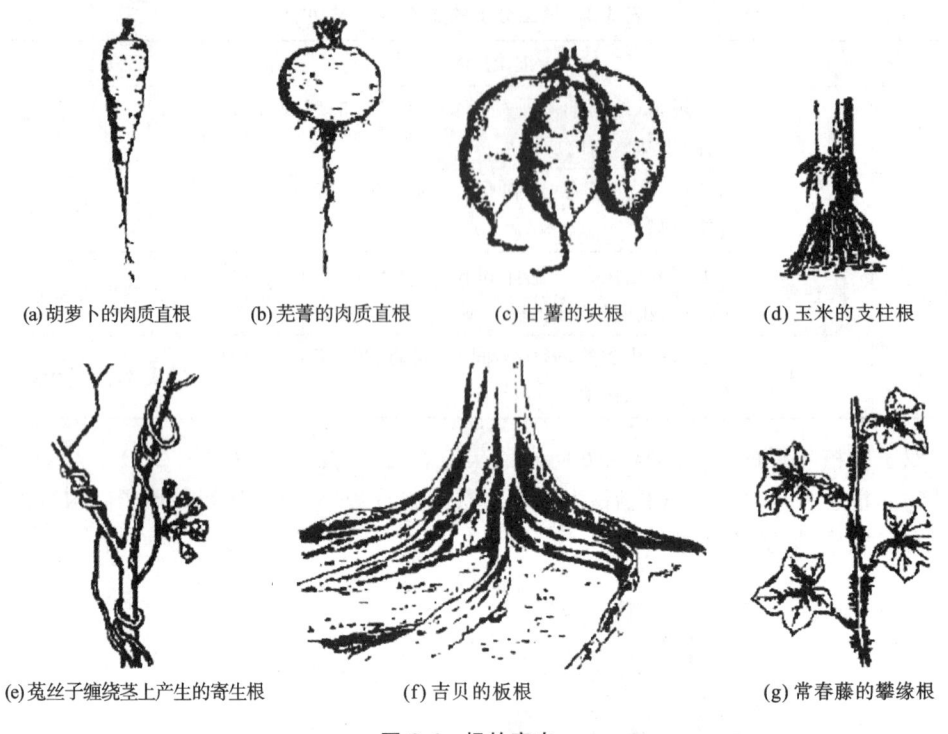

| (a)胡萝卜的肉质直根 | (b)芜菁的肉质直根 | (c)甘薯的块根 | (d)玉米的支柱根 |

| (e)菟丝子缠绕茎上产生的寄生根 | (f)吉贝的板根 | (g)常春藤的攀缘根 |

图 3-6　根的变态

(二) 茎

茎是植物的体轴部分,由胚芽发育而来,大多数植物的茎位于地上。

1. 茎的形态与结构

茎的外形一般呈圆柱形,这与其生理功能及所处环境是相关联的。这样茎可以以最小的面积与空气相接触,有利于减少水分的散失。除此以外,还有三棱柱形的茎,如莎草,方柱形的茎,如蚕豆、薄荷;有些植物的茎还呈扁圆柱形或多角柱形,如昙花、仙人掌类。

茎上着生叶,叶着生的部位称为节。两节之间的部分,称为节间。茎的顶端和叶腋处都生有芽。茎有节和节间,并有芽,易与根的外形相区别。

茎是由芽发育而来的。将芽纵切观察,可见芽的中央有一个轴,叫芽轴,它是未发育的茎。轴的顶端是分生区。在分生区周围有一些突起,是叶原基,将来可发育成叶。在较大叶原基的叶腋内的小突起,叫芽原基,将来发育成腋芽。

双子叶植物茎节间的初生结构可分为表皮、皮层和维管柱三部分(图 3-7)。

茎的初生结构形成以后,由于形成层的活动,形成了次生结构,使茎加粗,从而加强了植物茎的支持和输导能力。

生长在温带的树木受气候变化的影响,每年生长季节的早期,天气转暖,雨量增多,形成层活动旺盛,细胞分裂较快,产生的次生木质部导管大而多,管壁较薄,色浅,木材质地较疏松,称为早材(春材)。在生长季节的后期,天气变冷,雨量较少,形成层活动相应减弱,细胞分裂缓慢,形成的细胞小而壁厚,木纤维增多,色泽较深,木材质地较致密,称为晚材(秋材)(图 3-8)。在横切面上,同一个生长季节形成的早材和晚材之间并无明显的界

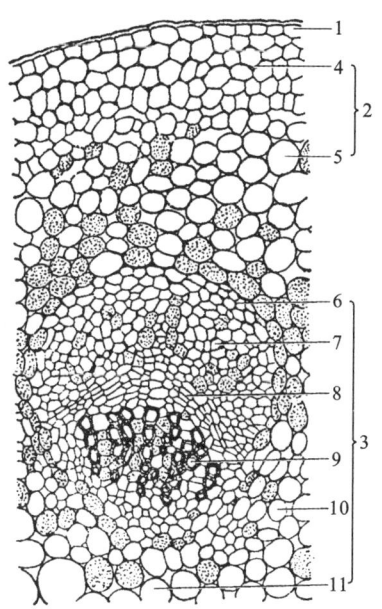

图 3-7 梨茎(木质茎)横切面的一部分(初生结构)

注:1—表皮;2—皮层;3—维管柱;4—厚角组织;5—薄壁组织;6—韧皮纤维;

7—初生韧皮部;8—束中形成层;9—初生木质部;10—髓射线;11—髓。

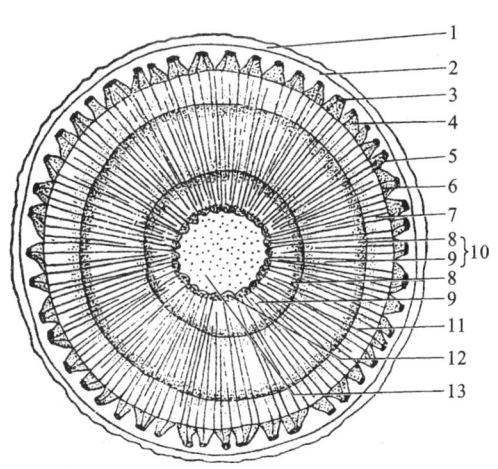

图 3-8 三年生木质茎横切面图解

注:1—周皮;2—皮层;3—初生韧皮部;4—次生韧皮部;5—韧皮射线;6—形成层;

7—第三年木材;8—晚材;9—早材;10—年轮;11—木射线;12—初生木质部;13—髓。

线,是逐渐过渡的,但在上、下两个生长季节的晚材和早材之间,界线明显,形成了一个年轮。根据年轮数目,可推算出树木的年龄。

　　裸子植物的茎都是木本的,其结构与双子叶木本植物茎基本相似,有初生结构和次生结构。但裸子植物茎的结构单一,故木材比较均匀,易与双子叶植物茎相区别。

　　单子叶植物茎的结构与双子叶植物和裸子植物有很大区别。绝大多数的单子叶植物

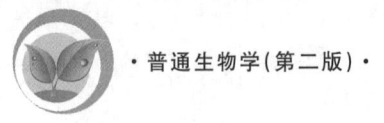

只有初生结构,少数虽有次生加粗生长,但其生长方式与双子叶植物不一样。

2. 茎的变态

茎的变态可以分为变态地下茎和变态地上茎两种类型。

常见的变态地下茎有块茎(如马铃薯、菊芋)、球茎(如荸荠、慈姑)、根状茎(如生姜、莲、竹)、鳞茎(如洋葱、百合)等(图3-9)。

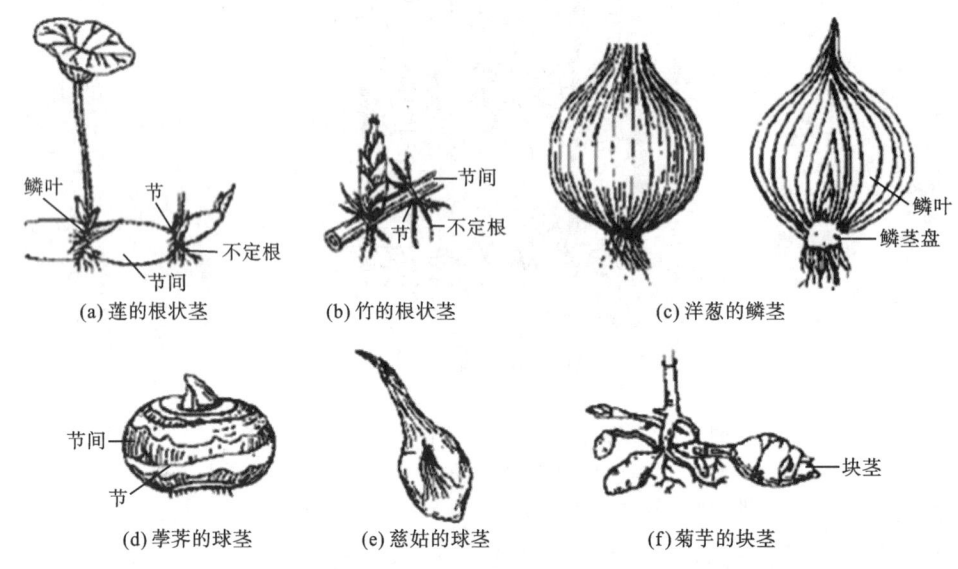

(a) 莲的根状茎　　(b) 竹的根状茎　　(c) 洋葱的鳞茎

(d) 荸荠的球茎　　(e) 慈姑的球茎　　(f) 菊芋的块茎

图 3-9　茎的变态(地下茎)

变态的地上茎有茎刺、茎卷须、叶状茎和肉质茎等(图3-10)。茎上的枝条转变为刺状,称为茎刺(枝刺);缘缘植物的枝条变成卷须,称为茎卷须;多数仙人掌科植物的茎呈肉质状态,称为肉质茎,含有叶绿体,具有光合作用的功能,茎内储藏有大量水分,以适应干旱的环境。

3. 茎的功能

茎的主要功能是运输和支持。茎的下部与根连接,根吸收的水分和无机盐通过茎输送到地上各部分。叶光合作用制造的有机物也通过茎输送到根、花、果实、种子各部分去利用、储藏。茎的输导作用将植物体各部分的活动连成一个整体。茎是植物的中轴,其上部着生叶、花和果实,并支持它们有规律地分布于空间,充分接受阳光而有利于光合作用和蒸腾作用,并使花在枝条上更好地开放而有利于传粉,果实和种子的发育、成熟和传播。同时,还要抵抗气候变化时所增加的外界力量。

有些植物可以形成鳞茎、块茎、球茎、根状茎等变态茎,储藏大量养分,可作食品和工业原料之用。

一些植物常借匍匐茎、地下茎进行营养繁殖。草莓属的匍匐茎向四周生长,当茎节与土壤接触后,即可由节上发生不定根和新芽,最后形成新的个体。很多植物的茎有形成不定根和不定芽的习性,可作营养繁殖。农、林业和园艺工作中用扦插、压条来繁殖苗木,便是利用这种习性。

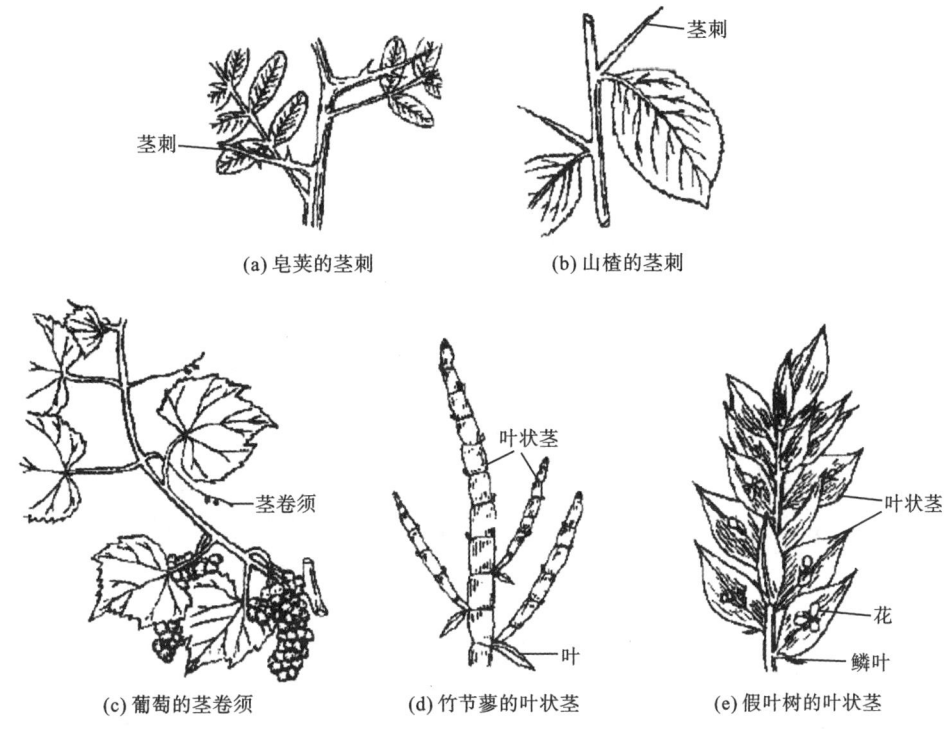

(a) 皂荚的茎刺　　　　(b) 山楂的茎刺

(c) 葡萄的茎卷须　　(d) 竹节蓼的叶状茎　　(e) 假叶树的叶状茎

图 3-10　茎的变态(地上茎)

(三) 叶

叶是植物制造有机养料的重要营养器官,是进行光合作用的主要场所。

1. 叶的形态与结构

叶的大小在不同种类的植物中有很大的不同,例如柏树的叶细小,呈鳞片状,长仅几毫米,而王莲、芭蕉的叶可长达 1～2 m,亚马逊酒椰的叶可长达 22 m,宽 12 m。

植物的叶一般由叶片、叶柄和托叶组成(图 3-11)。具备这三部分的为完全叶,例如棉花、桃和梨的叶。缺少其中任何一部分的叶,称为不完全叶,例如,女贞、丁香等植物的叶没有托叶,莴苣、石竹等植物的叶既无托叶又无叶柄。叶片是叶的

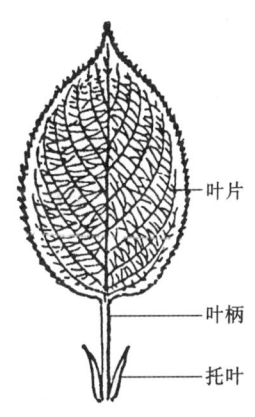

图 3-11　叶的外形

主体,通常绿色扁平,是行使叶功能的主要部分。在叶片内有起支持、伸展和疏导水分及营养物质作用的叶脉。

各种植物的叶都有一定的形态,其形态包括叶形、叶尖、叶基、叶缘、叶序、叶脉等(图 3-12)。

叶有单叶和复叶之分。一个叶柄上只生一个叶片,称为单叶,如桑、桃、棉的叶。一个叶柄上生有两个以上的小叶片,称为复叶。根据小叶的排列方式,复叶可分为羽状复叶、三出复叶、掌状复叶、单身复叶等(图 3-13)。

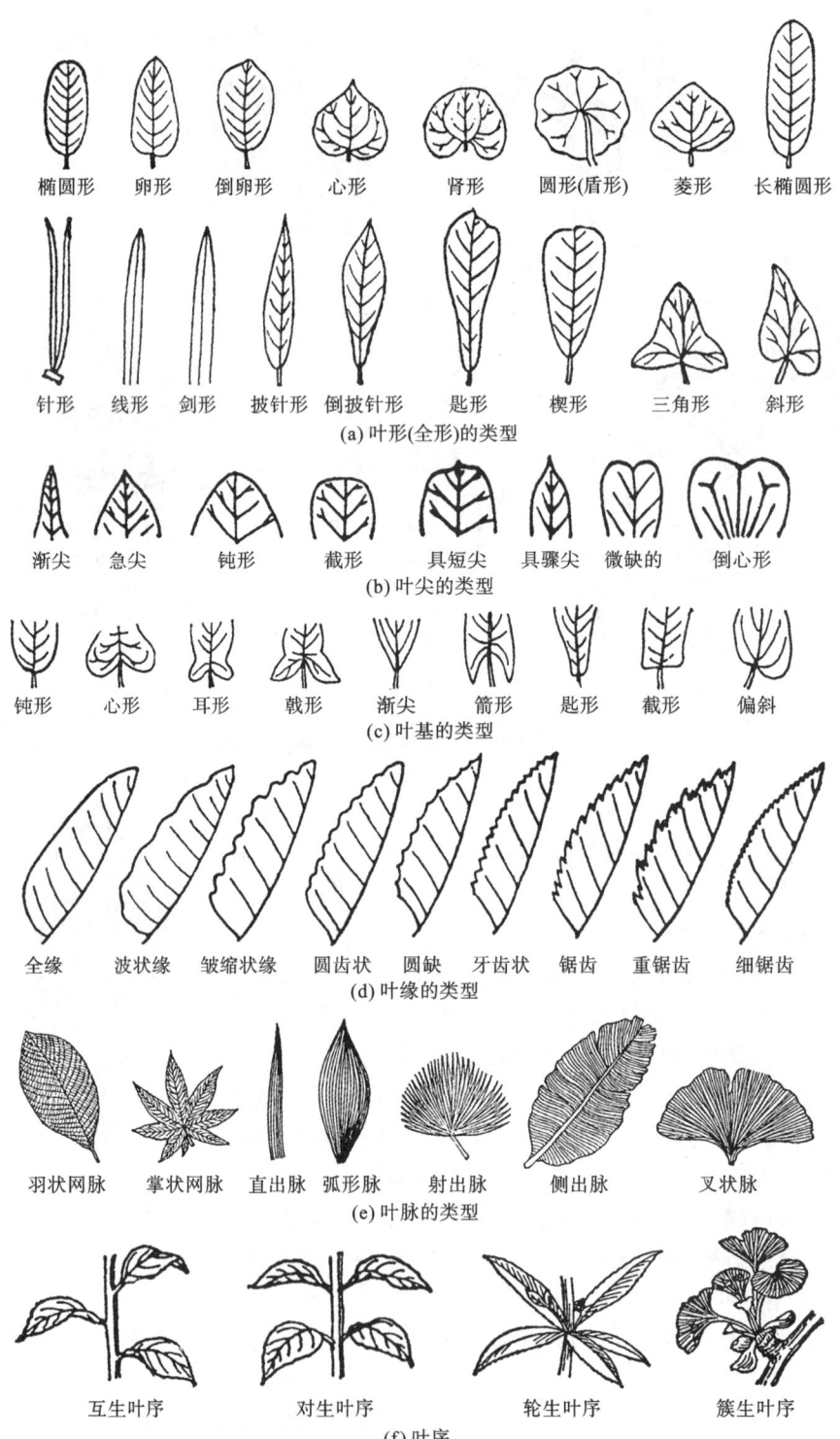

(a) 叶形(全形)的类型

(b) 叶尖的类型

(c) 叶基的类型

(d) 叶缘的类型

(e) 叶脉的类型

(f) 叶序

图 3-12　叶的形态

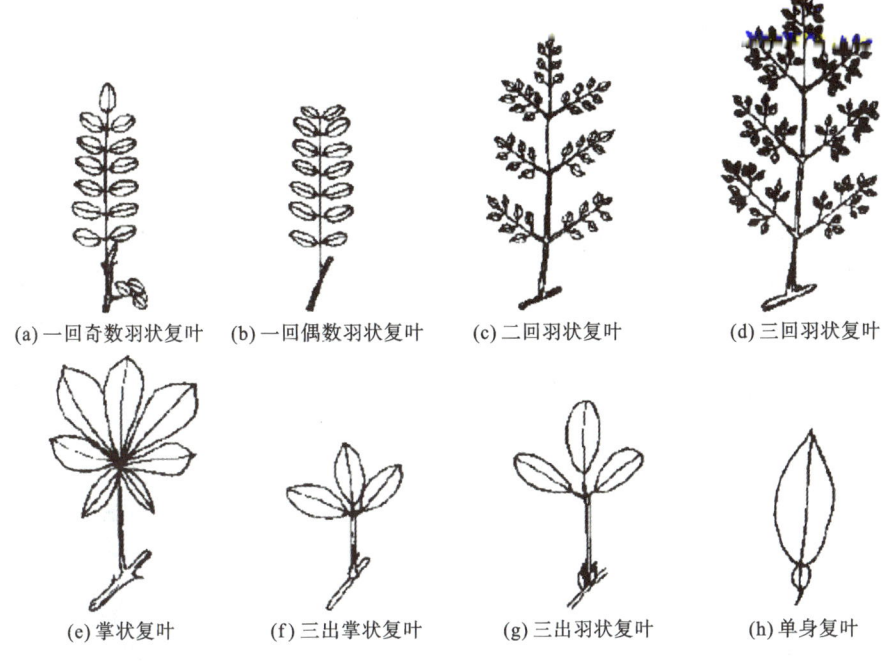

(a) 一回奇数羽状复叶　　(b) 一回偶数羽状复叶　　(c) 二回羽状复叶　　(d) 三回羽状复叶

(e) 掌状复叶　　(f) 三出掌状复叶　　(g) 三出羽状复叶　　(h) 单身复叶

图 3-13　复叶的类型

双子叶植物的叶片由表皮、叶肉和叶脉三部分组成(图3-14)。

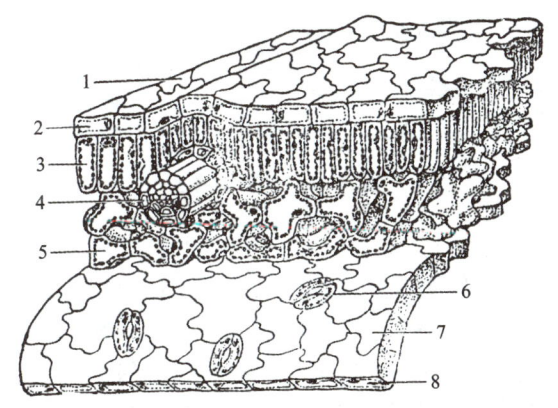

图 3-14　叶片结构的立体图解

注:1—上表皮(表面观);2—上表皮(横切面);3—叶肉的栅栏组织;4—叶脉;
　5—叶肉的海绵组织;6—气孔;7—下表皮(表面观);8—下表皮(横切面)。

　　表皮覆盖于叶片的上、下表面,主要由排列紧密的单层扁平细胞(表皮细胞)所组成,其间分布着气孔器,有的植物表皮上还分布有许多表皮附属物。在横切面上,表皮细胞的外形较规则,呈方形或长方形,外壁较厚,常覆有一层角质层。角质层有较强折光性,可减少强光对植物的伤害,还有减少水分过度蒸腾和防止病菌侵入的作用。气孔器通常由2个保卫细胞及其间的气孔组成,气孔是叶片与外界进行气体交换的通道。

　　叶肉是位于上、下表皮之间的薄壁细胞,细胞内含有大量的叶绿体。根据细胞形态的

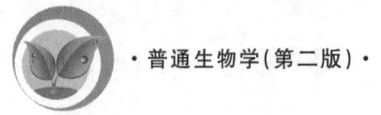

不同，叶肉可分为栅栏组织和海绵组织。栅栏组织是紧贴上表皮的一至数层长圆柱状薄壁细胞，长轴垂直于表皮，排列紧密如栅栏状，细胞内富含叶绿体，光合作用强。海绵组织细胞形状不规则，含叶绿体较少，排列疏松，胞间隙大，光合作用弱，但气体交换和蒸腾作用较强。

叶脉贯穿于叶肉中，具有疏导和支持作用。叶脉中有维管束，包括木质部和韧皮部。

2. 叶的变态

叶的变态包括叶卷须、叶刺、鳞叶等（图3-15）。捕虫植物的叶变成能够捕捉昆虫等动物的特殊变态叶，能分泌黏液和消化液，将落入其中的昆虫消化利用。例如，猪笼草的瓶状捕虫叶。

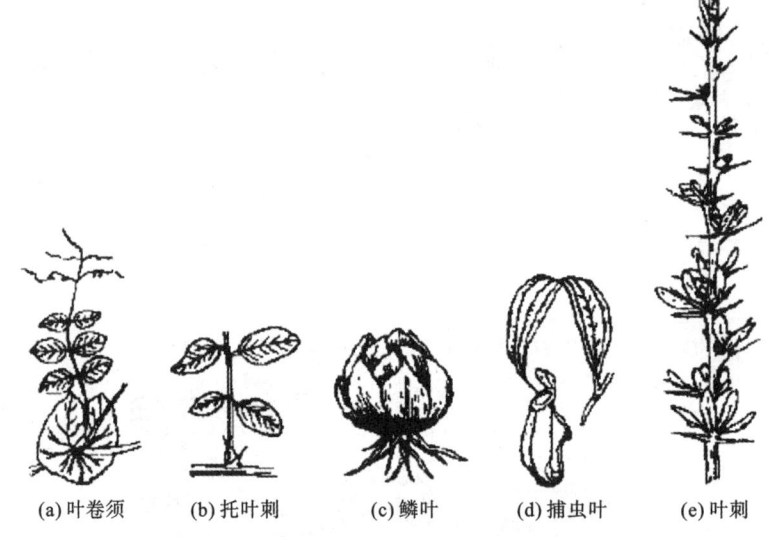

(a) 叶卷须　(b) 托叶刺　(c) 鳞叶　(d) 捕虫叶　(e) 叶刺

图3-15　叶的变态

3. 叶的功能

叶是绿色植物进行光合作用的主要器官。通过光合作用，植物制造自身生长发育所需的葡萄糖，并以此为原料合成淀粉、脂肪、蛋白质、纤维素等。

叶还是蒸腾作用的主要器官。蒸腾作用是根系吸水的动力之一，并能促进植物体内矿物质的运输，还可以降低叶表温度，使叶片免受强光灼伤。

叶表面还具有一定的吸收能力，农业上往叶面喷施农药和肥料就是利用叶的这一功能。

有些植物的叶在一定条件下可以形成不定根和不定芽，繁殖新的植物。此外，有些植物叶变态为叶刺，对植物起保护作用，如仙人掌；有些植物的叶则具有储存养分的作用，如洋葱、百合等的肥厚鳞叶；有些植物的叶变态为卷须，具有攀缘作用，如豌豆等。

（四）花

被子植物发育到一定阶段时，在茎上孕育着花原基并发育为花。从植物系统进化和植物形态学的角度来看，花实际上是一种不分支且节间缩短的、适于繁殖的变态短枝。

52

1. 花的组成

一朵完整的花包括花柄、花托、花萼、花冠、雄蕊群和雌蕊群(图3-16)。

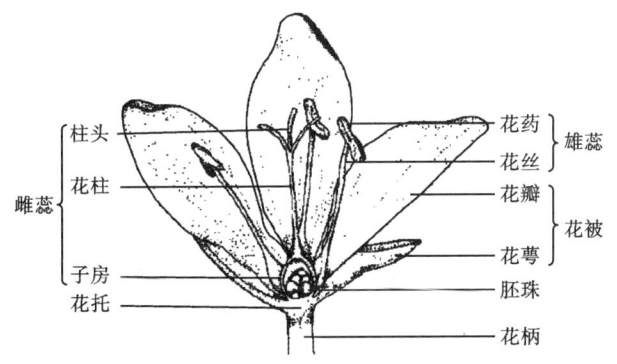

图 3-16 花各部位模式图

(1)花柄:又称花梗,是着生花的小枝,它将花的各部分展布于一定的空间位置,也是花与茎相连的通道。当果实形成时,花柄变为果柄。花柄的有无及长短随植物种类而异。

(2)花托:花柄顶端的膨大部分,其上着生花萼、花冠、雄蕊群和雌蕊群。

(3)花萼:由若干萼片组成,位于花的最外轮,似叶片状。萼片各自分离的称离萼,如油菜;萼片彼此联合的称合萼,如茄子。花萼通常呈绿色,主要有保护花蕾、幼果和进行光合作用的功能。

(4)花冠:位于花萼内侧,由若干花瓣组成,排列为一轮或多轮。因花瓣细胞内含有花青素或有色体而使花冠颜色绚丽多彩。花冠的形状有唇形、蔷薇形、十字形、漏斗形、筒形、舌状等。花冠除了有保护内部幼小雄蕊和雌蕊的作用之外,主要作用是招引昆虫进行传粉。花萼与花冠合称为花被,二者皆备的花为双被花,如油菜、花生;缺一的为单被花,如甜菜、板栗;有的植物花被全部退化,如杨树、柳树等,称为无被花。

(5)雄蕊群:一朵花中所有的雄蕊总称为雄蕊群。雄蕊是花中的雄性生殖器官,包括花药和花丝两部分。花药是花丝顶端膨大成的囊状物,是雄蕊的主要部分,也是形成花粉粒的地方。花丝是连接花药的丝状物,细长呈柄状,基部着生在花托或贴生在花冠上,起支持花药的作用。

(6)雌蕊群:位于花的中央,是一朵花中所有雌蕊的总称。每个雌蕊一般可分为柱头、花柱和子房三部分。柱头位于雌蕊的上部,是承受花粉粒的地方,常扩展成各种形状。花柱位于柱头和子房之间,其长短随各种植物而不同,是花粉萌发后,花粉管进入子房的通道。子房是雌蕊基部膨大的部分,外为子房壁,内为1至多个子房室,胚珠就着生在子房室内。受精后,子房、子房壁、胚珠分别发育为果实、果皮、种子。

2. 花序

有些植物的花单独着生在茎上,称为单生花,如玉兰、郁金香等。大多数植物的花有规律地聚生在茎上,着生花的茎称为花轴,花在花轴上的排列顺序称为花序。根据花在花轴上的排列方式、开放顺序等情况,可将花序分为无限花序和有限花序两类。

(1)无限花序:开花顺序是花轴基部的花先开,渐及上部,花轴顶端可继续生长、延

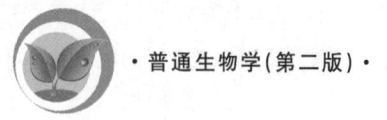

伸。若花轴很短,则由边缘向中央依次开花。无限花序的类型(图 3-17)有总状花序、伞房花序、穗状花序、伞形花序、柔荑花序、圆锥花序、头状花序和隐头花序等。

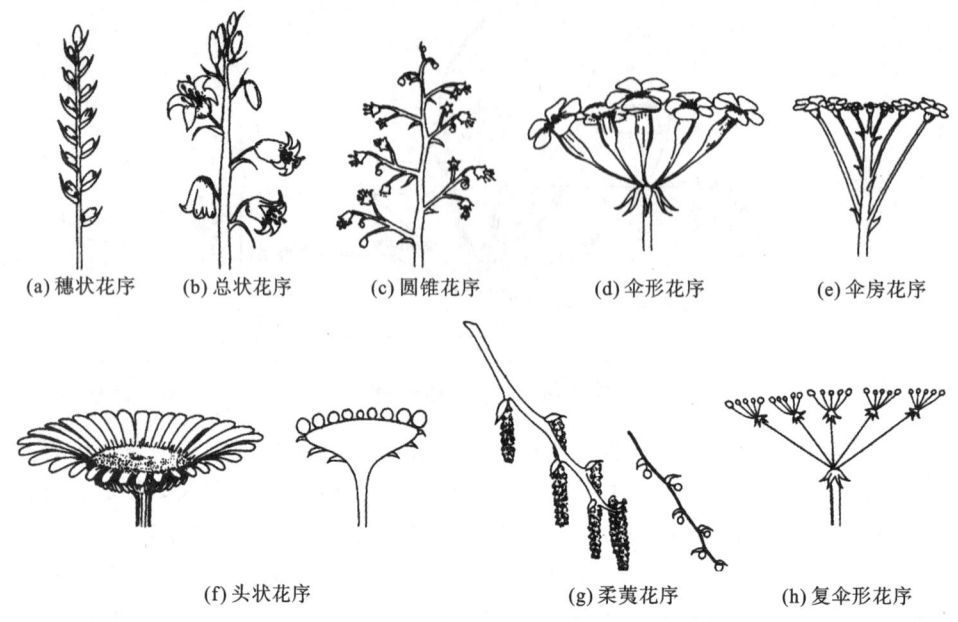

图 3-17　花序类型

（2）有限花序:花轴顶端的花首先开放,限制了花轴的继续生长,从而使整个花序上的花自上而下或由内向外陆续开放。有限花序多为聚伞花序。其类型有单歧聚伞花序、二歧聚伞花序和多歧聚伞花序。

（五）果实和种子

被子植物的花经过传粉、受精之后,雌蕊内的胚珠逐渐发育为种子,与此同时,子房生长迅速,连同其中所包含的胚珠共同发育为果实。

1. 种子

种子的形状、大小和颜色因植物种类不同而差异较大,但其结构是相同的,通常由胚、胚乳和种皮三部分组成。

无论双子叶植物或单子叶植物,种子的成熟胚分化出胚芽、胚轴、胚根和子叶 4 个组成部分。禾本科植物在胚芽和胚根之外还有胚芽鞘和胚根鞘的特殊结构。子叶为暂时性的叶性器官,它们的数目在被子植物中相当稳定。成熟胚只有一片子叶的称为单子叶植物,如小麦、百合等;有两片子叶的称为双子叶植物,如油菜、大豆等。胚是种子的重要组成部分,当种子萌发时,胚芽、胚根和胚轴的细胞就不断进行分裂、生长、分化,使胚迅速形成幼苗,所以胚是植物新个体的雏形。

根据种子成熟时胚乳的有无,可将种子分为无胚乳种子和有胚乳种子。胚乳是种子内储藏营养物质的组织,种子萌发时,其营养物质被胚消化、吸收和利用。有些植物的胚乳在种子形成过程中,其营养物质被胚吸收,转入子叶中储存,所以这类种子在成熟后无胚乳。

种皮是种子外面的保护层。有一些植物的种子,它们的种皮上出现毛、刺、腺体、翅等附属物,对于种子的传播具有重要作用。

2. 果实

受精作用完成之后,花的各部分变化显著。多数植物的花被枯萎脱落(有些植物的花萼可储存于果实之上),雄蕊和雌蕊的柱头、花柱萎谢,仅子房连同其中的胚珠生长膨大,发育为果实。这种单纯由子房发育而成的果实称为真果。真果的外面为果皮,内含种子。果皮由子房壁发育而来,通常可分为外、中、内三层果皮(图3-18)。被子植物中,还有一些种类的植物,它们的非心皮组织也与子房一起共同参与果实的形成和发育,这种果实称为假果。如苹果、梨的果实中,可食用部分主要由花筒发育而来,由子房发育而来的中央核心部分所占比例很小(图3-19)。瓜类的果实也属于假果,其花托与外果皮结合为坚硬的果壁,中果皮和内果皮结合为肉质;桑葚和菠萝的果实由花序各部分共同形成。

正常情况下,植物通过受精才能结实。但也有些植物不经受精也能结实,这种现象称为单性结实,单性结实的果实不产生种子,为无籽果实。

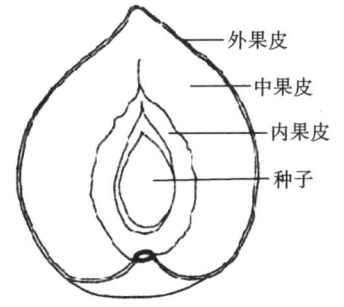

图 3-18　桃果实(真果)的结构

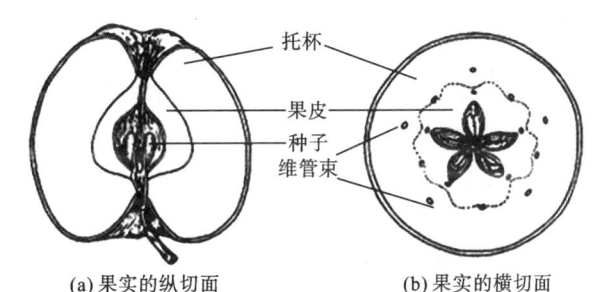

(a)果实的纵切面　　　(b)果实的横切面

图 3-19　苹果的果实(假果)结构

三、植物生长物质

植物在生长发育过程中,除需要大量的水分、矿质元素和有机物作为细胞生命活动的结构和营养物质外,还需要一类微量的有机物质来调节与控制植物体内的各种代谢过程,以适应外界环境条件变化的需要。植物生长物质就是这样一些能够调节植物生长发育的微量物质,它包括植物激素和植物生长调节剂等。

(一) 植物激素

植物激素是指一些在植物体内合成,并从产生之处运送到别处,对植物的生长发育产生显著作用的微量有机物质。达尔文父子(Charles Darwin 和 Francis Darwin)研究植物的向光性导致了第一种植物激素——生长素的发现,后经多位科学家的努力,终于证实引起植物产生向光性的化学物质是吲哚乙酸。

目前已确定的存在于植物体内的激素有 5 类,如表 3-3 所示。表中的生长素、细胞分裂素和赤霉素都不是一种物质,而是一类结构和功能都相似的物质。

表 3-3　植物激素主要功能与存在部位

名　　称	主　要　功　能	存　在　部　位
生长素	促进茎的伸长,影响根的生长、分化和分支以及果实的发育,顶端优势,向光性和向重力性	顶芽和根尖的分生组织,幼叶,胚
细胞分裂素	影响根的生长和分化,促进细胞分裂和生长,促进萌发,延缓衰老	在根、胚或果实中合成,由根向其他器官运输
赤霉素	促进种子萌发、芽的发育、茎的伸长和叶的生长,促进开花和果实发育,影响根的生长和分化	顶芽的分生组织,幼叶,胚
脱落酸	抑制生长,使气孔在失水时关闭,维持休眠	叶、茎、根和未成熟果实
乙烯	促进果实成熟,抵消生长素的某些作用,促进或抑制根、叶和花的生长和发育,因物种而异	成熟中的果实、茎的节间和失水的叶子

1. 生长素类

吲哚乙酸(IAA)是生长素类中最重要的一种植物激素。现已证明,除了吲哚乙酸以外,植物体内还有其他生长素类物质,例如,苯乙酸(PAA)、4-氯-3-吲哚乙酸(4-Cl-IAA)、吲哚丁酸(IBA)等。生长素的主要功能是促进发育中的幼茎伸长。

吲哚乙酸主要是在植物茎的顶端分生组织中合成,然后由顶端向下运输,使细胞伸长从而促进茎的生长。促进细胞的纵向伸长是生长素的主要生理作用。因为生长素能够使细胞壁软化和松弛,增加细胞的可塑性和渗透性,加强吸水能力,使液泡加大,体积扩大,因而实现了细胞纵向生长。

生长素对生长的作用具有双重特点,即生长素在较低浓度下可促进生长,而高浓度时则抑制生长。图 3-20 为吲哚乙酸的浓度对茎和根生长的影响。当吲哚乙酸的浓度在一定范围时,它促进茎的伸长,但到一定浓度(图中为 0.9 g/L 时),则抑制茎的生长。这种抑制作用之所以发生,大概是因为高浓度的吲哚乙酸会使细胞合成另一种激素——乙烯,而乙烯起的作用一般是抵消吲哚乙酸的影响。

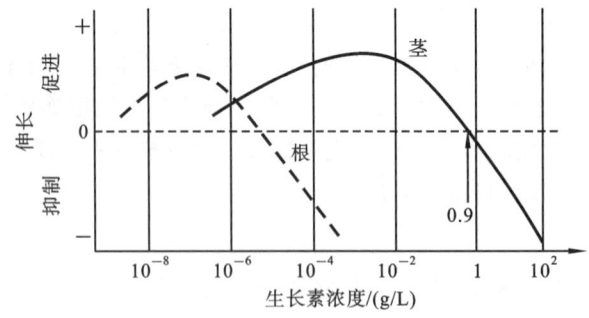

图 3-20　生长素浓度对茎和根伸长的影响

从图 3-20 可以看出,不同器官对生长素的敏感性不一样。不能促进茎生长的低浓度的吲哚乙酸,对根的伸长却有明显的促进作用;反之,对茎的生长起促进作用的吲哚乙酸浓度,却明显抑制根的伸长。这种现象说明:①同一种化学信使在浓度不同时,对同一种靶细胞的作用可能不同;②一定浓度的激素对不同种类的靶细胞,影响可能不同。

生长素不仅能促进根和茎的伸长,也能促进茎长粗,因为它能引起维管分生组织中细胞的分裂,从而引发维管组织的发育。发育中的种子也能产生吲哚乙酸,从而促进果实的生长。喷洒人工合成的类似生长素物质,可以不经过受精作用而形成果实。用这种方法可以获得番茄、黄瓜、茄子等的无籽果实。

2. 赤霉素类

1926年,日本学者黑泽英一在研究水稻恶苗病时,发现引起该病的赤霉菌能分泌一种刺激水稻植株徒长的物质。这种物质被分离出来后,称为赤霉素(GA)。赤霉素是一种双萜,由4个异戊二烯单位组成。目前已知的赤霉素有120多种。

赤霉素主要分布在植物生长旺盛的部位,如茎端、根尖、嫩叶、果实和种子等。其生理作用主要表现在促进完整植株的伸长,这种伸长只是原有节间的伸长,而不增加节间的数目。

赤霉素和生长素在一起,也能影响果实的发育,可以形成无籽果实,使用最广泛的是用赤霉素溶液喷洒葡萄,不但可以得到无籽葡萄,而且果实也长得特别大。

赤霉素对很多植物的种子萌发也很重要。有些需要经过特殊低温处理才能萌发的种子,用赤霉素处理后不需低温便可萌发。种子中的赤霉素可能是环境信号和代谢作用之间的纽带,它能在环境条件适当时调动休眠胚中的代谢过程,使胚恢复生长。例如,一些禾谷类的种子,在水分条件改善时便会产生赤霉素,动员储藏的养分以促进萌发。刚收获的马铃薯块茎处于休眠状态,很难发芽,不能当年栽种,用1 mg/L赤霉素水溶液处理,即可打破休眠、促进发芽,可满足一年两次栽培的需要。

由于赤霉素能诱导 α-淀粉酶形成,现已经广泛应用到啤酒生产上。过去生产啤酒用大麦芽为原料,用大麦芽的淀粉酶和其他水解酶使淀粉和蛋白质分解,但是大麦发芽要消耗大量的原料,使用赤霉素后,大麦不需要发芽就可以诱导产生 α-淀粉酶,水解淀粉,既节省了粮食,又提高了生产效率。

3. 细胞分裂素类

细胞分裂素(CTK)是促进细胞分裂的激素,已经从植物体内提取出多种细胞分裂素。生长活跃的组织,特别是根、胚和果实,都产生细胞分裂素。根中合成的细胞分裂素会随木质部汁液上运至茎中。

细胞分裂素的生理功能主要表现在促进细胞的分裂与扩大,即可使细胞体积横向扩大,而不是伸长。如用细胞分裂素处理萝卜,可使其叶片明显增大。在农业生产中施用细胞分裂素使叶菜类的叶面积增大,从而增加产量。

在组织培养中,通过调节培养基中细胞分裂素与生长素的比值,可以控制愈伤组织是生根还是发芽。当 IAA/CTK 值较高时,诱导生根,当 IAA/CTK 值较低时,诱导发芽。当二者比例相当时,愈伤组织只生长而不进行分化。

细胞分裂素还能延迟花、果实和叶片等的衰老,给切花喷洒细胞分裂素有利于其保鲜。

4. 脱落酸

许多植物在冬天来临之前叶片就会脱落,或者是遇到不良环境,部分器官就会脱落,生长停止进入休眠。这种变化是由于植物体内产生了一类抑制生长发育的植物激素,即

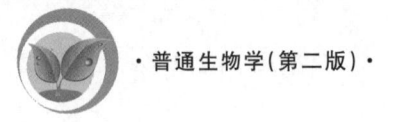

脱落酸(ABA)。

脱落酸是一种以异戊二烯为基本单位组成的倍半萜羧酸。脱落酸广泛存在于维管植物中,各器官都有,但以将要脱落或进入休眠的器官和组织中较多,另外,在逆境条件下含量会迅速升高。

脱落酸的生理作用主要表现在促进脱落和休眠。在自然状况下,秋季日照短,叶中合成脱落酸增加,使芽进入休眠状态。赤霉素和脱落酸都是由异戊二烯结构单位构成,均由甲瓦龙酸转变而来,日照长短决定赤霉素或脱落酸的形成。夏季日照长,产生赤霉素促使植物继续生长;冬季来临前,日照短,产生脱落酸,使植物进入休眠,这是植物对环境的一种适应。北方城市的行道树(如杨树和法国梧桐),在秋季短日来临时纷纷落叶,但在路灯下的植株或枝条,因路灯延长了光照时间,不落叶或落叶较晚。

另外,脱落酸也起着"胁迫激素"的作用,帮助植物协调不利的环境。例如,植物因干旱而失水时,脱落酸就在叶中积累,使气孔关闭,从而减弱了蒸腾作用,也即减少了水分的损失。

5. 乙烯

乙烯(ETH)是一种不饱和碳氢化合物,其结构式为 $CH_2 = CH_2$。乙烯为无色气体,在室温下比空气轻,难溶于水。

我国劳动人民很早就知道利用灶房柴烟气体促使果实成熟和显色,用烟熏可使香蕉催熟。1930 年确认这些气体成分中包含乙烯。1934 年证明了正在成熟的苹果会放出乙烯,这就证明了乙烯可以在植物体内产生,并能排至体外,有催熟作用。

果实的现代催熟方法,就是采摘绿的未成熟果实,然后储存在大箱内并通入乙烯,使果实成熟。番茄就可以用这种方法处理。也可以反过来,将果实储存在箱中,然后通入 CO_2,将乙烯排出,以去除乙烯的作用。或者让 CO_2 气体环流以防止乙烯的积累,用这种方法,可以将秋季采摘的苹果储存到来年夏季。

乙烯能调节 RNA 合成,从而调节水解酶、果胶酶和纤维素酶的合成,引起细胞壁分解,使离区细胞彼此分开,器官脱落。

由于乙烯呈气态,在生产上使用受到了很大的限制。乙烯利是人工合成的具有乙烯生理功能的植物生长调节剂,pH 值在 4 以上时释放出乙烯,在农业上广泛使用。

(二) 其他天然的植物生长物质

除了上述五大类植物激素以外,随着研究的深入,近年来发现植物体内还存在其他天然生长物质,它们同样是以极低的浓度调节植物生长发育过程的有机物质,例如油菜素甾类物质(BRs)、水杨酸(SA)、茉莉酸类(JAs)、多胺类(PAs)等,对植物的生长发育有促进或抑制作用。

1. 油菜素甾类物质

自从 20 世纪 40 年代,在油菜花中发现对菜豆幼苗生长具有强烈促进作用的油菜素内酯(BL)以来,已在植物中发现了 40 余种类似物,这类物质统称为油菜素甾类物质。

BRs 以甾醇为基本结构,是植物体内普遍存在的一大类以甾类化合物为骨架的具生理活性有机物质。从结构上看,它们与昆虫的甾类物质相似,这也从另一个侧面说明动、植物是同源的。

BRs的生理作用主要是促进细胞伸长与分裂。10 ng 的油菜素内酯处理菜豆幼苗第2节间,便可以引起该节间显著伸长弯曲,细胞分裂加快,甚至开裂。油菜素内酯在玉米、小麦等的花期施用,可提高产量,另外还可提高农作物的抗冷性、抗旱性和抗盐性。

2. 茉莉酸类

JAs在植物界广泛存在,被子植物中分布最为普遍,裸子植物、藻类、蕨类、藓类和真菌中也有分布。通常JAs在茎端、嫩叶、未成熟果实、根尖等处含量较高,生殖器官特别是果实比营养器官叶、茎、芽的含量丰富。

JAs的生理效应非常广泛,包括促进、抑制、诱导等多个方面。很多效应与脱落酸的效应相似,但也有独特之处。主要表现在:①提高抗逆性。提高水稻、花生等对干旱、低温和高温的抗性。②防卫反应。JAs既可诱发植物体内的防卫反应,又可作为植株间的信息传递物质,诱发植株间的防卫反应。③抑制生长和萌发。④促进成熟衰老。⑤促进生根。⑥抑制花芽分化。

3. 水杨酸

水杨酸在植物体的分布一般以产热植物的花序较多,在植物组织中,非结合态水杨酸能在韧皮部中运输。

水杨酸是产热植物的起始放热的化学信号。天南星科海芋属开花时温度上升,比环境温度高很多,其原因是佛焰花序开花前,雄花基部产生水杨酸,诱导抗氰的非磷酸化途径活跃,导致剧烈放热。这种现象的生物学意义是:严寒时,花序产热,局部维持高温,适于开花结实;高温有利于花序产生具有臭味的胺类和吲哚类物质蒸发,吸引昆虫传粉。

水杨酸在植物抗病中起着重要作用。一些抗病植物受病原微生物侵染后,会诱发水杨酸生物形成,进一步形成致病相关蛋白,抵抗病原微生物,提高抗病能力。

水杨酸还有其他生理作用,如诱导浮萍开花等。

4. 多胺类

多胺是一类具有生物活性的较小分子脂肪族含氮生物碱化合物,在高等植物中分布广泛。通常,细胞分裂旺盛的部位多胺的生物合成最活跃。

多胺的生理效应主要表现在:①促进生长。休眠的菊芋块茎是不进行细胞分裂的,但是如果在培养基中加入多胺,块茎细胞分裂、生长,并刺激形成层分化和维管束组织形成。②延缓衰老。许多实验证明,多胺可延迟黑暗中的燕麦、豌豆和石竹等叶片和花的衰老。③提高抗逆性。如绿豆在高盐环境下根部腐胺合成加强,由此可维持阳离子平衡,适应渗透胁迫。

多胺在农业上的应用已初见成效,如促进苹果花芽分化、受精,增加坐果率等。

(三) 植物生长调节剂

植物体内天然合成的植物激素含量甚微,难以提取,价格昂贵。除了少数激素(如GA)外,只能用于科学研究,无法大规模用于植物生产。随着研究的深入,利用化学合成的方法成功地合成了许多具有天然激素生理活性的有机化合物。将这些具有植物内生激素作用的人工合成药剂称为植物生长调节剂。植物生长调节剂合成较容易,价格低,效果

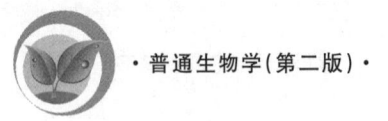

好,可以大规模地应用于农业生产,现已发展为现代农业的一项重要措施。

四、植物运动

高等植物虽然不能像动物那样自由地移动整体的位置,但是它的某些器官在内外因素的作用下可以发生有限的位置移动,这就是植物的运动。高等植物的运动可分为向性运动和感性运动。向性运动是由光、重力等外界刺激而产生的,它的运动方向取决于外界的刺激方向。感性运动是由外界刺激(如光暗转变、触摸等)或内部时间机制而引起的,外界刺激方向不能决定运动方向。

(一) 向性运动

向性运动是由生长引起的不可逆运动。依外界因素的不同,可分为向光性、向重力性、向化性等。

1. 向光性

植物随光照射入的方向而弯曲的反应,称为向光性。蓝光是诱导向光弯曲最有效的光。

植物为什么会发生向光性呢? 在 20 世纪 20 年代提出的 Cholody-Went 模型认为,生长素在向光和背光两侧分布不均匀,所以有向光性生长。20 世纪 80 年代以来,许多学者提出向光性的产生是由于向光和背光两侧抑制物质分布不均匀的观点。

棉花、向日葵、花生等植物顶端在一天中随阳光而转动,呈所谓"太阳追踪",叶片与光垂直,即横向光性,这种现象是由于溶质(包括 K^+)控制叶枕的运动细胞而引起的。

2. 向重力性

向重力性就是植物在重力的影响下,保持一定方向生长的特性。取任何一种植物的幼苗,把它横放,数小时后就可以看到它的茎向上弯曲,而根向下弯曲(图 3-21)。像这种根顺着重力方向向下生长,称为正向重力性;茎背离重力方向向上生长,称为负向重力性;有些植物的地下茎侧水平方向生长,称为横向重力性。

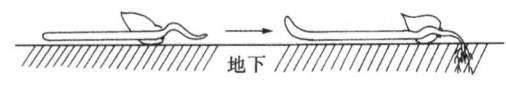

(a)将正在生长的植物横放,不久　　　　　(b)将燕麦幼苗横放,不久胚芽
　 茎尖弯向上方(负向重力性),　　　　　　 鞘弯向上方,根伸入地下
　 根尖弯向地下(正向重力性)

图 3-21　向重力性示意图

植物具有向重力性是有它的生物学意义的。种子播到土中,不管胚的方位如何,总是根向下生长,茎向上生长,方位合理,有利于植物生长发育。禾谷类作物倒伏后,茎节向上弯曲生长,保证植株继续正常生长发育。

3. 向化性

向化性是由某些化学物质在植物周围分布不平均引起的定向生长。植物根部的生长就有向化现象,它们是朝着肥料较多的土壤生长的。植物深层施肥的目的之一,就是使根系向深处生长,分布广,吸收更多养分。在种植香蕉、竹子等植物时,可以采用以肥引芽的方法,把肥料施在人们希望它长苗的空旷地方,以达到使植株分布均匀的目的。

(二)感性运动

感性运动是植物受无定向的外界刺激而引起的运动。感性运动多数属膨压运动,即由细胞膨压变化所导致的。常见的感性运动有感夜性运动、感震性运动和感热性运动。

1. 感夜性运动

许多植物(如大豆、花生、合欢和酢浆草)的叶子(或小叶)白天高挺张开,晚上合拢或下垂。在光的昼夜变化刺激作用下植物体局部(特别是叶和花)产生反应的性质称为感夜性。

植物发生感夜性运动,是由于叶柄基部叶枕的细胞发生周期性的膨压变化。叶片在白天合成较多的生长素,主要运到叶柄下半侧,K^+ 和 Cl^- 也运输到生长素浓度高的地方,水分就进入叶枕,细胞膨胀,导致叶片高挺。到晚上,生长素运输量减少,进行相反反应,叶片就下垂。

此外,蒲公英以及许多菊科植物的花序昼开夜闭,紫茉莉、烟草等花的昼闭夜开,也是由光引起的感夜性运动。

感夜性运动可以作为判断一些植物生长健壮与否的指标。如花生叶片的感夜性运动很灵敏,健壮的植株一到傍晚小叶就合拢,而当植株有病或条件不适宜时,叶片的感夜性运动就表现得很迟钝。

2. 感震性运动

由于震动导致细胞膨压变化而引起的植物器官运动称为感震性运动。含羞草在感受刺激的几秒钟内,就能引起叶枕和小叶基部的膨压变化,使叶柄下垂,小叶闭合,其膨压变化情况类似合欢的感夜性运动。有趣的是含羞草的刺激部位往往是小叶,可发生动作的部位是叶枕,两者之间虽隔一段叶柄,但刺激信号可沿着维管束传递。它还对冷、热、电、化学等刺激作出反应,并以 1～3 cm/s(强烈刺激时可达 20 cm/s)的速度向其他部位传递。另外,食虫植物的触毛对机械触动产生的捕食运动是一种反应速度更快的感震性运动(图 3-22)。

那么,刺激感受后转换成什么样的信号会引起动作部位的膨压变化呢?有两种看法。一种认为是由电信号的传递,诱发了感震性运动,而另一种认为,信号为化学物质。二者都有些证据。现已清楚,含羞草的小叶和捕虫植物的触毛接受刺激后,其中感受刺激的细胞的膜透性和膜内外的离子浓度会发生瞬间改变,即引起膜电位的变化。感受细胞的膜电位的变化还会引起邻近细胞膜电位的变化,从而引起动作电位的传递,当其传至动作部位后,使动作部位细胞膜的通透性和离子浓度改变,从而造成膨压变化,引起感震性运动。对于引起膨压变化的化学信号,已有人从含羞草、合欢等植物中提取出一类叫膨压素的物质,它是含有 β-糖苷的没食子酸,可随着蒸腾流传到叶枕,迅速改变叶枕细胞的膨压,导致

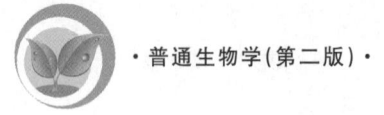

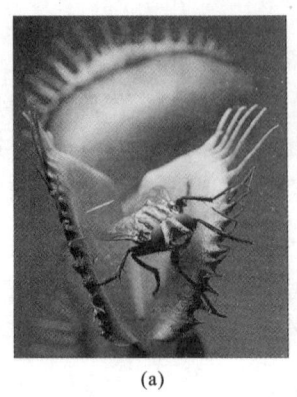 

(a)　　　　　　　　　(b)

图 3-22　捕蝇草捕捉苍蝇

小叶合拢。然而从感震性运动的反应速度来看,似乎动作电位更能作为刺激感受的传递信号。

3.感热性运动

植物因温度变化引起反应性的生长或感性运动称为感热性运动。如郁金香和番红花的花,通常在温度升高时开放,温度降低时闭合。这种感性运动是永久性的生长运动,是由花瓣上下组织生长速率不同所致。花的感热性运动对植物来说是重要的,因为这将使植物在适宜的温度下进行授粉,并且保护花的内部免受不良条件的影响。

第二节　灿烂多姿的动物世界

一、动物类群

动物是大多以吞噬方式摄食现成有机物的一类异养型真核生物,其细胞无细胞壁。伴随着地壳运动、气候的变迁和植物界的演变,动物经历了曲折复杂的进化过程,旧的物种不断灭绝,新的物种不断产生,现已知的动物有 150 多万种。

根据现有资料,动物可能起源于原生生物。相对于原生动物,科学家将多细胞动物称为后生动物。所有后生动物在早期发育阶段都经历了卵裂、囊胚、原肠胚几个相同的发育阶段。其中有一类动物还有神经胚的发育阶段,并且有鳃裂、脊索和背神经管这样一些特征,于是动物又被分成无脊椎动物和脊椎动物。

许多学者将整个动物界分为 34 个门。本节根据从低等到高等的顺序,简单介绍在进化上较重要的几个门类(图 3-23)。

(一)无脊椎动物

无脊椎动物身体的中轴没有脊椎骨构成的脊柱。无脊椎动物主要包括海绵、腔肠、扁形、线虫、环节、软体、节肢、棘皮等门类。

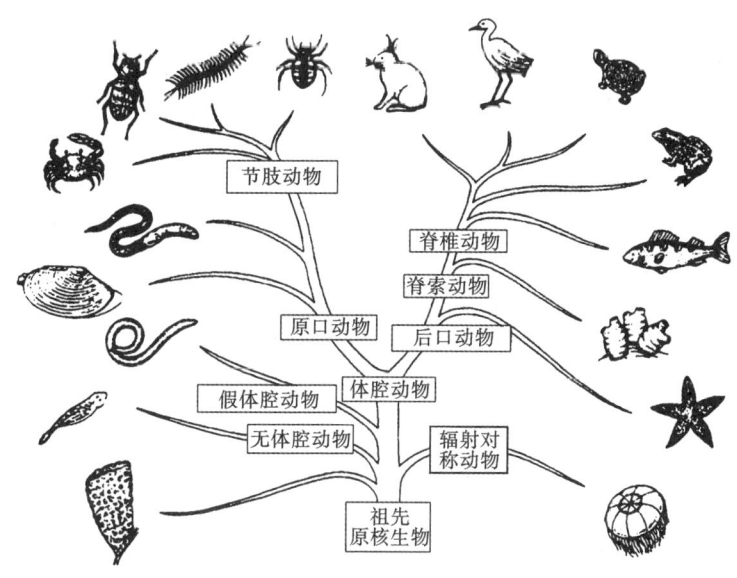

图 3-23　动物的主要类群及进化关系

1. 身体结构简单而多孔的动物——海绵动物

海绵动物又称多孔动物,是最原始、最低等,处于细胞水平的多细胞动物类群,是单细胞动物向多细胞动物演化过程中发展起来的一个侧支。海绵动物大部分生活在海洋中,营固着生活,体形基本上是辐射对称,也有因为附着物的形状或因出芽而导致身体不对称。

水沟系统是海绵动物的主要特征之一,对其固着生活方式十分重要。海绵动物体表有许多入水孔与体内特有的水沟系统相通。通过水流完成摄食、排泄、呼吸、生殖等生理功能。

海绵动物约 5 000 种,其中有 150 余种生活在淡水里。常见种类有白枝海绵、毛壶、偕老同穴、淡水海绵等。

2. 辐射对称的动物——腔肠动物

腔肠动物是进入组织分化和器官发生阶段的动物,在动物系统进化中占重要地位。其主要特征如下。①辐射对称体制:腔肠动物出现了固定的辐射对称体制,即通过动物身体由口面到反口面的中轴,有许多切面可将身体分为两个对称的部分。这是对动物固着生活和漂浮生活的一种适应。②两胚层:体壁由外胚层、内胚层及二者间的中胶层组成。③出现了有口无肛门的原始消化腔和原始的网状神经系统。

现存腔肠动物约 1.1 万种,绝大多数生活于海洋中,少数在淡水中生活,单体或群体生活。水螅是淡水中常见种类。薮枝螅为水螅型群体,生活于浅海中。其他常见的如海月水母、钩手水母等。海蜇中胶层厚,营养价值较高,在我国沿海产量很大,有较高的经济价值。珊瑚是水螅型个体组成的群体,共同分泌的外骨骼即形成珊瑚石,珊瑚岛和珊瑚礁就是由群体珊瑚虫死亡之后,其骨骼逐渐堆积所形成的。

3. 最简单的两侧对称动物——扁形动物

扁形动物是最早出现两侧对称和中胚层的动物,代表动物进化中的一个新阶段。其

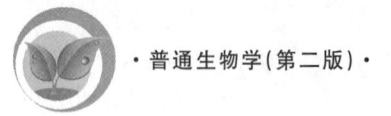

进化特征如下。①两侧对称,即通过身体的中轴只有一个切面可将身体分为左右两个相似的部分。两侧对称促进了身体各部机能的分化,有利于动物的定向运动,提高了对环境的适应能力。②在内、外胚层之间出现了中胚层,中胚层的产生,减轻了内、外胚层的负担,并使动物达到器官系统分化的水平。不仅消化管有了分支,而且出现了排泄系统,生殖系统有固定的生殖腺和生殖管道,神经系统发展成梯形神经系统。

扁形动物约1.2万种。涡虫是自由生活型的扁形动物,栖息于淡水石片下,其消化系统、神经系统和感觉器官都较发达。有的扁形动物营寄生生活,如日本血吸虫、布氏姜片虫、华支睾吸虫、猪带绦虫等寄生虫。华支睾吸虫的幼虫在钉螺体内发育,在水中游动时遇到人体可穿过人的皮肤进入人体内。日本血吸虫成虫寄生于人体肠系血管和肝脏附近的血管中。猪带绦虫成虫寄生于人、畜或其他脊椎动物肠道中。

4. 具有假体腔的动物——线虫动物

线虫动物在消化管和体壁之间出现了假体腔,是假体腔动物中的典型代表,其消化管末端出现了肛门。但这类动物仅仅是动物进化中的一个盲支。自由生活的线虫借体表从外界吸收氧气,同时将二氧化碳排至水中。寄生的线虫可进行厌氧呼吸。

线虫动物约1.5万种。自由生活的种类分布于土壤、淡水和海水中;寄生种类导致人、畜和植物疾病,如蛔虫、蛲虫、十二指肠钩虫、小麦线虫等。

5. 身体同律分节的动物——环节动物

环节动物在动物进化中占有十分重要而突出的地位,是高等无脊椎动物的开始。其进化特征表现在:①身体出现分节现象。身体除头部外,各体节在形态和技能上基本相同,因此称为同律分节。体节的出现是动物体形态构造和生理机能向高一级水平分化发展的基础。②出现了真体腔。真体腔比假体腔进步,它的出现使肠壁有了肌肉层,促进了肠的蠕动,提高了代谢水平。③器官系统进一步完善。出现了闭管式循环系统,提高了运输效率;出现了两端开口的后肾管,加强了排泄机能;神经系统更为集中,为链状神经系统,可控制全身的感觉与运动。

环节动物约9 000种,大多营自由生活,分布于海洋、淡水和土壤中,如各种沙蚕和蚯蚓;少数营半寄生生活,如各种吸血蚂蟥。

6. 模式相同、变化众多的真体腔动物——软体动物

软体动物形态差异很大,生活方式多样,出现了不发达的真体腔,但体制结构基本相同:①身体柔软,不分节,由头、足和内脏团组成。②身体背侧皮肤延伸形成外套膜,由外套膜分泌的石灰质贝壳覆盖于体表。③首次出现了专职呼吸器官——鳃。

软体动物是动物界中第二大类群,已知约11.5万种,广泛分布于海水、淡水和陆地上。大多数种类与人类关系密切。软体动物多肉质,多数是营养珍品,如淡水蚌、田螺,海产的鲍、牡蛎、扇贝、乌贼等。有的可入药,如乌贼的内壳、鲍的贝壳、珍珠等。也有的软体动物对人类有害,如钉螺、船蛆等。

7. 身体分节并有附肢的动物——节肢动物

节肢动物是动物界种类最多、数量最大、分布最广的动物类群,其中一些种类能真正适应陆生生活。其进化特征表现在:①身体分部。一般分为头、胸、腹三部分,身体分部促进了身体各部机能的分化。②附肢分节。节肢动物身体也分节,但与环节动物相比,在形

态和功能上都有较高的分化,称为异律分节。节间具关节,运动极为灵活,并能完成多种功能。③体表被几丁质的外骨骼,具有支持、保护、防止水分蒸发的功能,并供肌肉附着,增强了运动能力。④出现了横纹肌,加强了运动能力。⑤呼吸器官和排泄器官多样化,能适应不同的生活环境。⑥神经系统更集中,神经节随体节愈合而合并。感受器发达。

目前已知的节肢动物超过 100 万种。自由生活的种类广泛分布于水、陆、空,少数营寄生生活。节肢动物可分为三个亚门七个纲,常见种类有各种虾、蟹、水蚤、剑水蚤等甲壳动物,各种蜘蛛、蝎子、蜱等蛛形类,各种蜈蚣、马陆等多足类,苍蝇、蚊子、蝗虫、螳螂、甲虫、蜜蜂、蚕、蝴蝶等昆虫。节肢动物与人类关系极为密切和复杂。

8. 具有内骨骼和水管系统的动物——棘皮动物

棘皮动物是一类古老而特殊的无脊椎动物,又是一类较复杂的高等无脊椎动物,与脊索动物的亲缘关系较近。主要特征:①后口动物,在胚胎发育过程中,胚胎期的胚孔形成肛门,在胚孔的另一端形成口,故称后口;②次生性辐射对称(幼体为两侧对称);③具有中胚层起源的内骨骼,骨片突出体表形成棘状突起,棘皮动物也由此得名。

已知现存棘皮动物约 6 000 种,全部营海洋底栖生活,从浅海到数千米的深海均有分布。常见种类有海参、海胆、海星、海百合等。海胆、海星是研究胚胎发育的好材料,海参是珍贵食品。

棘皮动物在胚胎发育中出现后口,又具有中胚层的内骨骼等。因此,棘皮动物在动物进化上与脊索动物接近,是向脊索动物进化发展的一支动物。

(二) 脊索动物

1. 脊索动物的主要特征及分类

脊索动物是动物界中最高等类群,它的形态结构和生活方式多种多样,但它们都具有三个主要特征:①具有脊索,脊索是位于消化道和神经管之间纵贯身体长轴的一条棒状结构,具支持作用,但高等类型仅在胚胎期出现,以后被脊柱取代;②具背神经管,即位于脊索背面呈管状的中枢神经系统,在高等种类中分化为脑和脊髓;③具咽鳃裂,即咽部两侧壁上成对的裂缝,直接或间接与外界相通,高等类型仅在胚胎期出现。现存脊索动物约4.5 万种。

根据脊索存在情况,脊索动物门可分为 3 个亚门。

尾索动物亚门为海生动物,约 2 000 种。脊索(在尾部)和神经管仅在幼体出现,成体营固着生活,脊索和神经管消失,如海鞘。

头索动物亚门是一类浅海底栖动物,约 25 种。终生保留脊索动物三大特征,脊索纵贯全长达身体最前端,如文昌鱼。这类动物是无脊椎动物向脊椎动物过渡的中间类型。

脊椎动物亚门是脊索动物中数量最多、结构最复杂、进化地位最高的类群,因而也是动物界中进化地位最高的类群。脊椎动物的主要特征:①出现了明显的头部;②绝大多数种类脊索只在胚胎期出现,以后被脊柱取代;③除圆口类外,都具有上、下颌;④除圆口类外,都有成对的附肢;⑤咽鳃裂多见于胚胎期,少见于成年期;⑥内脏器官系统发达完善。

2. 脊椎动物的分类

根据进化地位,又将脊椎动物亚门分为 6 个纲。

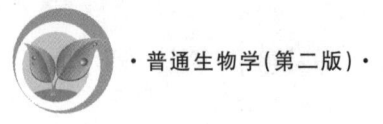

1) 原始的无颌脊椎动物——圆口纲

圆口类是现存脊椎动物中最原始、最低等的类群。它们保留了许多原始特征:无上下颌,因而它们的口无法自由开关;无成对附肢;终生保留脊索,仅有的脊椎骨也只是位于脊索上的软骨片而已,终生没有硬骨。圆口类动物生活于海水或淡水中,寄生或半寄生,如七鳃鳗、盲鳗。七鳃鳗既有海产也有淡水产的,我国黑龙江、松花江均有,头两侧各有7个鳃裂,故名。七鳃鳗头部有一吸盘状的漏斗,口位于漏斗深部,以漏斗吸附于鱼的身上,吸食鱼的血肉。盲鳗为海生,寄生于鱼的体内,以鱼的内脏为食,是渔业大患。

2) 适应水生的低等有颌变温动物——鱼纲

鱼类在结构机能上有许多比圆口类进化的特征:①出现了上、下颌,能主动摄食;②具成对附肢(偶鳍),增强了运动能力;③脊柱代替了脊索,加强了支持、运动和保护的机能。

鱼类还具备适应水生生活的特征:①体多呈纺锤形,体表被鳞,体表黏滑,可减少水中游泳的阻力;②用鳃呼吸;③用鳍运动;④体两侧有侧线,能感受水流的压力和方向。

鱼类是种类最多的一类脊椎动物,现存鱼类约2.2万种,分布在世界各个水域。根据骨骼性质的不同,可分为软骨鱼和硬骨鱼两类。软骨鱼类多海产,约800种,终生软骨,鼻孔和口腹位,鳃裂外露等,如鲨、鳐、鲛等。硬骨鱼类海产或淡水产,骨骼一般为硬骨,鼻和口多位于吻端,鳃裂外有鳃盖骨保护,如青鱼、鲤鱼、鲢鱼、鳙鱼、带鱼、大黄鱼等。

3) 由水生向陆生过渡的变温动物——两栖纲

两栖类初步适应陆地生活的特征有两点:①出现五趾(指)型四肢,头部可上下活动;②成体用肺呼吸。两栖类适应陆地生活还不够完善的特征:①肺呼吸面积小,需辅以皮肤呼吸,皮肤富黏液腺,经常保持湿润,以致不能防止体内水分的蒸发;②水中受精,幼体在水中发育,因而生殖离不开水环境。

现存两栖动物约2 800种,常见种类有中国大鲵(珍稀保护动物)、蝾螈等有尾类,各种蛙和蟾蜍等无尾两栖类。

4) 适应陆栖生活的变温羊膜动物——爬行纲

爬行类进一步适应陆地生活的特征有四点:①皮肤干燥,被以角质鳞或骨板,可防止或减少体内水分蒸发;②头部运动灵活,四肢强壮,指(趾)端具爪,更适于陆上运动;③完全用肺呼吸,出现了胸廓,加强了呼吸作用;④体内受精,产羊膜卵,羊膜卵中有羊膜腔,胎儿在腔内羊水中发育,使生殖完全摆脱了水的束缚,解决了陆上繁殖的问题。因而爬行类能成为真正的陆生动物。

现存爬行动物约6 500种,陆栖或水中生活。常见种类有鳖、蜥蜴、壁虎、石龙子、蛇及我国特有的一级保护动物扬子鳄。爬行类可为人类提供食物、皮革、名贵药物,在维持陆地生态系统稳定性上也有着不可忽视的作用。

5) 适应飞翔生活的恒温羊膜动物——鸟纲

鸟类适应飞翔生活的主要特征有四点:①体型呈流线型,体表被羽毛,可减少飞行中空气的阻力;②前肢特化为翼,为飞行工具;③骨骼多处愈合,气质骨,轻而坚固,颈长且高度灵活;④高效的双重呼吸,能满足飞翔时高耗氧的需要。

现存鸟类约9 000种。鸟类的经济意义很大,而且多数鸟类能捕食害虫,在维持人类生存环境和生态平衡中起着重要作用。

6）哺乳纲

哺乳动物神经系统和感觉器官高度发达、全身被毛、运动快速、恒温、胎生、哺乳。这些进步性特征使之在生存竞争中获得极大优势,广泛适应辐射,形成陆栖、穴居、飞翔、水栖等多种生态类群,成为优于其他动物类群的最高等脊椎动物。

现存哺乳动物约 4 600 种。其中:最原始类群卵生,如鸭嘴兽;较低等类群为有袋类,如袋鼠、袋狼、袋熊等,它们是研究动物适应辐射和趋同进化的重要对象;高等类群具有重大经济价值,如有的可供肉食,有的可做皮革,有的可作为劳力使用,有的是贵重药材,有的是科研上的重要实验动物,哺乳类亦是维护自然界生态平衡的积极因素,也有些种类(主要是啮齿类)危害农林牧业,或传播疾病。

二、哺乳动物的器官系统

哺乳动物体一般由许多器官组成,这些共同完成某种基本生理功能的一系列器官体系叫做系统。根据其生理机能一般分为皮肤系统、运动系统、消化系统、循环系统、呼吸系统、排泄系统、生殖系统、神经系统、内分泌系统及免疫系统。在生物体内,各系统的基本生理活动在神经系统和内分泌系统的调节下相互联系、相互制约,协调完成生物体的生命活动。

(一)皮肤系统

皮肤是一个多功能的结构系统。皮肤覆盖于体表,具有保护、感觉、分泌、排泄、调节体温等功能。身体某些部位的皮肤还会演变成特殊的器官,如毛、蹄、角、汗腺、皮脂腺、乳腺等,称为皮肤的衍生物。

1. 皮肤的结构

哺乳类皮肤由表皮、真皮及皮下组织组成(图 3-24)。

表皮起源于外胚层,是皮肤的外层,由复层扁平上皮组织构成。其厚薄因部位不同而有所差异,凡长期受摩擦和受压处表皮较厚,角化也较显著。典型的表皮自内向外可分为生发层、颗粒层、透明层和角质层。

真皮起源于中胚层,是位于表皮下的多层细胞,由致密结缔组织构成,富含胶原纤维和弹性纤维,互相交错呈网状,使皮肤具有很大的韧性和弹性。真皮内含有较多的血管、淋巴管、神经末梢、汗腺、毛囊、色素细胞等。

真皮的下方有一层由疏松结缔组织和脂肪组织所组成的皮下组织。皮下组织是连接皮肤与肌肉之间的组织,具有保持体温和缓冲机械压力的作用。

2. 皮肤衍生物

1）皮肤衍生的坚硬结构

毛由皮肤角质化而成,分布于大部分体表。露出皮肤以外的叫毛干,埋在皮肤内的叫毛根。毛根外为圆筒状的毛囊所包围,毛发是从毛囊长出来的。毛发的不断生长是

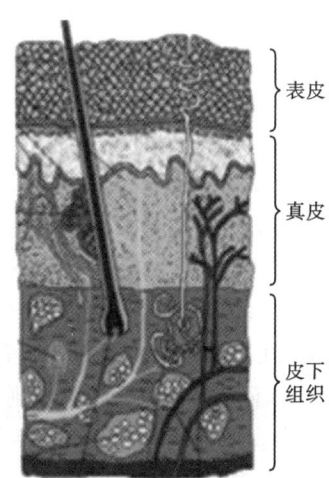

图 3-24 皮肤结构模式图

（右侧标注：表皮、真皮、皮下组织）

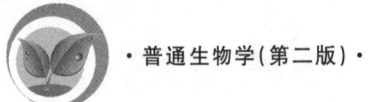

由于毛囊基部的细胞迅速增殖,具有防御、保温的作用。鲸、象、河马等体表无毛,但在胚胎时有胎毛。毛可分为针毛和绒毛两种。针毛长而坚韧,依一定方向着生,具保护作用。刺猬、豪猪体表的"刺"是由数根针毛集合变态而成;猫的胡须(特化的针毛)可测量鼠洞的大小。绒毛无方向,保温性能非常强,如羊的绒毛。

角质衍生物还有爪、蹄、鳞、指(趾)甲、角等。角为有蹄类的防卫利器,为头部表皮和真皮部分的特化产物。如羚羊角、犀牛角等,由真皮骨化后穿出皮肤而成,是贵重的中药材。

2) 皮肤腺

皮肤腺是由表皮生发层细胞转化而成的,具有分泌、排泄等功能,重要的有皮脂腺、汗腺、乳腺和味腺。

大多数哺乳类的皮脂腺遍及全身,人类在头皮和脸上最多。皮脂腺为一种囊状腺,能分泌油脂以润泽毛发及皮肤。汗腺为单管状腺,位于真皮和皮下组织内,其外包以丰富的血管,导管部通过表皮开口于体表的汗孔,通过出汗,有排泄、调温作用。

味腺由汗腺或皮脂腺演化而来,能分泌带气味的化学物质,有招引或驱避作用,如麝的麝香腺、黄鼠狼的臭腺等。乳腺为复管状腺,开口于乳头,分泌乳汁,哺育初生的幼体,"哺乳类"名称由此而来。

(二) 运动系统

运动系统是机体完成各种动作的器官系统,由骨骼、骨连接和骨骼肌组成。骨以不同形式的骨连接联系在一起构成动物和人体的支架,称为骨骼。在运动中骨起杠杆作用,骨连接起着枢纽作用,而骨骼肌收缩则是运动的动力。骨骼肌在神经的支配下收缩,牵拉所附着的骨,以可动的骨连接为枢纽,产生各种杠杆运动。运动系统除了运动功能外,还具有维持体形、保护内脏等功能。

1. 骨骼

成人骨共有 206 块,约占体重的 20%,全身骨的形态多样,其形态与所担负的功能相关,一般分为长骨、短骨、扁骨和不规则骨四类(图 3-25)。

长骨主要存在于四肢,呈长管状。可分为一体两端。体又叫骨干,其外周部骨质致密,中央为容纳骨髓的骨髓腔。两端较膨大,称为骺。骺的表面有关节软骨附着,形成关节面,与相邻骨的关节面构成运动灵活的关节,以完成较大范围的运动。

短骨为形状各异的短柱状或立方形骨块,多成群分布于手腕、足的后半部和脊柱等处。短骨能承受较大的压力,常具有多个关节面与相邻的骨形成微动关节,并常辅以坚韧的韧带,构成适于支撑的弹性结构。

扁骨呈板状,主要构成颅腔和胸腔的壁,以保护内部的脏器,扁骨还为肌肉附着提供宽阔的骨面,如肩胛骨和髋骨。

不规则骨的形状不规则且功能多样,有些骨内还有含气的腔洞,叫做含气骨,如构成鼻旁窦的上颌骨和蝶骨等。

2. 骨连接

骨与骨之间的连接称骨连接,因为人体各部分骨的功能不同,骨连接的方式也不同,

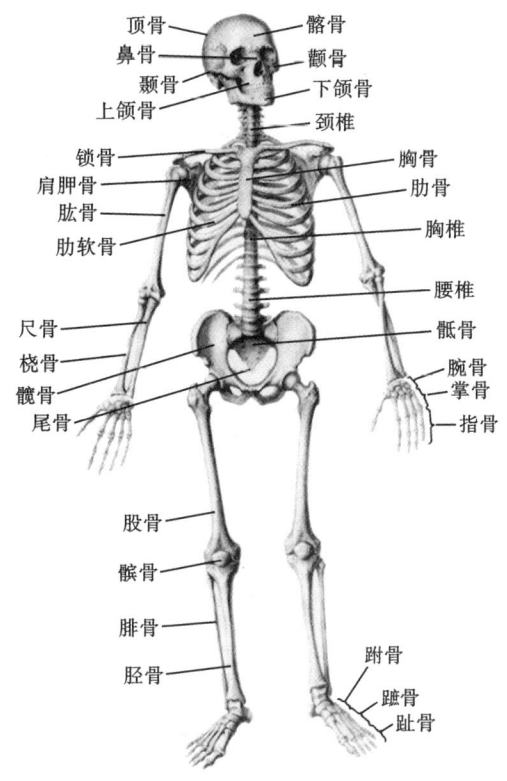

图 3-25　人的全身骨骼(前面观)

可分为直接连接和间接连接。

直接连接是骨与骨之间以结缔组织膜或软骨直接连接,如颅骨之间的骨缝、椎骨之间的椎间盘等。直接连接的活动范围很小。

间接连接称为关节,这是全身骨骼的主要连接方式。关节活动范围大,不同形式的关节可以做各种不同的运动。全身关节尽管有各种形式,复杂程度也不同,但都具有关节面、关节囊、关节腔等基本结构。

3. 骨骼肌

人全身肌肉共 600 多块,占成人体重的 40%。肌的形态多种多样,有长肌、短肌、阔肌、轮匝肌等基本类型。

长肌多见于四肢,主要为梭形或扁带状,肌束的排列与肌的长轴相一致,收缩的幅度大,可产生大幅度的运动,但由于其横截面肌束的数目相对较少,故收缩力也较小;另有一些肌有长腱,肌束斜行排列于腱的两侧,酷似羽毛,名为羽状肌(如股直肌),或斜行排列于腱的一侧,称半羽状肌(如半膜肌、拇长屈肌),这些肌肉其生理横断面肌束的数量大大超过梭形肌或带形肌,故收缩力较大,但由于肌束短,所以运动的幅度小。短肌多见于手、足和椎间。阔肌多位于躯干浅部,构成体腔的壁。轮匝肌则围绕于眼、口等孔裂部位。

(三) 消化系统

哺乳动物和人的消化系统由消化管和消化腺组成。消化管包括口腔、咽、食管、胃、小

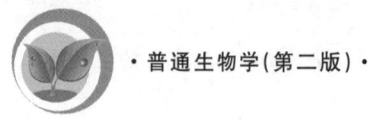

肠、大肠等部分,消化腺则有唾液腺、肝脏、胰腺、胃腺、小肠腺等(图 3-26)。

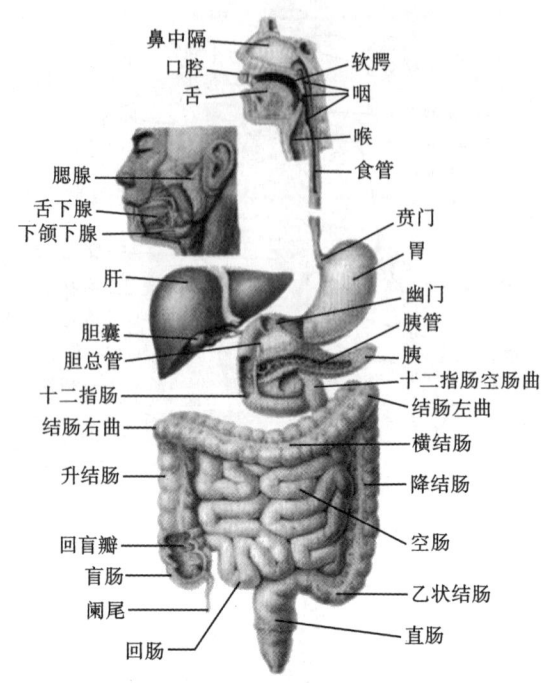

图 3-26　人的消化系统示意图

1. 消化管

消化管是从口腔到肛门的一个连续的管道。除口腔和咽外,消化管各部分的结构具有一些相似的特征,由内向外一般分为黏膜层、黏膜下层、肌层和外膜四层。

1) 口腔

口腔是消化管的起始部分,内有牙齿、舌和唾液腺,具有咀嚼、味觉、泌涎、初步消化食物、吞咽等作用。食物进入口腔后,经咀嚼而被分割、研碎,掺进唾液而成食糜,通过吞咽,经过食管进入胃。

2) 咽

咽为一漏斗状的肌膜性囊,是消化与呼吸的共同通道。咽前通口腔与鼻腔,后通食管和喉。淋巴组织在咽背壁常集中形成扁桃体。喉门外有一块会厌软骨,其启闭以解决咽、喉交叉部位呼吸与吞咽的矛盾。如果在吞咽时还在说话,声门(喉的开口)打开通气,就有可能将食物挤入气管或鼻腔。

3) 食管

食管是紧接咽之后的一段细长肌性管道,为食物入胃之通道,无消化作用。口腔中的食物经过吞咽活动被挤进食管,便会引起食管的一种有特点的运动,即蠕动。蠕动是食管出现的一种收缩波,沿食管从口腔向胃的方向移动。

4) 胃

胃是哺乳动物消化道的重要部分,由食管后面的消化管膨大形成,是消化管最膨大的部分,有暂时储存及消化食物的功能。胃壁的肌肉层非常发达,胃黏膜内有丰富的腺体,可分泌大量胃液。大多数哺乳动物的胃为单胃,可分为贲门、胃底、胃体和幽门,前端以贲门接食管,后端以幽门与肠相通。

由于胃的蠕动波向幽门推进时幽门同时缩小,因此每一个蠕动波只能将几毫升的食糜挤过幽门进入十二指肠。如果没有胃的存储食物并控制食糜进入小肠的速率的功能,那么大量食物将快速通过小肠,不能被小肠充分消化和吸收,就会产生营养不良的后果。全胃切除和大部分胃切除的人往往变得消瘦,就是失去了胃调节食糜进入十二指肠速率的功能所引起的后果。

5)小肠

小肠是哺乳动物消化道中最长的部分,前端接胃,包括十二指肠、空肠及回肠。小肠是很重要的消化、吸收器官。酸性食糜从幽门进入十二指肠就会刺激肠黏膜,引起胰腺分泌大量的胰液。胰液含有多种消化酶,食物中的各种营养成分在胰消化酶的作用下分解。小肠也有蠕动,蠕动波不仅将食糜从小肠推向大肠,而且使食糜充分与小肠黏膜接触,有利于营养物质的消化、吸收。

6)大肠

大肠是消化管最后的一段,一般较小肠粗大,由结肠(升结肠、横结肠、降结肠)和直肠两部分组成。结肠有两项功能:从食糜中吸收水和各种电解质;储存粪便物质,直到它们被排出。

从小肠进入大肠的食物残渣是含水很多的流体。大肠回收水分,既保持了体内水量的平衡,也使粪便能够成形。有时,由于某些原因如细菌的刺激等,大肠蠕动太快,水分来不及被吸收,就出现了腹泻。相反,如果大肠蠕动太慢,水分吸收太多,就出现便秘。食物中应含一些粗料如纤维素等,以增进大肠的蠕动。

当直肠受到刺激时可引发强烈的蠕动波,促使降结肠、直肠收缩,肛门外括约肌舒张,将粪便排出。

2. 消化腺

消化腺是分泌消化液的腺体,可分大型消化腺和小型消化腺两种。大型消化腺是独立存在的器官,如唾液腺、肝脏、胰腺,它们以导管与消化管相通。小型消化腺则位于消化管的管壁内,如胃腺、小肠腺等,它们直接开口于消化管管腔内。

1)唾液腺

唾液腺为泡状腺体,腺泡分泌的唾液通过导管排入口腔。唾液是无色、无味、近于中性的液体,含有淀粉酶、溶菌酶、黏蛋白、球蛋白和少量无机盐等。

2)胃腺

胃壁固有层内布满由上皮下陷形成的胃腺。胃腺分泌一种无色且呈酸性的胃液,其成分主要是盐酸、胃蛋白酶和黏液。

3)胰腺

胰腺为一条带状腺体,分泌胰液。胰液经由胰管输入十二指肠,对食物消化具有重要作用。胰液是无色、无臭的碱性液体,含胰淀粉酶、胰脂肪酶、胰蛋白酶和糜蛋白酶等。

4)肝脏

肝脏是最大的消化腺。它由若干个肝小叶组成。肝细胞分泌胆汁,由胆管汇入十二

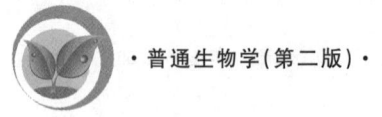

指肠。胆汁是黏稠而味苦的液体,它可以激活脂肪酶,促进脂肪的消化,并促进对维生素A、维生素 D、维生素 E、维生素 K 的吸收。

肝脏的主要机能:①分泌胆汁,胆汁对脂肪的消化和吸收起重要作用;②代谢功能,肝脏是合成蛋白质的重要场所,也是分解蛋白质的场所,肝脏还是维持血糖稳定的主要器官,同时又是脂肪酸氧化与合成的场所;③解毒功能,来自体外的有毒物质和机体代谢产生的毒性物质,均在肝脏内通过各种酶的作用转变为无毒或毒性小的物质。

(四)循环系统

循环系统是动物体内的运输系统,它将消化系统吸收的营养物质和呼吸系统交换的氧气输送到各组织器官,并将各组织器官的代谢废物及时运输到肺、肾并排至体外,以维持内环境的相对稳定。由于管道内流动的液体成分不同,循环系统分为心血管系统和淋巴管系统。

1. 心血管系统

哺乳动物的心血管系统由心脏、血管和血液组成。

1)心脏

哺乳动物和人的心脏有四个腔,即左心房、右心房和左心室、右心室。心房接受静脉回流的血液,心室射血入动脉。心脏主要由心肌组成,是血液循环的动力器官。心脏有节律地收缩与舒张,不停将血液从动脉射出,由静脉吸入,推动血液在心血管内周而复始地循环流动,使机体各组织、器官能不断地吐故纳新、新陈代谢(图 3-27)。

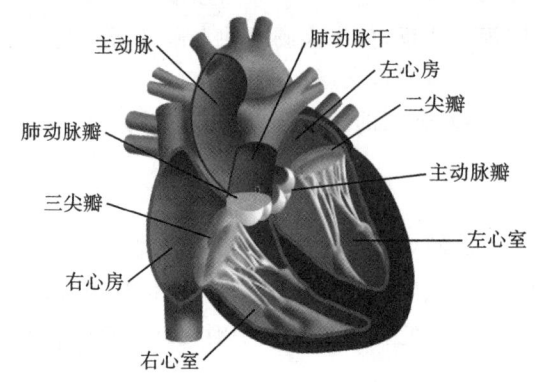

图 3-27　心脏的结构

2)血管

血管是运输血液的管道系统,依其管壁的构造特点,哺乳动物的血管可分为动脉、静脉和毛细血管三种。动脉和静脉都是大的血管,两者的结构不同,血液在其中的流动方向也不同。血液从心脏流出的血管都是动脉,如与右心室相连的肺动脉和与左心室相连的主动脉。血液流回心脏的血管都是静脉,如与右心房相连的大静脉和与左心房相连的肺静脉。

动脉有很强的弹性,管壁有发达的富含胶原纤维和弹性纤维的结缔组织,也有平滑肌。管壁的弹性使血管能随血液的流动而调整管腔的大小,不致因血压而破裂。

静脉管壁比动脉管壁薄,静脉承受压力也较小。在横切面上,动脉因管壁弹性大而圆涨,静脉则因管壁薄软而皱缩。静脉中的血量比动脉中的血量略多。静脉内壁上有瓣膜,其作用是阻止血液逆流。但长时间直立的人,血液下流而入腿、足,此时静脉中血液过多,管腔胀大,瓣膜就不能封闭管腔。静脉曲张可能就是由于静脉长久胀大、壁变厚扭曲而成的。肛门区静脉曲张可形成痔疮。

毛细血管是最细小的血管,连于小动脉与小静脉之间,分支多,数量大,彼此连通构成网状。管壁由一层内皮细胞构成,通透性强,血液与组织间的物质交换均通过毛细血管进行。

3) 血液

血液是一种广义的结缔组织,由液态的血浆和悬浮于其中的几种血细胞组成。人的血细胞包括红细胞、白细胞、血小板,血浆是由血清和纤维蛋白原组成的。血浆中含水分(90%~92%)、蛋白质(6.2%~7.9%)、无机盐(约0.9%)及少量非蛋白含氮物质。血液具有运输、防御和保护以及维持机体内环境的稳定等功能。

2. 淋巴管系统

淋巴液流动的管道系统为淋巴管系统,包括淋巴管、淋巴液和淋巴器官。淋巴系统帮助收集和输送组织液回心脏,是静脉的辅助管道,同时还具有防御的重要机能。哺乳动物的淋巴系统极为发达,身体内除脑、脊髓、骨骼肌和软骨组织外,几乎都有淋巴管的分布,但淋巴管往往不容易看见,因为淋巴管和其中的淋巴液都是无色透明的。

1) 淋巴管

淋巴管是发源于组织间隙的、先端为盲端的毛细淋巴管。毛细淋巴管是一种可变异的结构,因而管壁的缺口时开时闭,可将不能进入微血管的大分子结构(如蛋白质、异物颗粒、细菌以及抗原)从组织液中摄入,并把它们过滤掉或加以中和。

2) 淋巴液

血液通过毛细血管时,血浆及氧气、养料渗出进入组织间隙,成为无色透明水样的组织液。组织液大部分经毛细血管吸收,进入静脉血管,小部分被先端为盲端的毛细淋巴管吸收成为淋巴液,经淋巴管、淋巴结,最后经淋巴导管注入静脉,回流入心脏。

3) 淋巴器官

淋巴器官主要由淋巴组织构成,其功能是产生淋巴细胞。淋巴器官包括胸腺、淋巴结、脾、扁桃体等。胸腺位于胸纵隔前腔上部,分左、右两叶,主要功能是产生 T 淋巴细胞。淋巴结通常呈豆形,存在于颈部、腋窝、腹股沟等处,分布在淋巴循环的通路上。淋巴结最显著的功能是截留淋巴细胞,扫除淋巴中的异物。脾是最大的淋巴器官,能产生淋巴细胞、过滤血液并清除其中的异物和细菌等。扁桃体为位于舌根和咽部周围黏膜上皮下的块状淋巴组织,对机体有很重要的防御作用,除了产生淋巴细胞外,还能产生抗体。

(五) 呼吸系统

呼吸系统是动物体与环境之间进行气体交换的器官系统。哺乳动物的呼吸系统十分发达,特别在呼吸效率方面有了显著提高,保证了机体旺盛的新陈代谢对氧气的需要。人的呼吸系统包括鼻腔、咽、喉、气管、支气管及肺(图3-28)。

(1) 鼻腔　鼻腔是呼吸器官,同时也是嗅觉器官。鼻腔黏膜有丰富的血管和腺体,分

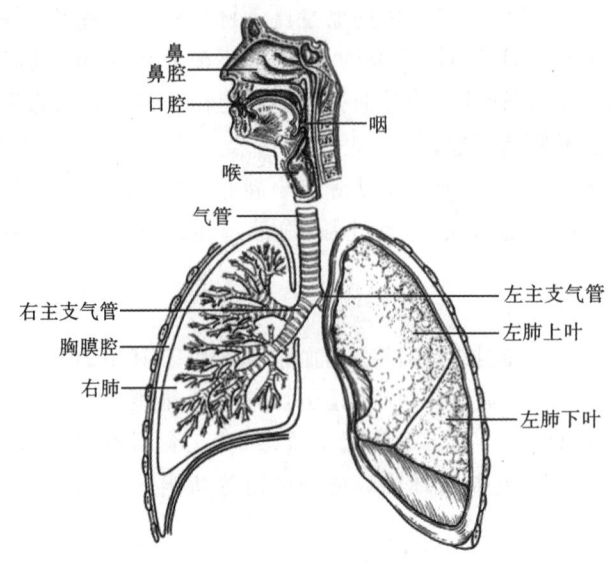

图 3-28　人的呼吸系统

泌的黏液能黏附空气中的灰尘、粉末等异物,使之不能随空气进入气管与肺,还可提高吸入气体的温度和湿度。

(2) 咽　鼻腔以内鼻孔与咽相通。如因患感冒而鼻腔肿胀,黏液分泌过多而不通时,张口呼吸也可使空气从咽入喉。有些人甚至习惯于用口呼吸,这是不可取的。用鼻呼吸不但可使空气得到适当的加工处理,还可防止过多水分随呼气而散失。用口呼吸不但要散失更多水分,还不能防止灰尘和细菌等异物进入。

(3) 喉　喉是一个围以许多软骨的气室。喉中有一对声带,气体通过时改变声带的张力,就可以发出不同的声音。

(4) 气管和支气管　喉下是气管。气管壁上有顺序排列着的 C 形软骨,使气管保持畅通,不致因吸气而变瘪。"C"的开口位于背面,这样就使气管不致压迫食管。气管的黏膜上皮有纤毛,纤毛经常朝上摆动,将裹在黏液里的灰尘颗粒推向喉部,然后咳出。气管的下端分为左、右两个支气管,分别进入左、右肺。每一支气管再分支,最后形成小支气管而终止于肺泡。

(5) 肺　肺泡是肺的功能单位,肺由无数肺泡组成。大量肺泡的存在,使肺成为海绵状,面积大大增加。据估计,羊的肺泡总面积可达 $50\sim90$ m^2,马的肺泡总面积达 500 m^2,人的肺泡总面积约为 70 m^2,相当于体表面积的 40 倍,这提高了气体交换的效率。肺泡由单层扁平上皮组成,外面密布微血管,是气体交换的场所。

(六) 排泄系统

哺乳动物和人的排泄系统构造完善,包括肾脏、输尿管、膀胱和尿道。此外,皮肤也是哺乳类特有的排泄器官。排泄系统的主要功能是排出机体代谢终产物(如尿素、尿酸、肌酐、肌酸等)、多余的水及各种电解质,同时调节水盐平衡、酸碱平衡和电解质平衡,以维持机体内环境的相对稳定性。

(1) 肾脏　肾是形成尿液的主要器官,哺乳动物的一对肾脏通常位于腹腔背面、腰椎的两侧。肾形似蚕豆状,内缘凹陷称肾门,是输尿管、动脉、静脉、神经、淋巴管的出入处。在肾门部,输尿管的起端扩大成肾盂。肾由皮质和髓质两部分组成,通过肾门将肾纵切,可见肾分内、外两层。皮质在外层,颜色较深,富含血管,由无数肾小体、肾小管及血管构成。髓质在内层,颜色较浅,由许多肾锥体构成,锥体尖端开口于漏斗状的肾盂(图3-29)。

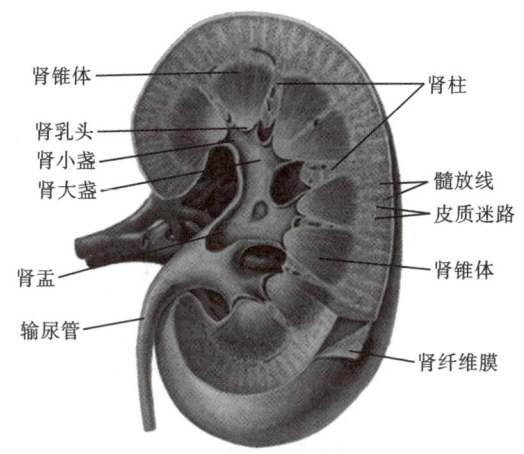

图 3-29 肾纵切面

（2）输尿管 输尿管是细长的肌性管道,上端与肾盂相连,下端开口于膀胱内。输尿管壁由平滑肌组成,可蠕动,其蠕动波能促使尿液向膀胱运输。

（3）膀胱 膀胱是一个伸缩性很大的肌肉质囊,是暂时储存尿液的器官。成年人容尿量为 350～500 mL,膀胱空虚时呈倒锥体形,充满时呈卵圆形,并压迫膀胱壁上的平滑肌和上皮,刺激神经末梢,使人产生"尿感"。

（4）尿道 尿道是将尿液从膀胱排至体外的管道。雌性动物的尿道较短,开口于阴道前庭,雄性动物的尿道较长,开口于阴茎末端。排尿时,膀胱肌肉收缩,通入尿道开口处的括约肌松弛,尿被赶入尿道而排出。

（七）生殖系统

生殖系统是指参与和辅助生殖过程及性活动的组织、器官的总称。生殖系统的主要功能是产生生殖细胞、繁殖后代和分泌性激素。哺乳动物和人类的生殖是由一些专门的器官来完成的,可分为雄性生殖系统和雌性生殖系统(图3-30)。

1. 雄性生殖系统

雄性生殖系统包括睾丸、附睾、输精管、阴茎和副性腺。

（1）睾丸 卵圆形的睾丸位于腹盆腔外面的袋状阴囊中,是产生精子和分泌雄性激素的器官。阴囊是由薄而柔软的皮肤构成的囊,悬在阴茎的根部,有一中隔将阴囊分成左、右两半,其内各有一个睾丸。因体内温度较高不利于精子发生,故灵长类、大多数食肉类和有蹄类的睾丸在出生时便从腹腔经腹股沟下降到腹腔外的阴囊内。睾丸内部实质被结缔组织的中隔分为许多锥形睾丸小叶。每个睾丸小叶内有弯曲的小管即曲精细管,曲精细管上皮由多层生精细胞构成,靠近浅层的细胞不断分裂增殖,发生变化发育成精子。在曲精细管之间有睾丸间质细胞,该细胞能合成和分泌雄性激素——睾酮。

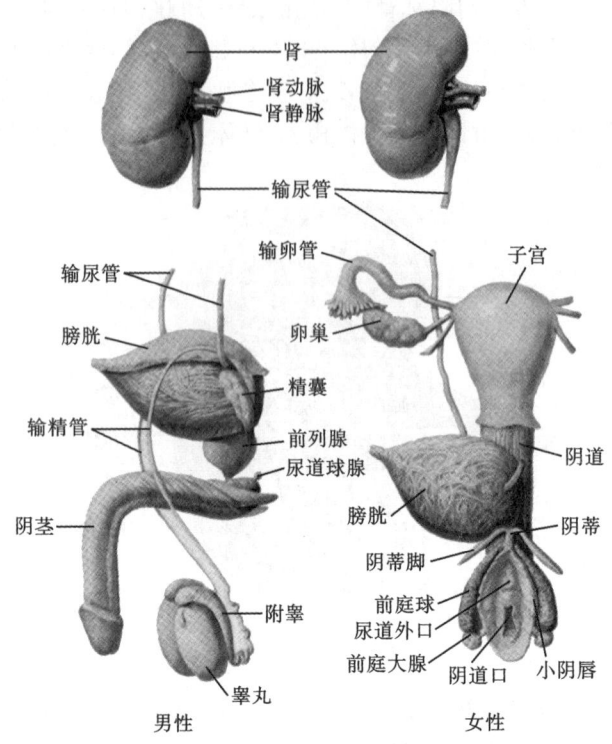

图 3-30　人体生殖系统示意图

（2）附睾　附睾是紧接睾丸的排精管道,细长弯曲,可分为附睾头、附睾体和附睾尾。精子在附睾里停留很长的时间,并经历重要的发育阶段而达生理上的完全成熟。

（3）输精管　输精管与附睾尾部相连,是一条壁很厚的肌性管道。靠近输精管的末端部分膨大,成为输精管壶腹,然后与精囊腺的导管混合成射精管,穿过前列腺开口于尿道。尿道是尿液和精液的共同通道。

（4）阴茎　阴茎是向雌性生殖道中传递精子的有效工具。阴茎内有一对阴茎海绵体和一个尿道海绵体,前者位于阴茎背侧,后者位于腹侧,尿道贯行其中。

（5）副性腺　哺乳动物的副性腺有精囊腺、前列腺和尿道球腺三种,它们的分泌物构成精液的主体。精液中除精子和少量液体是由睾丸和附睾产生外,其余大部分是由副性腺分泌的。副性腺的分泌物构成精子活动的适宜环境、增加射出精液的总量、促进精子在雌性生殖道内的活动能力并供给精子营养。

2. 雌性生殖系统

雌性生殖系统包括卵巢、输卵管、子宫、阴道和外阴等。

（1）卵巢　卵巢是产生卵子和分泌雌性激素的器官,呈卵圆形,左、右各一,终生留在腹腔内。卵巢表层为生殖上皮,内有由生殖上皮产生的处于不同发育时期的滤泡,每个滤泡内含有一个卵细胞,其外有滤泡液,含有雌性激素,卵成熟时滤泡破裂,卵及滤泡液即排出。

（2）输卵管　输卵管为一对细长弯曲的管道。近端与子宫相连,开口于子宫腔内;远端接近卵巢,但并不与之直接相连,而是以喇叭状开口于体腔。成熟的卵子从卵巢破裂出来后落入喇叭口,由于输卵管壁肌肉的蠕动及管壁上纤毛的运动,卵子沿输卵管向子宫方向运行。一般受精是在输卵管上部完成。

（3）子宫　输卵管的后部膨大成子宫,它是胎儿发育的场所。分娩时,子宫平滑肌节律性收缩成为胎儿娩出的动力。

（4）阴道　与子宫下面连接的是阴道。阴道位于直肠的腹侧、膀胱的背面,可分为固有阴道和阴道前庭两部。尿道开口于阴道前庭的腹侧壁上,因此,阴道前庭也是尿液排出的通道。

（5）外阴　阴道之外的生殖结构称为外生殖器,又称外阴。外阴部包括阴唇及阴蒂等部分。阴门两侧隆起形成阴唇,左、右阴唇在前后侧相连,前联合呈圆形,后联合呈尖形。在前联合的地方有一个小突起称阴蒂,和阴茎为同源器官。

（八）神经系统

神经系统在形态和功能上都是一个不可分割的整体,是机体的主导系统,它维持、调整机体内部各器官系统的动态平衡,使机体成为一个完整的统一体,并使机体主动适应不断变化的内、外环境,维持生命活动的正常进行。

1. 中枢神经系统

中枢神经系统由位于颅腔内的脑和椎管中的脊髓组成。

1）脑

脑是中枢神经系统前端膨大的部分,位于颅骨围成的颅腔内,由大脑、小脑、间脑、中脑、脑桥和延髓构成,通常把中脑、脑桥和延髓合称为脑干(图 3-31)。

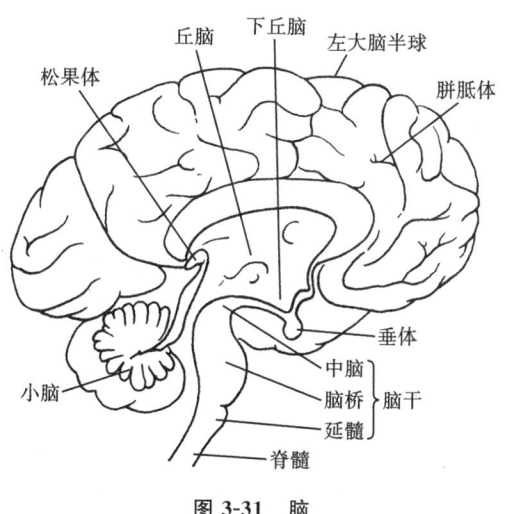

图 3-31　脑

（1）大脑　大脑是中枢神经系统最高级部分,由左、右大脑半球构成,两大脑半球之间由神经纤维所构成的胼胝体连接,这是哺乳动物特有的结构。大脑半球表面是大脑皮质,由神经胞体组成。大量神经细胞聚集使皮质加厚出现皱褶(沟和回)。皮质的内部是由神经纤维(轴突)构成的白质,又叫髓质。大脑皮层具有调节躯体运动、条件反射等许多

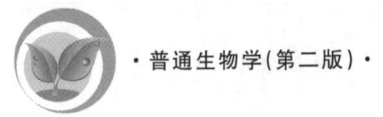

高级功能。它接受来自全身的各种感觉器传来的冲动,通过分析综合,并根据已建立的神经联系而产生相应的反射活动。

(2)小脑　哺乳动物后脑的背侧为极为发达的小脑。两侧膨大的是小脑半球,中间为小脑蚓部。小脑灰质覆盖在表面形成小脑皮层,这是哺乳动物所特有的结构特征之一,其白质呈树枝状深入灰质。小脑的主要机能是调节肌紧张,协调肌肉运动,维持躯体正常姿态平衡等。

(3)间脑　间脑位于中脑与大脑半球之间,被两侧大脑半球所覆盖。其顶部有松果体,为内分泌腺,可抑制性早熟和降低血糖。哺乳类的松果体趋于缩小。间脑主要分为丘脑和下丘脑。丘脑集中了多个核群,是皮质下感觉中枢,来自全身的感觉冲动(嗅觉除外)均集聚于此处,在更换神经元后再传入大脑皮层。腹面的下丘脑是皮质下自主神经的活动中枢(交感神经中枢),与内脏活动的协调相关密切,同时又是体温调节中枢。

(4)中脑　哺乳动物的中脑相对不发达,体积甚小,中脑腔狭窄呈管状,称中脑水管,与第三、第四脑室相通。中脑背方具有四叠体,前面一对为视觉反射中枢,后面一对为听觉反射中枢。中脑底部的加厚部分构成大脑脚,由下行的运动神经纤维束构成。

(5)脑桥　在两小脑半球之间以横行神经纤维束构成的隆起称为脑桥。脑桥是小脑与大脑之间联络通路的中间站,而且是哺乳类所特有的结构。大脑及小脑愈是发达的物种,其脑桥愈发达。

(6)延髓　延髓又称延脑,上与脑桥相连,下与脊髓相连,两者结构相似。延髓除了构成脊髓与高级中枢联络的通路外,还具有一系列的脑神经核。脑神经核的神经纤维与相应的感觉器官和运动器官相联系。延髓具有调节呼吸、循环、消化、汗腺分泌以及各种防御反射(如咳嗽、呕吐、泪液分泌、眨眼等)的功能,又称生命活动中枢。

2)脊髓

脊髓位于椎管内,呈扁圆柱形,上端与延髓相连,下端止于终丝。脊髓由灰质和白质构成。在脊髓横切面上可见 H 形区,颜色发暗的为灰质,灰质外围色淡的为白质。由脊髓灰质的两个前角和两个后角发出的神经纤维分别称为前根和后根,两者汇合成为脊神经。前根主要是运动神经,后根主要为感觉神经。白质中的神经纤维束有升束和降束。升束传导冲动上行到脑,降束则由脑传送冲动到效应器。各束的传导都是交叉的,结果是左脑控制身体的右侧,接受身体右侧的神经冲动;右脑控制身体左侧,接受身体左侧的神经冲动。这种神经纤维的交叉,有的在脊髓内,有的在脑中。

脊髓作为中枢神经能够完成简单的反射,称为脊髓反射。感觉神经将冲动传入脊髓,通过脊髓直接将冲动传向运动神经引起反射活动。

2. 周围神经系统

周围神经系统是由于其分布位置在中枢神经系统的外围而得名,包括脑神经、脊神经和自主性神经。

1)脑神经

哺乳动物的脑神经发自脑部腹面的不同部位,共发出 12 对脑神经,分别司感觉和运动功能,或兼而有之。

2）脊神经

脊神经连于脊髓,共 31 对,每对脊神经由前根和后根在椎间孔处汇合而成。前根由脊髓前角运动神经元的轴突及侧角的交感神经元或副交感神经元的轴突组成。这些纤维随脊神经分布到骨骼肌、心肌、平滑肌和腺体,支配和控制肌肉的收缩和腺体分泌,故前根神经元的功能是运动性的。后根由脊神经节内感觉神经元的轴突组成。感觉神经元的轴突随脊神经分布至身体各部,并形成各种感觉神经终末结构,感受各种刺激。

3）自主神经

自主神经又称植物神经,是指分布到心、肺、消化道及其他内脏器官的神经而言,是由交感神经系统和副交感神经系统组成。这一系统的主要特点是不受大脑控制,即不能随意地改变心跳速度,也不能让肠胃的蠕动速度改变,所以称其为自主神经系统。另一特点是每个内脏器官同时接受交感和副交感两种神经纤维的支配,而它们的作用正好相反。一个起加强作用,另一个起减弱作用。哺乳动物的自主神经系统十分发达,其主要功能是调节内脏活动和新陈代谢过程,保持机体内环境的平衡。

(九) 内分泌系统

内分泌系统是动物体内进行体液调节的所有内分泌腺和散在的内分泌细胞的总称。内分泌系统对于调节机体内环境的稳定、代谢、生长发育和行为等有着十分重要的意义。哺乳动物和人的内分泌系统构成相似,包括垂体、甲状腺、甲状旁腺、肾上腺、胰岛和性腺等(图 3-32)。

1. 垂体

成年人的垂体重 0.5～0.6 g,位于间脑的腹面,借一短柄与下丘脑相连。从形态、胚胎发生、组织结构和功能上来看,垂体可分为腺垂体(前体)和神经垂体(后叶)。腺垂体是人体内最重要的内分泌腺,能分泌多种激素:生长激素、促甲状腺激素、促肾上腺皮质激素、促性腺激素、催乳素、促黑素细胞激素等。神经垂体释放两种激素:抗利尿激素和催产素。

2. 甲状腺

甲状腺是人体中最大的内分泌腺,位于气管上端甲状软骨两侧,分左、右两叶,呈 H 形,重 20～30 g。甲状腺分泌的甲状腺激素具有很强的促进物质代谢和能量代谢的功能;甲状腺激素能促进组织分化、生长和发育,特别是对骨骼发育有十分重要的作用。甲状腺机能低下导致的呆小病患者,生长显著受阻,表现为骨化中心出现晚,身材矮小。

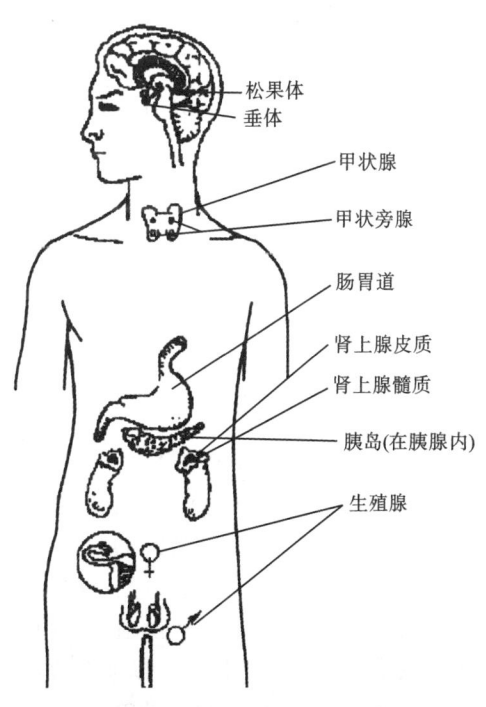

松果体
垂体
甲状腺
甲状旁腺
肠胃道
肾上腺皮质
肾上腺髓质
胰岛(在胰腺内)
生殖腺

图 3-32 人体的内分泌系统

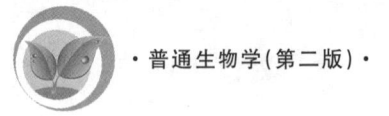

3. 甲状旁腺

人类的甲状旁腺一般贴附在甲状腺左、右叶的后面,上、下各一对,呈棕黄色,扁椭圆形,总重约 0.1 g。甲状旁腺素的功能是调节血钙浓度。甲状旁腺素有促进骨钙溶解、升高血钙的作用,而甲状腺滤泡旁细胞分泌的降钙素有抑制骨钙溶解、降低血钙的作用。两者共同维持血液中钙浓度的相对稳定。

4. 胰岛

胰岛是散在于分泌胰液的腺泡组织之间的内分泌细胞团,犹如海岛一样,故称胰岛。胰岛内分泌细胞主要有 α 细胞、β 细胞和 δ 细胞。α 细胞分泌胰高血糖素,β 细胞分泌胰岛素,δ 细胞分泌生长抑制素。

胰岛素是调节体内糖、蛋白质和脂肪代谢,维持血糖正常水平的重要激素。胰岛素分泌失调时,将引起机体代谢的严重障碍。胰高血糖素最主要的生理作用与胰岛素相反,是促进肝糖原的分解和糖的异生作用,使血糖升高。

5. 肾上腺

肾上腺位于肾的上方,左、右各一。肾上腺实质由外层的皮质和内层的髓质构成。

皮质分泌盐皮质激素和糖皮质激素,最内层的网状带分泌一些糖皮质激素、大量的雄性激素和少量的雌性激素。髓质分泌肾上腺素和去甲肾上腺素,肾上腺髓质分泌的激素生理作用与交感神经紧密联系,共同完成应急反应。

6. 性腺

男性的性腺器官是睾丸,具有双重功能,既能够产生精子,又能分泌雄性激素。睾丸分泌的雄性激素主要是睾酮,能够刺激生殖器官的生长发育和男性第二性征的出现。女性的性腺器官是卵巢,也具有双重功能,可产生卵子,并分泌多种激素,其中主要是雌激素和孕激素。雌激素能够促进女性生殖系统的发育,促进女性第二性征的出现并使之维持在成熟状态。

(十) 免疫系统

人类在漫长的进化过程中形成了十分完善的防御疾病的免疫系统。免疫系统能特异性或非特异性地排除侵入机体的异物,如细菌、病毒、移植的器官等。免疫系统由免疫器官、免疫细胞和免疫分子组成,实现细胞免疫和体液免疫。

1. 免疫系统的组成

1) 免疫器官与免疫细胞

免疫器官分为中枢免疫器官和周围免疫器官。中枢免疫器官由胸腺和骨髓组成,它们发育的完好性、结构和功能的完整性是保证机体正常免疫功能的先决条件。骨髓是产生造血干细胞的场所,一部分新生的造血干细胞能在骨髓中发育成为 B 淋巴细胞,另一部分发育成淋巴母细胞后,随血液和淋巴液进入胸腔前纵隔上部的胸腺中,进一步成为 T 淋巴细胞。B 淋巴细胞参与体液免疫,T 淋巴细胞参与细胞免疫。它们和另外一些免疫细胞随循环进入包括脾脏、淋巴结及全身的淋巴组织等周围免疫器官,行使机体的免疫功能。杀伤细胞、单核巨噬细胞、中性粒细胞及其他具有免疫效应的细胞也能在机体受到侵害时,聚集到受害部位,直接或间接地吞噬颗粒状异物。

2) 免疫分子

免疫分子有抗体、淋巴因子、单核因子、补体、干扰素等。最典型的抗体就是由 B 淋巴细胞受抗原刺激后形成和释放的免疫球蛋白(Ig),它能与相应的抗原进行特异性结合。

抗体分子由 4 条链组成,2 条重链、2 条轻链,其分子结构呈 Y 形,可分为可变区和恒定区(图 3-33)。恒定区有物种特异性,可变区位于"Y"分子两臂的末端,有独特的结合抗原的部位。抗体分子结构由基因决定,免疫细胞在受不同抗原刺激时,其基因在表达时会有复杂的重排,形成抗体的多样性。抗体分为 5 类,功能各有不同。

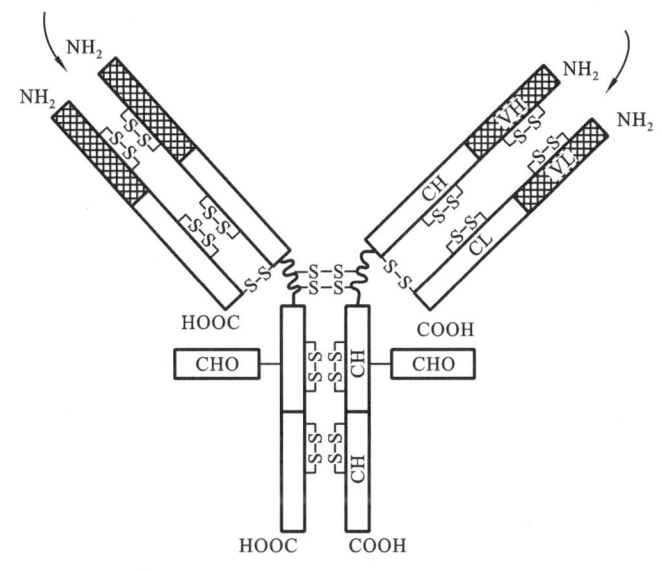

图 3-33　抗体分子图解

注:CH 为重链恒定区;CL 为轻链恒定区;VH 为重链可变区;VL 为轻链可变区;箭头表示抗原结合部位。

T 淋巴细胞有很多亚型,它受抗原刺激后形成和释放一组具有多种生物学活性的淋巴因子。单核巨噬细胞亦能释放一些促进和抑制免疫应答的可溶性物质,统称为单核因子,如白细胞介素 1 等。体内尚存在着多种具有非特异性免疫作用的体液因子,如溶菌酶、乙型溶素、吞噬细胞杀菌素等,共同构成人体的免疫屏障。

2. 细胞免疫与体液免疫

免疫反应是指免疫系统识别、杀死、分解和排除异物的生理机能。当外来抗原进入机体后,机体产生的特异性免疫反应有两种表现形式:一种是产生对该抗原的特异性致敏淋巴细胞,这种致敏淋巴细胞能特异地与该抗原发生反应,这一免疫反应称细胞免疫;另一种是产生对该抗原的抗体,这种抗体能特异地与该抗原发生反应,抗体游离于血液、淋巴液等体液中,因此这一免疫反应称体液免疫。免疫反应的过程如图 3-34 所示。

体液免疫通过抗原与抗体的结合,将抗原消灭。当一种外来分子进入体内后能刺激 B 淋巴细胞分裂,形成许多寿命很短的浆细胞。浆细胞内有非常发达的蛋白质合成系统,能大量合成抗体,合成速度达到 2 000 个/s,但它们维持时间也短,产生的抗体量少,因此,往往还不足以抵抗相应的病原微生物的侵袭。另一部分成为记忆细胞,它们的寿命很长,能"记住"入侵的抗原。当第二次有相同的抗原入侵时,记忆细胞会很快作出反应,产

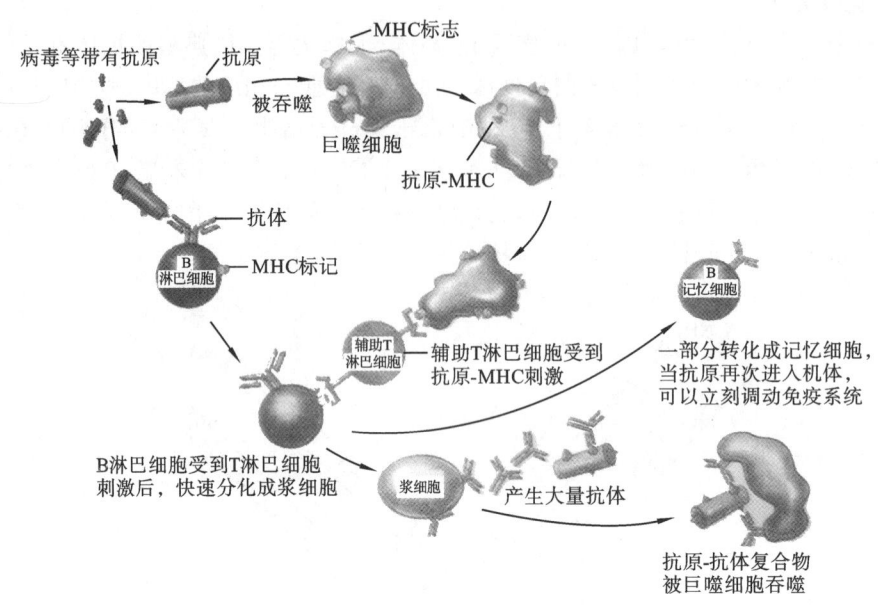

图 3-34　免疫反应

注:MHC 为主要组织相容性复合体。

生新的浆细胞,合成抗体。第二次反应抗体量多,持续时间长,产生的时间也比初次反应快。因此在预防接种中,特别强调基础免疫的全程与间隔时间。虽然每个 B 淋巴细胞只能产生一种抗体,但是许许多多的 B 淋巴细胞可形成千百万种的抗体,每种抗体可与一种抗原结合,有的也可以与各种抗原结合。如果抗原是病原体,就可以通过特异性抗体将其消灭。

　　抗体与抗原结合后,可以启动三种反应。一是抗原抗体的沉淀和凝集反应,沉淀和凝集的细胞团可被体液中的巨噬细胞吞噬清除。二是由肝细胞和巨噬细胞产生补体。补体是人和动物新鲜血清中经常存在的一组具有酶或酶原特性的球蛋白,它是抗体实现溶细胞作用的必要补充,广泛参与机体抗微生物的防御反应和免疫调节。三是能激活杀伤细胞,将抗原杀死。

　　细胞免疫主要是由 T 淋巴细胞来完成的,它和体液免疫不同,它不产生游离的抗体,而是直接完成免疫反应。它不能识别入侵的病毒等抗原,只有当病毒侵入细胞,并与细胞表面结合成复合物时,T 淋巴细胞才能识别,对该细胞进行攻击。T 淋巴细胞分成三类:细胞毒 T 淋巴细胞、辅助 T 淋巴细胞和抑制 T 淋巴细胞。各种 T 淋巴细胞表面都有用以识别抗原分子的受体。受体由两条肽链构成,结构和抗体不同,但作用也是识别抗原。抗原千变万化,受体也是千变万化的。细胞如果发生癌变,表面会出现特殊的分子标记,因而也是免疫系统的攻击目标。老年人容易患癌症,这与老年人的免疫系统衰退有关。辅助 T 淋巴细胞对产生免疫反应的 T 淋巴细胞和 B 淋巴细胞都有"帮助"作用,能提高它们的作用力。抑制 T 淋巴细胞在所有的抗原细胞消失殆尽后,才发挥作用,使最后的战役结束。

　　人体免疫系统与机体的生长发育、衰亡一致,也有发育和衰退的过程。幼儿期免疫系统尚未完全形成,抵抗力低下,要特别注意远离病原体,增加母乳以供给免疫分子。成年以后胸腺慢慢萎缩,免疫机能逐渐下降。老年人的免疫功能更低,所以更容易患病。

三、动物生命活动的调控

(一) 神经调节

1. 概念

鼠妇在亮光的刺激下向暗处躲避,人的手被火烫后会迅速抽回,像这种动物通过神经系统对体内外的环境变化作出反应的过程叫神经调节。

神经调节为动物更好地适应环境提供了保证,生物的进化程度越高,神经调节就越复杂和完善。神经调节有时间短、速度快和定位准等特点,所以它是人和动物正常生存最为重要的调节方式。

2. 神经调节的基本方式——反射

1) 反射与反射弧

反射是指在中枢神经系统的参与下,人和动物对体内外环境的各种刺激所发生的规律性的应答。没有神经系统的原生动物对刺激作出的反应是通过原生质完成的,所以没有反射,原生动物对刺激作用的反应只能称为应激性。反射弧是动物和人的反射的结构基础,由 5 个环节组成,包括感受器、传入神经、神经中枢、传出神经和效应器(图 3-35)。

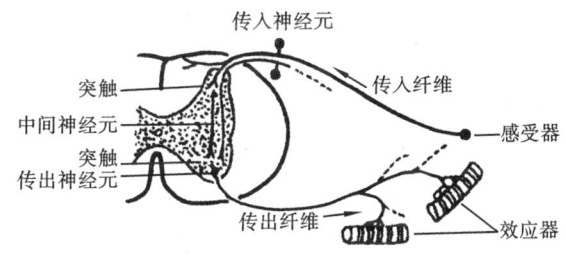

图 3-35 反射弧

感受器是接受刺激的装置。感受器具有专一性,往往只对适宜刺激作出反应,并将不同性质的刺激信号统一转换为电信号,所以感受器又是一种换能装置。传入神经是将感受器的信息转变为神经冲动并将其传向中枢的神经元,因为信息传入大脑能引起感觉,故传入神经又叫感觉神经。神经中枢又称反射中枢,是位于中枢神经系统内部的灰质团块,起分析和决策作用。最简单的神经中枢是传入和传出神经元的突触联系。传出神经是把神经中枢的指令传到效应器的神经元,因为效应器以肌肉为主,传出指令往往引起机体的运动,所以又称运动神经。效应器是实现反射效应的组织,包括肌肉和腺体。

可以通过脊蛙(去头或破坏脑的蛙)在不同浓度硫酸溶液的刺激下产生不同的反射,并且通过毁损不同的环节来对反射弧进行分析。

2) 非条件反射和条件反射

反射是神经系统活动的基本方式,按其形成方式的不同可分为非条件反射和条件反射。

非条件反射是指无须训练就具有的先天性反射,具有固定的反射弧和应答规律,不需要大脑皮层参与,在大脑皮层下的中枢即可完成的反射。哺乳动物出生后就会寻找和吮吸奶头,蜜蜂采蜜等都属于非条件反射。非条件反射往往和动物的生存和繁殖关系密切,属于一种本能。

条件反射是人和动物在生活过程中为适应环境的变化,在非条件反射基础上逐渐形成的一种反射。它们的反射通路不是固定的,因此具有更大的易变性和适应性。

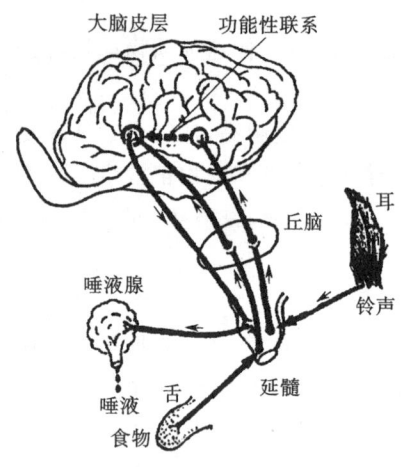

图 3-36 条件反射的建立

关于条件反射的建立,最经典的是巴甫洛夫用狗做实验建立唾液分泌的条件反射(图 3-36)。当狗吃食物时会引起唾液分泌,这是非条件反射。如果只给狗以铃声,不喂食则不会引起唾液分泌,但如果每次给狗吃食物以前就出现铃声,这样试验多次之后,铃声一响,狗就会分泌唾液。铃声本来与唾液分泌无关,是无关刺激,由于多次与喂食结合,铃声已具有引起唾液分泌的作用,即铃声已成为进食的信号了。这时,铃声转变成条件刺激,这种反射就是条件反射。

有的条件反射较复杂,它要求动物完成一定的操作。例如,大鼠在实验箱内由于偶然踩在杠杆上而得到食物,如此重复多次,则大鼠学会自动踩杠杆而得食。在此基础上进一步训练,只有当某种信号(如灯光)出现时踩杠杆才能得到食物。这样多次训练强化后,动物见到特定的信号(灯光)就去踩杠杆而得食。这种条件反射称为操作式条件反射。马戏团的驯兽表演大都属于操作式条件反射。人的心理活动、语言和文字是最为复杂的条件反射。

由于环境的改变,条件反射可以不断地变化。一些条件反射发生了消退,一些条件反射变得更为精确(条件反射的分化)或者模糊(条件反射的泛化),又有一些新的条件反射建立,这样可以使动物不断地、更好地适应环境。

(二) 体液调节

1. 概念

机体内的某些细胞产生一些特殊的化学物质,借助于血液循环,到达机体的全身或某一组织器官(靶器官),从而引起靶器官的某些特殊反应的现象叫体液调节。许多内分泌细胞所分泌的各种激素,就是借体液循环的通路对机体的功能进行调节的。例如,性腺分泌的各类性激素可调节动物的生殖和生殖周期,这是体液调节;胰岛的 β 细胞分泌的胰岛素能调节组织细胞对糖与脂肪的利用,有降低血糖的作用,这也是体液调节。体液调节除了激素的调节外,还包括 CO_2 等化学物质的调节。

相比于神经调节,体液调节的作用过程比较缓慢、持续时间比较持久、作用范围大而弥散,但两者相互配合使生理功能调节更趋于完善。另外,体液调节往往受控于神经调节。在这种情况下,体液调节是神经调节的一个传出环节,是反射传出的延伸,可称为神经-体液调节。例如,当交感神经系统兴奋时,肾上腺髓质分泌的肾上腺素和去甲肾上腺素增加,共同参与机体对新陈代谢能力提高的调节。

2. 昆虫激素及其作用

昆虫的内分泌系统由各种腺体组成。重要的腺体有脑神经分泌细胞、咽侧体和前胸腺等。脑神经分泌细胞是昆虫脑内背面的大型神经细胞,能分泌脑激素,又称活化激素,是一种促激素,能活化其他内分泌腺产生相应的激素。脑激素可由血液传递到前胸腺,激发该腺体分泌出能够促使昆虫幼期蜕皮的蜕皮激素。脑激素也能激发咽侧体分泌保幼激素,控制昆虫的变态发育,保持昆虫幼体性状(图3-37)。

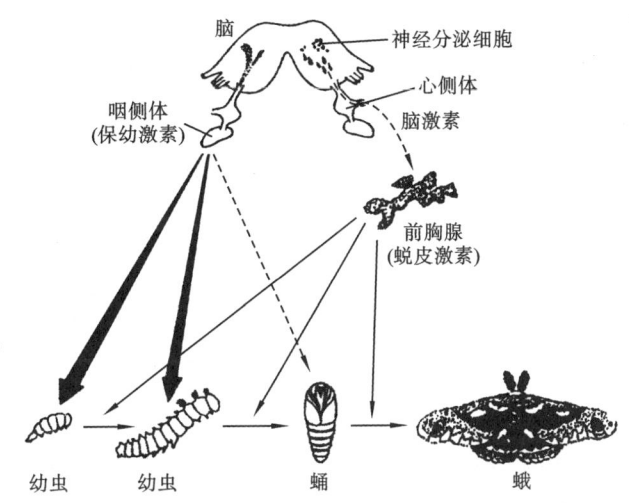

图 3-37 昆虫激素控制昆虫的变态发育

在正常情况下,保幼激素和蜕皮激素受脑激素的协调控制,幼虫期得以正常发育和蜕皮生长,但末龄幼虫和蛹期保幼激素几乎停止分泌,在蜕皮激素单独作用下,幼虫蜕皮后变成蛹或成虫。有些昆虫还能分泌滞育激素,能诱导昆虫进入停滞发育的状态,如家蚕蛹的咽下神经节中的分泌细胞产生的激素能阻止卵的发育。当蛹羽化为雌蛾后,产生的卵已进入滞育状态,必须度过冬天才能孵出幼蚕。昆虫的各种激素在脑激素的控制、协调下,使昆虫能完成正常的生长、发育、蜕皮、生殖等生理活动。

3. 脊椎动物的激素及其作用

脊椎动物的激素由内分泌腺分泌,属无管腺,所分泌的各种激素直接进入血液,随血液循环送到机体各部位,协调和支配人和动物的各种生理机能。已知的内分泌腺主要有脑垂体、甲状腺、甲状旁腺、肾上腺、胰岛和性腺等(图3-38)。

除前述几种内分泌腺外,还有松果体、胸腺、消化道内分泌腺和前列腺等。松果体可能与生长及性成熟有关。胸腺是一种淋巴器官,在幼体中特别发达,其分泌物可促进生长及抑制性器官早熟,并能增加体内产生抗体的能力。消化道分泌的激素有胃泌素、促胰液素等,促进胃液、胰液等的分泌。前列腺见于高等哺乳类的雄体,是生殖系统的一种附属腺,位于尿道基部,它除了作为外分泌腺,分泌稀薄的碱性乳状液体参与组成精液外,还是一个内分泌腺,分泌前列腺素,主要功能是促进精子生长成熟、抑制胃液分泌、增强利尿、降低血压等。

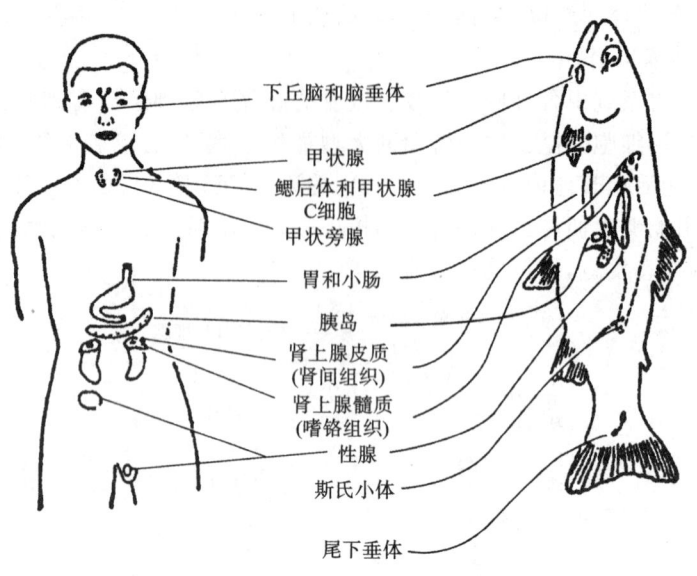

下丘脑和脑垂体

甲状腺

鳃后体和甲状腺
C细胞
甲状旁腺

胃和小肠

胰岛

肾上腺皮质
(肾间组织)

肾上腺髓质
(嗜铬组织)

性腺

斯氏小体

尾下垂体

图 3-38　人和硬骨鱼的内分泌系统

四、动物行为

动物的个体或群体在生存过程中,必须不断地摄取食物、饮水、逃避敌害、整饰体表和繁殖后代等,由此而产生的一系列固定的动作,即为动物行为。动物行为没有普遍适用的定义,通常动物行为可定义为动物在个体层次上对外界环境的变化和内在生理变化所作出的整体性反应,并具有一定的生物学意义。

动物行为有的是与生俱来的,是先天的本能,有的是经过后天学习获得的。先天性行为是遗传决定的,但也脱离不了环境,只有在一定的环境中,先天性行为才能表现出来。获得性行为是环境决定的,可也离不开先天的基因基础,学习能力的高低是有基因基础的,是遗传的。

(一) 学习行为

本能行为是在进化过程中形成的,如蜘蛛织网、蜜蜂跳舞和鸟类迁徙等,都是本能行为。而学习行为是在个体生活过程中获得的,学习行为包括习惯化、印随学习、联系学习和顿悟学习等。

任何动物都有自己的本能行为,也有一定的学习能力。动物的学习能力离不开自身的本能,本能是学习的基础,如狮子、老虎等猛兽虽然主要依靠学习获得捕食能力,但它们从小就具有捕食倾向,这是一种本能。又如雄鸟婉转的鸣叫是以其先天善鸣叫的本能为基础,通过聆听其他雄鸟的歌唱和自己不断地学唱而练出来的。

1. 习惯化

习惯化是动物界最常见、最简单的一种学习类型,即当刺激连续或重复发生时会引起动物反应的持久性衰减。广义上说,习惯化是动物学会对特定刺激不发生反应。如蜘蛛第一次听到音叉的声音时,就会迅速躲避,但时间一长,就不再躲避了;再如田间放置的稻草人能吓跑鸟类,但时间一久,鸟类就不再害怕了,甚至会停在稻草人的头上自鸣得意地梳理羽毛。习惯化可使动物对于环境中既无利又无害的刺激不发生反应。这是重要的,对于生活无关的刺激——发生反应,那就要徒耗能量而毫无所得。

2. 印随学习

新孵化出来的雏鸭或雏鹅,总是追随母亲,在母亲走向河水中时,就结队随母亲一同走向河水中。鸡、鸭、鹅等动物对于第一次接触的能活动的较大物体都能紧紧相随,这就是印随。这一现象是奥地利动物行为学家劳伦兹(Lorenz)在 20 世纪 30 年代发现的,被他用来做行为实验的许多鸭、鹅把他本人当成自己的母亲(图 3-39)。

图 3-39 印随学习

注:劳伦兹孵育的雏鹅和雌鹅孵育的雏鹅,混置一处后,前者追随劳伦兹,后者追随雌鹅而分别走开。

印随学习和其他学习行为有几个重要区别:①印随学习只需要少量的经验信息就可学成,并且一旦学成,就可保持较长时间,很难改变;②印随学习不需奖励或惩罚,但只能在生长一定时期内完成。这个时期称为临界期或敏感期。过了敏感期就没有印随学习了。

印随学习的生物学功能是确保动物准确地辨认双亲和本种其他成员,有利于动物的生存(得到双亲的抚育)与繁衍后代。

3. 联系学习

动物可将对某些神经刺激信号的反应与特定的奖励或惩罚联系起来,经过不断尝试与改错,逐步形成趋利避害的条件反射行为。如某种鸟类在捕食中多次吃过一种有毒的昆虫之后,它就能够记住这种昆虫的模样,不再捕食这种昆虫。马戏团里驯兽员常根据操作性条件作用原理,利用奖惩手段教会动物根据发出的信号表演各种技能。

4. 顿悟学习

顿悟学习是动物利用已有的经验解决当前问题的能力,包括了解问题、思考问题和解决问题。如 W. Kohler 把香蕉等食物放在黑猩猩够不着的天花板上,同时在室内为它提供经过组合后能够到香蕉的棍子、木箱等。结果发现,黑猩猩确实像人们猜测的那样站在木箱上,用棍子取下了香蕉。这说明黑猩猩有推理的能力,它根据以前的经验,知道木箱摞起来可弥补身高之不足。不但如此,黑猩猩还能把短棍套连成长棍,把香蕉取下来。而近年来更有个别黑猩猩成功地学会了一些手势语言,甚至操作计算机键盘和正确使用一些简单词汇。

(二)领域行为

每种生物都有自己的生存活动空间,动物会以个体、家庭或群体为单位,守卫其生活区域的一部分,阻止同物种的侵略者进入这一领域,称为领域性。通常肉食动物有较大的领域范围,所谓"一山不容二虎"就是指这种领域行为。领域都有明确的边界,一些鸟类常从一棵树飞到另一棵树巡视自己的领域。动物在保卫自己领域的战斗中会表现出超常的战斗力,因此通常动物会回避进入同种其他个体或群体的领域,以避免多半会以失败告终的战斗。领域行为对于控制种群密度、促进种群的稳定和抑制过度的侵略性具有重要意义。

(三) 防御行为

防御行为是指任何一种能减少来自其他动物伤害的行为,总共有 10 种防御对策。

(1) 穴居:减少了与捕食者相遇的概率。

(2) 隐蔽:很多动物的体色与环境背景色一致,因此不易被捕食者发现。

(3) 警戒色:有毒的或不可食的动物往往具有极为鲜艳醒目的颜色,这种颜色对捕食者往往具有恐吓作用。如金环蛇、银环蛇身体上的黑黄相间、黑白相间的环纹,其作用不是隐蔽自己而是起警戒作用。

(4) 拟态:一种动物在形态和体色上模拟另一种有毒和不可食的动物而保护自己的一种行为。

(5) 回缩:遇到危险时野兔迅速逃回洞内,河蚌将斧足缩回壳内,水螅全身收缩,刺猬蜷缩成刺球等。

(6) 逃遁:很多动物在捕食者接近时往往靠快跑或飞翔逃离危险,当夜蛾被蝙蝠追捕时采取飘忽不定的不定向飞行,当蝙蝠离它们较远时,它们立即采取直线飞行,以便尽快逃离蝙蝠的追捕。

(7) 威吓:不能迅速逃跑或被捉住的动物,往往采用威吓的手段进行防御。蟾蜍受攻击时靠肺部充气使身体膨胀变大,给攻击者一种自己很强大的印象,希望能吓到攻击者。

(8) 假死:有些捕食动物只攻击活的猎物,受到攻击的动物靠假死来逃避捕食动物的攻击,如金龟子的假死。

(9) 转移捕食者的攻击部位:面对强敌,很多动物是通过诱导捕食者攻击自己身体的非要害部位而逃生。如蜥蜴类动物在受到攻击时会主动断掉尾巴,转移捕食者的注意力。

(10) 反击:动物受到攻击时最后的防御手段。

(四) 繁殖行为

当动物生长发育到一定阶段时,就要繁衍与自己相似的后代,以延续其种群。在进行世代延续的生殖过程中,动物所表现的一系列活动或动作,如占据领地或巢穴、鸣叫、识别异性、引诱、求偶、筑巢、交配、孵卵和育幼等固定的动作,均称为繁殖行为。

1. 求偶行为

动物的求偶行为是指伴随着性活动和性活动前奏的全部行为表现。求偶行为的功能一是吸引配偶;二是防止异种杂交;三是激发对方的性欲望,使双方的性活动达到协调一致;四是选择最理想的配偶。总之,求偶行为的功能是确保交配能在合适的地点、合适的时间和尽可能理想的条件下进行,而且只发生在同种的异性成员之间。

2. 亲代抚育行为

动物的亲代抚育行为是指亲代对子代的保护、照顾和喂养。动物从低等到高等的进化过程中,其亲代的抚育行为也从简单到复杂。如无脊椎动物的亲代抚育行为只是把卵产在安全隐蔽的地方进行保护,两栖动物中的苏里南负子蟾,雌性产卵后在雄性的帮助下,把受精卵背在背上进行保护。与苏里南负子蟾相比,鸟类的筑巢、孵卵和育雏,兽类的胎生、哺乳及对后代的保护与照顾更彻底、有效。

动物的亲代抚育可以由双方共同承担,也可以只由其中一方承担。如果是由雌雄共同承担,通常雌性承担的任务要多一些。

(五) 社会行为

社会行为一般指 2 个或 2 个以上同种动物个体之间,彼此因有一定的联系而发生的种种行为,又称社群行为。社群成员间有明显的分工和合作的相互关系。社群个体间有一定的交往形式和复杂的通讯联系,使各个成员的行为互相协调配合,完成一定的共同活动。蜜蜂和白蚁为典型的社会性昆虫。此外,鸟类和哺乳类的社群中,其成员可依体力、健康、凶猛性的不同,排成一定的等级序位关系。优势者是社群领地范围的标记者和保护者,可优先分享食物、配偶和选择较优越的栖息场所或筑巢场地,其他成员均为从属者,只能退让和顺从。如狒狒、猴、马、鹿、羊、野牛等兽群,都是有保护性的群体,其中有首领、警卫和哨兵,全体成员集合起来成为一个有强大的战斗力的群体。母兽和仔兽被保护在群体之中,或与优势者在一起。由集体共同对付敌人,保护社群的安全,这具有重要的适应意义。

(六) 动物行为的生理基础和遗传基础

1. 动物行为的生理基础

动物行为是在神经系统、内分泌系统和运动器官共同协调作用下形成的。在动物的获得性行为中,生活体验和学习对行为的形成起到决定性的作用。低等动物的神经系统比较简单,它们的行为大多是简单的趋性、反射和本能。高等动物的神经系统比较发达,行为表现也就复杂。高等动物的复杂行为主要是通过学习形成的。学习是高等动物通过神经系统不断接受环境的变化而形成新行为的过程。学习主要是与大脑皮层有关,大脑皮层越发达的动物,学习的能力越强,也就能够更好地适应环境的变化。

激素是动物行为的物质基础。若把雄鸽和雌鸽放在一起,雄鸽很快便开始对雌鸽求偶,但把阉割了的雄鸽与雌鸽放在一起,雄鸽没有求偶行为,这说明雄激素是鸽子求偶行为的物质基础。在农田害虫的生物防治中,常以某种昆虫的雌激素诱捕雄性昆虫前来交配,以达到消灭害虫的目的。

2. 动物行为的遗传基础

小杆线虫有两个亚种,其中一个亚种身体前端能做波浪形运动,另一个则不能。如果让这两个亚种进行杂交,产生的第一代线虫(F_1)全能做波浪形运动,但杂交产生的第二代线虫(F_2),其运动类型有两种,能做波浪形运动的和不能做波浪形运动的比例是 3:1。这表明,做波浪形运动的这一种行为特征受显性基因的控制,动物的行为是可以遗传的。

自然界动物的行为受单基因或双基因支配的遗传是比较少见的,大多是受多基因控制的。

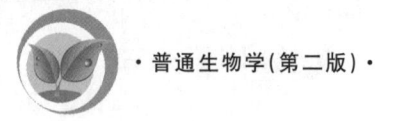

第三节　神奇的微生物家族

一、微生物的共性

微生物是肉眼看不见或看不清的微小生物的总称,它们是一些个体微小、构造简单的低等生物。

微生物和动、植物一样具有新陈代谢等生物的基本特征,但微生物也有其自身的特点。总结起来,微生物具有如下共性。

(一)体积小、比面值大

微生物个体极其微小,必须借助显微镜才能观察到。正由于个体微小,微生物有着极为巨大的比面值(单位体积所占有的表面积,表面积/体积),例如,大肠杆菌的比面值为300 000,人的比面值约为0.3。这样一个小体积、大表面积的系统,就是微生物与一切大型生物相区别的关键所在,也是微生物具有五大共性的本质所在。这是因为一个小体积大面积系统,必然有一个巨大的营养的吸收面、代谢废物的排泄面和环境信息的接受面。

(二)吸收多、转化快

微生物虽然很小,但代谢旺盛,主要表现在吸收营养物质多、物质转化快这两方面。其代谢强度比高等动物的代谢强度高几千倍到几万倍。例如1 kg 酿酒酵母,一天能分解其自身质量几千倍的糖类,使它们变成乙醇,容易形成工厂化生产规模。产朊假丝酵母合成蛋白质的能力是大豆的100倍,是肉用公牛的10万倍。

正是微生物的这个特性,使得微生物能够成为发酵工业的产业大军,在工、农、医等战线上发挥巨大作用。人类对微生物的利用,主要体现在它们的生物化学转化能力上。

(三)生长旺、繁殖快

微生物的繁殖速度快得惊人。如果条件适合,大肠杆菌每12.5~20 min 分裂一次,按20 min 来计算,一昼夜可繁殖72代,即一个菌体一昼夜可产生 2^{72}(4 722 366 500 万亿)个后代,总质量可达4 722 t。假如再这样繁殖4~5天,它们就会形成跟地球同样质量的物体。当然这种情况不会出现,因为影响细菌繁殖的各种因素随时都在变化。

(四)易变异、适应性强

微生物细胞体系简单,多为单细胞,通常都是单倍体,与外界直接接触,在受到外界理化因素影响后,细胞内的遗传物质容易发生变化,即容易发生变异。加之它们具有繁殖快、数量多的特点,即使其变异的频率十分低,也可在短时间内产生大量的后代,易在短时间内产生大量变异的后代。微生物容易变异的特性已使其成为许多科学家的研究目标和工具,微生物诱变育种就是典型的例子。青霉素是由产黄青霉产生的。1943年,每毫升青霉素发酵液中该菌只分泌约20单位的青霉素,而病人每天却要注射几十万单位。那时,一茶匙黄色粉末的青霉素需数千英镑。通过菌种选育,使该菌产量逐渐积累,目前,其发酵水平已超过 5 万单位,甚至接近 10 万单位。当然,菌类的抗药性也同样存在,有的菌株耐药性竟比原始菌株提高 1 万倍。20 世纪 40 年代初,最严重感染的病人,只要每天分数次共注射 10 万单位的青霉素即可,现在,成人每天要注射 100 万单位左右。

微生物对环境条件尤其是恶劣的"极端环境"所具有的惊人适应力,堪称生物界之最。例如,在海洋深处的某些硫细菌可在 250 ℃甚至 300 ℃的高温条件下正常生长,大多数能耐 0～－196 ℃的低温,甚至在－253 ℃下仍能保持生命,一些嗜盐菌甚至能在 32％饱和盐水中正常生活,许多微生物尤其是产生芽孢的细菌可在干燥条件下保藏几十年、几百年甚至上千年,肺炎双球菌有荚膜,可以抵抗白细胞的吞噬,再如细菌的芽孢、放线菌的分生孢子、真菌的各种孢子,更能抵抗外界不良环境的侵害,一般能存活几年甚至几千年。

(五) 种类多、分布广

微生物的种类极其繁多,目前已发现的微生物达 10 万种以上,新物种还在不停地被发现。分布非常广泛,可以说微生物无处不有,无处不在,上至万米高空,下至千米深海底部,热达 300 ℃的温泉,冷至－80 ℃的极地,都可以见到它们的足迹。微生物大量存在的地方是土壤,那里是微生物的天下,在 1 g 肥沃的土壤中有几十亿个微生物,空气中也含有大量的微生物,越是人员聚集的公共场所,微生物含量越高,水中以江、河、湖中含量最高,井水次之,动、植物体表及某些内部器官,如皮肤及消化道等也有其踪迹。

二、原核微生物

原核微生物是由原核细胞构成的单细胞生物,它们大约出现在 35 亿年前,曾是地球上唯一的生命形式,独占地球长达 20 亿年以上。如今它们还是很兴盛,在生物圈内分布最广,个体数量最多。

(一) 主要特征

原核微生物最基本的特征:①没有核膜,其拟核或核基因组主要由一个裸露的环状DNA 分子(也称染色体)构成,遗传信息量小;②细胞小,直径为 0.2～10 μm,有细胞壁,细胞壁成分多为肽聚糖;③细胞内没有以膜为基础的细胞器。

(二) 主要类群

1. 细菌

(1) 细菌的形态　显微镜下不同种类的细菌形态不一,其基本形态有球状、杆状和螺旋状。一般球菌直径为 0.5～2 μm,杆菌长 0.5～6 μm,宽 0.3～1.2 μm。许多细菌也常成对、成链、成簇地生长。

(2) 细菌细胞的构造　细菌细胞具有原核细胞的基本特征。很多细菌核基因组(或细菌染色体)还存在能自主复制的小段环状 DNA 分子,称为质粒。质粒所含基因一般非细菌生存所必需,只是在某些特殊条件下,赋予细菌某些特殊机能,如抗药性、降解性、致病性等。在基因工程中,质粒常能用作基因转移的载体。除一般构造外,在一定环境条件下,某些细菌还会产生一些特殊构造(图 3-40)。如某些细菌细胞表面有一厚层胶状的荚膜。荚膜具有保护菌体、储存营养、堆积代谢废物、表面附着和细胞间识别等功能。大多数能运动的细菌体表长有具运动功能的鞭毛,但不同种细菌鞭毛数目和着生方式不同。有的细菌体表长有纤细、数量较多的菌毛,有助于菌体附着于物体表面。还有一些细菌的雄性菌株生有一至少数几根比菌毛长的性毛,可借性毛向雌性菌株传递遗传物质。有些细菌在生长发育后期,在细胞内形成一个圆形或椭圆形结构,称为芽孢。芽孢有极强的抗热、抗辐射、抗化学药物和抗静水压的能力,是一种抗逆性休眠体,可存活几年到几十年,甚至几百至上千年。

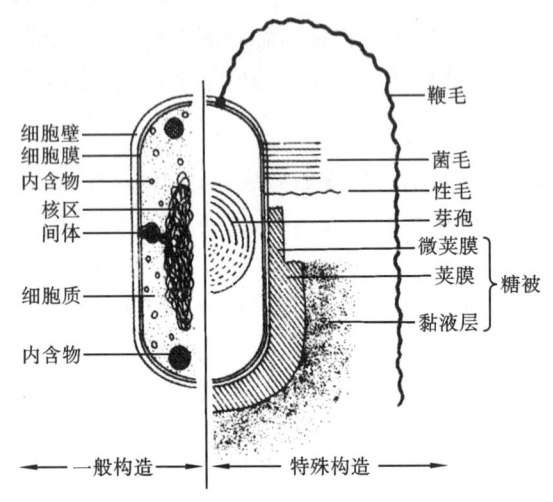

图 3-40　细菌细胞的构造

(3)细菌的营养　大多数细菌异养,少数自养,营养方式多样。根据碳源、能源及电子供体性质的不同,细菌的营养类型可分为光能无机自养型、光能有机异养型、化能无机自养型及化能有机异养型四种类型。绝大多数细菌属于化能有机异养型。化能有机异养型又可分为腐生型、寄生型、兼性腐生型和兼性寄生型等类型。

(4)细菌的呼吸　细菌生命活动所需能量通过各种营养物质的氧化即呼吸过程而获得。根据呼吸过程中不同细菌与分子氧关系,细菌又分好氧菌(如根瘤菌)、厌氧菌(如破伤风杆菌)、兼性厌氧菌(如大肠杆菌)和微好氧菌等类型。

(5)细菌的繁殖　细菌以无性二分裂法繁殖,即一个细胞通过直接分裂(无丝分裂)产生两个细胞。环境适宜时,20～30 min 繁殖一代,如大肠杆菌。

(6)细菌的作用及经济意义　自然界细菌有 1 万余种,它们数量大、适应性强,广泛分布于冰山旷野、江河湖海,上至数万米高空,下至万米深海底部,以及动植物和人体内外。部分细菌是致病菌,能引起人类及动植物的许多传染病,但大多数细菌对人类有利。土壤中的自生固氮菌、根瘤菌将空气中的游离氮转化为含氮化合物供植物营养;化能异养菌将许多含微量元素的不溶性有机物转化为植物可吸收的形式;腐生细菌作为生态系统中的分解者,将动、植物的残体分解成简单的无机物,推动和维持了自然界的物质循环。在工业上,利用细菌可生产乙醇、丙酮和醋酸等产品。随着科学的发展,细菌还将展示出更广阔的应用前景。

2. 放线菌

放线菌是细胞呈分支状菌丝、主要以孢子繁殖的化能异养原核生物。其种类很多,大多数生活在含水量较低、有机质丰富、微碱性土壤中,少数水生。

放线菌的细胞结构和细菌没有多大区别,但是它们的形态比细菌复杂些,大多数放线菌有发达的分支菌丝。菌丝纤细,宽度近于杆状细菌,为 $0.5\sim1~\mu m$。按其着生位置与功能,菌丝可分为营养菌丝、气生菌丝和孢子丝。营养菌丝是伸向培养基内部的菌丝,又称基内菌丝,主要功能是吸收营养物质,有的可产生各种色素,把培养基染成各种各样的颜色,这是菌种鉴定的重要依据。气生菌丝是长在培养基表面的菌丝,暴露在空气中。当营养充足、温度合适时,在气生菌丝上会分化出可产生孢子的孢子丝,孢子丝的形状和排列方式因种而异。成熟的孢子从孢子丝上脱落下来,在有足够的水分和合适温度的环境下,便会萌发成菌丝,然后再形成孢子,如此周而复始,不断生存和繁衍。

放线菌与人类关系中最引人注目的是它们能产生抗生素,目前在治疗疾病用的抗生素中,有 70% 是用放线菌生产的,现已发现和分离到由放线菌产生的抗生素就有 4 000 多种,其中 50 多种已广泛应用,如链霉素、红霉素、四环素等。此外,放线菌还被用于生产许多维生素、酶类。在自然界物质循环中,腐生放线菌协同细菌和真菌起着分解者的作用。极少数寄生放线菌能引起人和动植物疾病。

3. 古细菌

古细菌也称古生菌或古菌,常被发现生活于各种极端自然环境中。

1）古细菌的特征

采用细胞化学组分分析、比较生物化学和分子生物学的方法研究,揭示古细菌有如下特征:①细胞壁不含肽聚糖;②细胞膜由独特的脂质构成,这些脂质在物理特征、化学组成和链等方面与其他生物大不相同;③具有既不同于真细菌,也不同于真核生物的16S rRNA序列特征;④对抗生素的敏感性与真核生物相同,而与真细菌不同。由于以上特征,有人提出应将古细菌从原核生物中分出,成为与原核生物(即真细菌)、真核生物并列的一类。

2）古细菌的主要类群

(1) 产甲烷古细菌 这是专性厌氧菌,生活于沼泽、污水、水稻田、反刍动物的反刍胃等富含有机质且严格无氧的环境中,有 18 个属,自养或异养,能利用 H_2 还原 CO_2 产生甲烷(CH_4)。这类菌已用于污水处理和沤肥,在将有机物转化为气体燃料甲烷的过程中起重要作用。

(2) 极端嗜盐古细菌 生活于盐湖、盐田、死海及盐腌制品表面,能够在盐饱和环境中生长,当盐浓度低于 10% 时不能生长,是严格好氧的化能异养菌,有 8 个属。在厌氧光照条件下,有些菌株产生一种细菌视紫素嵌入细胞膜中,成为紫膜,使菌体呈现红紫色。紫膜能进行光合作用,将太阳能转换为电能。利用紫膜的能量转换机制,有可能使紫膜成为功能材料用于电子器件,作为生物计算机的光开关、存储器等组装元件。

(3) 超嗜热古细菌 通常生存于含硫的热泉、泥潭、海底热溢口等处。目前已分离到的超嗜热古细菌最适生长温度为 $70\sim105~℃$,有 18 个属,绝大多数专性厌氧,化能有机营养或化能无机营养,能代谢硫。这类菌的耐高温酶类有很大的应用前景,如 PCR 技术

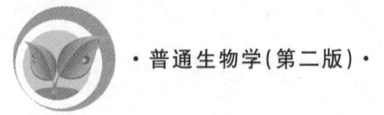

(DNA 分子的体外扩增技术)中所使用的 Taq 酶就是从水生栖热菌($T.\ aquatics$)中分离到的,TaqDNA 聚合酶的应用明显提高了 PCR 的各项性能,才使这一技术得到迅速发展和广泛的应用。

(4) 热原体　这是一类无细胞壁、嗜热、嗜酸、行好氧化能有机营养的古细菌。目前已知只有 3 个种。热原体的基因组极小,与其他原核生物不同的是,其 DNA 周围裹有结合蛋白,经氨基酸测序比较,其蛋白组分与真核细胞核小体中的组蛋白有一定的同源性。

由于古细菌所栖息的环境与地球生命起源初期的环境有许多相似之处,以及古细菌中蕴藏着远多于真细菌和真核生物的、未知的生物学过程和功能,因此深入研究古细菌,不仅有助于阐明生命进化规律的线索,而且有不可估量的生物技术开发前景。

4. 蓝细菌

蓝细菌是一类能进行放氧光合作用的原核微生物,由此也常被植物学家作为原核藻类植物进行描述,并称之为蓝藻。蓝细菌的细胞膜重复折叠形成的类囊体膜上含有光合色素,是进行光合作用的场所。细胞壁成分除肽聚糖外,还含有纤维素;细胞壁外有胶质层(或称为鞘)。蓝细菌以单细胞体或群体状态存在,群体细胞共同包埋在胶质鞘内。某些蓝细菌的丝状群体中还有异形胞和厚壁孢子等特化细胞。异形胞有固氮作用,厚壁孢子可抵御不良环境,长期休眠。

蓝细菌有 29 个属。它们营养要求很低,在自然界分布极广,从热带到两极,江河湖海,85 ℃的温泉,以及冰雪高山上都存在。蓝细菌是地质史上最早的放氧生物,在地球生命进化历程中起到里程碑的作用。固氮蓝细菌作为农田肥料,在农业生产上有重要价值。但某些情况下蓝细菌的大量繁殖形成"水华",会影响鱼类等水生生物的生存。

5. 其他原核微生物

1) 支原体

支原体不具细胞壁,能通过细菌滤器,是目前已知最小的、能独立生活的原核生物。支原体广泛存在于土壤、污水、昆虫、脊椎动物及人体内,是动、植物和人类的病原菌之一。支原体不侵入机体组织与血管,而是在呼吸道或泌尿生殖道上皮细胞黏附并定居后,通过不同机制引起细胞损伤,如获取细胞膜上的脂质与胆固醇造成膜的损伤,释放神经(外)毒素、磷酸酶及过氧化氢等。除肺炎支原体外,一般不使人致病,但较多的支原体能引起畜、禽和作物的病害。

2) 衣原体

衣原体是一类在真核细胞内专营寄生生活的原核微生物。广泛寄生于人、哺乳动物和鸟类,仅少数致病,如人的沙眼衣原体。有的衣原体是人、动物共患的病原体。

3) 立克次体

立克次体是一类严格的活细胞内寄生的原核生物,大多是人兽共患的病原体,主要以节肢动物(虱、蜱、螨)为媒介,引起人类疾病如流行性斑疹伤寒、恙虫热、Q 热等。

三、真核微生物

真核微生物是一类细胞核具有核膜、核仁,能进行有丝分裂,细胞质中存在线粒体或同时存在叶绿体等多种细胞器的生物。真核微生物主要包括真菌、单细胞藻类和原生动物。下面以真菌为例进行介绍。

(一) 真菌的一般特征

除少数单细胞真菌外,绝大多数真菌是由分支或不分支的菌丝构成的多细胞菌丝体。菌丝管状有隔或无隔,一般有细胞壁,胞壁成分以几丁质(高等陆生真菌)或纤维素(低等真菌)为主,酵母菌以葡聚糖为主。

真菌没有叶绿素,不能进行光合作用制造养料,所以它们的营养方式是异养的,异养方式有腐生、寄生、兼性寄生或共生。由菌丝、假根或菌丝上分出的吸器深入基质或宿主细胞内,借助于高渗透压吸收水分和养料。

真菌的繁殖方式有营养繁殖、无性繁殖和有性繁殖。

(二) 主要类群及其与人类的关系

安斯沃思分类系统根据有无能动细胞(游动孢子或配子)、有无有性孢子以及有性孢子的类型,将真菌门分为鞭毛菌亚门、接合菌亚门、子囊菌亚门、担子菌亚门和半知菌亚门。鞭毛菌亚门与接合菌亚门因菌丝无隔膜而被长期放在一起,统称藻状菌。

1. 接合菌亚门

接合菌亚门的菌丝体无隔,少数在幼嫩时产生隔膜。无性繁殖主要是在孢子囊内产生无鞭毛、不能游动的孢囊孢子。有性生殖由相同的或不同的菌丝所产生的两个同形等大或同形不等大的配子囊,经过接合后形成球形或双锥形的接合孢子。

本门的主要代表有毛霉属和根霉属。毛霉有很强的分解蛋白质和糖化淀粉的能力,因此,常被用于酿造、食品发酵等。根霉与毛霉类似,能产生大量的淀粉酶,故用作酿酒、制醋业的糖化菌。有些种根霉还用于甾体激素、延胡索酸和酶制剂的生产。当然,接合菌亚门的有些种类是人、畜及其他动物的寄生菌和高等植物的弱寄生菌。条件适宜时常可引起食品、果蔬等霉烂变质。

2. 子囊菌亚门

子囊菌亚门的主要特征是除极少数低等种类为单细胞(如酵母菌)外,其余均为有隔菌丝组成的菌丝体。子囊菌的无性生殖特别发达,有裂殖、芽殖或形成各种无性孢子,如分生孢子、节孢子、厚垣孢子(厚壁孢子)等。有性生殖产生子囊,内生子囊孢子。本门的代表菌有酵母菌、青霉菌、曲霉菌、赤霉菌、冬虫夏草、羊肚菌。酵母菌为单细胞真菌,是食品工业和发酵工业的重要菌种。只有少数酵母菌可致人和动物疾病,如白色微丝酵母菌可引起人类阴道感染、鹅口疮和肺部感染。

曲霉菌、青霉菌、脉孢菌、赤霉菌等均为常见霉菌,为广泛用于现代发酵工业生产的重要菌种。另一方面,霉菌极易引起食物、衣物、器材、工业原料霉变,造成较大的经济损失。植物的很多疾病都由霉菌引起。霉菌还能产生多种毒素威胁人畜健康,如花生上长的黄曲霉产生的毒素会诱发肝癌。

3. 担子菌亚门

担子菌都是由多细胞的菌丝体组成的有机体,菌丝均具有横隔膜。在整个发育过程中,产生两种形式不同的菌丝:一种是由担孢子萌发形成的具有单核的初生菌丝;另一种

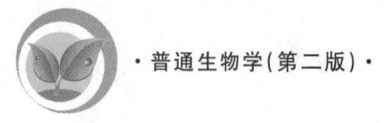

是以后通过单核菌丝的结合而形成的菌丝,但核并不及时结合而保持双核的状态,这种菌丝叫次生菌丝。次生菌丝双核时期相当长,这是担子菌的特点之一。担子菌最大的特点是形成担子、担孢子。产生担孢子的复杂结构的菌丝体叫做担子果,就是担子菌的子实体,其形态、大小、颜色各不相同,如伞状、扇状、球状、头状、笔状等。

担子菌中既有严重危害粮食作物和林木的病原菌,如黑粉菌、锈菌、木腐菌等,也有很多著名的食用菌,如蘑菇、口蘑、香菇和侧耳等,还有许多中国传统的贵重药材,如黑木耳、银耳、茯苓、灵芝等,甚至有些大型菌类还含有抗癌物质。

4. 半知菌亚门

绝大多数的半知菌类为有隔菌丝组成的菌丝体,只以分生孢子进行繁殖,尚未发现其有性生殖过程;有些种类仅发现菌丝,连分生孢子也未发现,故名半知菌。半知菌绝大多数是腐生,约 1/3 是寄生在人、动物和植物体内的,可引起疾病,如人的头癣、灰指甲、脚癣("香港脚")等均是由半知菌类的菌株引起的。

四、非细胞微生物

非细胞微生物分为真病毒和亚病毒。真病毒简称病毒,至少含有核酸和蛋白质两种组分。亚病毒又分为类病毒、拟病毒和朊病毒。类病毒只含具有独立侵染性的 RNA 组分,拟病毒只含不具有独立侵染性的 RNA 组分,朊病毒只含蛋白质一种组分。

(一) 病毒

1. 病毒的特性

除了具有微生物的共性之外,病毒还具有以下特性:无细胞结构,只是由核酸和蛋白质组成的大分子;每种病毒只含有一种类型的核酸,DNA 或者 RNA;专性活细胞内寄生;以复制方式增殖,依靠宿主细胞进行自我复制繁殖;在离体条件下,只能以无生命的大分子状态存在,并可长期保持其侵染性;一般对抗生素不敏感,而对干扰素敏感。

2. 病毒的大小与形态

不同病毒的毒粒大小悬殊,绝大多数直径在 10～300 nm,一般需用电子显微镜观察。病毒的基本形态为球形(多为动物病毒)、杆形(多为植物病毒)、蝌蚪状(微生物病毒,也称为噬菌体),也有砖形(如牛痘)和丝状(如 M13 噬菌体)等。

3. 病毒的组成与结构

病毒粒子的基本化学组成是核酸和蛋白质,结构复杂的病毒还含有脂类和糖类。一种病毒只含一种类型的核酸(DNA 或 RNA),单链或双链分子,线性或环状形式。

病毒不具细胞结构,其基本结构是由蛋白质衣壳和位于病毒粒子中心的核酸构成的核衣壳结构。衣壳由许多被称为壳粒的衣壳蛋白质亚基按一定的规律排列构成,而使各种病毒具有不同的形状。简单的病毒如烟草花叶病毒仅具核衣壳结构。复杂的病毒,如引起艾滋病的人免疫缺陷病毒(HIV),在核衣壳外还包着一层由脂类、蛋白质和糖类组成的包膜。有些病毒,尤其是有包膜病毒的病毒粒子表面还有突出物(图 3-41)。

4. 病毒的增殖

病毒是严格的细胞内寄生物。它们没有完整的酶系统和合成代谢系统,不能以分裂

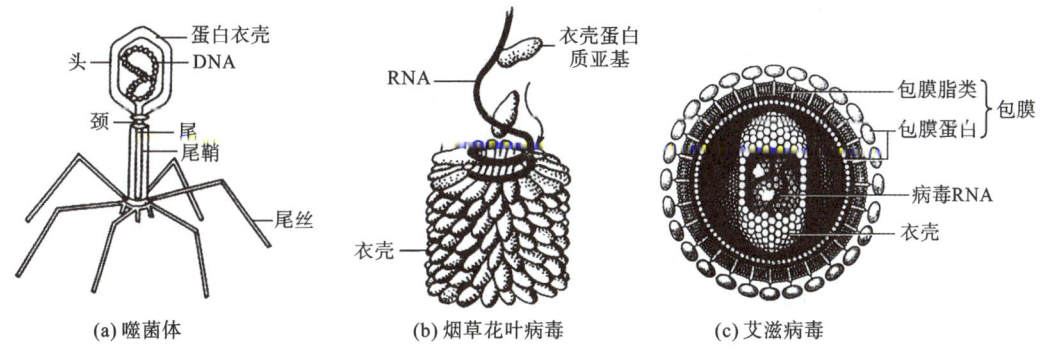

图 3-41　病毒的形态结构

方式进行繁殖,而是以复制的方式在宿主活细胞内增殖。即当病毒感染敏感宿主细胞时,即借助宿主细胞的能量系统、tRNA、核糖体和复制、转录、翻译等生物合成体系,复制病毒的核酸和合成病毒的蛋白质,最后装配成结构完整、具有侵染力的、成熟的病毒粒子,并以一定的方式释放到细胞外。以噬菌体为例,一般病毒的整个增殖过程大致包括五个阶段:吸附、侵入(与脱壳)、复制(生物合成)、组装、释放(图 3-42)。

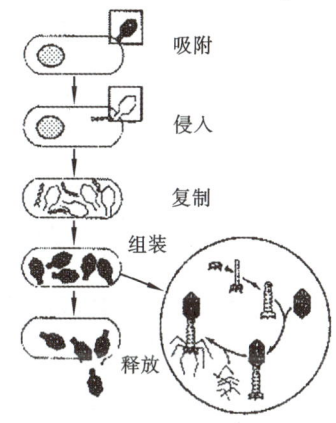

图 3-42　噬菌体的增殖

(二)亚病毒

自 1971 年以来,在病毒学研究中又陆续发现一些比病毒更小、结构更简单的感染性因子,并于 1983 年将它们归类为亚病毒,包括类病毒、拟病毒和朊病毒。

类病毒是一类无蛋白质外壳,仅由含 246~375 个核苷酸的单链环状 RNA 分子组成的,专性寄生于植物的病原因子。它们能大面积地使马铃薯、柑橘、椰子树、番茄等植物患病,造成很大的经济损失。

朊病毒是一类蛋白质病原因子,具有侵染性并可在宿主细胞内复制。能侵染人和脊椎动物,引起致死性中枢神经系统疾病,如人的库鲁病、克雅氏病、羊的瘙痒症、牛海绵状脑病(疯牛病)等。初步研究认为朊病毒的来源和增殖途径是,细胞中一种正常蛋白质(P_rP^c)的基因表达产物在病原蛋白质的作用下经过特异的转录后的加工或翻译后的修饰而转变成新的病原蛋白质(P_rP^{sc})。

 本章小结

植物类群主要包括藻类植物、苔藓植物、蕨类植物、种子植物。种子植物包括裸子植物和被子植物。大多数成年植物在营养生长阶段,整个植株可显著分为根、茎、叶三种营养器官;在有性生殖阶段,又会出现花、果实、种子三种繁殖器官。植物生长物质包括植物激素和植物生长调节剂。

动物分成 34 个门。除脊索动物门外的其他各门类可统称为无脊椎动物。无脊椎动

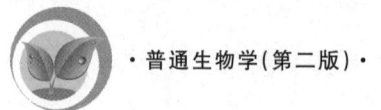

物的身体的中轴没有由脊椎骨构成的脊柱,主要包括海绵、腔肠、扁形、线虫、环节、软体、节肢、棘皮等门类。脊椎动物主要包括圆口纲、鱼纲、两栖纲、爬行纲、鸟纲、哺乳纲等。高等动物和人的器官按其生理功能不同,可分为皮肤系统、运动系统、消化系统、循环系统、呼吸系统、泌尿系统、生殖系统、神经系统、内分泌系统和免疫系统。通过神经调节和体液调节,各系统相互联系、相互制约,协调完成生物体的生命活动。神经调节的基本方式是反射,体液调节主要通过激素进行。动物行为包括先天的行为和后天学习的行为。学习的方式有习惯化、印随学习、联系学习及顿悟学习。

微生物是一类肉眼看不见或看不清的微小生物的总称,它们是一些个体微小、构造简单的低等生物,它们有着与大型生物显著不同的特征。按结构与组成,微生物可分为原核微生物、真核微生物、非细胞微生物。人类生产生活与微生物的关系非常密切。

 复习思考题

1. 简述不同植物类群的主要特征,根据它们的特征,你能说明植物的进化关系吗?
2. 植物的营养器官有何主要功能? 你能举例说明生活中常见的营养器官的变态现象吗?
3. 简述植物的运动方式,植物运动有什么意义?
4. 植物生长物质有何生理功能? 请举例说明植物生长物质在农业生产中的应用。
5. 简述不同动物类群的主要特征,并说明它们的进化关系。
6. 哺乳动物的各器官系统各有什么功能?
7. 举例说明动物的学习行为。
8. 细菌和真菌的特征各是什么? 与人类有何关系?
9. 微生物有哪五大共性? 最基本的是哪一个? 为什么?
10. 请举例说明微生物与人类的关系。

第四章

生生不息——生命的生殖和发育

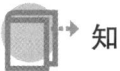 **知识目标**

1. 熟悉生物生殖的基本方式与特点；
2. 掌握高等动植物的生殖过程；
3. 掌握胚胎发育的主要阶段。

 技能目标

1. 能够对生物的生殖方式进行归类；
2. 会运用生殖发育规律描述某一种生物的生殖过程。

生命的延续是靠产生后代、代代相传来实现的。生物体生长发育到一定阶段后，能够产生与自己相同或相似的子代个体，这种功能称为生殖。根据生物形成新个体的方式，将生物的生殖分为无性生殖和有性生殖两大类，而每一大类中又有不同的生殖形式。

第一节　无性生殖和有性生殖

一、无性生殖

一切不涉及性别、没有配子参与、没有受精过程，直接由母体形成新个体的繁殖方式统称为无性生殖。无性生殖在植物界比较普遍，在动物中仅见于低等无脊椎动物。在无性生殖过程中不经过减数分裂，所以没有基因重组。常见的无性生殖有分裂生殖、出芽生殖、孢子生殖和营养生殖等类型。

（一）分裂生殖

分裂生殖又叫裂殖，裂殖是单细胞生物中常见的一种生殖方式。它是由一个生物个体直接分裂成两个新个体，这两个新个体的大小、形状基本相同。如细菌、草履虫、变形

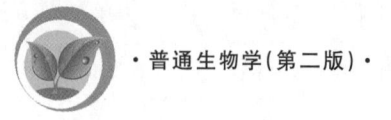

虫、眼虫的二分裂,以及疟原虫的多分裂。

(二)出芽生殖

从母体上长出芽,芽体逐渐长大,形成与母体一样的个体,并从母体上脱落下来,成为完整的新个体,这种由芽发育成新个体的生殖方式统称为出芽生殖,又叫芽殖。出芽生殖的方式广泛存在,典型的例子有酵母菌和水螅的出芽生殖。酿酒酵母菌在出芽生殖时,细胞核先进行分裂,然后一个子核进入细胞表面突出的芽体内,形成子细胞。水螅在水温适宜、食物充沛的春秋季节,通常进行出芽生殖。首先是水螅体壁向外突起,逐渐长大,形成芽体。芽体的消化腔和母体是连通的,芽体逐渐长大,形成口和触手。最后,基部收缩,与母体脱离,能独立生活。也有的水螅芽体形成后不脱离母体,然后芽体又形成芽体,如此继续便形成了一"株"水螅。

出芽生殖中的"芽"是指在母体上长出的芽体,而不是高等植物上真正的芽的结构。比如:马铃薯利用芽进行繁殖是利用块茎进行繁殖,它是营养生殖而不是出芽生殖。从本质上讲,芽体和母体是一样的,只不过芽体小一些。

(三)孢子生殖

通过产生无性孢子,孢子脱离母体后,独立发育成一个新个体,这种生殖方式称为孢子生殖。孢子生殖是藻类、真菌及其他低等植物的主要生殖方式。例如根霉,它的孢子丝的顶端形成孢子囊,里面产生孢子。孢子落在阴湿而富含有机质的温暖环境中,就能够直接发育成新的根霉。

孢子生殖中的"孢子"是无性孢子,和体细胞有着相同的染色体数或 DNA 数。因此,无性孢子只可能通过有丝分裂或无丝分裂来产生,不可能通过减数分裂来产生。

(四)再生作用

生物进行自我修复的生理过程称为再生作用。

1. 植物的再生作用

很多高等植物的营养器官(如根、叶、茎)的一部分,脱离母体后能发育成完整的植株,这种依靠营养器官进行生殖的方式称为植物的再生作用,也称为营养繁殖。在自然状态下进行的营养繁殖,叫做自然营养繁殖,如草莓的葡匐枝、秋海棠的叶、马铃薯的块茎等。在人工协助下进行的营养繁殖,叫做人工营养繁殖,如农业生产上常用扦插、压条、嫁接等人工的方法来繁殖花卉和果树。

2. 动物的再生作用

动物的再生能力在各类群之间差别很大。一般来说,原生动物的再生能力很强。如很多纤毛虫,被切割为二后,都能再生成完整的纤毛虫。腔肠动物和涡虫的再生能力从身体前端到后端,沿体轴而递减。海星、海参的再生能力也很强。

二、有性生殖

有性生殖是指经过两性生殖细胞的结合,产生合子,由合子发育成新个体的生殖方式。进行有性生殖的生物,其生活周期中通常包括二倍体时期与单倍体时期的交替。二倍体细胞通过减数分裂产生单倍体细胞(雌、雄配子或卵和精子),单倍体细胞通过受精(核融合)形成新的二倍体细胞。有性生殖的优点如下:子代的遗传物质来自两个亲本,所以具有两个亲本的遗传特性,具有更大的生命力和变异性,对于生物的进化具有重要意义。

(一) 融合生殖

有配子融合过程的有性生殖称为融合生殖,主要有接合生殖与配子生殖等。

1. 接合生殖

某些真菌、细菌、绿藻和原生动物进行有性生殖时,两个细胞互相靠拢形成接合部位,并发生原生质融合而生成接合子,由接合子发育成新个体,这样的生殖方式称为接合生殖。这是最原始的融合生殖。如水绵和草履虫的有性生殖就是接合生殖。

水绵接合生殖时,阳性接合细胞内的全部原生质通过接合管到达阴性接合细胞,由两个细胞的原生质融合而生成接合子,接合子经过减数分裂生成有性孢子各两个,有性孢子萌发为水绵的营养体。

草履虫接合生殖时,每个虫体的大核消失,每个小核减数分裂生成四个核,其中三个核消失,留下的一个核分成动核和静核;动核通过接合膜交换,分别与对方的静核融合;融合后的小核经过两次有丝分裂形成四个核,其中两个核融合成一个大核;接合结束后,两个虫体分开,各自经历三次核分裂和两次细胞质分裂,形成四个新个体。

2. 配子生殖

由亲体产生单倍体的生殖细胞——配子,由性别不同的配子两两相配成对融合成合子,再由合子发育成新个体的生殖方式称为配子生殖。根据配子形态和功能的分化程度,将配子生殖分为同配生殖、异配生殖和卵式生殖三种类型。

(1)同配生殖 由大小、形态、结构和运动能力完全相同的两种配子相结合而进行的生殖,称为同配生殖。同配生殖的配子大小、形态相同,都能游泳,因而分不出雌雄,但生理上已有分化。例如衣藻属中的大多数种类。

(2)异配生殖 由两种异形配子相结合而进行的生殖称为异配生殖。异配生殖有两种类型,即生理的异配生殖和形态的异配生殖。

① 生理的异配生殖:参加结合的配子形态上并无区别,但交配类型不同,在相同交配型的配子间不发生结合,只有不同交配型的配子才能结合,且具有种特异性。如衣藻属中的少数种类。这是异配生殖中最原始的类型。

② 形态的异配生殖:参加结合的配子形状相同,但大小和性表现不同。大的不太活泼的为雌配子,小的活泼的为雄配子,这说明性在形态上的分化已开始了。如绿藻中的实球藻的生殖方式。

(3)卵式生殖 随着生物的进化,雄配子向着运动的方向发展,体型变小,运动器官发达,称为精子;雌配子向着静止的方向发展,体型变大,细胞质内储藏着丰富的营养物质,运动器官退化,称为卵子。精子和卵子经过受精作用而形成受精卵,再由受精卵发育成为新个体,这种生殖方式称为卵式生殖。它们是在异配生殖的基础上进化而来的。卵式生殖普遍存在于多细胞生物中,且为高等动物唯一的自然繁殖方式。

上述各种有性生殖方式都要通过双亲遗传物质的融合过程,因而称为融合生殖。配子是减数分裂形成的,因而其染色体数目是体细胞的一半,称为单倍体(n)。通过两性配子结合形成合子,合子核中的染色体又恢复到原来的数目($2n$)。子代个体中的染色体,一半来自父本,另一半来自母本。配子生殖的进化趋势是由同配生殖到异配生殖,最后发展为卵配生殖。在原生动物和单细胞植物中,所有个体或营养细胞都可能直接转变为配子或产生配子,而在高等动物中,生殖细胞是由特殊的性腺产生的。由于在减数分裂和形成受精卵(合子)的过程中发生了遗传信息的重组,因而子代个体会产生各不相同的个体特性。由此原理可以推论,交配和重组能使后代的变异性增大,对生存环境适应性增大,能为自然选择提供更多的方式。

(二) 无融合生殖

无融合生殖是指不经过配子融合而产生新个体的生殖方式。它虽发生于有性器官中,却无两性细胞的融合。

1. 动物的无融合生殖

(1) 单性生殖　配子不经过受精而发育成新个体的生殖方式,称为单性生殖。主要是指由雌配子直接发育成新个体的孤雌生殖。孤雌生殖不但在植物中是一种常见的繁殖方式,在动物中也常见到,如在蜜蜂、蚜虫、轮虫和水蚤等动物的生活史中,都有孤雌生殖现象。

(2) 幼体生殖　少数动物尚处于幼体阶段就能繁殖下一代,这种现象称为幼体生殖。如扁形动物门绦虫纲的圆叶类绦虫的全尾幼虫体内就有卵细胞生成,并且能孵化出小幼虫。

2. 植物的无融合生殖

无融合生殖在植物界是普遍存的,无融合生殖现象在被子植物的 36 个科 440 个种中都有发现,形式多种多样,在苔藓和裸子植物中迄今很少报道。

无融合生殖是指植物不经过雌、雄配子融合,而是以种子形式进行繁殖的现象。它分为两类:第一类,减数胚囊中的无融合生殖,包括孤雌生殖、孤雄生殖和无配子生殖三种形式;第二类,未减数胚囊中的无融合生殖,包括二倍体孢子生殖和体细胞无孢子生殖两种形式。如果根据无融合生殖发生的完全程度,可把它分为专性无融合生殖和兼性无融合生殖。前者产生的后代不分离,如披碱草;后者以某种频率发生有性生殖和无融合生殖,如早熟禾属。在植物中,大多数以兼性无融合生殖为主,只有少数植物进行专性无融合生殖。

无融合生殖方式会阻碍基因的重组和分离,在植物育种工作中有着重要的应用价值。对于单倍体无融合生殖,通过人工或自然加倍染色体,就可以在短期内得到遗传上稳定的纯合二倍体,可以缩短育种年限。对于二倍体无融合生殖,可利用它的固定杂种优势,提高育种效率。因此,对于无融合生殖产生机理的研究及其应用已经受到人们的重视。

第二节 高等植物的生殖与发育

一、被子植物与裸子植物的花

被子植物又称有花植物，是现代植物中最高级、种类最多和分布最广的类群。被子植物最大的特点是花发育完善，有根、茎、叶、花、果实等器官，各个器官的形态与构造复杂多样，能适应各种各样的生存环境。花是被子植物的有性生殖器官，由花柄、花托、花被（花萼与花冠）、雄蕊群和雌蕊群所构成。被子植物通过花完成受精、发育、产生种子等有性生殖过程。经过有性生殖过程，花的一定部位形成果实和种子。

裸子植物的"花"发育不完全，胚珠裸露，直接发育成种子，如松子；被子植物的胚珠则被封闭在雌蕊的子房内，发育成种子后被果肉包裹着，如梨、苹果、西瓜中的种子。铁树是裸子植物，所谓"铁树开花"，它的"花"是不完备的，还不具备生物学定义上的"花"的特征。下面介绍被子植物生殖和发育的全过程。

二、花粉粒的产生

一个雄蕊由花丝和花药（图 4-1）组成，花药里产生花粉粒。成熟的花粉粒在内部结构上有两种形式：一种含有一个营养细胞和一个生殖细胞，例如棉花、百合的花粉；另一种含有一个营养细胞和两个精子，例如小麦、白菜的花粉。精子是由生殖细胞分裂形成的，生殖细胞的分裂可能在花粉粒中进行，也可能是在花粉萌发后所长出的花粉管中进行。

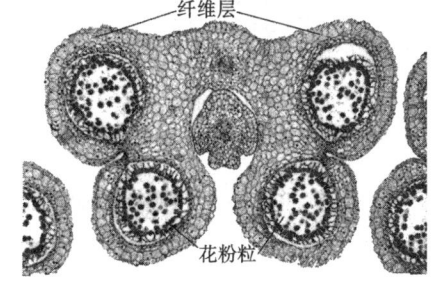

图 4-1 花药横切面

（一）从孢原细胞到小孢子

胚珠在子房中发育。在珠心顶部靠近珠孔的一端有一个细胞核很大、原生质很浓厚的大细胞，称为孢原细胞。孢原细胞经有丝分裂产生细胞，外侧的几层和花药的表皮细胞共同构成花药的壁，较里层的继续进行多次有丝分裂，产生大量细胞，称为花粉母细胞或小孢子母细胞。紧靠在小孢子母细胞外围的一层细胞构成绒毡层。绒毡层细胞彼此融合而成黏稠的胶状液，它的作用是为花粉粒的发育提供营养物质。小孢子母细胞发生减数分裂，每个小孢子母细胞（$2n$）产生四个单倍体的小孢子（n）。花粉粒是从小孢子开始的，所以花药又可以称为小孢子囊。

（二）从小孢子到雄配子体

成长的小孢子呈圆形。每一个小孢子经一次有丝分裂产生一个大的、占有大部分细胞质和细胞器的营养细胞和一个小的、只围以薄层细胞质的生殖细胞。营养细胞的液泡小,细胞质富含营养物质,供给花粉粒继续发育的需求。生殖细胞无细胞壁,完全处在营养细胞之中,利用营养细胞的供应而分裂成两个细胞,即雄配子或精子。至此,一个含有三个细胞的成熟花粉粒,即雄配子体(n)就形成了。小麦、玉米、水稻、向日葵等的花粉粒都是含有三个细胞的。另一些植物,如棉花、桃、李、百合等的花粉粒只有两个细胞,它们的生殖细胞不分裂,要等花粉粒传到柱头上才分裂成两个精子。

花粉粒的表面有小孔,数目不定,花粉发育时所生成的花粉管就是从小孔伸出的。花粉粒很小,直径一般在 $15\sim50\ \mu m$,易为风力传送或由昆虫等携带。不同植物有不同形态的花粉粒。花粉的研究,即花粉学,在古植物学以及地层的鉴定上都是重要的依据。

三、胚囊的形成

(一) 从孢原细胞到大孢子母细胞

孢原细胞或直接发育为大孢子母细胞,或横分裂一次生成两个细胞(图 4-2)。上面一个细胞参与到珠心的基本组织中,下面一个成为大孢子母细胞,每一个胚珠只有一个大孢子母细胞。这和花药中有很多小孢子母细胞不同。

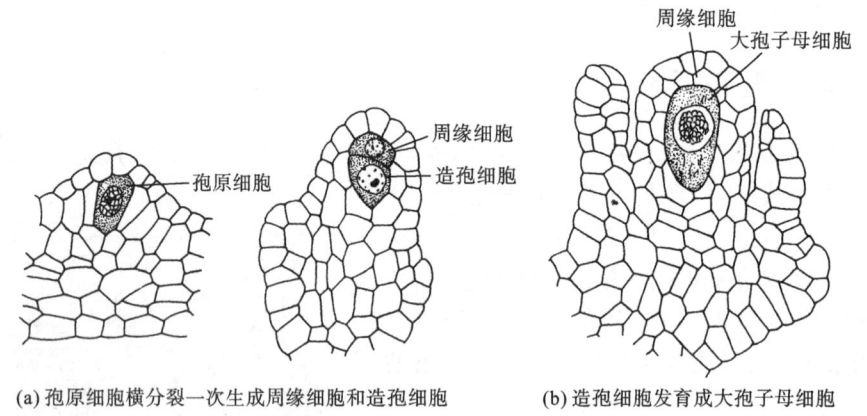

(a) 孢原细胞横分裂一次生成周缘细胞和造孢细胞　　(b) 造孢细胞发育成大孢子母细胞

图 4-2　大孢子母细胞的发育

大孢子母细胞发生减数分裂,一个大孢子母细胞产生四个排成直行的单倍体(n)细胞,其中顶端靠近珠孔的三个细胞退化,只有最深处的一个发育成大孢子,所以胚珠实际是一个大孢子囊。

(二) 从大孢子到胚囊

单倍体的大孢子在珠心中逐渐长大,细胞核连续分裂三次而成八个核(n),分别排列到靠近孔的一端和相反的一端,每端各四个。然后,两端各有一核移向细胞中心,共同构成含有两核的中央细胞。留在珠孔一端的三个核也各自围以细胞质而成为三个细胞,其中一个较大,为卵细胞,另外两个较小,称为助细胞,远端的三个核也发展成细胞,称反足细胞,这个含八个细胞核,或由七个细胞构成的结构称为胚囊,或称雌配子体。此时胚囊和它的前身——大孢子相比,已经长得很大了。一般种子植物胚囊的发育过程都是经历上述的模式。

胚囊中各细胞对卵细胞的发育都有作用。中央细胞发展成胚乳,为胚的发育提供养分。助细胞接近卵细胞,可能有吸收营养物并将营养物传送给卵细胞的作用。很多植物受精时,花粉管是穿过助细胞而进入胚囊的。助细胞似乎有分泌某些向化性物质、促进花粉管进入胚囊的作用。反足细胞可能有运输物质的功能。

四、开花及传粉

当植物生长发育到一定阶段,花药及胚囊成熟,花冠张开,露出雄蕊和雌蕊。花药破开,花粉粒可被风力吹走,散落到柱头上或被蜂、蝶等动物带到柱头上,这一过程称为传粉。传粉是开花植物有性生殖的一个必要过程。花粉只有到达柱头之后,经柱头的刺激才能继续发育,实现受精。

(一)自花传粉和异花传粉

植物同一朵花中雄蕊的花粉粒落在雌蕊的柱头上,并能正常地受精结实的过程称自花传粉。能进行自花传粉的植物称自花传粉植物,如水稻、小麦、棉花和桃等,豌豆和花生在花尚未开放时,花蕾中的成熟花粉粒就直接在花粉囊中萌发形成花粉管,把精子送入胚囊中受精,这种传粉方式是典型的自花传粉,称闭花受精。自花传粉受精概率大,但不利于维持后代的生命力。

不同植株之间的传粉,或同一植株的不同花之间的传粉称为异花传粉。异花传粉增加了后代的遗传变异和对环境的适应能力,异花传粉的后代高大、生命力强、结实率高、抗逆性强。虽然自花传粉是一种原始的传粉形式,但在自然界被保存了下来。在异花传粉缺乏必需的水、风、虫等媒介力量,而使传粉不能进行的时候,自花传粉弥补了这一缺点。

(二)风媒和虫媒

1. 风媒花

靠风力传送花粉的方式称风媒传粉,借助这类方式传粉的花,称风媒花。约有 1/10 的被子植物是风媒的,大部分禾本科植物和木本植物中的栎、杨、桦木、松、杉、银杏等都是风媒植物。风媒植物的花朵较小,多密集成穗状花序、柔荑花序等,能产生大量花粉,同时散放。花粉一般质轻、干燥、表面光滑,容易被风吹送。禾本科植物如小麦、水稻等的花丝特别细长,花药早期就伸出于稃片之外,受风力的吹动,使大量花粉被吹散到空气中去。风媒花的花柱往往较长,柱头一般较大呈羽毛状,开花时伸出花被,增加接受花粉的机会。多数风媒植物有先叶开花的习性,开花期在枝上的叶展开之前,故散出的花粉受风吹送时,可以不受枝叶的阻挡。此外,风媒植物也常是雌雄异花或异株,花被常消失,不具香味和色泽,但这些并非是必要的特征。有的风媒花照样是两性的,也具花被,如禾本科植物的花是两性的,枫、槭等植物的花也具花被。

2. 虫媒花

靠昆虫为媒介进行传粉的方式称虫媒传粉,借助这类方式传粉的花,称虫媒花。被子植物大多是虫媒的。常见的传粉昆虫有蜂类、蝶类、蛾类、蝇类等,这些昆虫来往于花丛之间,或是为了在花中产卵,或是以花朵为栖息场所,或是采集花粉、花蜜作为食料。在这些活动中,不可避免地要与花接触,也就将花粉传送了出去。

适应昆虫传粉的花,一般具有以下特征。①虫媒花多具特殊的气味以吸引昆虫。不同植物散发的气味不同,所以趋附的昆虫种类也不一样,有喜芳香的,也有喜恶臭的。②虫媒花多半能产蜜汁。蜜腺或是分布在花的各个部位,或是发展成特殊的器官。花蜜经分泌后积聚在花的底部或特有的冠内。花蜜暴露于外的,往往由甲虫、蝇和短吻的蜂类、蛾类所趋附;花蜜深藏于花冠之内的,多为长吻的蝶类和蛾类所吸取。昆虫取蜜时,花粉粒黏附在昆虫体上而被传布开去。③虫媒花的另一特点是花大而显著,并有各种鲜艳色彩。一般白天开放的花多为红、黄、紫等颜色,而夜晚开放的花多为纯白色,只有夜间活动的蛾类能识别,帮助传粉。④虫媒花在结构上也常和传粉的昆虫间形成互相适应的关系,如昆虫的大小、体型、结构和行为,与花的大小、结构和蜜腺的位置等,都是密切相关的。⑤虫媒花的花粉粒一般比风媒花的要大;花粉外壁粗糙,多有刺突,花药裂开时花粉不为风吹散,而是粘在花药上,昆虫在访花采蜜时容易触到,附于体周;雌蕊的柱头也多有黏液分泌,花粉一经接触,即被粘住;花粉数量也远较风媒花的少。

(三) 其他传粉方式

除风媒和虫媒传粉外,水生被子植物中的金鱼藻、黑藻、水鳖等都是借水力来传粉,这类传粉方式称水媒传粉。例如苦草属植物是雌雄异株的,它们生活在水底,当雄花成熟时,大量雄花自花柄脱落,浮升水面开放,同时雌花花柄迅速延长,把雌花顶出水面,当雄花飘近雌花时,两种花在水面相遇,柱头和雄花花药接触,完成传粉和受精过程,之后雌花的花柄重新卷曲成螺旋状,把雌蕊带回水底,进一步发育成果实和种子。其他如借鸟类传粉的称鸟媒传粉,传粉的是一些小形的蜂鸟,头部有长喙,在摄取花蜜时把花粉传开。蜂鸟产于美洲等地,是最小的鸟(体长 6～21 cm)。它们能看见红色,对蓝色不甚敏感,嗅觉也不灵敏。由它们传粉的花大多是红色或黄色,白天开放,并且没有什么气味(鸟类不喜欢花香)。红色而不香的花对昆虫吸引力不大,因而就减少了昆虫与鸟类的竞争。蜗牛、蝙蝠等小动物也能传粉,但不常见。

(四) 人工辅助授粉

异花传粉往往容易受到环境条件的限制,得不到传粉的机会,如风媒传粉没有风,虫媒传粉因风大或气温低而缺少足够昆虫飞出活动传粉等,均会降低传粉和受精的机会,影响到果实和种子的产量。在农业生产上常采用人工辅助授粉的方法,以克服因条件不足而使传粉得不到保证的缺陷,从而达到预期的产量。在品种复壮的工作中,也需要采取人工辅助授粉,以达到预期的目的。人工辅助授粉可以大量增加柱头上的花粉粒,使花粉粒所含的激素总量相对有所增加,酶的反应也相应加强,从而起到了促进花粉萌发和花粉管生长的作用,受精率可以得到很大提高。如玉米在一般栽培条件下,由于雄蕊先熟,到雌蕊成熟时已得不到及时的传粉,因而果穗顶部往往形成缺粒,降低了产量。人工辅助授粉就能克服这一缺点,使产量提高 8%～10%。又如向日葵在自然传粉条件下,空瘪粒较多,如果辅以人工辅助授粉,同样能提高结实率和含油量。

人工辅助授粉的具体方法在不同作物中不完全一样,一般是先从雄蕊上采集花粉,然后撒到雌蕊柱头上,或者将收集的花粉在低温和干燥的条件下加以储藏,留待以后再用。

五、花粉发育和受精

(一) 花粉粒在柱头上的萌发

落在柱头上的花粉粒,被柱头分泌的黏液粘住,以后花粉的内壁在萌发孔处向外突出,并继续伸长,形成花粉管,这一过程称花粉粒的萌发。

花粉落到柱头上后,柱头对花粉就进行"识别"和"选择",对亲和的花粉予以"认可",不亲和的就予以"拒绝"。所以落到柱头上的花粉虽然很多,但不是全部都能萌发;任何一种植物开花时既可以接受本种植物的花粉,同时也可能接受不同种植物的花粉。不管是同种的(种内)或是不同种的(种间),只有交配的两亲本在遗传性上较为接近,差异既不过大,也不过小,才有可能实现亲和性的交配。

花粉在柱头上有立即萌发的,如玉米、橡胶草等,也有需要经过几分钟以至更长一些时间后才萌发的,如棉花、小麦、甜菜等。空气湿度过高或气温过低,不能达到萌发所需要的湿度或温度时,萌发就会受到影响。育种时,如在下雨或起雾后紧接着进行授粉,通常是不结实的。花粉受湿后随即干燥,也是致命因素。花粉在柱头上的生命能维持多久,除取决于气候条件外,与各种植物的遗传性也有很大关系。

(二) 花粉管的生长

花粉管的生长从突破柱头开始,插入花柱后,在空心的花柱中,常沿着花柱道表面上的黏性分泌物生长,在实心的花柱中,常沿着引导组织细胞间隙或细胞壁中生长,而后穿越子房壁、进入胚珠,最终到达胚囊,将精子释放到胚囊内,完成传粉过程。落在柱头上的花粉,如果与柱头的生理性质是亲和的,经过吸水和酶的促进作用后,便开始萌发,形成花粉管。由于花粉粒的外壁性质坚硬,包围着内壁,只有在萌发孔的地方留下伸展余地,因此花粉的原生质体和内壁在膨胀的情况下,一般向着一个萌发孔突出,形成一个细长的管子,称为花粉管。虽然有些植物的花粉具有几个萌发孔,如锦葵科、葫芦科植物的花粉,可以同时长出几个花粉管,但只有其中的一个能继续生长下去,其余都在中途停止生长,图4-3所示为松属的传粉作用和花粉管的生长。

花粉管有顶端生长的特性,它的生长只限于前端的 $3\sim5$ μm 处,形成后能继续向下延伸,先穿越柱头,然后经花柱到达子房。同时,花粉粒细胞的内含物全部注入花粉管内,向花粉管顶端集中,生殖细胞在花粉管内分裂,形成两个精子。

花粉管通过花柱到达子房的途径,可分为两种不同的情况。一些植物的花柱中间为空心的花柱道,花粉管在生长时沿着花柱道表面下伸,到达子房;另一种情况是花柱并无花柱道,而为特殊的引导组织或一般薄壁细胞所充塞,花粉管生长时需经过酶的作用,将引导组织或薄壁组织细胞的中层果胶质溶解,花粉管经由细胞之间通过。

花粉管到达子房以后,或者直接伸向珠孔,进入胚囊(直生胚珠),或者经过弯曲,折入胚珠的珠孔(倒生、横生胚珠),

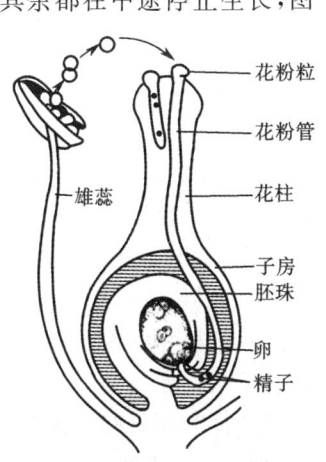

图 4-3 松属的传粉作用和花粉管的生长

花粉粒
花粉管
花柱
雄蕊
子房
胚珠
卵
精子

再由珠孔进入胚囊，统称为珠孔受精。也有花粉管经胚珠基部的合点到达胚囊的，称为合点受精。前者为一般植物所有，后者是少见的现象，榆、胡桃的受精即属这一类型。此外，也有穿过珠被，由侧道折入胚囊的，称中部受精，则更属少见，如南瓜。无论花粉管在生长中取道哪一条途径，最后总能准确地伸向胚珠和胚囊，产生这一现象的原因，一般认为在雌蕊的某些组织，如珠孔道、花柱道、引导组织、胎座、子房内壁和助细胞等存在某种化学物质，以诱导花粉管的定向生长。

（三）双受精过程

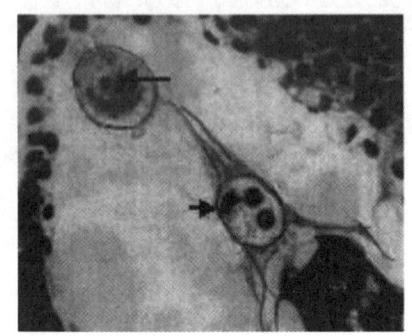

图 4-4 双受精现象

注：两个精子（箭头）分别与卵细胞和
中央细胞结合。

多数被子植物的花粉管到达胚珠前或进入胚珠后，胚囊中两个助细胞中的一个常先退化，花粉管穿过胚囊的壁，经过助细胞的丝状器进入已退化的助细胞，花粉管顶端或亚顶端破裂，精细胞、一个营养核、细胞质、淀粉粒等花粉管内含物一起喷泻而出，形成特定的细胞质流，将精细胞带到卵和中央细胞之间的位置，其中：一个精子与卵细胞结合，形成二倍体的合子或受精卵，将来发育成胚；另一个精子与极核（或中央细胞）结合，形成三倍体的初生胚乳核或受精极核，将来发育成胚乳。这种两个精子分别与卵和极核结合的现象称为双受精（图 4-4），双受精是被子植物特有的有性生殖现象。

不同植物，其花粉管进入胚囊的途径也不一样，但都与助细胞有一定的关系。有的从卵和助细胞之间进入胚囊，如荞麦；有的穿入一个助细胞中，然后进入胚囊，如棉花；有的破坏一个助细胞以作为进入胚囊的通路，如天竺葵；有的是从解体的助细胞进入，如玉米。花粉管进入胚囊后，管的末端即自行破裂，将精子及其他内容物注入胚囊。破裂的原因：有人认为是由于胚囊内的低氧膨胀所致，而助细胞被推测为对花粉管破裂起着直接的作用，当花粉管与助细胞的细胞质接触时，压力突然改变，导致管的末端破裂；也有人认为是由于花粉管管壁的溶解，如番茄、胡麻。

与卵细胞结合的精子，在进入卵细胞与卵核接近时，精核的染色体贴附在卵核的核膜上，然后断裂分散，同时出现一个小的核仁，后来精核和卵核的染色质相互混杂在一起，雄核的核仁也和雌核的核仁融合在一起，结束这一受精过程。另一个精子和极核的融合过程与上述两配子的融合过程是基本相似的，精子初时也呈卷曲的带状，以后松开与极核表面接触，两组染色质和两核仁合并，完成整个过程。精子和卵的结合比精子和极核的结合缓慢，所以精子和次生核的合并完成得较早。

被子植物的双受精使两个单倍体的雌、雄配子融合在一起，成为一个二倍体的合子，恢复了植物原有的染色体数目；其次，双受精在传递亲本遗传性、加强后代个体的生命力和适应性方面具有较大的意义。精、卵融合就把父本、母本具有差异的遗传物质组合在一起，形成具有双重遗传性的合子。由于配子间的相互同化，形成的后代就有可能形成一些新的变异。由受精的极核发展成的胚乳是三倍体的，同样兼有父本、母本的遗传特性，作为新生一代胚期的养料，可以为巩固和发展这一特点提供物质条件。因此，双受精在植物界是有性生殖过程中最进化、最高级的形式。

(四) 受精的选择作用

植物开花时,各种不同的花粉都有可能传播到柱头上,柱头和花粉粒间相互识别,只有能和柱头的生理、生化及遗传相协调的花粉粒才能萌发,而且同一花粉管中的两个精子在形态和生理方面亦存在着差异,并非随机地与卵细胞或极核受精,这些表明了受精具有选择性。这种对花粉和精子的选择性是植物在长期的自然选择作用下保留下来的,也是被子植物进化过程中的一个重要现象。因此,虽然雌蕊柱头上可以留有不同植株和不同植物种类的花粉,但是,只有适合于这一受精过程的植物花粉,才能产生效果。

植物受精的选择性首先为达尔文所注意,他指出,植物如果没有受精作用的选择性,就不可能充分得到异体受精的好处,也不可能避免自体受精或近亲交配的害处。因此,在农作物的育种中应充分利用受精选择性有利的一面,克服自交不育及远缘杂交的受精选择性不利的一面,采用各种手段创育优良品种或新的植物类型。

在被子植物中,双精入卵和多精入卵的例外情形也有发现,附加精子进入卵细胞后,改变了卵细胞的同化作用,使胚的营养条件和子代的遗传性发生了变化。

六、胚的发育

受精之后,子房和胚珠继续发育成果实和种子。花的其他部分,如花萼、花冠以及雄蕊和雌蕊的柱头、花柱等都逐渐萎蔫、脱落。胚乳是被子植物种子储藏养料的部分,由两个极核受精后发育而成,所以是三核融合的产物。极核受精后,不经休眠,就在中央细胞发育成胚乳。$3n$ 的胚乳核连续分裂而产生很多含有丰富营养物质的胚乳细胞,它们不参加胚的形成,只为胚的发育提供营养物质。受精卵或合子要经过一段时间休眠才开始分裂、生长、分化而成胚。没有出现器官分化阶段的胚称为原胚。

(一) 双子叶植物胚的发育

双子叶植物胚的发育,可以荠菜为例说明。合子经短暂休眠后,不均等地横向分裂为基细胞和顶端细胞。基细胞略大,经连续横向分裂,形成一列由6～10个细胞组成的胚柄。顶端细胞先要经过两次纵分裂(第二次的分裂面与第一次的垂直),成为四个细胞,即四分体时期;然后各个细胞再横向分裂一次,成为八个细胞的球状体,即八分体时期。八分体的各细胞先进行一次平周分裂,再经过各个方向的连续分裂,成为一团组织。以上各个时期都属于原胚阶段。以后由于此团组织的顶端两侧分裂生长较快,形成两个突起,迅速发育,成为两片子叶,又在子叶间的凹陷部分逐渐分化出胚芽。与此同时,球形胚体下方的胚柄顶端一个细胞,即胚根原细胞,球形胚体的基部细胞也不断分裂生长,一起分化为胚根。胚根与子叶间的部分即为胚轴。不久,由于细胞的横向分裂,子叶和胚轴延长,而胚轴和子叶由于空间地位的限制也弯曲成马蹄形。至此,一个完整的胚体已经形成,胚柄也就退化消失(图4-5)。

(二) 单子叶植物胚的发育

单子叶植物胚的发育,可以禾本科的小麦为例说明。小麦胚的发育,与双子叶植物胚的发育情况有相同之处,但也有区别。合子的第一次分裂是斜向的,分为两个细胞,接着

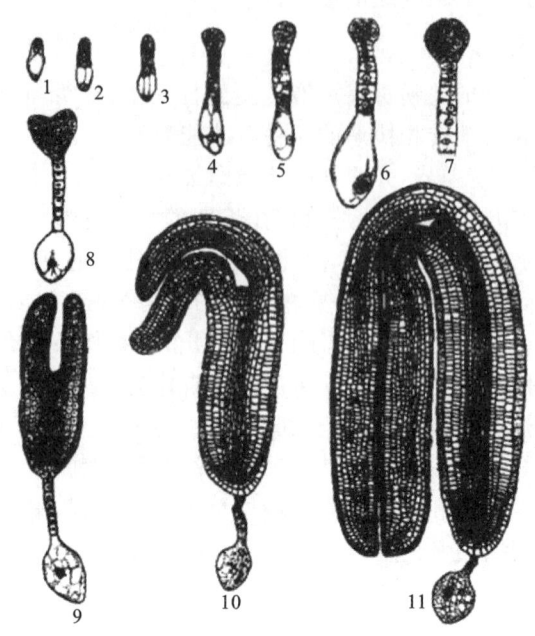

图 4-5　荠菜胚的发育过程

注:1～7—原胚期;8～9—幼胚期;10～11—成熟胚期。

两个细胞各自进行一次斜向的分裂,成为四个细胞的原胚。以后,四个细胞又各自不断地从各个方向分裂,增大了胚体的体积。到十六至三十二细胞时期,胚呈现棍棒状,上部膨大,为胚体的前身,下部细长,分化为胚柄,整个胚体周围由一层原表皮层细胞所包围。

到小麦的胚体已基本上发育成形时,在结构上,它包括一张盾片(子叶),位于胚的内侧,与胚乳相贴近。茎顶的生长点以及第一片真叶原基合成胚芽,外面有胚芽鞘包被。相对于胚芽的一端是胚根,外有胚根鞘包被。在与盾片相对的一面,可以见到外胚叶的突起。有的禾本科植物如玉米的胚,不存在外胚叶(图 4-6)。

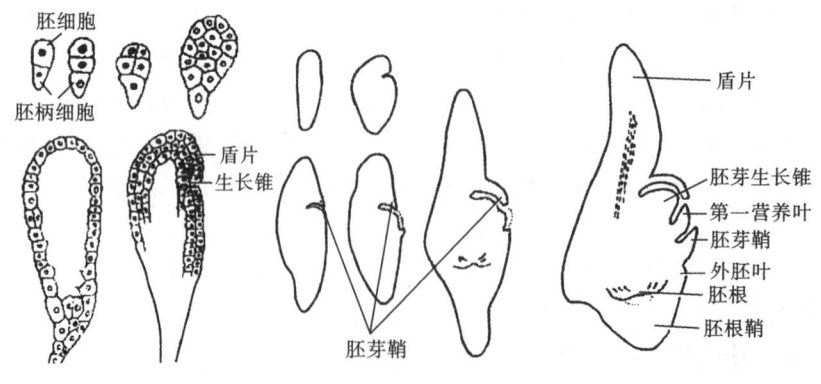

图 4-6　小麦胚的发育

七、种子和果实

(一) 种子

胚珠发育成种子,珠被发育成种皮。成熟的种子是由胚、胚乳和种皮三部分组成的。种子有不同的类型。据胚中子叶的数量将其分为单子叶种子和双子叶种子,在这两种类型中,又根据成熟种子内胚乳的有无,将种子分为有胚乳种子和无胚乳种子。

(二) 果实

果实由果皮和种子两部分构成。子房壁发育成为果皮。单纯由子房发育成的果实,称为真果,如花生、水稻、小麦、柑橘、桃、李等。真果结构包括果皮和种子两部分。果皮由子房壁发育形成,包在种子的外面,一般又分外果皮、中果皮、内果皮三层。

很多植物的果实除子房和其中的种子外,还包含花的其他部分,由子房和花的其他部分如花托、花被筒甚至整个花序共同参与形成的果实称为假果。如西瓜、冬瓜等(瓠果)的肉质部分是由子房和花托共同发展来的,梨和苹果等可食部分来自花托和花被,真正的果皮在肉质部分以内紧邻种子的地方。草莓的食用部分主要是肥厚的花托,花托上密生小而硬的瘦果,每个瘦果含一个种子。

种子和果实都是植物的繁殖器官。一般来说,种子是卵受精后,直接由胚珠发育而成,没有子房壁参加,如松子。果实则不同,它除了有种子的成分之外,子房壁及花的其他部分也参加了进来,如葵花子。

果实的种类繁多,可根据果皮是否肉质化而分为肉果和干果两大类,每类又可分为多种。上述的花生、豆荚均为干果,西瓜、葡萄、梨、苹果等为肉果。

植物总是在受精之后,在新生种子分泌的激素刺激下才能结实。也有不少植物不受精也能结实,但果实中不含种子,即无子果实,如香蕉、无子葡萄、无子柑橘等。这些植物可能都是来自能产生种子的祖先,由于植株或个别枝条发生了突变,不再受精,而产生了无子果实。人们喜爱这种无子果实,于是用营养繁殖的方法从这些突变植株中培育出无子的品种。人工喷洒生长素、赤霉素等到柱头上也可得到无子果实,如喷洒生长素可诱导产生无子西瓜、无子番茄等。

(三) 果实和种子的传播

种子成熟时大部分会自动掉落在植物的附近,其生长的空间就会受到一定的影响。它们会利用各种方式把自己的种子传播到较远的地方,根据果实和种子传播方式的不同可分为以下几种。

1. 利用风力来传播

有些种子或果实表面有细毛,风一吹就会飘到较远的地方,例如蒲公英、黑板树。有些种子有翅膀状的薄膜,能随风力飘送到其他地方,如青枫、大头茶、桃花心木。

2. 利用动物来传播

有许多植物的种子或果实黏附在动物或人的身上,随动物或人而迁移。例如鬼针草、苍耳、蒺藜、车前草。有些植物果实是动物的食物,动物食用后,随地吐出种子,此时种子

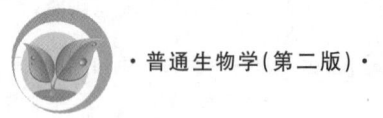

已远离其产地,如草莓。鸟类把未被消化的种子排泄出来,甚至带至更远的地方,如雀榕等。

3. 利用弹力来传播

成熟的果实轻轻一碰,果实就会裂开,借果皮反卷的弹力将种子弹出。例如凤仙花、非洲凤仙、黄花酢浆草等。果实成熟时水分减少,果实能自行爆破,使其中种子散落。

4. 利用水力来传播

生长在水边的植物,通常会借水力来传播种子。例如水黄皮、棋盘脚、穗花棋盘脚、睡莲、椰子等。

八、被子植物的生活史及世代交替

多数植物在经过一个时期的营养生长以后,便进入生殖阶段,这时在植物体的一定部位会形成生殖结构,产生生殖细胞进行繁殖。如属有性生殖,则形成配子体,产生卵和精子,融合后形成合子,然后发育成新一代的植物体。像这样,植物在一生中所经历的发育和繁殖阶段,前后相继、有规律地循环的全部过程,称为生活史或生活周期。

被子植物的生活史,一般可以从一粒种子开始。种子在形成以后,经过一个短暂的休眠期,在获得适宜的内在和外界环境条件时,便萌发为幼苗,并逐渐长成具根、茎、叶的植物体。经过一个时期的生长发育以后,一部分顶芽或腋芽不再发育为枝条,而是转变为花芽,形成花朵,由雄蕊的花药生成花粉粒,在雌蕊子房的胚珠内形成胚囊。花粉粒和胚囊又分别产生雄性的精子和雌性的卵细胞。经过传粉、受精,一个精子和卵细胞融合,成为合子,以后发育成种子的胚,另一个精子和两个极核结合,发育为种子中的胚乳。最后花的子房发育为果实,胚珠发育为种子。种子中孕育的胚是新生一代的雏体。因此,一般把"从种子到种子"这一全部历程,称为被子植物的生活史或生活周期。被子植物生活史的突出特点在于双受精这一过程,这是其他植物所没有的。

被子植物的生活史存在两个基本阶段。一个是二倍体植物阶段($2n$),一般称之为孢子体阶段,这就是具根、茎、叶的营养体植株。这一阶段是从受精卵发育开始,一直延续到花里的雌雄蕊分别形成胚囊母细胞(大孢子母细胞)和花粉母细胞(小孢子母细胞)进行减数分裂前为止。在整个被子植物的生活周期中,此阶段占了绝大部分时间。这一阶段植物体的各部分细胞染色体数都是两倍的。孢子体阶段也是植物体的无性阶段,所以也称为无性世代。另一个是单倍体植物阶段(n),一般可称为配子体阶段或有性世代。此阶段由大孢子母细胞经过减数分裂后形成的单核期胚囊(大孢子),和小孢子母细胞经过减数分裂后形成的单核期花粉细胞(小孢子)开始,一直到胚囊发育成含卵细胞的成熟胚囊,和花粉成为含 2 个(或 3 个)细胞的成熟花粉粒,经萌发形成有两个精子的花粉管,到双受精过程为止。被子植物的这一阶段占生活史中的极短时期,而且不能脱离二倍体植物体而单独生存。由精卵融合生成合子,使染色体又恢复到二倍体,生活周期重新进入二倍体阶段,完成了一个生活周期。被子植物生活史中的两个阶段中,二倍体占整个生活史的优势,单倍体只是附属在二倍体上生存,这是被子植物和裸子植物生活史的共同特点。但被子植物的配子体比裸子植物的更加退化,而孢子体更为复杂。二倍体的孢子体阶段(或无性世代)和单倍体的配子体阶段(或有性世代)在生活史中有规则地交替出现的现象,称为世代交替。

被子植物世代交替中出现的减数分裂和受精作用(精卵融合)是整个生活史的关键,也是两个世代交替的转折点。

动物和植物不同,多细胞动物没有配子体或单倍体的动物体。动物界中也有"世代交替",如腔肠动物的水螅体和水母体的交替,但意义完全不同,腔肠动物的水螅体和水母体没有染色体倍性的区别,两者都是二倍体的,不能和植物的无性世代和有性世代相提并论。

第三节 人和动物的生殖与发育

一、雄性生殖系统

雄性生殖系统(图 4-7)主要包括精巢(睾丸)和输精管。精巢中含有许多精曲小管,精子在管中发育成熟后,经附睾(由部分中肾排泄小管转化而成)进入输精管而排到体外。哺乳类动物的精子由输精管进入尿道,通过交接器(阴茎)排出去。所以雄性哺乳类动物的尿道输尿又输精。

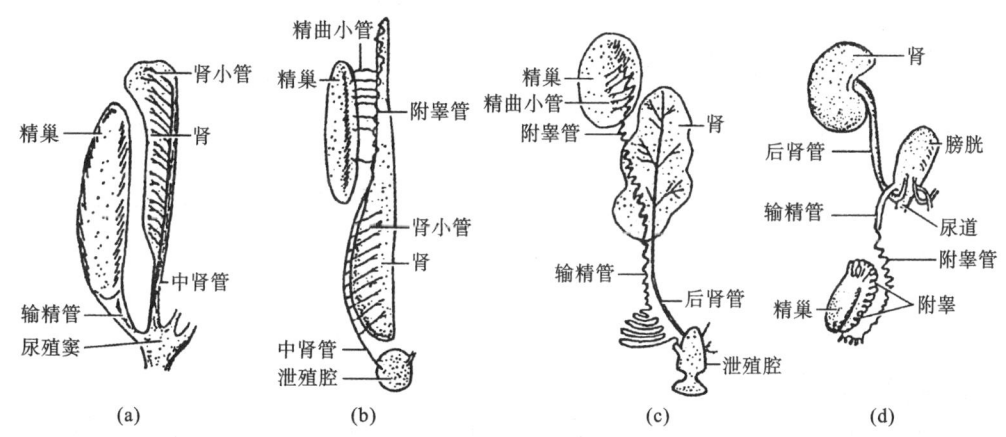

图 4-7 几种脊椎动物的雄性生殖系统

(一)睾丸和精子产生

睾丸是产生精子的器官,也有内分泌的功能。

1. 精子发生

精子是由睾丸产生的,在充分发育的睾丸横切面(图 4-8)中,可以看到在精曲小管内处于不同发育阶段的生殖细胞。精曲小管的内壁是特殊的复层上皮组织,即精上皮。精上皮是产生精子的组织,其中的精原细胞产生精子。每个精原细胞都含有与体细胞数目相同的染色体。精原细胞连续进行有丝分裂而形成多个精原细胞。其中一部分仍保留为

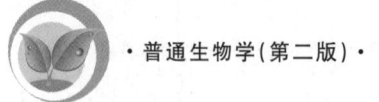

精原细胞,另一部分精原细胞略微增大,染色体进行复制,精原细胞成为初级精母细胞。初级精母细胞立即进入第一次减数分裂的前期,并在逐步发育过程中向精曲小管的中心推移。初级精母细胞完成了前期Ⅰ的联会、染色体交换等各过程之后,分裂而成 2 个次级精母细胞。次级精母细胞第二次减数分裂而成 4 个单倍体的精细胞。精细胞不再分裂,每个精细胞分化发育而成 1 个精子。

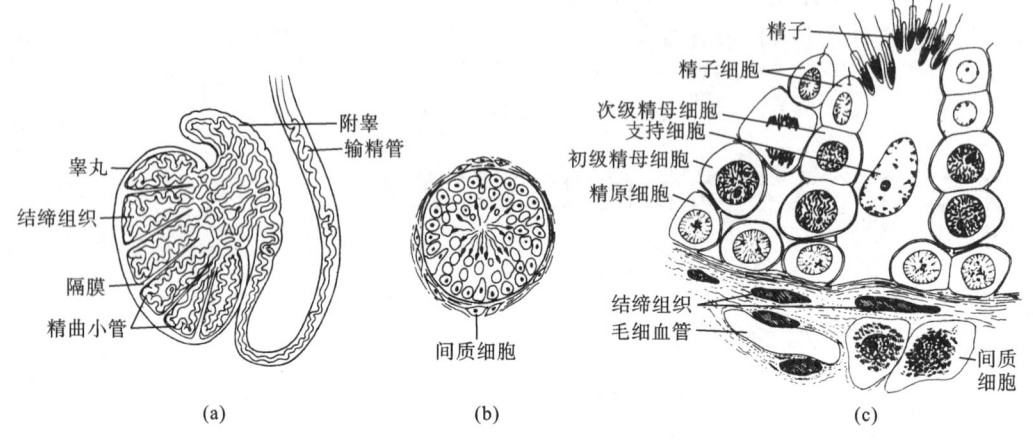

图 4-8　人的睾丸横切面

　　另外,位于精曲小管基础膜上的一层细胞是精原细胞和精原细胞之间的支持细胞。支持细胞的主要作用是支持、营养和保护生精细胞,利于它们由精原细胞顺利地分化为精子。间质细胞位于睾丸间质内,为成群或单个存在。这种细胞主要是在青春期后由睾丸间质内成纤维细胞逐渐演化而成,并随着年龄的增加数目逐渐下降。间质细胞的主要功能是分泌雄性激素,包括睾酮、双氢睾酮以及雄甾二酮、去氢异雄酮等。这些激素对维持雄性第二特征、促进附属性腺的发育,以及促进精子的发育和成熟都具有不可或缺的作用。间质细胞的功能主要受垂体分泌的黄体生成素(LH)的调节,并易受温度、放射线和药物的影响。

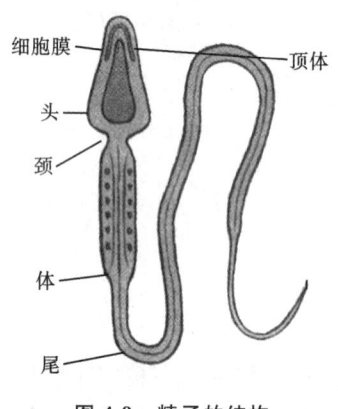

图 4-9　精子的结构

2. 精子结构和精子运动

　　绝大多数动物的精子都是同一类型的,一般可分为头、中段和尾三部分(图 4-9)。

　　头部是染色体集中的地方,细胞质很少。头前端是一个顶体泡,是由高尔基体分化而成的。顶体泡中含有多种顶体酶,使精子在雌性生殖道内获能并出现顶体反应,其中以透明质酸酶与顶体素在受精过程中所起的作用最大。顶体反应是精子和卵子结合必不可少的条件,在受精过程中顶体中的酶有助于精子穿透卵子的外壳。头后有 2 个中心粒,尾长,结构和鞭毛一样:外面有鞘包围,中心是一条轴丝,围绕于轴丝之外有 9 列微管。头尾之间是中段,很短,线粒体位于其中。线粒体成一螺旋,围绕于轴丝。精子体小灵活,游泳能力很强。

精子成熟后,从精曲小管进入附睾,每一附睾是由一条盘成一团的细管所构成。精子储藏于附睾之中。附睾与输精管相连,输精管通入尿道。两条输精管各连有一个盲管状的精囊腺,或称储精囊。两输精管与尿道会合处有前列腺。储精囊分泌物加上前列腺等少量分泌物共同构成精液。精液呈碱性,富含葡萄糖和果糖,可为精子运动供能。男子节育的一种方法是结扎输精管。原理为不影响精子的产生,但使精子不能输出而死亡。切断输精管若干时间后,如果重新用手术连通输精管,精子常不能存活,这是由于死精子引起的抗体造成的。

(二)雄激素

雄激素是睾丸各精曲小管之间的间质细胞分泌的一类类固醇化合物。肾上腺皮质、卵巢也能分泌少量的雄激素。睾酮是由睾丸间质细胞分泌的真正雄激素,其他一些雄激素则可能是睾酮生成时的中间产物或睾酮的代谢产物。雄激素的主要作用是刺激雄性外生殖器官与内生殖器官(精囊、前列腺等)发育成熟,并维持其机能,刺激男性第二性征的出现,同时维持其正常状态,如胡须、阴毛和毛发的男性分布形式;出现喉结,声带变宽变长,声音由细变粗,骨骼粗壮,肌肉发达。

医疗上应用的雄激素均为人工合成品,如甲基睾丸素(甲睾酮)、丙酸睾丸素(丙酸睾酮)等。雄激素制剂除用于治疗雄激素不足外,临床上常用雄激素类药物治疗慢性消耗性疾病及再生障碍性贫血。睾丸间质细胞的睾酮分泌受下丘脑-垂体的调节。

二、雌性生殖系统

雌性生殖系统(图 4-10)主要包括卵巢和输卵管。除硬骨鱼之外,卵巢和输卵管并不直接相连。卵子在卵巢中成熟后,先排到体腔内,由此经输卵管排至体外(体外受精)或暂留管内(体内受精)。在哺乳类动物以下的动物种类,两条输卵管分别开口于泄殖腔。在高等哺乳类动物,泄殖腔已不复存在,输卵管分化为喇叭管(即输卵管本体)、子宫和阴道等部分。子宫是输卵管末段的转化物。

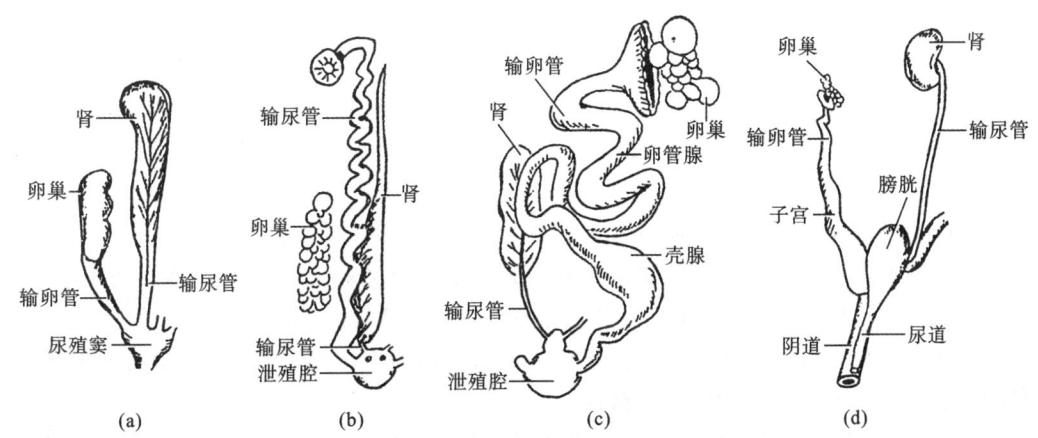

图 4-10 几种脊椎动物的雌性生殖系统

鸟类的卵巢和输卵管比较特殊,一般只是左侧的特别发达,右侧的已退化。有人认为

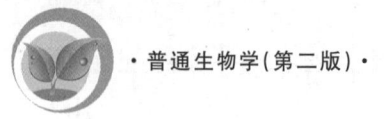

这种现象与鸟类产大形硬壳卵和适应飞翔生活有关。

雌性生殖系统具有附属腺体,例如卵管腺和壳腺等。鸟卵中的蛋白质就是卵管腺的分泌物,蛋壳则为壳腺所分泌。

(一)卵巢和卵子发生

卵子是由卵巢产生的,从卵巢的切面上(图 4-11)可以看到卵巢的外层(皮质)中有许多大大小小、代表不同发育阶段的卵泡。最年幼的卵泡中央是一个较大的细胞,即初级卵母细胞,将来发育成卵。初级卵母细胞的外面围以卵泡上皮。卵泡上皮最初只是一层细胞,以后陆续增多,它们的作用是给卵细胞提供多种生长所必需的物质,同时还有分泌雌激素的功能。初级卵母细胞来自卵原细胞。人早在胚胎时期,卵原细胞就已陆续分裂分化而产生了初级卵母细胞。初生女婴的两个卵巢中的初级卵母细胞(初级卵泡)都已进入第一次减数分裂的前期Ⅰ阶段,并停留在前期Ⅰ阶段不再发育,直到女孩进入性成熟时期,初级卵母细胞受性激素的刺激才苏醒过来,重新继续发育。

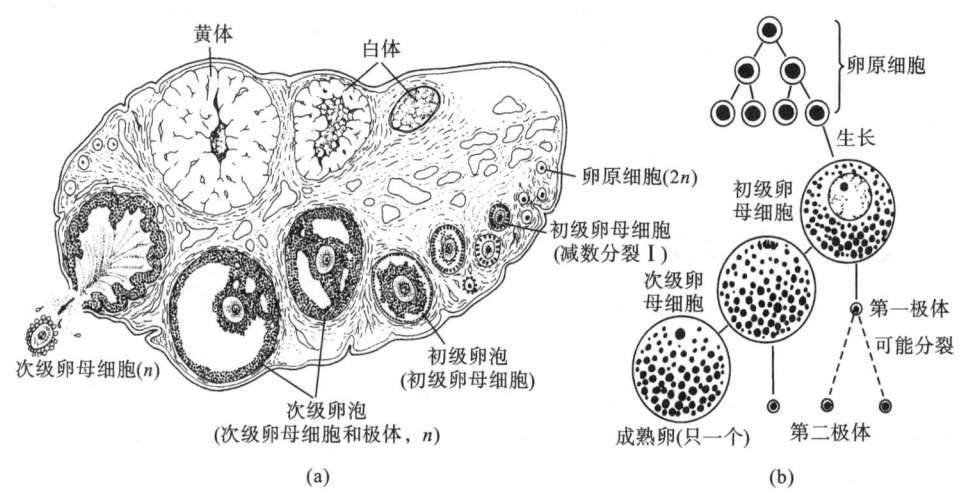

图 4-11　卵巢与卵子的发生

初级卵母细胞"苏醒"后,细胞质中陆续积累卵黄、mRNA 和酶等物质而逐渐长大,同时卵泡上皮的细胞(卵泡细胞)也在增多,并且细胞间出现了液泡,从而卵泡逐渐增大。

在此期间,初级卵母细胞完成了第一次减数分裂而生成两个细胞:一个细胞大,富有细胞质和卵黄,即次级卵母细胞;一个细胞很小,细胞质很少,称为极体。极体可以再分裂,但不能受精发育,称它为极体是因为它总附在卵细胞的动物极上。

从卵巢中排出的"卵"其实是次级卵母细胞。第一极体和次级卵母细胞一同排出,次级卵母细胞进入输卵管后,在输卵管中进行第二次减数分裂。这次分裂要在受精之后,在精子核进入次级卵母细胞之后进行。分裂的结果和第一次一样,只产生一个有效的大细胞,即卵细胞,以及一个不能受精的极体。

因此,一个初级卵母细胞减数分裂的结果只产生一个单倍体的卵,其余 3 个细胞均无效。卵是含有丰富营养物质的大细胞。极体是很小的、没有什么营养物质的细胞。把 4个细胞的营养物质集中到一个细胞中去,以保证这个细胞的发育,这可能是产生极体的意义。

（二）卵细胞

卵细胞不能运动，细胞质多，核糖体十分丰富，同时还含有大量的 mRNA。这些mRNA 只有在受精之后才能发挥作用，合成蛋白质。卵细胞是人体内最大的细胞，呈球形，直径可达 0.1 mm，几乎用肉眼就可以看见。卵细胞的细胞质中含有丰富的卵黄，它的主要成分是磷脂、中性脂肪和蛋白质，均是胚胎发育初期所需要的营养物质（图 4-12）。

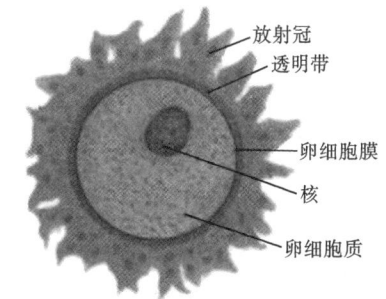

图 4-12　卵细胞的结构

鸟类和爬行类的卵都含有丰富的卵黄。鸟类卵细胞很大，鸡蛋的蛋黄部分便是一个卵细胞，其中绝大部分是卵黄，只有一小部分是细胞核和核周围的物质，这一部分称为胚盘。卵是极化的细胞，胚盘所在的一极称为动物极；相反的一极，即富有卵黄的一极称为植物极。这种卵黄大量集中于一极的卵称为端黄卵。鱼类、两栖类、爬行类和鸟类的卵都是端黄卵。节肢动物，特别是昆虫的卵，卵黄不在一端而是集中于卵的中央，这种卵称为中黄卵。大多数无脊椎动物、头索动物、尾索动物以及高等哺乳动物的卵含卵黄较少，卵黄均匀分布于卵中，这种卵称为均黄卵。这种卵黄含量在不同动物中有所不同的情况和不同动物的不同发育条件是一致的。鸟类和爬行类的胚胎在体外发育，卵内不但有丰富的营养物，卵外还有坚固的厚壳保护胚胎。蛙、蟾蜍等两栖类和多数昆虫的发育有变态及幼虫阶段，幼虫能自己获取食物，所以它们的卵只含少量卵黄。青蛙、蟾蜍等的卵在水中发育，卵外只有胶质壳而无硬壳，昆虫大多在陆地产卵，卵外有硬壳保护。哺乳类的卵在母体内发育，卵在最初几次分裂期间，所需的营养物取自卵中的卵黄。等到卵受精种入母体的子宫壁后，受精卵发育所需物质就全部取自母体，因而卵中卵黄很少。

（三）排卵和发情

哺乳动物有一定的发情期，在发情期排卵、受精、怀孕。野生哺乳动物大多每年有一个发情期。家养的狗、猫等有两个发情期。多种鸟类、草食性哺乳类，如鹿等，以及海生哺乳动物，如海豹、鲸等，雄性和雌性于同一时间发情；大多数哺乳类，雄性没有一定的发情期，随时都能产生精子，一旦雌性发情，即可交配。发情期的生理变化都是为受精和为受精卵的发育提供适宜的环境，如子宫内壁增厚、血液供应增多，使受精卵能在其上发育等。

人没有固定的发情期。男性在性成熟之后可持续终生排精，女性是周期性排卵，即每隔 28 天左右排卵一次。一些小型啮齿类，如家鼠等，也是周期性排卵，发情期很短，约 4 天。发情和排卵都是受性激素控制的。

（四）雌激素

卵巢和睾丸一样，也有两重功能，即除产生卵子外，还可分泌雌激素。切除卵巢，动物就不能性成熟，不能发情，第二性征（如皮下脂肪增厚、骨盆发达、乳腺肥大等）均不能出现。此时如植入卵巢，第二性征可重新出现。

卵巢分泌的激素：①雌激素，能刺激子宫壁的生长，使子宫壁增厚，为植入受精卵做准

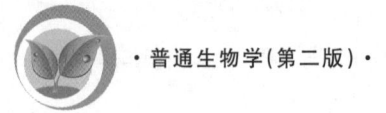

备,在性成熟之前,雌激素有促进第二性征发育的功能;②孕酮,是黄体(卵泡排卵后发育而成)产生的激素,其作用是使子宫内膜进一步发展,以便受精卵能够植入,促进乳腺发育等。卵巢激素的分泌和睾丸激素的分泌一样,也是受腺垂体控制的。腺垂体分泌的黄体生成素(LH)和促卵泡激素(FSH)既能刺激睾丸的激素分泌,也能刺激卵巢的激素分泌。黄体生成素的作用是刺激孕激素的分泌和促进黄体生成和排卵。促卵泡激素的作用是刺激卵泡生长和卵子发生,也能刺激卵泡激素的分泌。

(五)月经周期

女性一般在十二三岁时性成熟,开始出现月经、排卵,一直持续到 50 岁左右,月经停止,不再排卵,生殖能力消失。女性从性成熟到生殖能力消失的期间,卵巢功能呈现周期性变化,表现为卵泡的生长发育、排卵与黄体形成,周而复始,在卵巢甾体激素周期性分泌的影响下,子宫内膜发生周期性剥落,产生流血现象,称为月经,女性生殖周期也称为月经周期。哺乳动物也有类似周期,称为动情周期(或发情周期)。

从出血第一天到下一次出血为一个月经周期,大约 28 天,其中出血时期(子宫内膜剥离脱落)约五天,称为月经期。此时卵泡迅速长大,初级卵母细胞长大并进行第一次减数分裂。月经期后,卵巢进入卵泡期。这个时期长大的卵泡大量分泌雌激素,在雌激素的作用下,子宫内膜重新生长、变厚、血管增多,为接受受精卵做准备。关于激素、排卵和月经周期三者的时间关系,见图 4-13。

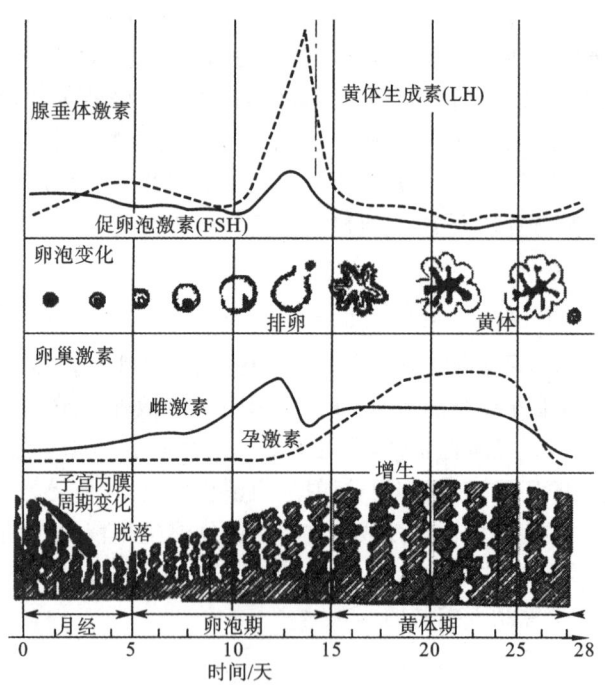

图 4-13 激素、排卵和月经周期三者的时间关系

卵泡继续长大,出现很大的液泡,逐渐移至卵巢表膜下面破开,排出已经完成第一次减数分裂的卵细胞,即次级卵母细胞。此时,已到月经周期的中间,即第 14 天左右。这个

时候如有精子进入,就有可能实现受精而成为受精卵。一般每一个月,两个卵巢只有一个卵泡成熟,即只排出一个卵,其他几个已经发育的卵泡就都退化了。排卵后,促卵泡激素和黄体生成素的分泌量都急剧下降。此时卵泡上出现了黄体生成素的受体,排卵后残余的卵泡细胞经黄体生成素的刺激,发育成一团黄色颗粒细胞,即黄体。因此,从排卵以后直到第二次月经期称为黄体期。黄体是内分泌腺,除分泌雌激素外,还分泌孕激素。雌激素和孕激素一同刺激子宫内膜,使其进一步发展,做好接受受精卵的准备,同时还抑制其他卵泡的发育,防止新的排卵。卵排出后,如果和精子相遇而受精,黄体就继续分泌孕激素,使受精卵能种植于子宫内膜中而继续发育。如果黄体损伤,胚胎就不能存留,出现流产。如果卵没有受精,黄体到了第27天左右便会退化,孕激素的水平也随之降低,增厚的子宫内膜由于缺少孕激素而不能保持,结果血管破裂,子宫内膜从子宫壁上剥离、出血,而进入第二个月经周期。一般黄体寿命为12～16天,平均14天。前一个周期的黄体需经过8～10周才能完成其退化的全过程,最后细胞被吸收,组织纤维化,外观色白,称为白体。

月经周期的激素控制十分复杂,其中下丘脑起着总枢纽的作用。腺垂体分泌促卵泡激素和黄体生成素的活动都受控于下丘脑。

三、受精

受精就是卵子和精子融合为一个合子的过程。它是有性生殖的基本特征,普遍存在于动植物界。在细胞水平上,受精过程包括卵子激活、调整和两性原核融合这三个主要阶段。卵子激活可视为个体发育的起点,主要表现为卵质膜通透性的改变,皮质颗粒外排,受精膜形成等;调整发生在卵子激活之后,是确保受精卵正常分裂所必需的卵内的先行变化;两性原核融合起保证双亲遗传的作用,并恢复双倍体。在分子水平上,受精不仅启动DNA的复制,而且激活卵内的 mRNA、rRNA 等遗传信息,合成出胚胎发育所需要的蛋白质。

(一)受精方式

1. 体内受精和体外受精

凡在雌、雄亲体交配时,精子从雄体传递到雌体的生殖道,逐渐抵达受精地点(如子宫或输卵管),在那里精卵相遇而融合的受精过程称体内受精。凡精子和卵子同时排至体外,在雌体产孔附近或在水中受精的受精过程称体外受精。前者多发生在高等动物如爬行类、鸟类、哺乳类以及某些鱼类和少数两栖类。后者是水生动物的普遍生殖方式,如某些鱼类和部分两栖类等。

2. 异体受精和单精受精

脊椎动物一般都是雌雄异体的,进行异体受精,即两个不同个体的精子和卵子相结合。通常,只有一个精子进入卵内完成受精,这种现象称单精受精,如腔肠动物、棘皮动物、环节动物、硬骨鱼、无尾两栖类和哺乳类动物。这类卵子一旦与精子接触,就立即被激活并产生一系列相应的变化,阻止其他的精子入卵。如果因为卵子的成熟程度不适当等原因,而有一个以上的精子进入这类卵子,即所谓的病理性多精受精,则卵裂不正常,胚胎畸形发育,迟早必归夭殇。有些卵子在正常受精情况下,可以有一个以上的精子进入卵子,但只有一个精子的雄性原核能与卵子的雌性原核结合,成为合子的细胞核,其余的精子逐渐退化消失,称为生理性多精受精,如昆虫、软体动物、软骨鱼、有尾两栖类、爬行类和鸟类的受精。

(二) 受精过程

动物的精子不像低等植物如苔藓植物的精子有明显的趋化性,而是靠自身主动运动或依靠生殖道上皮细胞的纤毛运动抵达卵子附近的。

1. 精子获能和顶体反应

已知许多哺乳动物精子经过雌性生殖道或穿越卵丘时,包裹精子的外源蛋白质被清除,精子质膜的理化和生物学特性发生变化,使精子获能而参与受精过程。哺乳动物的获能精子接触卵周的卵膜或透明带时,特异性地与卵膜上的某种糖蛋白结合,激发精子产生顶体反应:顶体外围的部分质膜消失,顶体外膜内陷、囊泡化,顶体内含物包括一些水解酶外逸。顶体反应有助于精子进一步穿越卵膜。

精子穿越卵膜时,出现先黏着后结合的过程。前者为疏松附着,不受外界温度干扰,没有种属的专一性,黏着期间,顶体内膜上的原顶体蛋白转化为顶体蛋白,顶体蛋白有加速精子穿越卵膜的作用;后者是牢固结合,能被低温干扰,具有种属的专一性。在海胆精子质膜上已分离出一种能与卵膜糖蛋白专一结合的蛋白质,称作结合蛋白,分子质量约为30 000 Da。

2. 卵子的激活

被排出的卵子,如果未能受精,其代谢水平很低,无 DNA 的合成活动,RNA 和蛋白质的合成也都极少,很快就会夭折。精子一旦与卵子接触后,卵子本身也会发生一系列的激活变化。在哺乳动物的卵上,表现为皮层反应、卵质膜反应和透明带反应,从而起到阻断多精受精和激发卵进一步发育的作用。皮层反应发生在精卵细胞融合之际,自融合点开始,皮质颗粒破裂,其内含物外排,由此波及整个卵子的皮层。卵质膜反应是卵质与皮质颗粒包膜的重组过程。透明带反应为皮质颗粒外排物与透明带一起形成受精膜的过程,卵膜与质膜分离,透明带中精子受体消失,透明带硬化。

精子与卵母细胞透明带的识别有严格的种属特异性,而精子膜与卵膜的融合无严格的种属特异性。利用这一特点,要知道人精子有无穿卵能力,往往可用去透明带的金黄地鼠卵子来检验,人精子若能穿入金黄地鼠卵子即可反映它具有穿入人卵子的能力。

有关卵子激活的详细机理还不清楚,只知精子仅起到打开程序开关的作用。除了精子,一些其他非专一的化学的或物理的处理,也能使卵激活,例如针刺蛙卵,也能使之激活。激活的起始无需任何新蛋白质的合成。

3. 精卵融合

精卵细胞融合时首先可以看到卵子表面的微绒毛包围精子,可能起定向作用;随即卵质膜与精子顶体后区的质膜融合。许多动物的精子头部进入卵子细胞质后即旋转180°,精子的中段与头部一起转动,以致中心粒朝向卵中央。接着雄性原核逐渐形成,与此同时中心粒四周产生"星光",雄性原核连同"星光"一起迁向雌性原核。精子中段和尾部不久即退化和被吸收。卵子细胞核在完成两次成熟分裂之后,形成雌性原核。雌、雄两原核相遇或融合,即两核膜融合成一个;或联合,两核并列,核膜消失,仅染色体组合在一起,以建立合子染色体组,受精至此完成(图 4-14)。

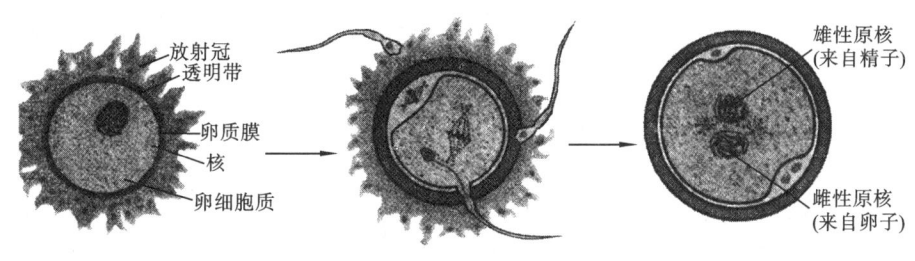

图 4-14 精卵融合

四、胚胎发育

动物由受精卵发育为幼体或雏形个体的变化过程,称为胚胎发生或胚胎发育。对于多细胞动物而言,胚胎发育是指由受精卵经过卵裂、囊胚、器官形成到胚胎孵化出膜或从母体产出的变化过程。幼体出生后的继续发育(有时需要经过一个变态过程)、成体的生长发育和生殖发育以及衰老、死亡等过程,统称为胚后发育或出生后发育。胚胎发育与胚后发育构成动物个体发育的全过程。

(一) 早期胚胎发育

动物的胚胎发育通常从精子进入卵子受精融合,形成受精卵或合子开始。卵子一旦受精就被激活,之后受精卵开始按一定的时间、空间秩序有条不紊地通过细胞分裂和分化进行胚胎发育。多细胞动物的早期胚胎发育一般包括以下几个基本阶段。

1. 卵裂和囊胚的形成

受精卵多次有规律地连续分裂,称为卵裂。卵裂所形成的细胞称为分裂球。卵裂是有丝分裂,但与普通的有丝分裂不同,其主要特点是分裂球本身不生长,分裂次数越多,分裂球的体积越小。

棘皮动物和脊椎动物的卵裂一般是这样进行的:第一次是纵向的经裂,形成两个分裂球;第二次也是经裂,但与第一次经裂垂直,形成 4 个分裂球;第三次是横向的纬裂,形成上、下两层共 8 个分裂球;第四次是经裂,成为 16 个细胞;第五次是纬裂,成为 32 个细胞。以后的分裂开始变得不规则(图 4-15)。

当分裂球聚集为球状,中间出现一个空腔,成为囊状时,便称为囊胚,中间的腔叫囊胚腔,腔中充满液体(图 4-15)。

2. 原肠胚的形成

原肠胚是处于囊胚不同部位的细胞通过细胞迁移运动形成的。囊胚外部的细胞通过不同的方式迁移到内部,围成原肠腔(或称原肠),留在外面的细胞形成外胚层,迁移到里面的细胞形成内胚层。原肠腔的开口称为胚孔或原口,此时的胚胎称为原肠胚(图4-15)。

原肠胚形成的过程确定了胚胎的基本模式。三胚层动物的原肠胚,除了内外胚层之

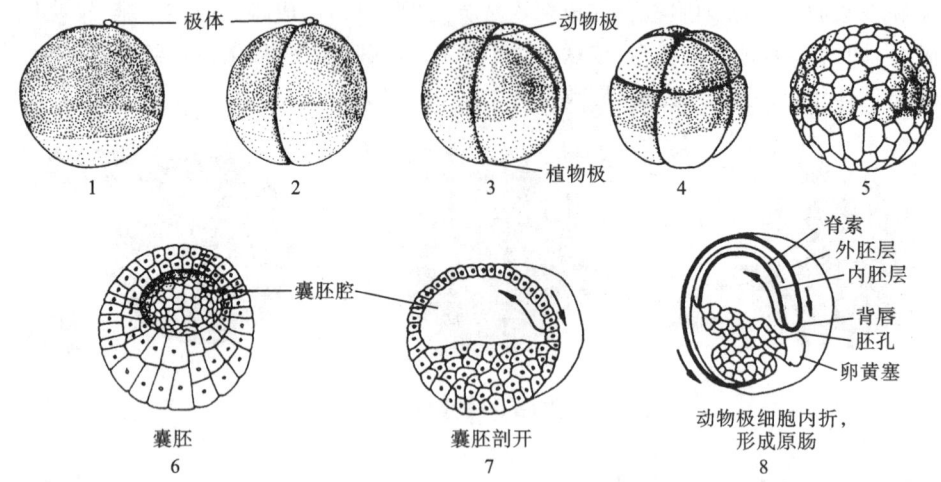

图 4-15　两栖类卵裂及原肠胚形成

外,还有在其间形成的中胚层,中胚层原基的形成也是细胞迁移运动的结果。内、中、外三个胚层的形成,基本奠定了组织和器官的基础。对于脊椎动物而言,尽管由于卵黄含量不同使卵裂方式不同而形成了不同类型的囊胚,但将来形成各种器官的胚胎细胞在这时的分布情况大致相同。

(二) 器官发生和形态建成

胚胎细胞经过迁移运动,聚集成器官原基,继而分化发育成各种器官的过程,称为形态发生运动。各种器官经过形态发生和组织分化,逐渐获得了特定的形态,并执行一定的生理机能。

低等多细胞动物(如海绵动物、腔肠动物)的胚胎发育停留在原肠阶段,不形成中胚层,而是由内、外两个胚层的细胞分化出各种不同的细胞组织,从而发育成新个体——双胚层动物。

在原肠胚阶段出现中胚层的动物,称为三胚层动物。胚胎的三个胚层经过复杂的进一步分化过程,最终形成动物体的各种组织和器官。

高等脊椎动物三个胚层的进一步分化如下。

(1)外胚层:分化形成神经系统、感觉器官的感觉上皮、表皮及其衍生物以及消化管两端的上皮等。

(2)中胚层:分化形成肌肉、骨骼、真皮、循环系统、排泄系统、生殖器官、体腔膜及系膜等。

(3)内胚层:分化形成消化管中段的上皮,消化腺和呼吸管的上皮,肺、膀胱、尿道和附属腺的上皮等。

(三) 人类的发育

受精卵不断分裂增殖,并慢慢地向子宫方向移动,到达子宫腔后,一般在子宫底或子宫体定居下来,称为植入或着床。由于细胞的增殖分裂,细胞数目不断增多。受精第一周,合子形成桑葚胚,再形成胚泡(或囊胚)。第二、三周胚泡内出现一团细胞,称内细胞群。由内细胞群分化形成一扁平的胚盘；起初胚盘由内胚层和外胚层组成，不久在内外胚层之间形成中胚层，人体就是由这三个胚层形成的。胚泡外周的细胞称滋养层，一部分将发育成胎盘。

第四周胚盘边缘逐渐向腹侧卷折，形成一圆筒状的胚体，胚体中间向背侧隆起，头尾向腹侧弯曲。羊膜囊扩大逐渐包围胚体，并向胚体腹侧靠近。此时胚头出现眼原基，胚体出现上肢芽。至第五周，外耳原基及下肢原基出现，胚体内五脏六腑的原基已发生，第二个月末胎儿头面部已形成，上、下肢伸长发展为四肢，末端手指、脚趾逐渐分开。此时胎儿腹部膨隆已初具人形。这时胎儿体重大约 10 g，胚体长约 3 cm。第三个月以后至出生前胚体各器官进一步发育增长，逐渐完善其结构与功能，皮下脂肪增多；胎儿体重急剧增加，到分娩时，胎儿体重达 3 kg(3 000 g)左右，胎儿长约 50 cm。

孕妇子宫腔内有一装着液体的大口袋，叫羊膜囊，是由半透明的羊膜所构成的，囊内的液体称羊水。羊水是胎儿生长发育液体摇篮，又是胎儿的"游泳池"，在"池"内胎儿可以自由活动。如果说生命起源于大海的话，那么羊水是胎儿得以生长发育的"海洋"。羊水不是一潭死水，它是不断地变换着的。妊娠早期，羊水主要源于母体血浆，妊娠中期胎儿肾有排尿功能，胎儿尿液混入羊水中。妊娠晚期胎儿能吞饮羊水，尿液增多，一个足月胎儿每日可吞饮羊水约 500 mL，吞入的羊水从消化道进入胎儿血液循环，不断运送到肾脏形成尿液，再排入羊膜腔。羊水大约每 3 小时更新一次。羊水量有一定的范围。如果羊水达到或超过 2 000 mL 即为羊水过多。某些先天畸形，如食道闭锁、无脑儿等，胎儿不能吞饮羊水，致使羊水过多。

育龄妇女，一般每胎只生一个孩子，一胎生两个孩子的叫双胞胎或孪生，一胎生三个以上孩子的叫多胎。双胞胎的发生有两种情况：一是双卵双生，即一次排出两个卵子，两个卵子分别受精后各自发育成为一个胎儿，这种双胞胎占孪生的大多数，两个胎儿性别可以相同，也可不同，相貌、体质和生理特性的差异，好比是兄弟姐妹一样；二是一个受精卵在胚胎发育早期的某个阶段，由于受某种因素的影响，受精卵分裂成两半，或形成两个内细胞群，或形成两个原条等，分别发育成一个胎儿，这种双胞胎叫单卵双胞胎，性别一定相同，发色、指纹、外貌及血型十分相似，甚至肤色、身材也相似，这样的双生子外人难以辨认。

 本章小结

生物体繁殖后代的方式可以分为无性生殖和有性生殖两大类。无性生殖方式有分裂生殖、出芽生殖、孢子生殖和营养生殖等。有性生殖是指经过两性生殖细胞结合，产生合子，由合子发育成新个体的生殖方式。有性生殖有融合生殖和无融合生殖两种方式。

被子植物的生殖与发育经历了花粉粒的产生、胚囊的形成、开花及传粉、花粉发育和受精、胚的发育及种子和果实形成这几个阶段。一般把"从种子到种子"的这一历程称为被子植物的生活史或生活周期。其突出特点在于双受精这一过程。被子植物的生活史中二倍体占优势，存在世代交替。减数分裂和受精作用(精卵融合)是整个生活史的关键，也是两个世代交替的转折点。

动物的生殖和发育随着动物的演化由简单到复杂，总的趋势是由雌雄同体到雌雄异

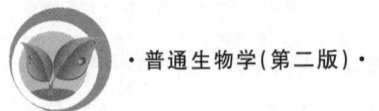

体,从无性生殖到有性生殖。高等的脊椎动物进行有性生殖,其生殖、发育主要由生殖系统来完成。雄性生殖系统主要包括精巢(睾丸)和输精管。睾丸产生精子,分泌雄激素。雌性生殖系统主要包括卵巢和输卵管。卵巢产生卵子,分泌雌激素。受精包括卵子的激活、调整和两性原核融合这三个主要阶段。动物由受精卵发育为幼体或雏形个体的变化过程,称为胚胎发生或胚胎发育。

 复习思考题

1. 无性生殖和有性生殖各有哪些类型?比较二者的异同。
2. 被子植物的受精作用过程如何?有何特点?有何意义?
3. 试述胚囊的发育过程。
4. 简述被子植物由开花到果实形成的过程。
5. 简述高等动物三胚层的形成过程。
6. 举例说明高等植物的个体发育过程。

第五章

遗传与变异——生命特征的延续与发展

 知识目标

1. 掌握遗传学的三个基本定律,细胞质遗传的概念、特点;
2. 理解基因在生物遗传中的作用;
3. 了解单基因病、多基因病、染色体病、体细胞遗传病、线粒体遗传病的遗传特征。

 技能目标

1. 会运用遗传学的三个基本定律分析实际问题;
2. 会运用遗传规律指导生产实践。

第一节 孟德尔遗传学说

一、分离定律

(一) 孟德尔的豌豆杂交实验

奥地利遗传学家孟德尔的豌豆杂交实验始于 1865 年。他选出 22 个纯系豌豆品种作为实验材料,其理由,一是豌豆具有稳定的、可易于区分的性状。所谓性状,是生物的形态、生理和生化特性的总称。豌豆各品种间有着明显的形态差异。如有的品种开红花,有的品种开白花;有的品种结黄色种子,有的品种结绿色种子;等等。而且这些性状都很稳定并能真实遗传。即亲代怎样,它们的子代个体也是这样。二是豌豆是自花授粉植物,而且是闭花授粉,所以容易人工去雄和人工授粉。

性状是生物体所表现的形态特征和生理特性的总称,可区分为各单个性状,如花色、豆荚的性状、豆荚未成熟时的颜色、子粒颜色等。相对性状是指同一性状表现出来的相对差异。孟德尔在杂交实验中,共选取了七对相对性状。这些相对性状相互排斥,非此即彼,不能同时具备。但他最初的杂交实验,所用的两个亲本(即父本和母本)都只相差一个性状,更确切地说,不论其他性状的差异如何,他只注意一对相对性状。

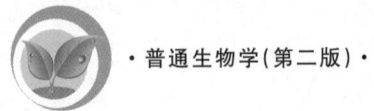

P: 圆滑 × 皱缩

F$_1$: 圆滑 × 圆滑

F$_2$: 圆滑　皱缩
　　　3 ∶ 1

图 5-1 圆滑和皱缩豌豆杂交图解

孟德尔用纯种圆滑种子的豌豆与纯种皱缩种子的豌豆为亲代(P),进行杂交,结果子一代(F$_1$)都是圆滑的。一对相对性状中在 F$_1$ 表现出来的性状称为**显性性状**,没有表现出来的性状称为**隐性性状**。如豌豆种子的圆滑性状为显性性状,皱缩性状为隐性性状等。自花授粉所结的种子即子二代(F$_2$)中,有圆滑的,也有皱缩的。253 株共结种子 7 324 粒,圆滑的 5 474 粒,皱缩的 1 850 粒。二者约成 3 ∶ 1 的比例(图 5-1)。

孟德尔按上述方法对豌豆 7 组具有一对相对性状的个体进行杂交,不论是正交还是反交,7 对相对性状之间的结果是相似的。F$_2$ 中表现显性性状的植株数与表现隐性性状的植株数之比都接近 3 ∶ 1(表 5-1)。

表 5-1 豌豆杂交实验的 F$_2$ 结果

相　对　性　状		F$_2$		F$_2$ 的比例
显性	隐性	显性	隐性	显性 ∶ 隐性
子粒饱满	子粒皱缩	5 474	1 850	2.96 ∶ 1
花色子叶	绿色子叶	6 022	2 001	3.01 ∶ 1
紫花	白花	705	224	3.15 ∶ 1
成熟豆荚不分节	成熟豆荚分节	882	299	2.95 ∶ 1
未成熟豆荚绿色	未成熟豆荚黄色	428	152	2.82 ∶ 1
花腋生	花顶生	651	207	3.14 ∶ 1
高植株	矮植株	787	277	2.84 ∶ 1

(二) 分离现象的解释

1. 孟德尔的假设

孟德尔为了解释杂交实验结果,经过一番创造性思维之后,提出了遗传因子分离假说,其主要内容如下。

(1) 遗传性状是由遗传因子决定的。

(2) 遗传因子在体细胞内是成对存在的。在每对遗传因子中,一个来自父本的雄性生殖细胞,一个来自母本的雌性生殖细胞。

(3) 生物在形成生殖细胞时,成对的遗传因子彼此分离,分别进入不同的生殖细胞中。因此,每个生殖细胞只得到成对遗传因子中的一个。

(4) 生殖细胞的结合是随机的。结合后形成合子,遗传因子又恢复了成对的状态。

(5) 遗传因子有显隐性。杂合时,表现显性遗传因子决定的性状。

孟德尔所说的遗传因子,现称为基因。

根据上述假设,孟德尔圆满地解释了杂交实验的结果。

2. 分离现象的解释

根据孟德尔的假设,豌豆的性状是由一对基因决定的。如果用 R 代表圆滑种子的基因,用 r 代表皱缩种子的基因(通常用大写英文字母表示显性基因,用对应的小写英文字母表示隐性基因),那么亲代圆滑种子体细胞的基因型为 RR,亲代皱缩种子体细胞的基因型为 rr。在生殖细胞(又称配子)成熟过程中,成对的基因彼此分离,结果每个生殖细胞中含有成对基因中的一个。圆滑豌豆生殖细胞中含有基因 R,皱缩豌豆生殖细胞中含有基因 r。受精时,精子和卵子结合成合子(又称受精卵),亲代杂交后所结的种子(F_1)的基因又恢复到成对的状态,基因型为 Rr。

F_1 杂合子在形成生殖细胞时,成对的基因 Rr 分离,分别进入不同的生殖细胞,结果形成两类数目相同的生殖细胞,含基因 R 或基因 r。在受精过程中,含 R 或 r 的精子与含 R 或 r 的卵子有均等的机会相结合。结果合子细胞有三种基因型:RR、Rr、rr,而且成 1:2:1 的比例。由于基因 R 对基因 r 为显性,因此 F_2 的圆滑种子与皱缩种子的比例为 3:1(图 5-2)。

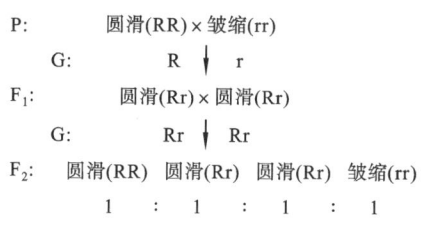

图 5-2 孟德尔对圆滑和皱缩豌豆杂交的解说

3. 基因型和表现型

从孟德尔的杂交实验中可以看到,具有同一性状的生物个体之间不一定具有相同的基因组成。如 RR 和 Rr 均表现为圆滑种子。

1)基因型和表现型的概念

基因型是指生物个体或某一性状的基因组成。就一个生物个体而言,其性状表现成千上万,我们就把控制这一生物个体所有性状的基因组合,称为该生物的基因型。如果就某种生物的某个性状而言,则是指该性状的基因组成。如圆滑种子的基因型为 RR、Rr,皱缩种子的基因型为 rr。

任何生物的基因型,在雌雄配子结合时就已确定。此后,其基因型便成为该生物个体生长发育的遗传基础,它决定了该生物是否形成某一性状。但是,应该指出的是,一定的基因型只提供了发育某一性状的可能性。这种可能性要变为现实,还需环境因素的作用。

基因型是生物体内部的遗传结构,是肉眼看不见的,但可通过杂交实验等方法得知。

上述决定豌豆种子性状的一对基因,互称等位基因。等位基因是指同源染色体上同位点上所具有的不同形式的基因。凡是两个基因彼此相同的个体称为纯合子,如 RR、rr;两个基因彼此不同的个体称为杂合子,如 Rr。

表现型是指生物个体所表现的形态特征和生理特性,简称表型,如豌豆种子的圆滑和皱缩。表型一般是可以观察到的,或是能通过理化方法测知的。

2)基因型和表型的关系

从遗传的角度来说,基因型比表型更重要。这是因为,基因型是亲本双方遗传而来的,是先天决定个体生长发育的最本质的东西,是表型的内在依据。通常情况下,有什么

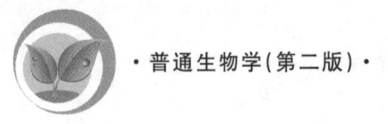
样的基因型,就有相应的表型。

表型是基因型和环境因素共同作用的结果,表型相同,基因型不一定相同。

(三)分离现象的验证

孟德尔在圆满地解释了杂交实验的结果之后,设计了回交实验来验证他的假设。

回交是用 F_1 同隐性亲本进行杂交(图 5-3)。按照分离假说,F_1 的基因型是 Rr,能够产生两种不同类型的配子,一种带有 R 基因,一种带有 r 基因,且数量相等,而隐性亲本的基因型是 rr,只能产生一种带有 r 基因的配子。因此,F_1 与隐性亲本杂交,后代应该一半的基因型为 Rr,一半的基因型为 rr。即将来分别结出圆滑和皱缩的豌豆,约成 1:1 的比例。实验结果与预期完全一致,从而证实了他的假设。孟德尔做了七对相对性状的回交实验,其结果与预期基本相符。

在此基础上,孟德尔提出了分离定律:生物在形成配子时,等位基因彼此分离,分别进入不同配子中去,每一配子只带有成对基因中的一个。这也叫孟德尔第一定律。

二、自由组合定律

(一)孟德尔的两对相对性状杂交实验

孟德尔在研究了一对相对性状的遗传现象后,进而对两对和两对以上相对性状的遗传现象进行了分析研究,发现了遗传的第二条规律——自由组合定律。

孟德尔以黄色圆滑种子和绿色皱缩种子的纯种豌豆为亲本进行杂交,F_1 代都结黄色圆滑种子。这说明黄色圆滑是显性性状。F_1 代自交,得到 F_2 种子共计 556 粒,F_2 代出现了明显的性状分离,出现了四种类型:黄圆(315 粒)、黄皱(101 粒)、绿圆(108 粒)、绿皱(32 粒)(图 5-4)。这四种类型的数量比趋近于 9:3:3:1。

图 5-3　豌豆的回交实验图解　　　　图 5-4　豌豆两对相对性状杂交实验

在这四种类型中,黄圆和绿皱是亲代原有的性状组合,称亲组合(partal combination);黄皱和绿圆是亲代原来没有的性状组合,称重组合(recombination)。这里圆和皱是一对相对性状,圆对皱为显性;黄和绿是另一对相对性状,黄对绿为显性。从 F_2 来看,黄(416)和绿(140)之比为 3:1,圆(423)和皱(133)之比也为 3:1。这说明上述两对相对性状的遗传分别由两对等位基因所控制,它们的传递符合分离定律。而且,两对性状从总体来看,黄圆(315)、绿皱(101)、绿圆(108)、绿皱(32)成 9:3:3:1 的比例。这说明控制黄绿和圆皱两对相对性状的两对等位基因,在各自分离后又彼此自由组合。

(二)自由组合现象的解释

孟德尔认为在上述杂交实验中,圆皱与黄绿两对相对性状是由两对基因分别控制的。

以 Y 和 y 分别代表豌豆种皮黄色和绿色的基因，以 R 和 r 分别代表控制种子圆滑和皱缩的基因。Y 对 y 是显性，R 对 r 是显性。这样黄色圆滑种子亲本的基因型为 YYRR，绿色皱缩种子亲本的基因型为 yyrr。按照分离定律，生物在形成生殖细胞时，同对的基因彼此分离，分别进入不同的生殖细胞。结果，黄色圆滑亲本种子长成的植株只能形成 YR 一种类型的配子。同样，绿色皱缩亲本种子长成的植株也只能形成 yr 一种类型的配子。受精后，F_1 代的基因型为 YyRr，表型为黄色圆滑豌豆。杂合型的 F_1 自交，在形成生殖细胞的时候，按照分离定律，等位基因 R 与 r 一定分离，等位基因 Y 与 y 一定分离。孟德尔假设不同对的基因可以自由组合。这样就会出现四种类型数量相同的精子和卵细胞：Yr、YR、yR、yr。经过随机受精，就产生 16 种组合，其中 9 种基因型、4 种表型，并且黄圆、黄皱、绿圆、绿皱的比例为 9∶3∶3∶1（图 5-5）。

P 　　黄圆 YYRR × 绿皱 yyrr
配子 　　　　YR ↓ yr
F_1 　　　　　YyRr 黄圆
F_2 　　　　　↓⊗

	YR	Yr	yR	yr
YR	YYRR黄圆	YYRr黄圆	YyRR黄圆	YyRr黄圆
Yr	YYRr黄圆	YYrr黄皱	YyRr黄圆	Yyrr黄皱
yR	YyRR黄圆	YyRr黄圆	yyRR绿圆	yyRr绿圆
yr	YyRr黄圆	Yyrr黄皱	yyRr绿圆	yyrr绿皱

图 5-5　豌豆两对性状遗传分析图解

（三）自由组合假设的验证

为了验证上述假说，孟德尔用 F_1 杂合子（YyRr）与绿皱型亲代（yyrr）进行回交。按自由组合假设来预测，F_1 代将形成四种数量相等的配子，即 YR、Yr、yR、yr，隐性亲本则只能形成一种配子（yr），随机受精后，后代中将出现黄圆、黄皱、绿圆、绿皱四种种子（F_2），它们的比是 1∶1∶1∶1。实验结果完全证实了预测（图 5-6）。

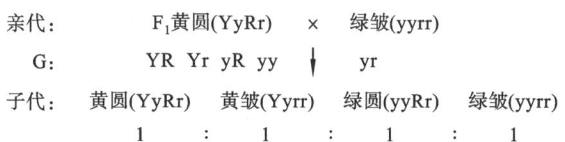

亲代： 　　F_1黄圆(YyRr) × 绿皱(yyrr)
G： 　　YR Yr yR yy ↓ yr
子代： 黄圆(YyRr) 黄皱(Yyrr) 绿圆(yyRr) 绿皱(yyrr)
　　　　1 ： 1 ： 1 ： 1

图 5-6　F_1代黄圆豌豆与绿皱豌豆回交图解

分析上述实验结果，孟德尔提出了自由组合定律：具有两对或两对以上的相对性状的亲本进行杂交、F_1 产生配子时，在非同源染色体上的、不同的等位基因，独立地分配到配子中去，表现为自由组合的形式。

三、孟德尔定律的拓展

（一）显隐关系的相对性

基因一般不是独立发生作用的，生物的性状也往往不是简单地由单个基因决定的，而

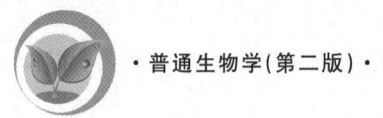

是不同的基因共同作用的结果。显隐性关系是相对的。

1. 完全显性遗传

在孟德尔研究的七对相对性状中,其中的全部个体都能表现出亲本的显性性状。这种杂合子的表型与显性纯合子的表型呈完全一样的遗传方式,称为完全显性遗传。

完全显性遗传在自然界是普遍存在的,但是,在某些相对性状中,显性是不完全的,或者显隐性关系是可以随所依据的标准而改变的。

2. 不完全显性遗传

杂合子的表型介于显性纯合子与隐性纯合子的表型之间,这种遗传方式称为不完全显性遗传或半显性遗传。例如,人类软骨发育不全症就是不完全显性遗传的疾病。杂合子的病情较轻,显性纯合子患儿病情严重,多死于胚胎期或新生儿期。

3. 共显性遗传

一对等位基因,无显隐性的区别,在杂合状态时,两个亲本的性状同时在 F_1 上显现出来。这种遗传方式称为共显性遗传。

人类血型遗传就是共显性遗传的实例。M 型血的人,红细胞表面有 M 抗原,由基因 L^M 所决定,其基因型为 $L^M L^M$;N 型血的人,红细胞表面有 N 抗原,由基因 L^N 所决定,其基因型为 $L^N L^N$。这两种人婚配后,其子女血型均为 MN 型,其基因型为 $L^M L^N$,其红细胞表面既有 M 抗原,也有 N 抗原。这表明 L^M 和 L^N 这对等位基因之间,不存在显隐关系,二者互不遮盖。

(二) 复等位基因

复等位基因是指在群体中,一对基因位点上有三种或三种以上的基因。但对于每个生物个体来说,它只能具有复等位基因中的某两个基因。

人类 ABO 血型的遗传就是复等位基因的实例。ABO 血型是由一组复等位基因(I^A、I^B、i)决定的。这三种基因位于同一基因位点上(9q34)。基因 I^A 决定红细胞表面有抗原 A,基因 I^B 决定红细胞表面有抗原 B,基因 i 决定红细胞表面无抗原 A 和抗原 B,而有 H 物质。I^A 和 I^B 为共显性,I^A 和 I^B 对 i 为显性,因此基因型 $I^A I^A$ 和 $I^A i$ 的个体是 A 型血,$I^B I^B$ 和 $I^B i$ 的个体是 B 型血,基因型 ii 的个体是 O 型血,而基因型 $I^A I^B$ 的个体是 AB 型血(表 5-2)。

表 5-2　ABO 血型系统基因型和遗传特征

基　因　型	红细胞表面抗原	血清中抗体	血　　型
$I^A I^A$、$I^A i$	A	β	A
$I^B I^B$、$I^B i$	B	α	B
$I^A I^B$	A、B	—	AB
ii	—	α、β	O

已知双亲血型,可推测出子女中可能有的血型和不可能有的血型,已知母亲和子女的血型也可推测出父亲可能有的血型,这在法医学的亲子鉴定上有一定的意义。

(三) 致死基因

除了能够影响生物体性状的基因外,还存在能够影响生物生存能力或致死生物个体的基因,这类基因称为致死基因。致死基因可分为显性致死基因和隐性致死基因。

1. 隐性致死基因

1907 年,就有人发现在黑色和黄色两种小鼠中,黄鼠不能真实遗传,不论黄鼠与黄鼠交配,还是黄鼠与黑鼠交配,子代都出现分离:

黑鼠×黑鼠→黑鼠

黄鼠×黑鼠→黄鼠 2 378;黑鼠 2 398

黄鼠×黄鼠→黄鼠 2 396;黑鼠 1 235

从上面第一个交配看来,黑鼠是纯合体。从第二个交配看来,黄鼠很像是杂合体,因为与黑鼠的交配结果,子代分离比为 1∶1。但如果黄鼠是杂合体,则黄鼠与黄鼠交配,子代的分离比应该是 3∶1,可是从上面第三个交配的结果看来,倒是 2∶1。这是怎么一回事呢?以后研究发现,在黄鼠×黄鼠的子代中,每窝小鼠数比黄鼠×黑鼠少一些,大约少 1/4,这表明有一部分合子——纯合体黄鼠在胚胎期死亡了。所以上述的杂交结果可说明如下:

$$黄鼠\ A^Y a \times 黄鼠\ A^Y a$$

$$\downarrow$$

$$(1 A^Y A^Y)∶2 A^Y a∶1 aa$$

（死亡）　黄鼠　黑鼠

那就是说,黄鼠基因 A^Y 影响两个性状:毛皮颜色和生存能力。A^Y 在体色上有显性效应,它对黑鼠基因 a 是显性,杂合体 $A^Y a$ 的表型是黄鼠。但黄鼠基因 A^Y 在致死作用方面有隐性效应,纯合时（$A^Y A^Y$）,可引起合子的死亡。

凡是纯合时有致死效应的基因,称为隐性致死基因。人的镰形红细胞贫血就是隐性致死,即纯合体 $Hb^s Hb^s$ 是致死的。在植物中常见的白化基因也是隐性致死的,因为不能形成叶绿素,最后导致植株死亡。

2. 显性致死基因

凡是杂合时有致死效应的基因,称为显性致死基因。如人的神经胶症基因只要一个就可引起皮肤的畸形生长、严重的智力缺陷和多发性肿瘤,使个体在很年轻时就丧失生命。

致死基因的作用,主要是通过影响机体的生理、生化功能以及发育过程来实现的。致死基因的作用可以发生在个体的不同发育阶段,如配子期（配子致死）、胚胎期、婴儿期和少年期（合子致死）,通常死于性成熟之前,不能留下后代。

基因的致死效应往往跟个体所处的环境有关。某些基因几乎在任何环境都是致死的,而其他一些基因就不是这样,在某一环境中是致死的,可是在另一环境中具有正常的生命力。举例来说,园艺学家选育的花卉,色泽鲜艳夺目,花形丰富多彩,可是这些表型只有在园丁的精心培植下才能很好地繁殖,如听之任之,就会被淘汰。这就是说,决定美丽的花色和花形的基因在某一环境中能使植株很好地生长发育,可是在另一环境中就成为致死的了。

（四）基因互作与互作基因

两对基因是自由组合的,这并不意味着它们在作用上是没有关系的。在这些自由组合的非等位基因中,也能通过基因间的相互作用,共同控制某一性状的表现。这种非等位基因间相互作用、共同控制某一性状的现象称为基因互作。相互作用的基因称为互作基因。

1. 互补基因

不同对的两个基因相互作用,出现了新的性状,这两个互作的基因叫做互补基因。例如香豌豆花色的遗传,香豌豆有许多品种,花色不同。有一白花品种A与普通红花品种杂交时,子一代红花,子二代红花比白花是3∶1。另一白花品种B与普通红花品种杂交时,也是子一代红花,子二代出现3∶1之比。但是白花品种A与白花品种B杂交,子一代全是红花,子二代红花比白花是9∶7,这是一个新的比数。

这个实验中最突出的还不是子二代的比数,而是子一代的表型。从子一代的表型来看,可见白花品种A与白花品种B在基因型上是不同的,是由不同的隐性基因决定的。如果品种A和品种B在基因型上相同,子一代的表型应该全是白花。因为品种A和品种B由不同的隐性基因决定,可以假定品种A有隐性基因rr,品种B有隐性基因cc,所以品种A的基因型应该是CCrr,品种B的基因型应该是ccRR。两品种杂交,子一代的基因型是CcRr,由于显性基因C与显性基因R的互补作用,因此花冠为红色。子一代自交,子二代中应该9/16是C_R_,3/16是C_rr,3/16是ccR_,1/16是ccrr。同样地,由于显性基因C与显性基因R的互补作用,只有9/16是C_R_,在表型上是红花,其余7/16都是白花(图5-7)。

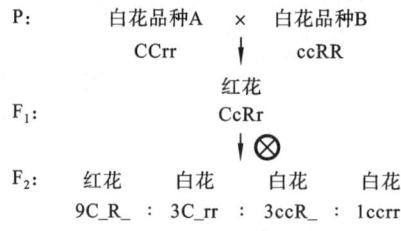

P:　　　　白花品种A　×　白花品种B
　　　　　　CCrr　　　↓　　　ccRR

　　　　　　　　　　红花
F₁:　　　　　　　　CcRr
　　　　　　　　　　↓⊗

F₂:　　　红花　　　白花　　　白花　　　白花
　　　9C_R_　：　3C_rr　：　3ccR_　：　1ccrr

图 5-7　香豌豆花冠颜色的遗传

2. 修饰基因

有些基因可影响其他基因的表型效应,这些基因称为修饰基因。根据修饰基因的作用,有加强其他基因表型效应的称为强化基因,有减弱其他基因表型效应的称为限制基因,有完全抑制其他基因表型效应的称为抑制基因。

前述香豌豆中R/r基因就是影响C/c基因表达的修饰基因。下面再举一个表型效应完全被抑制的例子。

家蚕有结黄茧的,有结白茧的,这也是品种特征之一。把结黄茧的家蚕品种跟结白茧的中国品种交配,子一代全是结黄茧的,这表示中国品种的白茧是隐性的。但把结黄茧的家蚕品种跟结白茧的欧洲品种交配,子一代全是结白茧的,这表明欧洲品种的白茧是显性的。把子一代结白茧的家蚕相互杂交,子二代结白茧的与结黄茧的比例是13∶3,这是一个新的比例。这种遗传方式可以用图5-8说明。

黄茧基因是Y,白茧基因是y。另外还有一个非等位的抑制基因I。有它存在时,可

$$
\begin{array}{ccccc}
P: & \text{显性白茧} & \times & \text{黄茧} & \\
& IIyy & \downarrow & iiYY & \\
F_1: & & \text{白茧 } IiYy & & \\
& & \downarrow \otimes & & \\
F_2: & \text{白茧} & \text{白茧} & \text{黄茧} & \text{白茧} \\
& 9I\_Y\_ & : 3I\_yy & : 3iiY\_ & : 1iiyy
\end{array}
$$

图 5-8　家蚕茧色的遗传

以抑制黄茧基因 Y 的作用,使 Y 不能显出作用来。根据这样的假定,黄茧品种基因型是 iiYY,显性白茧的基因型是 IIyy,两者之间相互杂交,子一代的基因型是 IiYy,因为 I 对 Y 有抑制作用,Y 的作用不能显示出来,所以以子一代的表型是白茧。子一代的个体相互交配,子二代中应该 9/16 是 I_Y_,3/16 是 I_yy,3/16 是 iiY_,1/16 是 iiyy。同样,由于 I 对 Y 有抑制作用,因此子二代中表型比是白茧 13(9+3+1):黄茧 3。

3. 上位效应

某对等位基因的表现受到另一对非等位基因的影响,随着后者的不同而不同,这种现象叫做上位效应(epistasis)。

(1) 隐性上位效应　在家兔中,灰兔与白兔杂交,子一代全是灰兔,子二代中出现灰兔 9:黑兔 3:白兔 4 的比例。看来这个比例是从 9:3:3:1 衍生而来的,因为后面两项相加,就会得到 9:3:4 的比例。

在子二代中,有色个体(包括灰色和黑色)与白色个体之比是 3:1,而在有色个体内部,灰色个体和黑色个体之比也是 3:1,所以可以假设,这里包括两对基因之差。一对是 C 和 c,每一个体至少有一个显性基因 C 存在时,才能显示出颜色来。另一对是 G 和 g,只有当显性基因 C 存在时,才能显示作用。那就是说,当 C 存在时,基因型 GG 或 Gg 表现为灰色,gg 表现为黑色;当显性基因 C 不存在时,即在 cc 个体中,不论是 GG、Gg,还是 gg,都表现为白色(图 5-9)。

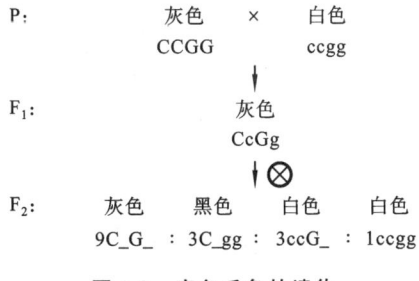

$$
\begin{array}{ccccc}
P: & \text{灰色} & \times & \text{白色} & \\
& CCGG & & ccgg & \\
& & \downarrow & & \\
F_1: & & \text{灰色} & & \\
& & CcGg & & \\
& & \downarrow \otimes & & \\
F_2: & \text{灰色} & \text{黑色} & \text{白色} & \text{白色} \\
& 9C\_G\_ & : 3C\_gg & : 3ccG\_ & : 1ccgg
\end{array}
$$

图 5-9　家兔毛色的遗传

由此可推测,基因 C 可能决定了黑色素的形成,而 G 和 g 控制黑色素在毛内的分布。没有黑色素的存在,就谈不上黑色素的分布,所以凡是 cc 的个体,G 和 g 的作用都表现不出来。

在这个例子中,C 和 c 这对基因中的隐性基因 c 可遮盖另一对非等位基因 G 和 g 的表现,这种现象叫做隐性上位效应。其中 C 和 c 对 G 和 g 是上位,反过来,G 和 g 对 C 和 c 是下位。

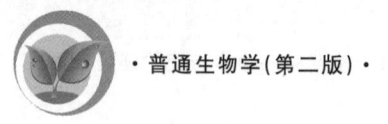

（2）显性上位效应 燕麦中,黑颖品系和黄颖品系杂交,子一代全是黑颖,子二代的分离比是黑颖12：黄颖3：白颖1。这又是一个新的比例,怎样来说明这样的分离比呢?

因为黑颖与非黑颖之比是3：1,在非黑颖内部,黄颖和白颖之比也是3：1,所以可以假定,这里包括两对基因之差。其中一对是 B 和 b,分别控制黑颖和非黑颖,另一对是 Y 和 y,分别控制黄颖和白颖。只要有一个显性基因 B 存在,植株就表现为黑颖,有没有显性基因 Y 都一样。如果没有显性基因 B 的存在,即在基因型为 bb 的植株中,表现为黄颖还是表现为白颖,就得看有没有 Y 的存在。有显性基因 Y 存在时,表现为黄颖;没有 Y 存在时,表现为白颖。这样就能完满地说明上述的杂交结果(图 5-10)。

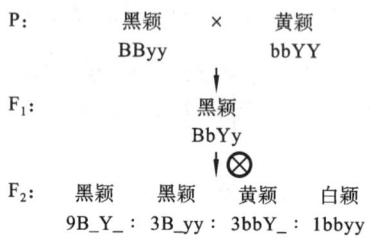

$$P: \quad \text{黑颖} \quad \times \quad \text{黄颖}$$
$$BByy \qquad\qquad bbYY$$
$$\downarrow$$
$$F_1: \qquad \text{黑颖}$$
$$BbYy \;\otimes$$
$$F_2: \quad \text{黑颖} \quad \text{黑颖} \quad \text{黄颖} \quad \text{白颖}$$
$$9B\_Y\_ : 3B\_yy : 3bbY\_ : 1bbyy$$

图 5-10 燕麦外颖颜色的遗传

这个例子很容易理解:黑色素颜色很深,只有黑色素存在,黄色素有没有都一样。也就是说,一定要看没有黑色素,才能看得出有没有黄色素。这里 B 和 b 对 Y 和 y 是上位,而 Y 和 y 对 B 和 b 是下位。因为 B 和 b 这对基因中的显性基因 B 可遮盖另一对非对位基因 Y 和 y 的表现,所以叫做显性上位效应。

基因的相互作用方式有很多种,这里就不一一列举了。仅从上述几个例子已可看出,性状往往受到若干(其实是很多)基因的影响。

（五）性状的多基因决定和基因多效性

1. 性状的多基因决定（多因一效）

性状的多基因决定是指几种不同的基因共同决定某一性状的表现。例如,人的先天性聋哑,约有70％的病例是由隐性基因纯合而造成的。大约有 35 个不同的基因位点,只要其中任何一对隐性基因纯合都可导致先天性聋哑。此外,还有 8％～12％的病例是由显性基因引起的。20％左右的病例则是由环境条件影响所致。例如,妊娠前 3 个月,母亲感染风疹病毒就可生出先天聋哑患儿。

这说明生物的很多性状是受多个基因共同控制的。

2. 基因多效性（一因多效）

基因多效性是指一个基因能够影响许多性状的发育。例如,成骨不全症是一种显性遗传病,是由一对基因控制的,但它不仅可以使患者骨质脆弱,产生多发性骨折,还可以造成智力、体力发育障碍,形成遗传综合征。

多因一效和一因多效现象可从生物个体发育整体上理解:一方面,性状是由许多基因所控制的许多生化过程连续作用的结果;另一方面,如果某一基因发生改变,其影响主要是在以该基因为主的生化过程中,但也会影响与该生化过程有联系的其他生化过程。所以基因的作用不是孤立的,而是在与其他基因的联系中发挥作用的。

第二节　遗传的染色体学说

Sutton 和 Boverl 在 1903 年提出遗传的染色体学说,认为基因是在染色体上的。Sutton 指出,如果假定基因在染色体上,便可十分圆满地解释孟德尔的分离定律和自由组合定律。但要证实这个假设,就要把某一特定基因与特定染色体联系起来。后来,美国遗传学家摩尔根通过果蝇杂交实验证实了这个假设。

一、连锁与互换定律

(一) 摩尔根的果蝇杂交实验

美国著名遗传学家摩尔根(T. H. Morgan,1866—1945)以果蝇为实验材料,对连锁现象进行了深入细致的研究,证明了连锁现象的普遍性,并从理论上作出了圆满的解释,提出了连锁与互换定律(遗传学第三定律)。

1. 雄果蝇的完全连锁遗传

完全连锁遗传是指位于同一条染色体上的许多基因连在一起而遗传的现象。

在果蝇中,灰身(B)对黑身(b)为显性,长翅(Vg)对残翅(vg)为显性。用灰身长翅(BBVgVg)的雄果蝇与黑身残翅(bbvgvg)的雌果蝇杂交,F_1 全都为灰身长翅(BbVgvg)。让 F_1 灰身长翅雄果蝇与黑身残翅(bbvgvg)雌果蝇进行杂交,按自由组合定律预测的后代中,应有四种类型:灰身长翅、黑身残翅、灰身残翅和黑身长翅,而且比例相等。可是在实验中,只出现了两种和亲本完全相同的类型,即灰身长翅和黑身残翅,其比例约为1∶1。

如何解释实验结果呢?摩尔根认为,在上述实验中:由灰身长翅雄果蝇产生的配子,其基因 B 和 Vg 是位于同一条染色体上的,用"BVg"表示;由黑身残翅雌果蝇产生的配子,其基因 b 和 vg 也是位于同一条染色体上的,用"bvg"表示。二者杂交后,F_1 的基因型就成为 BbVgvg。

当 F_1 的雄果蝇形成配子时,就形成了数量相等的两种配子(BVg 和 bvg),而黑身残翅雌果蝇只能产生一种配子(bvg)。杂交后,杂交后代只能是两种基因型,即灰身长翅(BbVgvg)和黑身残翅(bbvgvg),而且二者之比为 1∶1。

这样,通过基因连锁的原理,摩尔根圆满地解释了这种遗传现象。上述遗传现象属于完全连锁。不过,完全连锁的现象在生物界是不多见的。

2. 雌果蝇的不完全连锁遗传

摩尔根发现,在上述杂交实验中,如果让 F_1 灰身长翅(BbVgvg)雌果蝇与双隐性的黑身残翅(bbvgvg)雄果蝇进行杂交,则杂交后代中会产生四种不同类型的果蝇。

灰身长翅:41.5%　　黑身残翅:41.5%
灰身残翅:8.5%　　黑身长翅:8.5%

以上除了两种亲本组合类型外,还出现了两种重组合类型。但比例不是 1∶1∶1∶1,而是两种亲本组合占了绝大多数,重组合类型只占少数。

摩尔根认为,这是因为雌果蝇在形成配子时,两条同源染色体上的等位基因之间发生了交换,即在减数分裂Ⅰ的双线期,有一部分细胞中同源染色体的非姐妹染色单体之间发生了片断的交换。因此,雌果蝇在形成卵子时,除产生大多数亲本类型的卵子(BVg 和 bvg)之外,还产生了少量交换了染色单体片断的卵子(bVg 和 Bvg)。双隐性雄果蝇只产生一类精子(bvg)。配子结合,便得到了上述实验结果。

上述的遗传现象属于不完全连锁。这种现象在生物界是普遍存在的。

在此基础上,摩尔根总结了连锁与互换定律:由于两个或多个基因位于同一条染色体上,因此,它们在传递过程中共同传递而表现出完全连锁现象;或由于同源染色体之间发生了交换,而表现出不完全连锁现象。

(二) 交换

1. 交换(互换)的概念

交换是指两条同源染色体在减数分裂时,彼此交换对应片断的过程。生物在减数分裂过程中,在前期Ⅰ,同源染色体配对,形成四分体。此时,若用显微镜观察,有时可见到在某些染色体上的非姐妹染色单体之间发生交叉的现象。交换就发生在这个交叉点上。

2. 交换值(重组值)的概念

交换值是指交换型(或重组合)配子数占总配子数的百分比,即

$$交换值 = \frac{交换型配子数}{总配子数(亲本型 + 交换型)} \times 100\%$$

交换值的大小与两个基因间的距离有关。由于基因的交换可以发生在同源染色体之间的任何部位,因此,两个基因的距离愈大,可以发生交换的机会就愈多,其交换值就愈大。所以,可以用交换值的大小来代表两个基因的相对距离。也就是说,去掉百分号(%)的交换值,就是两个基因间的相对距离——图距。

二、性染色体与性连锁遗传

(一) 性染色体

生物的染色体可以区分为常染色体和性染色体。凡是与决定性别直接有关的一个或一对染色体就是性染色体。常染色体的每对同源染色体一般是同型的,即形态、结构和大小等都基本相似;性染色体是单个的或是成对的,且形态不同。

(二) 性染色体性决定

性染色体性决定有以下两种类型。

1. XY 型性决定

人类的体细胞中有 46 个染色体,可配成 23 对,其中 22 对在男性和女性中是一样的,叫做常染色体,另外 1 对是性染色体,即 X、Y 染色体,具有 2 条 X 染色体的个体发育成为女性,具有 1 条 X 染色体和 1 条 Y 染色体的个体发育成为男性。

这就是 XY 型性决定,雄性是异配性别,可以产生两种不同的配子,雌性是同配性别,只能产生一种配子。

果蝇的性决定也属于 XY 型。果蝇的每一体细胞中有 8 个染色体,可配成 4 对。其

中 3 对在雌雄果蝇中是一样的,是常染色体,另外 1 对是性染色体,在雌果蝇中是 XX,在雄果蝇中是 XY。

XY 型性决定在生物界中较为普遍,很多雌雄异株植物、很多昆虫、某些鱼、某些两栖类动物、全体哺乳动物都是 XY 型性决定。

2. ZW 型性决定

这一型的性决定方式刚好和 XY 型的相反。现在用家蚕的性决定为例来加以说明。

家蚕的体细胞染色体数是 28 对,其中 27 对是常染色体,另外 1 对是性染色体。在雄蚕中,性染色体成对,叫做 ZZ(也有叫做 XX 的),在雌蚕中不成对,叫做 ZW(也有叫做 XY 的)。所以雄蚕只能产生一种精子,即 27＋Z,而雌蚕可以产生两种卵子,一种是 27＋Z,一种是 27＋W,两种卵子的比例相等。带有 Z 的卵子跟带有 Z 的精子结合,得到 ZZ 合子,发育成为雄蚕;带有 W 的卵子跟带有 Z 的精子结合,得到 ZW 合子,发育成为雌蚕。

在 ZW 型性决定中,雌性是异配性别,雄性是同配性别。所以其下一代个体的性别是由卵细胞决定的。这种性决定方式见于某些两栖类、爬行类和鸟类等动物。

(三) 性连锁遗传

性染色体上基因的遗传方式有一个特点,就是跟性别相联系,这种遗传方式称为性连锁遗传或伴性遗传。

1. 果蝇的性连锁遗传

果蝇的野生型眼色都是红色,但是摩尔根在 1910 年发现一只雄蝇,复眼的颜色完全为白色。这只白眼雄蝇与通常的红眼雌蝇交配时,子一代不论雌雄都是红眼,但子二代中雌的全是红眼;雄的 1/2 是红眼,1/2 是白眼。这显然是个孟德尔比例——如果雌雄不论,则子二代中红眼：白眼＝3：1。但与一般孟德尔比例不同之处是,白眼全是雄蝇。

另外,摩尔根也做了回交实验。最初出现的那只白眼雄蝇和它的红眼“女儿”交配,结果产生 1/4 红眼雌蝇、1/4 红眼雄蝇、1/4 白眼雌蝇、1/4 白眼雄蝇。这也完全符合孟德尔比例。

根据这个实验结果,摩尔根认为:控制白眼性状的基因 w 位于 X 染色体上,为隐性基因。因为 Y 染色体很小,不带有这个基因的显性等位基因,所以最初发现的那只雄蝇的基因型是 $X^w Y$(“X^w”表示 w 基因位于 X 染色体上,“Y”代表 Y 染色体),表现为白眼,跟这只雄蝇交配的红眼雌蝇是显性基因的纯合体,基因型是 $X^+ X^+$。白眼基因(w)是突变基因,红眼基因(＋)是野生型基因。

白眼雄蝇与纯种红眼雌蝇交配(图 5-11),白眼雄蝇的基因型是 $X^w Y$,产生两种精子,一种精子带有 X^w,另一种精子带有 Y,上面没有相应的基因。红眼雌蝇的基因型是 $X^+ X^+$,产生的卵子都带有 X^+。两种精子(X^w 和 Y)与卵子(X^+)结合,子代雌蝇的基因型是 $X^+ X^w$,因为“＋”对“w”是显性,所以表型是红眼,子代雄蝇的基因型是 $X^+ Y$,所以表型也是红眼。

子一代的红眼雌蝇与红眼雄蝇交配时,红眼雌蝇($X^+ X^w$)产生两种卵子,一种是 X^+,另一种是 X^w,红眼雄蝇也产生两种精子,一种是 X^+,另一种是 Y。卵子与精子结合(图 5-12),形成四种合子,长大后,雌蝇都是红眼($X^+ X^+$ 和 $X^+ X^w$),而雄蝇中 1/2 是红眼(X^+

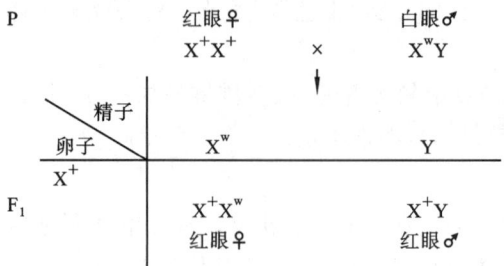

图5-11　白眼雄蝇与纯种红眼雌蝇杂交

注:X$^+$—带有野生型(红眼)基因的X染色体;X^w—带有突变型(白眼)基因的X染色体;
　　Y—Y染色体,上面没有相应等位基因。

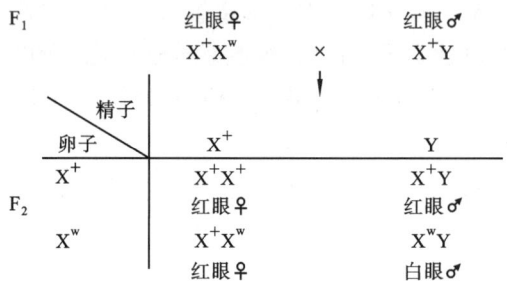

图5-12　子一代红眼雌蝇与红眼雄蝇交配

注:子二代雌蝇全是红眼,而雄蝇中红眼和白眼各占1/2。

Y),1/2是白眼(X^{w}Y),表型比例是2∶1∶1。

在摩尔根所做的回交实验中,子一代红眼雌蝇与白眼雄蝇交配,子一代红眼雌蝇的基因型是X$^+$X^w,产生两种卵子,一种是X$^+$,另一种是X^w,白眼雄蝇的基因型是X^{w}Y,产生两种精子,一种是X^w,另一种是Y。雌雄配子结合后(图5-13),下代有四种表型:红眼雌蝇(X$^+$X^w)和白眼雌蝇(X^{w}X^w),红眼雄蝇(X$^+$Y)和白眼雄蝇(X^{w}Y),比例是1∶1∶1∶1。

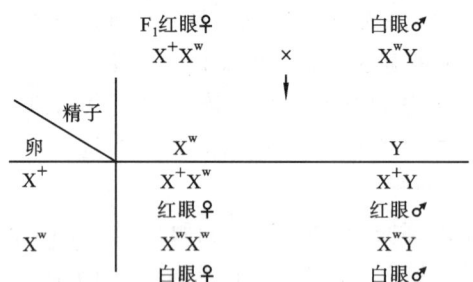

图5-13　白眼雄蝇与子一代红眼雌蝇交配

注:下代雌蝇和雄蝇中,红眼和白眼各占1/2。

摩尔根圆满地说明了他的实验结果,并把这种性状遗传与性别有关的遗传方式叫做性连锁遗传(伴性遗传)。因为有关的基因均在X染色体上,现在多叫做X连锁遗传。

摩尔根实验的另一个意义是,第一次把一个特定的基因与一个特定的染色体联系起来,为遗传的染色体学说奠定了基础。

2. 人类的性连锁遗传

人类也是 XY 型性决定,具有 XY 染色体,因此位于 XY 染色体上基因的传递方式也是性连锁遗传。人类的性连锁遗传又分为 X 连锁遗传和 Y 连锁遗传。

1) X 连锁遗传

人类中,有一种 A 型血友病,患者有出血倾向,受到轻微损伤,即出血不止,可能持续数小时至数周之久。他们的血液里缺少一种凝血因子——因子Ⅷ(抗血友病球蛋白),所以受伤流血时,血液不易凝结。血友病就是 X 连锁隐性遗传,其致病基因为隐性,位于 X 染色体上(详见本章第五节)。

2) Y 连锁遗传

在人类中,Y 染色体仅存在于男性个体,从而 Y 染色体上的基因所决定的性状仅由父亲传给儿子,不传给女儿,如人的外耳道多毛症。

第三节　细胞质遗传

一、细胞质遗传

(一) 细胞质遗传的概念

由细胞质内的基因即细胞质基因所决定的遗传现象和遗传规律叫做细胞质遗传,有时又称非染色体遗传、非孟德尔遗传、染色体外遗传、核外遗传、母体遗传等。

研究发现,真核生物细胞质中的遗传物质主要存在于线粒体、质体、中心体等细胞器中。这些细胞器在细胞内执行一定的代谢功能,是细胞生存不可缺少的组成部分。在原核生物和某些真核生物的细胞质中,除细胞器外,还有另一类称为附加体和共生体的细胞质颗粒,是细胞的非固定成分,也能影响细胞的代谢活动,但它们并不是细胞生存必不可少的组成部分。例如,果蝇的 δ 粒子、大肠杆菌的 F 因子以及草履虫的卡巴粒等,这些成分一般游离在染色体之外,有些颗粒如 F 因子还能与染色体整合在一起,并可进行同步复制。通常把上述所有细胞器和细胞质颗粒中的遗传物质统称为细胞质基因组。

(二) 细胞质遗传的特点

细胞质遗传与细胞核遗传有明显的区别,具体说明如下。

(1) 在细胞核遗传中,除性连锁遗传外,其亲本之间,无论正交和反交,子代的基因型都是一样的。而在细胞质遗传中,亲本之间正反交的结果不一样,即杂交后代只表现母本性状,而与父本性状无关。

(2) 在细胞核遗传中,其遗传方式属于孟德尔遗传,杂种后代有一定的分离比。而在细胞质遗传中,其遗传方式属于非孟德尔遗传,杂种后代不出现分离现象,也没有自由组合和连锁互换现象。

细胞质遗传现象说明了细胞质内也有控制性状遗传的物质基础,从而扩大了遗传的

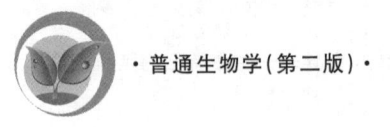

概念。但是细胞质遗传和细胞核遗传并不是完全独立的,它们之间有着密切的关系。

二、母性影响

在核遗传中,正交♀AA×♂aa 及反交♀aa×♂AA 的子代表型通常是一样的,因为两个亲本在核基因的贡献上是相等的,子代的基因型都是 Aa,所以在同一环境下其表型是一样的。可是,有时正反交的结果并不相同,子代的表型受到母本基因型的影响而和母本的表型一样。这种由于母本基因型的影响,子代表现母本性状的现象叫做母性影响,又叫前定作用。

母性影响所表现的遗传现象与细胞质遗传十分相似,但它并不是由细胞质基因组决定的,而是由核基因的产物在卵细胞中积累决定的,因此它不属于细胞质遗传的范畴。椎实螺的外壳旋转方向的遗传就是母性影响的一个比较典型的例子。

椎实螺是一种雌雄同体的软体动物,一般通过异体受精进行繁殖。每个个体能同时产生卵子和精子,因而既可进行异体交配,又可进行自体受精。椎实螺外壳的旋转方向有左旋和右旋两种,是一对相对性状。如果把这两种椎实螺进行正反交,F_1 外壳的旋转方向都与各自的母体一样,即全部为右旋或全部为左旋,但其 F_2 全部为右旋,到 F_3 世代才出现右旋和左旋的分离,且分离比为 3∶1。如果交配实验仅进行到 F_2,很可能被误认为是细胞质遗传。深入分析椎实螺外壳旋转方向,原来是由一对基因差别决定的,右旋(S^+)对左旋(S)为显性。某个体的表型并不由其本身的基因型直接决定,而是由母本卵细胞的状态决定,而母本卵细胞的状态又由母本的基因型决定。因此,F_2 中的 S^+S^+ 和 S^+S 的后代(F_3)都是右旋,只有 SS 型个体的后代才表现左旋。所以 3∶1 的分离出现在 F_3,比正常的孟德尔分离晚一代出现。因此母性影响又叫做延迟遗传。

为什么会出现这种遗传现象呢?研究发现椎实螺外壳旋转方向是由受精卵第一次和第二次分裂时的纺锤体分裂方向决定的。受精卵纺锤体向中线的右侧分裂时为右旋,向中线的左侧分裂时为左旋。纺锤体的这种分裂行为是由受精前的母体基因型决定的。

第四节 生物的变异

遗传物质的改变,称作突变。突变可以分为两大类:①染色体数目的改变和结构的改变,这些改变一般可在显微镜下看到;②基因突变或点突变,这些突变通常在表型上有所表达。习惯上,突变一般指基因突变,而较明显的染色体改变称为染色体变异或畸变。

一、染色体畸变

(一)染色体数目异常

人类等二倍体生物的每一正常配子的全部染色体,称为一个染色体组。例如,正常人的配子的染色体组含有22条常染色体和1条 X(或1条 Y)染色体,即22+X 或22+Y,

称为单倍体。精、卵结合后形成的受精卵则含有两个染色体组,称为二倍体。每对染色体中,1条来源于父亲,1条来源于母亲。正常人的体细胞中,97%以上的分裂相是具有正常的46条染色体的二倍体。如果人类体细胞的染色体数目超出或少于二倍体数,例如,某一号染色体有一条或多条发生增减,或染色体组成倍性增加时,即属数目异常。

1. 整倍体

染色体数目整组地增加,即形成整倍体。例如,由三个或四个染色体组组成三倍体、四倍体。三倍体以上的细胞称多倍体。

1) 三倍体

三倍体指体细胞中有三个染色体组。人类的全身性三倍体是致死性的,所以能活到出生的三倍体患儿极为罕见,存活者都是二倍体/三倍体的嵌合体。但是,在流产胎儿中三倍体是较常见的类型。一般认为三倍体胎儿易于流产的原因,是胎儿在胚胎发育过程的细胞有丝分裂中,会形成三极纺锤体,因而造成染色体在细胞分裂中期、后期时的分布和分配紊乱,最终导致子细胞中染色体数目异常,从而严重干扰了胚胎的正常发育而导致自发流产。

已报道的三倍体病例的核型有69,XXX;69,XXY;69,XYY及三倍体/二倍体嵌合体。其主要症状为智力与身体发育障碍、畸形。在男性合并有尿道下裂、分叉阴囊等性别模糊的外生殖器。

三倍体形成的原因,一般认为有如下两种。①双雄受精,即受精时同时有两个精子入卵受精,可形成69,XXX;69,XXY;69,XYY三种类型的受精卵。②双雌受精,即卵子发生第二次减数分裂时,次级卵母细胞由于某种原因,其第二极体的那一个染色体组未排至卵外,而仍留在卵内,这样的卵与一个正常精子受精后,即可形成核型为69,XXX或69,XXY的受精卵。

2) 四倍体

四倍体指患者的体细胞具有四个染色体组。临床上更为罕见。迄今文献上只报道一例伴有多发畸形的四倍体活婴和一例四倍体/二倍体的嵌合休男性病例(46,XY/92,XXYY)。

四倍体的形成原因,是核内复制和核内有丝分裂。

核内复制是指在一次细胞分裂时,染色体不是复制一次,而是复制两次。因此每个染色体形成4条染色体,称双倍染色体。这时,染色体两两平行排列在一起。经过正常的分裂后,形成的两个子细胞均为四倍体细胞。核内复制与四倍体形成是癌瘤细胞较常见的染色体异常特征之一。

核内有丝分裂是在进行细胞分裂时,染色体正常地复制一次,但至分裂中期时,核膜仍未破裂、消失,也无纺锤丝形成和后期、末期的细胞质分裂。结果细胞内的染色体不是二倍体,而成为四倍体。

2. 非整倍体

如果体细胞中的染色体不是整倍数,而是比二倍体少一条(2n−1)或多一条(2n+1)甚至多、少几条染色体,这样的细胞或个体即称非整倍体。这是临床上最常见的染色体异常,可引起遗传性状的改变。

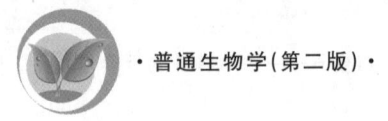

(二) 染色体结构变异

因为一个染色体上排列着很多基因,所以不仅染色体数目的变异可以引起遗传信息的改变,而且染色体结构的变化也可引起遗传信息的改变。

一般认为,染色体的结构变异起因于染色体或它的亚单位——染色单体的断裂。每一断裂产生两个断裂端,这些断裂端存在以下三种情况:①保持原状,不愈合,没有着丝粒的染色体片段(segment)最后丢失;②同一断裂的两个断裂端重新愈合或重建,回复到原来的染色体结构;③某一断裂的一个或两个断裂端跟另一断裂所产生的断裂端连接,引起染色体重排,产生染色体的结构畸变。染色体结构变异主要包括以下四种情况。

1. 缺失

一条染色体断裂形成的片段未与断端相接,结果造成染色体的缺失。

1) 末端缺失

一条染色体的臂发生断裂后,未能重接,从而形成一条末端缺失的染色体和一个无着丝粒的断片。由于无着丝粒的断片不能与纺锤丝相连,故分裂后期不能向两极移动而滞留在细胞质中,经一次细胞分裂即丢失。

2) 中间缺失

一条染色体同一臂内发生两次断裂后,两个断裂点之间的片段丢失。以后两个断端重接即形成中间缺失。

2. 重复

两条同源染色体在不同点断裂后,断片交换位置重接,这必将使某一染色体的某一节段重复,从而导致形成部分三体和部分单体。

3. 倒位

一条染色体发生两处断裂,断片颠倒位置(180°)后重接,就形成倒位。

1) 臂内倒位

某一染色体臂内发生两处断裂后,所形成的中间片段旋转180°后重接,即形成臂内倒位。

2) 臂间倒位

一条染色体的长臂和短臂各发生一处断裂后,断片交换位置后重接,即形成臂间倒位。

4. 易位

两条非同源染色体同时发生断裂,断片交换重接,结果形成易位。

1) 相互易位

两条非同源染色体发生断裂后形成的两个断片,相互交换、连接而形成两条衍生染色体,即称相互易位。

2) 罗式易位

这是只发生在近端着丝粒染色体的易位。如果在其着丝粒区发生断裂,两者的长臂在着丝粒区附近彼此相接,形成一条新染色体,短臂随后消失。这种方式称为罗式易位。

5. 等臂染色体

等臂染色体一般是着丝粒分裂异常造成的。在正常的细胞分裂中期,连接姐妹染色单体的着丝粒发生纵裂,形成两条各具有长、短臂的染色体。如果着丝粒发生横裂,就将形成两条只具有长臂或只具有短臂的等臂染色体。

二、基因突变

遗传物质是相对稳定的,但又是可变的。染色体上 DNA 分子结构中碱基的变化,称为基因突变,又称点突变。基因突变的结果是一个基因变为它的等位基因。在自然情况下产生的突变称为自然突变或自发突变。由人们有意识地应用一些物理、化学因素诱发的突变则称为诱发突变。

(一) 基因突变概述

1. 基因突变的类型

基因突变后出现的表型改变是多种多样的。根据突变对表型的最明显效应,可以将其分为以下类型:

1) 形态突变

突变主要影响生物的形态结构,导致形状、大小、色泽等的改变。例如豌豆植株的高矮、果蝇眼睛的颜色等。这类突变在外观上可以看到,所以又称可见突变。

2) 生化突变

突变主要影响生物的代谢过程,导致一个特定的生化功能的改变或丧失。例如链霉的生长本来不需要在培养基中另添氨基酸,而在突变后,一定要在培养基中添加某种氨基酸才能生长,这就是发生了生化突变。

3) 致死突变

突变主要影响生命力,导致个体死亡。致死突变可分为显性致死和隐性致死。显性致死在杂合态即有致死效应,而隐性致死则要在纯合态时才有致死效应。一般以隐性致死突变较为常见,如镰刀形细胞贫血症的基因就是隐性致死突变。植物中常见的白化基因也是隐性致死的,因为不能形成叶绿素,最后导致植株死亡。

致死突变的致死作用可以发生在不同的发育阶段,在配子期、合子期、胚胎期、幼龄期或成年期都可发生。如小鼠的黄鼠基因 A^Y 在纯合时是合子致死。

致死基因的作用也有变化。基因型上属于致死的个体,有全部死亡的,有一部分或大部分活下来的,从而根据基因的致死程度,可以分为全致死(使 90% 以上个体死亡)、半致死(使 50%～90% 个体死亡)和低活性(使 10%～50% 个体死亡)等。

4) 条件致死突变

条件致死突变的个体在某些条件下是能成活的,而在另一些条件下是致死的。例如噬菌体 T_4 的温度敏感突变型在 25 ℃时能在 *E. coli* 宿主中正常生长,形成噬菌斑,但在 42 ℃时就不能这样。

上面这样分类,只是为了叙述的方便,事实上相互之间是有交叉的。因为基因的作用是执行一种特定的生化过程,所以可以说,几乎所有的基因突变都是生化突变。

2. 基因突变的特点

1) 突变的可逆性

突变是可逆的。基因 A 可以突变为基因 a,基因 a 也可以突变成基因 A。如果把 A→a 叫做正突变,则 a→A 就叫做回复突变。正突变和回复突变的频率一般是不同的。如在大肠杆菌中,野生型(his^+)突变为组氨酸缺陷型(his^-)的正突变率是 $2×10^{-6}$,而由组氨酸缺陷型突变为野生型的回复突变率是 $4×10^{-6}$。基因的回复突变表明,突变不是基因物质丧失,而是基因物质在化学上发生了变化。

2) 突变的多向性

一个基因可以向不同的方向发生突变,换句话说,它可以突变为一个以上的复等位基因。如基因 A 可以突变为 a_1,a_2,…。人的 ABO 血型基因(i、I^A、I^B)就是由一个基因发生了两次突变形成的。

3) 突变的有害性

大部分基因突变是有害的。人类遗传病都是由基因突变造成的,这是可以理解的。因为生物在长期进化过程中,形成了遗传基础的均衡系统,任何基因突变均将打乱原有平衡,从而产生有害的影响。同时应该指出,也有一小部分基因突变是无害的,甚至是有利的。

(二) 诱发突变

自发突变是很早就被发现的,1910 年摩尔根用以证明伴性遗传的白眼果蝇就是在野生型果蝇培养瓶中自发突变的。以后,摩尔根和他的学生们所用的很多突变型也都是自发产生的。但是,约 20 年后,人们发现突变是可以诱发的。

1927 年,Mullier 用 X 射线处理果蝇精子,证明可以诱发突变,并显著提高突变率。随着研究工作的进展,已知其他各种辐射,如 α 射线、β 射线、γ 射线、中子、质子及紫外线等,以及许多化学药品都有诱变作用。

1. 辐射诱变

生物体接触的辐射线有 X 射线、α 射线、β 射线、γ 射线等。辐射的生物学效应主要取决于射线所含的能量以及能传递到细胞中原子和分子中的能量。

辐射剂量的单位用 r(伦琴)表示。1 r 的照射引起的突变随生物种类不同、照射器官和处理时间不同而有差异。一般 1 r 的诱变率大致在 $1×10^{-8}$ 以内。

诱发突变的种类和自发突变很相似,并不产生特别的突变型,只是增加突变的频率。一般来说,辐射剂量低时,诱变率是自发突变率的几十倍;辐射剂量高时,诱变率是自发突变率的几百倍甚至更多。因为自发突变率多在 $(1\sim10)×10^{-6}$ 范围内,诱变率多在 $1×10^{-3}$ 左右,有时甚至可达 $1×10^{-1}$ 以上,所以辐射诱变在增加突变率上是有很大作用的。

电离辐射引起突变的机制还不很清楚,它们可能是以两种方式改变染色体的结构。

(1) 直接地通过能量的量子击中染色体。

(2) 间接地通过电离化,使细胞内发生化学变化,从而使染色体在复制时产生异常。

关于电离辐射的遗传学效应,有两个重要结论。

(1) 电离辐射可诱发基因突变和染色体断裂,诱发的频率与辐射剂量成正比。在相当大的一个剂量范围内,都存在着线性关系。

(2) 辐射效应是累积的。在一些生物中,诱变率与接受的照射量成正比,而与照射的方式无关。

2. 紫外线照射

紫外线照射也可诱发突变,但不及电离辐射有效。紫外线的最有效波长是 270 nm(1 nm＝10^{-9} m),此波长相当于核酸的吸收峰。紫外线的穿透力很弱,如大约只有 8％ 可以穿透鸡蛋的卵黄膜。这样低的穿透力很难保证实验群体中的每一细胞都接受同样的辐射量,所以紫外线很少用作高等生物的诱变剂,而多用在微生物、生殖细胞以及培养中的细胞等。

3. 化学诱变

人们最早知道的化学诱变剂是秋水仙素,它可以诱发多倍体。后来又发现芥子气也可以诱发突变。化学诱变剂的发现开拓了人工诱变的新途径。化学诱变剂不但可大大提高突变率,而且处理起来比较方便。只要把化学诱变剂加入培养基中去培养,或者配制成溶液去浸泡种子、芽等就可以了。

随着科学实验的进展,化学诱变剂的名单不断延长,其中很多是致癌剂(carcinogens)。在这些化合物中,有的广泛用于工业过程中,如亚硝胺;而另一些则普遍被用作杀虫剂、杀菌剂和食品添加剂等。

(三) 突变的分子机理

1. 物理因素诱发突变的机制

物理因素(如辐射)引起突变的机制至今尚不完全清楚,但其中紫外线(UV)对 DNA 分子的作用机制则研究得较为清楚。紫外线照射后的 DNA,明显的变化是同一链上的两个相邻的嘧啶核苷酸以共价键连接,形成嘧啶二聚体。最常见的是胸腺嘧啶二聚体。

这些嘧啶二聚体使 DNA 双螺旋的双链间氢键减弱,使 DNA 结构局部变形,严重影响 DNA 的复制和转录。含有嘧啶二聚体的部位不能作为复制的模板,使新合成的链在二聚体的对面留下缺口,形成突变。

2. 化学因素诱发突变的机制

化学因素引起的突变至少有两种方式:①碱基置换,即 DNA 分子中,一个碱基对被另一个碱基对代替,导致该密码子的改变;②移码突变,即 DNA 分子中,增加或减少一个或几个碱基对(通常不是三个),导致以后的遗传密码发生改变。

1) 碱基类似物诱发的突变

一些化合物的分子结构和碱基类似,其中有些可以在 DNA 复制中代替碱基引起配对错误。如 5-溴尿嘧啶(BU),它和胸腺嘧啶(T)有类似的结构。

BU 能以互变异构体存在,当它以酮式状态存在时,能与腺嘌呤(A)配对。当它以烯醇式状态存在时,却能和鸟嘌呤(G)配对。这样,经过两次 DNA 复制,原来的 A-T 对变成了 G-C 对,使碱基发生了置换,同样,也能诱发 G-C→A-T。

碱基置换时,一种嘌呤被另一种嘌呤代替,或一种嘧啶被另一种嘧啶代替,称为转换;嘌呤和嘧啶之间的互换,则称为颠换。

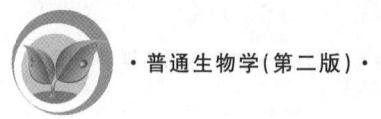
2) 改变 DNA 化学结构的诱变剂

有一些诱变剂能改变 DNA 中核苷酸的化学结构。

（1）亚硝酸（HNO₃） 这是一种很有效的诱变剂,可引起很多生物突变。亚硝酸(NA)有氧化脱氨作用,它能使腺嘌呤(A)脱去氨基变成次黄嘌呤(H),不能和 T 配对,却能和 C 配对。这样经过两次复制,就使原来的 A-T 对转换成 G-C 对。另外,亚硝酸也能使胞嘧啶(C)脱氨变成尿嘧啶(U),由于 U 能同 A 配对,两次复制后,使 G-C 对变成 A-T 对。亚硝酸还能使鸟嘌呤(G)脱氨成为黄嘌呤,由于黄嘌呤不能跟其他任何碱基配对,所以这种改变可能对细胞是致死的。

（2）烷化剂 这是一类特别有效的化学诱变剂,其种类很多,包括芥子气,还有在工业上广泛应用的硫酸二乙酯、亚硝基胍等。烷化剂诱发突变的机制目前还不十分清楚,它可能通过几种不同途径引起突变:①给鸟嘌呤添加甲基或乙基,使它的作用像腺嘌呤,所以可跟胸腺嘧啶配对,产生配对误差;②使鸟嘌呤烷化,烷化的鸟嘌呤脱掉,造成脱嘌呤作用,在 DNA 链上留下一个缺口,影响 DNA 的复制,或使核苷酸顺序缩短,引起移码突变。

3) 结合到 DNA 分子上的化合物

吖啶类是一类重要的诱变剂,它能插入 DNA 分子中,造成碱基对的增减,引起移码突变。如吖啶黄是较为扁平的分子,能插入 DNA 分子邻近的碱基对间,使 DNA 分子双链歪斜,导致遗传交换时出现不等交换,产生两个重组分子,一个碱基对增多,另一个碱基对减少。

一般认为,吖啶分子插入邻近的两碱基对间,使 DNA 分子歪斜,因而在遗传重组时,排列参差。交换发生在非同源碱基对间,形成的重组分子碱基对太多或者太少,这叫做不等交换。

第五节 遗传病的类型及其遗传特征

遗传性疾病简称遗传病,是指生殖细胞或受精卵的遗传物质(染色体和基因)发生突变(或畸变)所引起的疾病,通常具有垂直传递的特征。遗传病一般分为基因病和染色体病,基因病又分为单基因病和多基因病,近年来将体细胞遗传病和线粒体遗传病也包括在遗传病的范畴之内。

一、单基因病

单基因病是指受一对主基因影响而发病的疾病,又称单基因遗传病。其遗传是按照孟德尔定律进行传递的,因此,单基因病也叫孟德尔式遗传病。由于致病基因既可位于常染色体上,也可位于性染色体上,因此单基因病依传递方式不同,可分为常染色体显性遗传病、常染色体隐性遗传病和伴性遗传病三大类。

（一）常染色体显性遗传病

1. 常染色体显性遗传病的定义和系谱特点

一种疾病，其致病基因是显性基因，并且位于常染色体上，则其传递方式是常染色体显性遗传，这种疾病称为常染色体显性遗传病（AD）。在人类常染色体显性遗传病中，如用 A 表示致病基因，则患者的基因型是 Aa（杂合型，多见）或 AA（纯合型，极少见），正常人的基因型为 aa。致病基因 A 是由正常基因 a 经突变而产生的，突变的频率很低，大多为 0.001～0.01，因此对常染色体显性遗传病来说，患者大多是杂合的基因型（Aa），纯合显性（AA）基因型的患者很少见。

在临床实践中，判断单基因病的遗传方式一般采用系谱分析法。系谱是表明在一个家系中某种疾病发病情况的图解。即根据先证者病人的口述、家庭访问、医生亲自诊查，结合症状、体征，通过必要的实验室检查，详细查明患者家族内各成员的发病情况，采用一定的符号（见图 5-14）绘制的图解。然后从男、女患者的病情及其在家系中的分布情况判断疾病的遗传方式。系谱中的先证者是指医生最先确认为某种遗传病的患者。

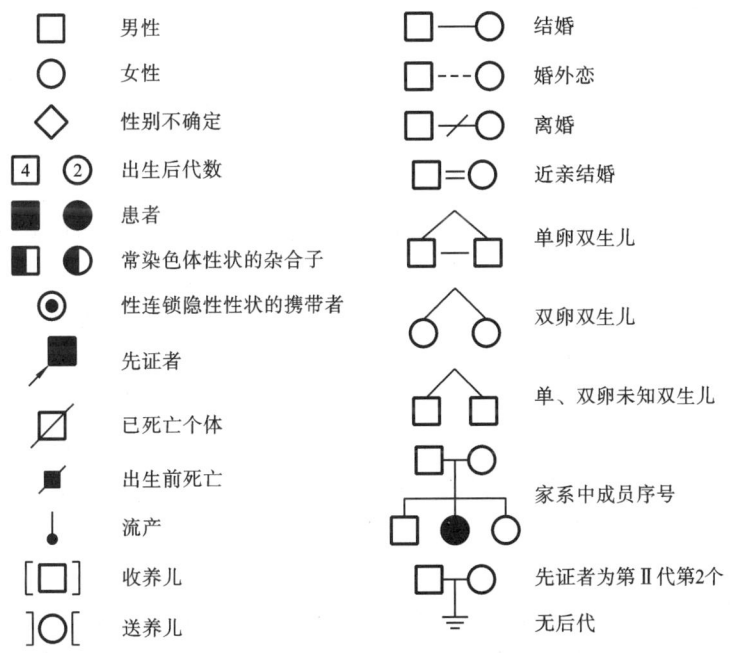

图 5-14　系谱中常用的符号

常染色体显性遗传系谱的特点如下。

（1）患者双亲中，必有一方是本病患者，而且常常是杂合子（Aa）。

（2）患者同胞中，有 1/2 发病，而且男、女发病机会均等。这一点在一个小家系中不一定能反映出来，尤其是我国实行"一对夫妇，一个孩子"的政策，很难看到。只有将整个系谱中几个婚配方式相同的小家系总计起来才能得到近似的分离比例。

（3）系谱中可以看到遗传病连续传递，即患者每生育一次，子女中都有 1/2 的概率发病。

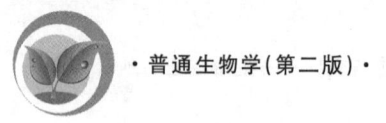

(4) 双亲无病时,子女一般不会发病,只有在偶然突变情况下,才有例外。

此系谱的特点用杂合子患者(Aa)与正常人(aa)婚配,后代中按孟德尔的分离律将有1/2个体是患者,1/2个体是正常人的分析结果(见图 5-15)可得出恰当的解释。

在进行系谱分析时,一个系谱不一定能完全反映出上述四项特点,但只要不与上述四项特点相矛盾即可以认为它符合常染色体显性遗传。例如,图 5-16 所示为一个并指的系谱,通过系谱分析符合上述四项特点,可以得出结论,并指症的遗传方式是常染色体显性遗传。

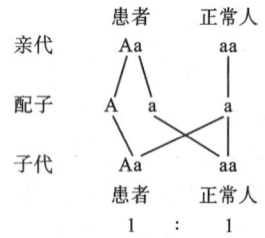

图 5-15　杂合体患者与正常人婚配图解

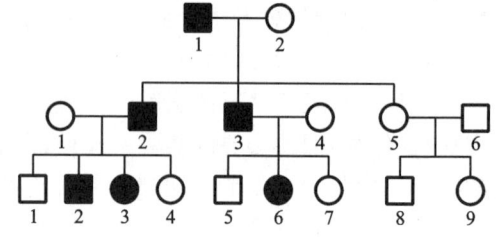

图 5-16　一个并指的系谱

2. 常染色体显性遗传的类型

常染色体显性遗传除包括完全显性遗传、不完全显性遗传、共显性遗传几种方式外,还包括以下几种亚型。

1) 不规则显性遗传

杂合子在不同的条件下,可以表现为显性,也可以表现为隐性,使传递方式有些不规则,称不规则显性遗传或条件显性遗传。

为什么会出现不规则显性呢? 这是遗传背景和环境因素作用的结果。遗传背景中修饰基因对主基因的作用:有的能增强主基因的作用,使主基因的表型形成完全;有的能减弱主基因的作用,使表型形成不完全,甚至完全抑制表型的形成,从而产生不同的表现度和不完全的外显率。在环境因素中,影响个体发育的各种外界条件都可影响主基因的表达,从而起到修饰作用。其中一些条件是某种基因的表达所必需的,缺少这些外界条件,杂合子的表型反应就不能产生,结果也会形成不完全外显率。因此,一种显性遗传病在某种遗传背景(修饰基因)或某些环境因素影响下,杂合子中显性致病基因的作用得以表达,表现为显性,则发病;在另一些情况下,显性致病基因的作用未能表达,杂合子表现为隐性而未能发病,却是致病基因的携带者,仍可将致病的显性基因按 1/2 的概率传给下一代。从而在不规则显性遗传病的系谱中,虽然具有显性遗传的特点,但常常可以看到隔代遗传的现象。

2) 延迟显性遗传

某些情况下,年龄也可作为修饰因子影响致病基因的表达。杂合子幼年时期致病基因的作用并不表达,达到一定年龄后,致病基因的作用才表达出来,称延迟显性遗传。

遗传性小脑运动失调(Marie 型)就是延迟显性遗传病。杂合子 30 岁前一般无临床症状,35 岁以后才逐渐发病,且病情有明显进展。如图 5-17 的系谱中患者 IV_1 的同胞 $IV_2 \sim IV_6$ 虽然都无本病的临床表现,但并非无发病风险,他们可能由于年龄尚小未达发病年龄,所以估计他们仍有 1/2 的发病风险。另外,从调查结果看,系谱中 I₁ 39 岁发病, II₃ 38岁发病,III₉ 34 岁发病,IV₁ 23 岁发病,而且病程已进展到瘫痪状态。这表明,某些延迟显性遗传病在连续几代的传递中,有发病年龄提前和病情严重程度增加的现象出现。此外,遗传性舞蹈症(Huntington chorea)和家族性多发性结肠息肉也是延迟显性遗传的疾病。遗传性舞蹈症的致病基因在 4P16 上,杂合子(Aa)多在 40 岁以后才发病,青年期无任何临床表现,婚后生育过子女之后才逐渐发病。家族性多发性结肠息肉多在 35 岁以后发病。

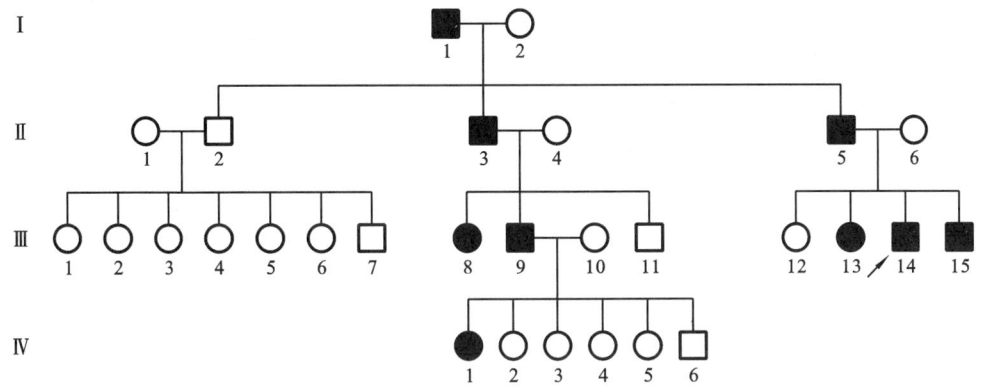

图 5-17　遗传性小脑运动失调(Marie 型)的系谱

(二) 常染色体隐性遗传病

1. 常染色体隐性遗传病的定义和系谱特点

一种疾病是由位于常染色体上的隐性致病基因的纯合(如 aa)而导致发病,其遗传方式是常染色体隐性遗传,这种疾病称常染色体隐性遗传病(AR)。杂合子(Aa)本身并不发病,但能将致病基因(a)传给后代,称携带者。正常人的基因型是 AA,患者的基因型是 aa。

当两个携带者(Aa)婚配,按分离律,后代将有 3/4 可能生出正常儿,但其中有2/3是携带者,将有 1/4 可能生出患儿(见图 5-18)。如果 AR 遗传病患者(aa)与正常人(AA)婚配,后代不会有患儿生出,但 100% 都是携带者(Aa)。

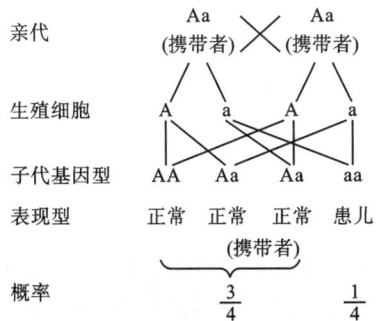

图 5-18　AR 遗传病携带者之间的婚配图解

白化病是一种 AR 遗传病的实例。如图 5-19 是一个白化病家系的系谱,此系谱基本能反映出常染色体隐性遗传病系谱的如下特点:

(1) 患者的双亲表型均正常,但都是携带者。

(2) 患者同胞中,约 1/4 发病,男女机会均等。但所生子女数少的小家系中患者的比例偏高,这是选样偏倚所造成的。

(3) 遗传是不连续的,常常是散发的。

(4) 近亲婚配,子代中发病风险增高。

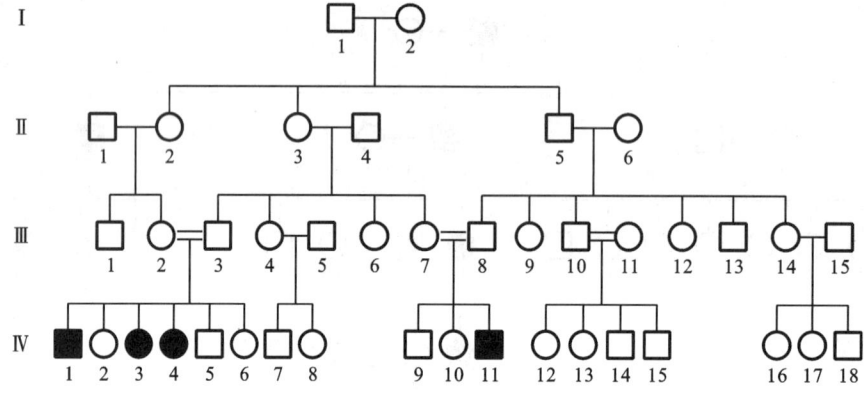

图 5-19　一个白化病家系的系谱

为什么近亲婚配子代发病风险增高呢?所谓近亲婚配,是指 3～4 代之内有共同祖先的个体之间的婚配。因为他们可能从共同祖先传来某一基因,所以他们之间有相同基因的可能性较一般人要高得多。因此近亲婚配时,隐性致病基因纯合的机会增高,故而发病风险增高。从表 5-3 中可比较亲缘系数的大小。亲缘系数即亲属之间基因相同的概率。

表 5-3　亲属之间的亲缘系数

亲属级别	亲　　属	亲缘系数
一级亲属	父母与子女、同胞	1/2
二级亲属	祖父母(外祖父母)与子代,伯、叔、姑与侄代,舅、姨与甥代	1/4
三级亲属	堂兄妹、姑表兄妹、姨表兄妹	1/8

2. 常染色体隐性遗传病发病风险的估计

1) 家族无患者时发病风险的估计

设在群体中某种常染色体隐性遗传病的发病率为 10^{-4}。根据 Hardy-Weinberg 定律的公式:$p^2+2pq+q^2=1$ 和 $p+q=1$,则发病率$=P(aa)$(即隐性纯合体在群体中出现的概率)$=q^2=10^{-4}$,那么隐性致病基因的概率 $q=\sqrt{q^2}=\sqrt{10^{-4}}=0.01$,显性基因的概率 $p=1-q=1-0.01=0.99$;群体中携带者的概率 $P(Aa)=2pq=2\times0.99\times0.01\approx1/50$。

在随机婚配的情况下,夫妇双方同为携带者的概率$=P(Aa)\times P(Aa)=2pq\times2pq=1/50\times1/50$,双亲同为携带者时,其子女发病的概率为 1/4,所以随机婚配时,子女的发病风险(子女发病率)$=1/50\times1/50\times1/4=1/10\,000$。

一级亲属之间基因相同的概率为 1/2，二级亲属之间基因相同的概率为 1/4，而三级亲属之间基因相同的概率为 1/8。如果表兄妹之间近亲婚配，表兄妹同为携带者的概率等于 1/50×1/8，子女的发病风险则为 1/50×1/8×1/4＝1/1600，这样表兄妹婚配时其子女的发病风险比随机婚配时提高了 6.25 倍。

2）家族有患者时发病风险的估计

图 5-20 是常染色体隐性遗传病——先天性聋哑家族的系谱。由于 II_2 为患者，故 I_1 和 I_2 必然都为携带者。根据分离律，II_3 和 II_5 各有 2/3 的概率为携带者，那么 III_5 和 III_6 为携带者的概率各为 2/3×1/2＝1/3。另外，假设已知这种遗传病在群体中的发病率也为 1/10 000，根据 Hardy-Weinberg 定律，可得群体中携带者的概率为 1/50。

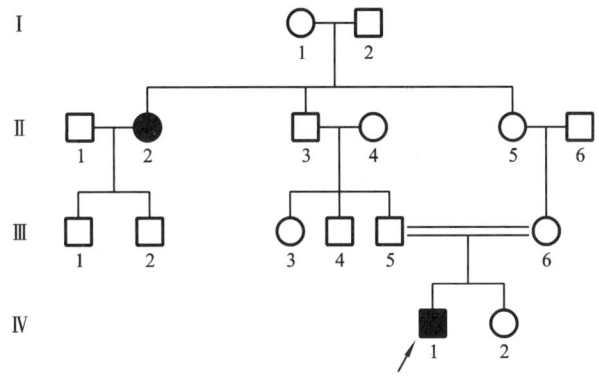

图 5-20　先天性聋哑家族的系谱

随机婚配时，夫妇双方同为携带者的概率＝1/3×1/50，其子女的发病风险＝1/3×1/50×1/4＝1/600。如果 III_5 与其姑表妹 III_6 近亲婚配，他们所生子女的发病风险＝1/3×1/3×1/4＝1/36，比随机婚配时的发病风险提高了约 17 倍。

假设某种常染色体隐性遗传病的群体发病率为 10^{-6}，同样可以计算出，在家族无患者且随机婚配时，子代的发病风险为 1/500×1/500×1/4＝1/1 000 000；近亲婚配时，子代的发病风险为 1/500×1/8×1/4＝1/16 000，比随机婚配时的发病风险提高了 62.5 倍。可见越少见的常染色体隐性遗传病，近亲婚配时子代的发病风险与随机婚配时相比就越高。

由上述讨论可知，近亲婚配的明显后果之一，就是导致常染色体隐性遗传病的发病风险大大提高，这也是《婚姻法》中规定近亲不能结婚的重要科学依据之一。

（三）性连锁遗传病

性染色体上的基因所控制的遗传性状或遗传病在遗传上总是与性别相关联，故将这种遗传方式称为伴性遗传或性连锁遗传。根据基因的性质不同分为三种类型。

1．X 连锁隐性遗传病及其系谱特点

一种疾病的致病基因是隐性基因，并位于 X 染色体，随 X 染色体传递，这种遗传病称 X 连锁隐性遗传病。

在女性中，由于有两条 X 染色体（XX），因此女性患者的基因型是 X^aX^a；女性杂合子 X^AX^a 不发病，表型虽正常，却是致病基因的携带者；正常人的基因型是 X^AX^A。在男性中，

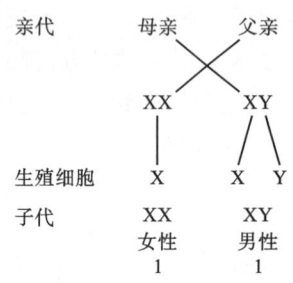

图 5-21　人类的性别决定图解

性染色体为 XY。只有一条 X 染色体,而 Y 染色体短小,缺少同源节段,所以男性只有 X 染色体上成对的等位基因中的一个基因,叫半合子。基因型 X^aY 为男性患者,X^AY 为正常男性。因此男性的发病率等于致病基因(X^a)的概率,而女性的发病率等于致病基因概率的平方。例如,红绿色盲(XR)致病基因(X^b)的概率 $q=0.07$,则男性红绿色盲(X^bY)的发病率 $q=7\%$,女性红绿色盲(X^bX^b)的发病率 $q^2=0.07^2=0.49\%$,这种发病率的性别差异是 XR 的特征。

从图 5-21 中可以看出,父亲的 X 染色体只能传给女儿,不能传给儿子。因此男性的 X 连锁基因只能从母亲传来,将来传给女儿,这叫交叉遗传。

图 5-22 中,男性红绿色盲患者与正常女性婚配后,子代中儿子都正常,女儿 100% 是携带者。这里,男性患者的致病基因只传给女儿,不传给儿子。图 5-23 中,女性红绿色盲基因携带者与正常男性婚配后,子代儿子中将有 1/2 发病,女儿都不发病,但是,其中有 1/2 是携带者。这里男性的致病基因只能从他的母亲传来。

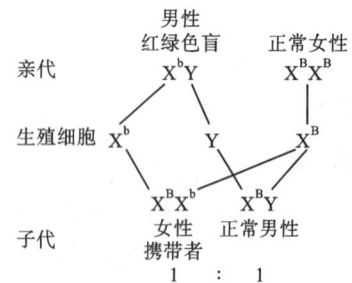

图 5-22　男性红绿色盲与正常女性婚配图解

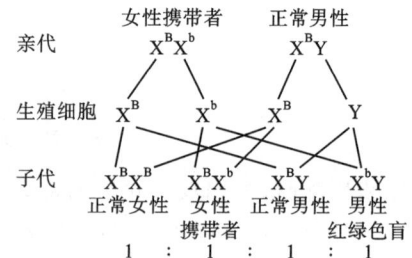

**图 5-23　女性红绿色盲携带者与
正常男性婚配图解**

X 连锁隐性遗传病系谱的特点如下。

(1)男患远远多于女患,系谱中往往只有男患。

(2)双亲都无病时,儿子可能发病,其致病基因是从携带者母亲传来的。

(3)遗传是不连续的。

(4)有交叉遗传,患者的弟兄、舅父、姨表兄弟、外甥、外孙等可能发病。

血友病 A 也是 X 连锁隐性遗传病。如图 5-24 系谱可反映出上述特点。

2. X 连锁显性遗传病及其系谱特点

致病基因是显性基因,并且位于 X 染色体上,这类遗传病叫 X 连锁显性遗传病(XD)。

在女性中,患者多数为杂合子 X^AX^a 发病,而且病情较轻,纯合子显性患者 X^AX^A 极少见。男性患者基因型是 X^AY,且病情较女性(X^AX^a)重。正常人的基因型是 X^aX^a 和 X^aY。男性发病率等于致病基因的频率,女性发病率则等于男性发病率的 2 倍。

如图 5-25 中女性杂合子患者与正常男性婚配后,子代中子女各有 1/2 发病概率。图

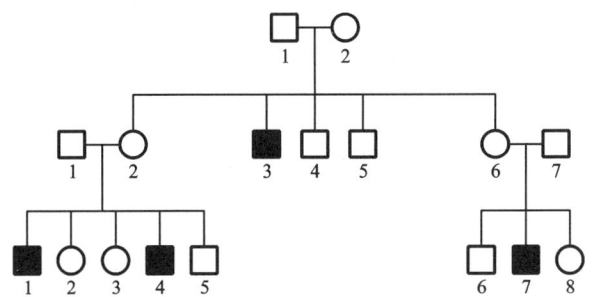

图 5-24　一个血友病 A 的系谱

5-26 中男性患者与正常女性婚配后,子代中女儿 100% 发病,儿子 100% 正常。

X 连锁显性遗传病系谱的特点如下。

(1) 女患多于男患,而且前者病情常常比后者轻。

(2) 患者的双亲中,必有一方是本病患者。

(3) 遗传是连续的。

(4) 有交叉遗传,男性患者后代中,女儿将都发病,儿子都正常(见图 5-26)。女性患者后代中,子女将各有 1/2 可能发病。

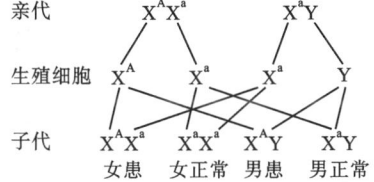

图 5-25　女性患者与正常男性婚配图解

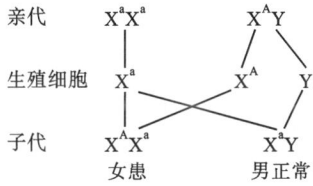

图 5-26　正常女性与男性患者婚配图解

抗维生素 D 性佝偻病是 XD 遗传病的一个实例。其系谱(见图 5-27)可反映出上述特点。

3. Y 连锁遗传

一种性状或遗传病的基因位于 Y 染色体上,并且随 Y 染色体传递,由父传给子,子传给孙,女性不会出现相应性状或遗传病,也不传递有关基因。这种遗传方式叫 Y 连锁遗传。

外耳道多毛症是 Y 连锁遗传的实例。如图 5-28 中可反映出全男性遗传的系谱特点。

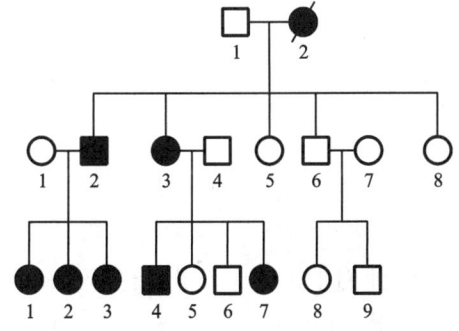

图 5-27　抗维生素 D 性佝偻病的系谱

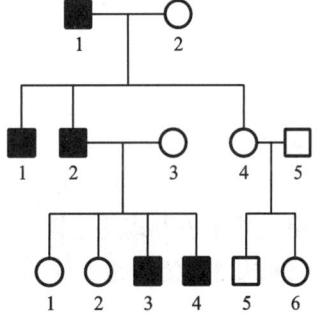

图 5-28　外耳道多毛症的系谱

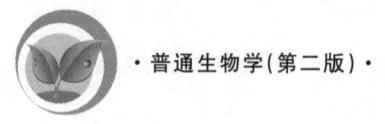
目前各类遗传方式的单基因病已被认识到的有 4 000 多种(其中各类 AD 遗传病约 2 287种,AR 遗传病约 1 442 种,性连锁遗传约 294 种)。

(四) 两种单基因病的伴随传递

两种单基因病(或性状)的伴随传递有下列两种情况。

1. 两种单基因病的独立传递

决定两种单基因病(或性状)的基因位于不同对的染色体上,则这两对等位基因受孟德尔的自由组合定律制约,分别随各自所在的染色体独立传递。在一个家族中,如果有两种单基因病患者出现,大多数情况下是两种单基因病受自由组合定律制约,独立传递。

【例 5-1】 父亲是并指患者,母亲正常,婚后生过一个先天聋哑的患儿,以后再生子女发病情况如何?

解法Ⅰ:按自由组合定律,用棋盘法计算。并指是 AD 遗传病,父亲并指,基因型为 Ss;母亲正常,基因型为 ss。先天聋哑是 AR 遗传病,由于已生出一个先天聋哑患儿(dd),则这对夫妇都是先天聋哑基因(d)的携带者(Dd)。这样对于两种单基因病来说,父亲的基因型是 SsDd,母亲的基因型是 ssDd。那么再生子女的发病情况可由图 5-29 表示。从图 5-29 可算出再生子女有 3/8 可能是正常儿,3/8 可能只并指,1/8 可能又并指又聋哑,1/8 可能只聋哑。

解法Ⅱ:用概率法计算。AD 遗传病患者 Ss 按 1/2 的概率将并指基因传给子代。AR 遗传病,携带者(Dd)与携带者(Dd)结婚,按 1/4 的概率将聋哑基因传给子代。因此两种单基因病总计起来考虑,这对夫妇再生子女中,正常儿占 $1/2_{(正常)} \times 3/4_{(正常)} = 3/8$,只并指的患儿占 $1/2_{(发病)} \times 3/4_{(正常)} = 3/8$,又并指又聋哑的患儿占 $1/2_{(发病)} \times 1/4_{(发病)} = 1/8$,只聋哑的患儿占 $1/2_{(正常)} \times 1/4_{(发病)} = 1/8$。

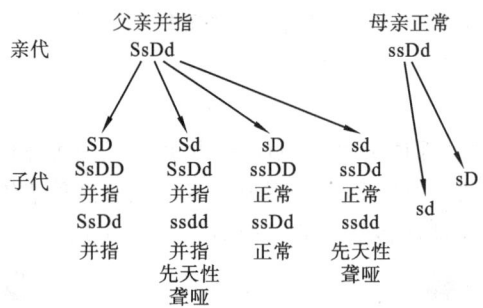

图 5-29 两种遗传病的遗传图解

2. 两种单基因病的联合传递

决定两种单基因病(或性状)的基因位于同一条染色体上,这两种基因相连锁进行联合传递。其遗传方式受连锁与互换定律制约。

【例 5-2】 父亲是红绿色盲患者,母亲表型正常,他们生出一个女儿患红绿色盲,一个儿子是甲型血友病患者,试问:他们再生孩子发病情况如何? 能生出正常孩子的可能性多大?

解:已知红绿色盲的基因 X^b 和甲型血友病的基因 X^h 都位于 X 染色体上,则这两种基因在 X 染色体上相连锁,它们之间的互换率是 10%。从已生出一个红绿色盲的女儿来看,母亲必然是红绿色盲基因 X^b 的携带者。又从已生出一个患甲型血友病的儿子来看,母亲也必然是甲型血友病基因 X^h 的携带者。则父亲的基因型为 $X^{Hb}Y$,母亲的基因型为 $X^{hB}X^{Hb}$。从图 5-30 可看出:若生女孩,则有 50% 可能是红绿色盲患者,50% 可能正常;若生男孩,则 45% 可能是甲型血友病患者,45% 可能是红绿色盲患者,5% 可能同时患这两种病,只有 5% 可能是正常儿。

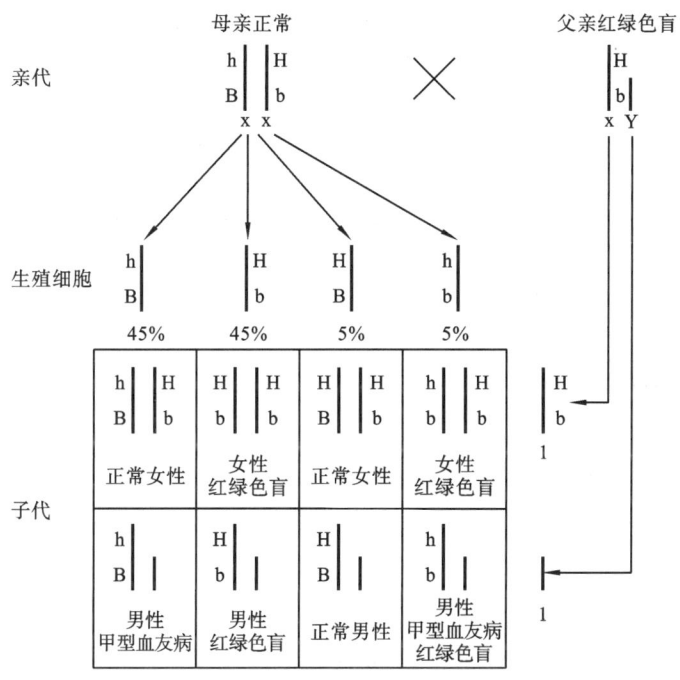

图 5-30 两种 X 伴性遗传病的连锁和交换

【例 5-3】 人类中,甲髌综合征(AD)与 ABO 血型是联合传递。已知甲髌综合征基因 NPa 与 I^A 基因相连锁,互换率为 10%。一个 A-甲的患者与 O 型血的正常人结婚,子代的发病情况如何? 他们已生出一个 A 型血的孩子,试问:这个孩子患甲髌综合征的风险多大? 正常的可能性多大?

解:从图 5-31 可看出,子代的发病情况是:将有 45% 可能是 A-甲,5% 可能是 A-正,45% 可能是 O-正,5% 可能是 O-甲。

在遗传学上常用某些普遍存在的遗传性状作为检测指标,叫遗传标记(genetic marker)。ABO 血型就是判断甲髌综合征存在的很好的遗传标记。已知这两个基因互换率为 10%,因此 A-甲的后代中,婴儿只要确定是 A 型血,就可判断他必然有 90% 的可能患甲髌综合征,而正常的可能只有 10%,其他血型的婴儿只有 10% 的可能患甲髌综合征。

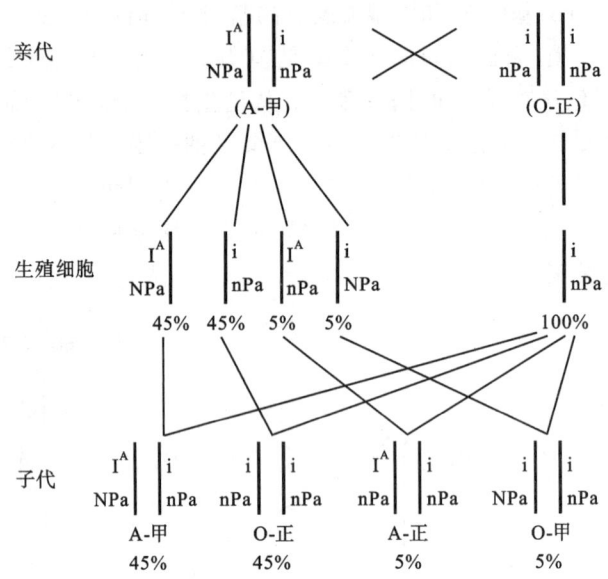

图 5-31　A-甲患者与 O 型血正常人婚配图解

二、多基因病

一些常见的畸形或常见病,其发病率大多超过 1/1 000,它们的发生有一定遗传基础,常表现出家族倾向。但是,它们的遗传基础不是单基因,所以患者同胞中的再发率也不是1/2 或 1/4,远比这个概率低,只有 1%～10%。这些病的发生有多基因的遗传基础,可以称为多基因病(polygenic disease)。

(一) 易患性与发病阈值

在多基因病中,由多基因基础决定的发生某种多基因病风险的高低,称为易感性(susceptibility)。遗传基础和环境因素共同作用所决定的是否易于患病,则称为易患性(liability)。在一个群体中,易患性的变异呈正态分布,即大部分个体的易患性都接近平均值,易患性很低或很高的个体数量都很少。如一个个体的易患性高达一定水平,即达到一个限度即将发病,这个限度称为阈值(threshold)。阈值代表在一定环境条件下,发病所必需的、最低的易感基因的数量。阈值的存在,将群体区分为不连续的两种性状,即正常人和患者。

(二) 易患性变异与群体发病率

多基因病的群体易患性呈正态分布,因此,它必然具有正态分布的特征。

(1) 以平均值(μ)为 0,在 ± 1 个标准差(σ)范围内的面积占正态分布曲线范围内面积的 68.28%,此范围以外的面积占 31.72%,左侧和右侧各占约 16%。

(2) 在 ± 2 个标准差(σ)范围内的面积占正态分布曲线范围内面积的 95.46%,此范围以外的面积占 4.54%,左侧和右侧各占约 2.3%。

(3) 在 ± 3 个标准差(σ)范围内的面积占正态分布曲线范围内面积的 99.74%,此范围以外的面积占 0.26%，左侧和右侧各占 0.13%。

一个个体的易患性是无法测量的，只能根据他(她)婚后所生子女的发病情况作出粗略估计。然而，一个群体的易患性平均值可以从该群体的发病率作出估计。当一种多基因病的群体发病率为 2.3% 时，其易患性阈值与平均值的距离为 2σ，冠心病即基本如此。当群体发病率为 0.13% 时，其易患性阈值与平均值的距离为 3σ，先天性畸形足即基本如此。

由此可见：一种多基因病的易患性阈值与平均值相距近，表明平均值高而阈值低，群体发病率高；相反，二者相距远，表明平均值低而阈值高，群体发病率低。例如，先天性房间隔缺损的群体发病率为 1/1 000，可以估计其阈值较高，距平均值约为 3.1σ。

(三) 多基因病的特征

多基因病与单基因病相比有如下特点。

(1) 多基因病的群体发病率偏高，一般高于 0.1%(而常染色体隐性遗传病 AR 的发病率一般在 0.01% 以下)。

(2) 患者同胞中的发病率低，远远低于 AD(同胞 1/2 发病)和 AR(同胞 1/4 发病)。绘成系谱后，遗传方式既不符合 AD，也不符合 AR，更不符合 X 连锁遗传。

(3) 在患者家族中，伴随亲缘关系的疏远程度，发病率迅速下降。

(4) 当近亲婚配时，其子代再现风险虽较随机婚配所生子代有明显增高，但仍低于 AR 的近亲婚配效应。

(5) 某些多基因病的发病率具有种族差异。

三、染色体病

染色体病是由于染色体数目的异常(畸变)或形态结构异常(畸变)而引起的疾病。患者的共同特征是智力发育和身体发育障碍，临床上表现为综合征，包括常染色体异常综合征和性染色体异常综合征。

(一) 常染色体异常综合征

1. 21 三体综合征(先天愚型综合征)

这是染色体病中最常见的一种，群体中的发病率为 1/800～1/600。1866 年英国医生 Down 首先描述了此病，故又称 Down 综合征。患者的共同特征是智力和体力发育差，严重者表现为白痴。

患者具特殊面容：眼间距较宽、眼裂小、外眼角上倾、鼻根低平、舌常外伸、腭高。多数患儿存在第三囟门。肌张力低，关节可过度屈曲。手指短，小指常内弯。约 50% 的患者有先天性心脏病，其中室间隔缺损约占 50%。

Lejeune(1959)首先证实该病患者的病因为染色体异常，即多了一条 21 号染色体。现在的研究表明，此类患者的染色体可有下述几种异常。

(1) 21 三体型 即 21 号染色体不是 2 条而是 3 条，故染色体核型为 47,XX(XY)，+21，称此为 21 三体型先天愚型，90% 的先天愚型患者属于此类。其产生原因主要是卵子发育过程中，发生染色体不分离。

(2) 嵌合型　如果染色体的不分离发生于受精卵的前几次分裂时,就会形成 46,XX(XY)/47,XX(XY),+21 的嵌合型先天愚型。这时,按其异常细胞系所占的比例大小,其临床症状有轻有重。先天愚型病例中约有 1.9% 属于此类型。

(3) 易位型　在先天愚型病例中约有 10% 属于此类,其中约 1/4 是遗传而来,3/4 是散发的易位,即染色体畸变所致。

易位型先天愚型的特点是多余的一条 21 号染色体不是独立存在的,而是 21q 易位至 D 组或 G 组的一条染色体上。所以这样的个体的体细胞中,染色体总数虽是 46 条(假二倍体),但实际上是有一条染色体上附有一条额外的 21 号染色体长臂,所以这样的个体含有和典型的 21 三体型同样的基因并表现出相同的临床症状。

2. 18 三体综合征

1960 年 Edward 和他的同事发现了一名女孩有一条额外的第 18 号(或 E 组)染色体。1964 年 Yunis 用放射自显影方法证实为 18 三体,群体中的发病率为 1/4 500。患儿眼小、耳畸形低位、枕骨后突、颌小、胸骨短小、骨盆小而大腿内收受限,肌张力高,90% 有先天性心脏病,常有室间隔缺损和动脉导管未闭。患儿生长发育迟缓,多于半岁内死亡,生存几年者有智力缺陷。

核型分析表明,患儿的核型为 47,XX(XY),+18,个别患儿的核型为 46/47,XX(XY),+18 嵌合型。

(二) 性染色体异常综合征

1. 先天性睾丸发育不全症(Klinefelter 综合征)

本病由 Klinefelter 于 1942 年首先描述,该病的男性发病率为 1/800~1/700。患者在儿童期无任何症状,青春期出现临床症状。患者外观男性,体形高大,约 25% 有男子女性型乳房,睾丸小且发育不全,细精管呈玻璃样变性,不能产生精子,无生育能力。患者体毛稀少,男性副性征发育不良,约 25% 患者有中轻度智力障碍。

患者的 X 染色质呈阳性,Y 染色质也是阳性,核型为 47,XXY,也有核型为 46,XY/47,XXY 的嵌合型患者,这种病人一侧可有睾丸而有生育能力。

本病是双亲之一生殖细胞形成过程中性染色体不分离所致。大部分是由于卵子发生过程中,减数分裂时出现了 XX 的不分离现象而形成异常的卵子(XX 型和 O 型),卵子受精后所形成的。随着母亲年龄的增高,生出本病患儿的风险也大为增高。

2. 先天性卵巢发育不全症(Turner 综合征)

本病比较少见,约占女性的 1/3 500。主要特征是外观女性,体矮(120~140 cm),后发际低,50% 的患者颈部两侧有蹼颈(小儿时颈部皮肤过度松弛)、乳间距宽、青春期乳房不发育、肘外翻。35% 的患者有心血管畸形,主要是主动脉狭窄。原发性闭经,性腺呈条索状,其中只有卵巢基质而无滤泡,外生殖器幼稚,女性副性征缺乏,无生育能力。患者的 X 染色质阴性,Y 染色质阴性,核型为 45,X。

也有核型为 46,XX/45,X 的嵌合型患者。这种患者的体征不太典型,只有体矮、条索状性腺和原发性闭经等症状。

本病是双亲之一生殖细胞形成过程中性染色体不分离所致,但大部分是因精子发生过程中,减数分裂时出现了 XY 的不分离现象而形成异常的精子(XY 型和 O 型),精子和卵子受精所形成的。不过 45,X 的受精卵成活率低,大部分死于早期胚胎而流产,所以就大大降低了本病的发病率。

3. 两性畸形

两性畸形是指患者的性腺、内外生殖器、副性征具有两性的特征。

(1)真两性畸形 患者的体内兼有两种不同性腺,其副性征可为男性亦可为女性,其中,约 40% 患者的性腺一侧为卵巢,另一侧为睾丸;约 40% 患者一侧有卵巢或睾丸,另一侧为卵巢睾;约 20% 两侧均为卵巢睾。包括下述各种核型。

① 46,XY/46,XX 嵌合型:患者 X 染色质阳性,Y 染色质亦为阳性。患者一侧有睾丸,另一侧有卵巢,或一侧有睾丸,另一侧有卵巢睾,也可两侧都有卵巢睾。一般输精管、输卵管均可发育。根据两型细胞的比例,外阴可有不同的分化。但是,如为阴道,可有阴蒂肥大、阴唇皮下有时有包块、阴毛呈女性分布;如有阴茎,可有尿道下裂。患者外观男性或女性,无须、无喉结,乳房发育,有月经或原发性闭经。

本症是"双受精"而引起的。

② 46,XX/47,XXY 嵌合型:X 染色质阳性,Y 染色质阳性。两型细胞中,大多数病例以 46,XX 型细胞占优势,故常见病例一侧有发育较好的卵巢,可有成熟滤泡排放;另一侧有发育不良的小睾丸,无精子发生,可有输卵管、子宫、输精管。外阴多数为阴蒂,有尿道下裂、阴囊中空或有包块,阴毛少,呈女性分布。副性征多呈女性,无须和喉结,乳房发育。

③ 46,XY/45,X 嵌合型:X 染色质阴性,Y 染色质阳性。两型细胞中以 46,XY 型占优势,故常见病例是一侧有发育良好的睾丸,另一侧为发育不良的卵巢,输精管发育良好,输卵管发育不佳。外生殖器如为阴茎,则有尿道下裂、隐睾,或于阴囊中、阴唇皮下有睾丸状物,阴毛呈女性分布;如为阴道,则阴道短浅,阴蒂肥大。外观女性,但副性征多呈男性,有须或无须、有喉结、发声低沉、乳房不发育、原发性闭经。

(2)假两性畸形 患者体内只有一种性腺,睾丸或卵巢,但其副性征和外生殖器有不同程度的畸形。

① 男性假两性畸形:本病为常染色体隐性遗传病。患者男性副性征发育不良,隐睾,且具有发育不全的男性或女性内外生殖器,外生殖器虽是男性,但阴茎下方有不同程度的尿道下裂。有的有阴道,但短而盲。患者核型为 46,XY;X 染色质阴性,Y 染色质阳性。

② 睾丸女性化:核型为 46,XY;X 染色质阴性,Y 染色质阳性。本病为 X 连锁隐性遗传病。患者的腹腔、腹股沟或大阴唇内有睾丸,但患者外生殖器为女性,青春期后乳房、外阴均发育良好。患者可有阴蒂肥大,阴道短浅,子宫、卵巢阙如、原发性闭经和不育。青春期后约 8% 患者的睾丸发生恶性病变,且随年龄增大,恶变率亦增高。

本病的发病原因,一般认为它是由于雄性激素受体内基因突变造成性发育畸形所致。该突变基因位于 X 染色体上,称为 Tfm 基因。此类患者虽可产生 H-Y 抗原和雄性激素,但它们必须通过细胞膜上的雄激素受体才能进入细胞。由于细胞膜上雄性激素受体有缺陷而不能接受睾丸激素的影响,从而导致副性征发育阶段紊乱,次级分化转向女性。

③ 女性假两性畸形:核型为 46,XX;X 染色质阳性,Y 染色质阴性。患者外表男性但

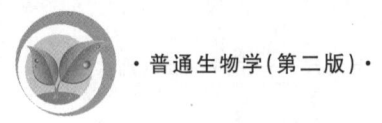

有卵巢。这是由于胎儿期肾上腺皮质增生、分泌雄激素使体内雄性激素水平增高或因母亲妊娠期间过量服用雄性激素而引起女性个体的外生殖器等副性征男性化,如阴蒂肥大似阴茎、有胡须、声音低沉、乳房不发育及原发性闭经等。

四、体细胞遗传病

由体细胞内遗传物质的结构和功能改变所引起的疾病,称为体细胞遗传病,只在特异的体细胞中发生。只在特异体细胞中发生改变的遗传物质,一般不发生上、下代之间的垂直传递。体细胞遗传病有几十种,包括恶性肿瘤、白血病、自身免疫缺陷病以及衰老等。恶性肿瘤(癌)是体细胞遗传病的典型代表,在经典的遗传病中,并不包括这类疾病。

五、线粒体遗传病

线粒体普遍存在于需氧呼吸的真核细胞细胞质中,1894 年首次发现于动物细胞,1897 年被正式命名为线粒体,1963 年 Nass 在鸡胚中发现线粒体中有 DNA。有性生殖过程中受精方式的约束决定了线粒体属母系遗传。早期已有一些学者提出某些疾病可能属细胞质遗传,但直到 1987 年 Wallace 等通过对线粒体 DNA 突变和 Leber 病关系的研究,才明确提出线粒体 DNA 突变可引起人类疾病。短短十年中,这一领域发展十分迅速,现已发现人类 100 余种疾病与线粒体 DNA 突变有关。

线粒体 DNA 突变率很高,比核 DNA 的突变率高 $10\sim20$ 倍,这是因为 mtDNA 缺少组蛋白的保护,且线粒体中无 DNA 损伤修复系统。线粒体基因组中任何碱基都可能发生突变,且每一细胞有数百个线粒体,每个线粒体内含 $2\sim10$ 个拷贝的 mtDNA 分子,因此每个细胞可具数千个 mtDNA 拷贝,每个分子都可能发生突变,故突变率是相当高的。它可能发生在所有组织细胞中,包括体细胞和生殖细胞。线粒体遗传病是指线粒体基因突变致线粒体结构或功能异常所导致的疾病,可以累及人体的各种组织器官,脑和骨骼肌是最常受累的器官。

 本章小结

孟德尔遗传学说包括分离定律和自由组合定律。显隐关系的相对性、复等位基因、致死基因、基因互作与互作基因、性状的多基因决定和基因多效性是对孟德尔遗传学说的拓展。连锁与互换定律是遗传的第三大定律,可解释性染色体与性连锁遗传现象。细胞质遗传、母性影响扩大了遗传的概念。

变异可以分为染色体变异或畸变,基因突变或点突变。

遗传病一般分为基因病和染色体病,基因病又分为单基因病和多基因病,体细胞遗传病和线粒体遗传病也包括在遗传病的范畴之内。

 复习思考题

1. 小麦毛颖基因 P 为显性,光颖基因 p 为隐性。写出下列杂交组合的亲本基因型。

(1) 毛颖×毛颖,后代全部毛颖;

（2）毛颖×毛颖，后代 3/4 毛颖∶1/4 光颖；

（3）毛颖×毛颖，后代 1/2 毛颖∶1/2 光颖。

2. 花生种皮紫色(R)对红色(r)为显性，厚壳(T)对薄壳(t)为显性。R-r 和 T-t 是独立遗传的。分析下列各种杂交组合：①亲本的表型、配子种类和比例；②F$_1$ 的基因型种类和比例、表型种类和比例。

（1）TTrr×ttRR　　（2）TTRR×ttrr　　（3）TtRr×ttRr　　（4）ttRr×Ttrr

3. 在一个基因型为 AaBb 的杂合体中，A/a 与 B/b 不连锁时产生的配子类型是什么？如果 A/a 与 B/b 连锁，在发生或不发生交换的情况下会产生哪些配子类型？

4. 什么叫细胞质遗传？它有哪些特点？

5. 何谓母性影响？

6. 举例说明自发突变和诱发突变、正突变和回复突变。

7. 为什么基因突变大多数是有害的？

8. 试述物理因素诱变的机制。

9. 一对夫妇听力正常，生出了一个先天聋哑的女儿。如果再次生育，还会生出先天聋哑患儿来吗？风险如何？这个先天聋哑女儿长成后，与另一先天聋哑男性结婚，生出一个并不聋哑的女儿，这是为什么？如果该先天聋哑夫妇再次生育，还能生出先天聋哑患儿来吗？风险如何？

10. 与单基因病相比，多基因病有哪些特点？

11. 试举例说明常染色体异常综合征和性染色体异常综合征。

12. 线粒体遗传病有哪些遗传学特征？

第六章

生命与环境——生命世界的和谐共存

 知识目标

1. 了解人与自然环境之间的相互影响及协调发展；
2. 理解生物圈及生物与无机环境和有机环境之间的关系；
3. 掌握生物种群、群落、生态系统的基本特征、结构及相关影响因素。

 技能目标

1. 能够观察和解释生物种群、生物群落变化；
2. 会分析和解决自然界中生物与无机环境、有机环境之间的关系的相关问题；
3. 会运用生态平衡的基本理论，处理生活和生产中遇到的有关环境保护的问题。

生物与环境是互相影响、相互依存、不可分割的统一体。生物的生存、发展与环境保护已成为世界性重大课题。研究生物与其环境之间的相互关系的科学称为生态学。

第一节　个体与环境

一、环境与生态因子

1. 环境

环境是指某一特定生物体以外的空间及直接、间接影响该生物体生存的一切事物的总和。环境总是针对某一特定主体或中心而言的，离开了这个主体或中心也就无所谓环境了，因此环境只有相对的意义。在环境科学中，一般以人类为主体，环境是指围绕着人类的空间以及其中可以直接或间接影响人类生存和发展的各种因素的总和。在生物科学中，一般以生物为主体，环境是指围绕着生物体或者群体的空间及其中一切事物的总和。

2. 生态因子

生态因子是指环境中对生物的生长、发育、生殖、行为和分布有着直接影响的环境要素,如温度、湿度、食物、氧气和其他相关生物等。生态因子是生物生存所不可缺少的环境条件,也称生物的生存条件。生态因子也可认为是环境因子中对生物起作用的因子,而环境因子则是指生物体外部的全部环境要素。所有生态因子构成生物的生态环境。具体的生物个体和群体生活地段上的生态环境称为生境,其中包括生物本身对环境的影响。生态因子和环境因子是两个既有联系,又有区别的概念。根据生态因子的性质,可将生态因子归纳为以下五类。

(1)气候因子 气候因子也称地理因子,包括光、温度、水分、空气等。根据各因子的特点和性质,还可再细分为若干因子。如光因子可分为光照强度、光质和光周期等,温度因子可分为平均温度、积温、节律性变温和非节律性变温等。

(2)土壤因子 土壤是气候因子和生物因子共同作用的产物,土壤因子包括土壤结构、土壤的理化性质、土壤肥力和土壤生物等。

(3)地形因子 地形因子如地面的起伏、坡度、坡向、阴坡和阳坡等,通过影响气候和土壤,间接地影响植物的生长和分布。

(4)生物因子 生物因子包括生物之间的各种相互关系,如捕食、寄生、竞争和互惠共生等。

(5)人为因子 把人为因子从生物因子中分离出来是为了强调人的作用的特殊性和重要性。人类活动对自然界的影响越来越大,同时也越来越具有全球性,分布在地球各地的生物都直接或间接受到人类活动的巨大影响。

3. 生态因子的特点

(1)综合性 每一个生态因子都是在与其他因子的相互影响、相互制约中起作用的,任何因子的变化都会在不同程度上引起其他因子的变化。例如光照强度的变化必然引起大气和土壤温度及湿度的改变,这就是生态因子的综合作用。

(2)非等价性 对生物起作用的诸多因子是非等价的,其中有 1~2 个是起主要作用的主导因子。主导因子的改变常会使其他生态因子发生明显变化或使生物的生长发育发生明显变化,如光周期现象中的日照时间和植物春化阶段的低温因子就是主导因子。

(3)不可替代性和可调剂性 生态因子虽非等价,但都不可缺少,一个因子的缺失不能由另一个因子来代替。但某一因子的数量不足,有时可以由其他因子来补偿。例如光照不足所引起的光合作用的下降可由 CO_2 浓度的增加得到补偿。

(4)阶段性和限制性 生物在生长发育的不同阶段往往需要不同的生态因子或不同强度的生态因子。例如低温对冬小麦的春化阶段是必不可少的,但在其后的生长阶段则是有害的。那些对生物的生长、发育、繁殖、数量和分布起限制作用的关键性因子称为限制因子。有关生态因子(量)的限制作用有以下两条定律。

① 李比希最小因子定律 1840 年农业化学家李比希在研究营养元素与植物生长的关系时发现,植物生长并非经常受到大量需要的自然界中丰富的营养物质如水和 CO_2 的限制,而是受到一些需要量小的微量元素如硼的影响。因此他提出"植物的生长取决于那些处于最少量因素的营养元素",后人称之为李比希最小因子定律。李比希之后的研究认

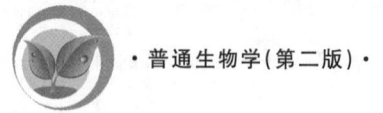

为,要在实践中应用李比希最小因子定律,还必须补充两点:一是李比希最小因子定律只能严格地适用于稳定状态,即能量和物质的流入和流出是处于平衡的情况下才适用;二是要考虑因子间的替代作用。

② 谢尔福德耐受定律　生态学家谢尔福德于1913年研究指出,生物的生存需要依赖环境中的多种条件,而且生物机体对环境因子的耐受性有一个上限和下限,任何因子不足或过多,接近或超过了某种生物的耐受限度,该种生物的生存就会受到影响,甚至灭绝。这就是谢尔福德耐受定律。后来的研究对谢尔福德耐受定律也进行了补充:每种生物对每个生态因子都有一个耐受范围,耐受范围有宽有窄;对所有因子耐受范围都很宽的生物,一般分布很广;生物在整个发育过程中,耐受性不同,繁殖期通常是一个敏感期;在一个因子处在不适状态时,对另一个因子的耐受能力可能下降;生物实际上并不在某一特定环境因子最适的范围内生活,可能是因为有其他更重要的因子在起作用。

二、环境对生物的影响及生物对环境的适应

(一) 水

1. 水对植物的影响

植物通过气体交换的失水量要比动物通过呼吸的失水量大700倍。一株玉米一天约需要 2 kg 水,一生需要 200 kg 水;夏天一株树木一天的需水量约等于其全部鲜叶重的 5 倍。一般说来,植物每生产 1 g 干物质需 300~600 g 水。依据植物对水分的依赖程度可把植物分为以下几种生态类型。

1) 水生植物

水生植物体内有发达的通气系统,叶片常呈带状、丝状,植物体具有较强的弹性和抗扭曲能力以适应水的流动,可分为沉水植物、浮水植物、挺水植物。

沉水植物根茎生于泥中,整个植株沉入水中,具发达的通气组织,利于进行气体交换。叶多为狭长或丝状,能吸收水中部分养分,在水下弱光的条件下也能正常生长发育。对水质有一定的要求,因为水质混浊会影响其光合作用。花小,花期短,以观叶为主,如苦草、金鱼藻等。

浮水植物体漂浮于水面上生活,或者植物的叶漂浮于水面,其余部分如根和茎则沉于水面下。这种类型的植物,整个生长期植株可随水漂移,没有固定地点,如浮萍、满江红等。

挺水植物植株高大,花色艳丽,绝大多数有茎、叶之分;直立挺拔,下部或基部沉于水中,根或地茎扎入泥中生长,上部植株挺出水面。挺水植物种类繁多,常见的有荷花、黄花鸢尾、千屈菜、菖蒲、香蒲、慈姑等。

2) 陆生植物

陆生植物包括湿生、中生和旱生植物。

湿生植物是生长在过度潮湿环境中的植物。有些蕨类、兰科植物、万年青等生活在热带雨林中,由于林内光照微弱,空气湿度大,蒸腾作用弱,容易保持水分,故根系不发达,叶片中的机械组织也不发达,抗旱能力极差,是阴生湿生植物;阳生湿生植物生活在阳光充

足、土壤水分饱和的沼泽地区或湖边,如莎草科、蓼科和十字花科的一些种类,它们根系不发达,没有根毛,但根与茎之间有通气的组织,以保证取得充足的氧气。由于适应阳光直接照射和大气湿度较低的环境,其叶片上常有防止蒸腾的角质层,输导组织也较发达。

旱生植物是适宜在干旱环境下生长,可耐受较长期或较严重干旱的植物,如骆驼刺、仙人掌、景天等。

中生植物适宜在中等湿度和温度条件下生长。形态结构和适应性均介于湿生植物和旱生植物之间,是种类最多、分布最广、数量最大的陆生植物。

2. 水对动物的影响

水对动物比食物更重要,动物没有食物生存时间要比缺水生存时间长;人如果长期缺乏食物,体重降低 40%,但如果身体水分降低 10%,生命活动就严重失调,水分降低 20%时就会死亡。可见水对动物的重要作用。

(二)光

1. 光照强度对生物的影响

1)光照强度与水生植物

光的穿透性限制着植物在海洋中的分布,只有在海洋表层的透光带内,植物的光合作用量才能大于呼吸量。在透光带的下部,植物的光合作用量刚好与植物的呼吸消耗相平衡,就是所谓的光补偿点。如果海洋中的浮游藻类沉降到补偿点以下或者被洋流携带到补偿点以下而又不能很快回升到表层,这些藻类便会死亡。在一些特别清澈的海水和湖水中(特别是在热带海洋),补偿点可以深达几百米,但这是很少见的。在浮游植物密度很大的水体或含有大量泥沙颗粒的水体中,透光带可能只限于水面下 1 m 处,而在一些受到污染的河流中,水面下几厘米处就很难有光线透入了。

因为植物需要阳光,所以扎根海底的巨型藻类通常只能出现在大陆沿岸附近,这里的海水深度一般不会超过 100 m。生活在开阔大洋和沿岸透光带中的植物主要是单细胞的浮游植物。以浮游植物为食的小型浮游动物也主要分布在这里,因为这里的食物极为丰富。但是动物的分布并不局限在水体的上层,甚至在几千米以下的深海中也生活着各种各样的动物,这些动物靠海洋表层生物死亡后沉降下来的残体为生。

2)光照强度与陆生植物

接受一定的光照是植物获得净生产量的必要条件,因为植物必须生产足够的糖类以弥补呼吸消耗。当影响植物光合作用和呼吸作用的其他生态因子都保持恒定时,生产和呼吸这两个过程之间的平衡就主要取决于光照强度了。光合作用将随着光照强度的增加而增加,直至达到最大值。在一定范围内,光合作用效率与光照强度成正比,达到一定强度后趋于饱和,再增加光照强度,光合效率也不会提高,这时的光照强度称为光饱和点;光合作用合成的有机物刚好与呼吸作用消耗的有机物数量相等时的光照强度称为光补偿点。在此处的光照强度是植物开始生长和进行净生产所需要的最小光照强度。

不同植物对光照强度的反应是不一样的,根据植物对光照强度适应的生态类型可将其分为阳性植物、阴性植物和中性植物(耐阴植物)。

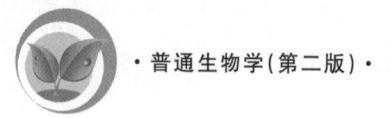

阳性植物对光要求比较迫切,只有在足够光照条件下才能正常生长,其光饱和点、光补偿点都较高,常见种类有蒲公英、蓟、杨、柳、桦、槐、松、杉和栓皮栎等。

阴性植物对光的需求远较阳性植物低,光饱和点和光补偿点都较低,其光合速率和呼吸速率也都比较低。多生长在潮湿背阴的地方或密林内,常见种类有山酢浆草、连钱草、铁杉、云冷杉等,很多药用植物如人参、三七、半夏和细辛等也属于阴性植物。

中性植物对光照具有较广的适应能力,对光的需要介于上述两者之间,但最适合在完全的光照下生长。

3) 光照强度与动物的行为

光是影响动物行为的重要生态因子,很多动物的活动都与光照强度有着密切的关系。在自然条件下动物每天开始活动的时间常常是由光照强度决定的,当光照强度上升到一定水平(昼行性动物)或下降到一定水平(夜行性动物)时,它们才开始一天的活动,因此这些动物将随着每天日出日落时间的季节性变化而改变其开始活动的时间。有些动物适应于在白天的强光下活动,如大多数鸟类,哺乳动物中的灵长类、有蹄类、松鼠、旱獭和黄鼠,爬行动物中的蜥蜴和昆虫中的蝶类、蝇类和虻类等,这些动物称为昼行性动物。另一些动物则适应在夜晚或晨昏的弱光下活动,如夜猴、蝙蝠、家鼠、夜鹰、壁虎和蛾类等,这些动物称为夜行性动物或晨昏性动物,因其只适应在狭小的光照范围内活动,所以又称为狭光性种类。昼行性动物所能耐受的光照范围较广,故又称为广光性种类。还有一些动物既能适应于弱光也能适应于强光,它们白天黑夜都能活动,常不分昼夜地表现出活动与休息的不断交替,如很多种类的田鼠,它们也属于广光性种类。

2. 生物的光周期现象

日照长度的变化对动植物有重要的生态作用,由于动植物长期生活在具有一定昼夜变化格局的环境中而形成了各类生物所特有的对日照长度变化的反应方式,这就是生物的光周期现象。

根据对日照长度的反应类型,可把植物分为长日照植物和短日照植物。长日照植物通常是在日照时间超过一定数值才开花,常见种类有紫苑、凤仙花和除虫菊等。人为延长光照时间可促使这些植物提前开花。短日照植物通常是在日照时间短于一定数值才开花,所以一般是在早春或深秋开花,常见种类有牵牛、苍耳和菊类。在脊椎动物中,鸟类的光周期现象非常明显。日照长度的变化对哺乳动物的生殖和换毛也具有明显的影响。

(三) 温度

1. 极端温度对生物的影响

低温对生物的伤害可分为冷害和冻害。冷害是指喜温生物在零度以上的温度条件下受害或死亡,例如海南岛的热带植物丁子香在气温降到 6.1 ℃时叶片便受害,降到 3.4 ℃时顶梢干枯,受害严重。冷害是喜温生物向北方引种和扩展分布区的主要障碍。

冻害是指冰点以下的低温使生物体内形成冰体而造成的损害。冰体的形成会使原生质膜发生破裂和使蛋白质失活与变性。少数动物能够耐受一定程度的身体冻结,如摇蚊在 −25 ℃的低温下可以经受多次冻结而能保存生命。

高温可减弱光合作用,增强呼吸作用,使植物的这两个重要生理过程失调。例如,马铃薯在温度达到 40 ℃时,光合作用等于零,而呼吸作用在温度达到 50 ℃以前一直随温度的上升而增强,但这种状况只能维持很短的时间。高温还可以破坏植物的水分平衡,促使蛋白质凝固和导致有害代谢产物在体内的积累。

高温对动物的有害影响主要是破坏酶的活性,使蛋白质凝固变性等。哺乳动物一般不能忍受 42 ℃以上的温度,鸟类不能忍受 48 ℃以上的高温。多数昆虫、蜘蛛和爬行动物能忍受 45 ℃以下的高温,但温度再高就有可能死亡。

2. 生物对极端温度的适应

长期生活在低温环境中的生物常表现出明显的形态适应,如北极和高山植物的芽和叶片常受到油脂类物质的保护,芽具鳞片,植物体表面生有蜡粉和密毛,植株矮小并常呈垫状或莲座状等。这些形态有利于保持较高的温度,减轻严寒的影响。生活在高纬度地区的恒温动物,其身体往往比生活在低纬度地区的同类个体大,因为个体大的动物,其单位体重散热量相对较少,这就是贝格曼规律。另外,恒温动物身体的突出部分如四肢、尾巴和外耳等在低温环境中有变小变短的趋势,这也是减少散热的一种形态适应,这一适应常被称为艾伦规律,例如北极狐的外耳明显短于热带的大耳狐。

恒温动物的另一形态适应是寒冷地区和寒冷季节增加毛和羽毛的数量和质量或增加皮下脂肪的厚度,从而提高身体的保温性能。

生物对高温的适应也表现得很明显。有些植物生有密绒毛和鳞片,能过滤一部分阳光;有些植物体呈白色、银白色或叶片革质发光,能反射一大部分阳光,使植物体免受热伤害;还有些植物的树干和根茎生有很厚的木栓层,具有绝热和保护作用。植物对高温的生理适应主要是靠旺盛的蒸腾作用(散失多余热量),避免植物体因过热受害。

3. 温度对生物分布的影响

由于地球上地理纬度的差异,不同地区的温度大致呈现一定的差异并具有规律性。从赤道到两极每移动一个纬度,气温平均降低 0.5～0.7 ℃。根据热量不同可分为若干自然地理带。

生物需要适应一定的温度范围,极端温度常常成为限制生物分布的重要因素。例如,由于高温的限制,云杉在自然条件下不能在华北平原生长,苹果、梨、桃不能在热带地区栽培。在南方,黄山松因高温限制不能分布在海拔 1 000 m 以下的高度,菜粉蝶不能忍受 26 ℃以上的高温,所以 26 ℃就是这种昆虫上的分布的极限。

低温对生物分布的限制作用更为明显,对植物和变温动物来说,决定其水平分布北界和垂直分布上限的主要因素就是低温,所以这些生物的分布界限有时非常清楚。例如,橡胶分布的北界是北纬 24.4°(云南盈江),海拔的上限是 960 m(云南盈江)。温度对恒温动物分布的直接限制较小,但也常常通过影响其他环境因子(如食物)而间接影响其分布。温度和降水是影响生物在地球表面分布的两个最重要环境因子,两者的共同作用决定着生物群落在地球上的分布的总格局。

温度是一种无时无处不起作用的重要生态因子,任何生物都是生活在具有一定温度的外界环境中并受温度变化的影响。地球表面的温度是变化的,在空间上,它随纬度、海拔和各种小生境而变化;在时间上,它有一年四季的变化和一天的昼夜变化。温度的这些变化都能给生物带来多方面的深刻影响。地球表面的温度可以相差几千度,但生物所能

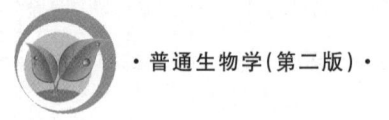

耐受的温度范围在－272～300 ℃。大多数生物只能在一个窄小的温度范围内生存,通常是在 0～45 ℃。

(四) 生物因子

生物因子包括种内关系和种间关系。

1. 种内关系

同种生物的不同个体或群体之间的关系,叫做种内关系。生物在种内关系上,既有种内互助,也有种内斗争。

种内互助的现象是常见的。例如,蚂蚁、蜜蜂等营群体生活的昆虫,往往是千百个体生活在一起,在群体内部分工合作。

同种生物个体之间,由于争夺食物、空间或配偶等而发生斗争的现象叫做种内斗争。例如,在农田中,相邻的作物植株之间会发生对阳光、水分、养料的争夺;许多鸟类的雄鸟在占领巢区后,如果发现同类的其他雄鸟进入自己的巢区,就会奋力攻击,将入侵者赶走。

2. 种间关系

种间关系是指群落中不同物种种群之间的相互作用所形成的关系。具体内容将在种群生态部分进行介绍。

第二节　种群生态

一、种群的概念和特征

(一) 种群的概念

种群是占有一定空间和时间的同一物种的集合体。也就是说,种群是在特定的时间和空间内生活和繁殖的同种个体所组成的群体,如湖泊中的许多鲤鱼就组成了鲤鱼种群。它由不同年龄和不同性别的个体组成,彼此可以互配进行生殖。一个物种通常可以包括许多种群,但种群和种群之间,因存在着明显的地理隔离而无法进行个体交流,长期隔离的结果有可能发展为不同的亚种,甚至会产生新的物种。可见,种群不仅是物种的存在单位,而且是物种的繁殖单位和进化单位。

种群是物种存在的基本单位,生物学分类中的门、纲、目、科、属等分类单位是学者依据物种的特征及其在进化过程中的亲缘关系来划分的,唯有种才是真实存在的,而种群则是物种在自然界存在的基本单位。因为组成种群的个体会随着时间的推移而消失,所以物种在自然界中能否持续存在的关键就是种群能否不断地产生新个体以代替那些消失的个体。

任何一个种群在自然界都不能孤立存在,而总是与其他物种的种群一起形成群落。每一个群落中都含有很多属于不同物种的种群,这说明种群不仅是物种的具体存在单位,而且是群落的基本成分。

(二) 种群的特征

种群虽然是由同种个体组成的,但种群内个体不是孤立的,也不等于个体的简单相加,而是通过种内关系组成一个有机的统一整体。个体之间的相互联系表现出此种生物的特殊规律性。自然种群有三个基本特征:空间特征、数量特征和遗传特征。

1. 空间特征

组成种群的个体在其生活空间中的位置状态或空间布局叫做种群的空间特征或分布型。种群的空间分布一般可概括为三种基本类型:随机分布、均匀分布和集群分布(图6-1)。随机分布指的是每一个体在种群分布领域中各个点出现的机会是相等的,并且某一个体的存在不影响其他个体的分布。随机分布比较少见,只有在环境资源分布均匀一致、种群内个体间没有彼此吸引或排斥时才容易产生。例如,森林地被层中一些蜘蛛的分布与面粉中黄粉虫的分布,以种子繁殖的植物在自然散布于新的地区时也经常体现为随机分布。

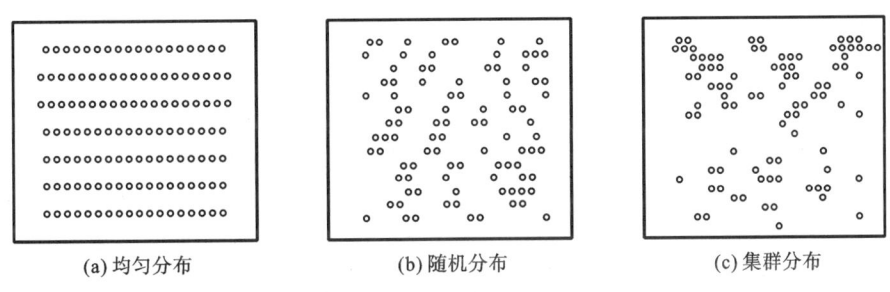

(a) 均匀分布　　　　　(b) 随机分布　　　　　(c) 集群分布

图 6-1　种群空间分布的三种基本类型

均匀分布的特征是种群的个体等距分布,或个体间保持一定的均匀的间距。均匀分布形成的原因主要是种群内个体之间的竞争。例如,森林中植物为竞争阳光(树冠)和土壤中的营养(根际)、沙漠中植物为竞争水分,都能导致均匀分布。虫害或种内竞争发生时也可造成种群个体的均匀分布。地形或土壤物理性状呈均匀分布等客观因素或人为的作用,都能导致种群的均匀分布。均匀分布在自然种群中极其罕见,而人工栽培的种群(如农田、人工林),由于人为保持其株距和行距一定而常呈均匀分布。

集群分布的特征是指种群个体的分布很不均匀,常成群、成簇、成块或成斑块地密集分布,各群的大小、群间的距离、群内个体的密度等都不相等,但各群大都呈随机分布。其形成原因如下:①环境资源分布不均匀,丰富与贫乏镶嵌;②植物传播种子的方式使其以母株为扩散中心;③动物的社会行为使其结合成群。集群分布是最广泛存在的一种分布格局,在大多数自然情况下,种群个体常呈成群分布,如放牧中的羊群、培养基上微生物菌落的分布。另外,人类的分布也符合这一特性。

2. 数量特征

占有一定面积或空间的个体数量,也就是种群密度,它是指单位面积或空间内的个体数目。

种群密度可分为绝对密度和相对密度。前者是指单位面积或空间内的个体数目,后者是表示数量多少的相对指标。

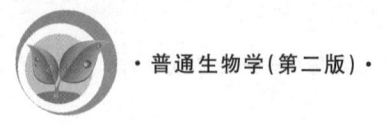

3．遗传特征

组成种群的个体在某些形态特征或生理特征方面都具有差异。种群内的这种差异和个体的遗传有关。一个种群中的生物具有一定的相似性，以区别于其他物种。但并非每个个体都具有种群内所储存的所有信息。种群内的个体在遗传上不一致，种群内的变异性是进化的起点，而生物只有通过进化才能更好地适应环境。

二、种群的数量及调节

（一）影响种群数量动态的基本因素

种群数量是指在一定面积或者空间中某一个物种的个体总数，也可称为种群大小。种群数量呈动态变化，影响种群的数量动态变化的基本因素有出生率、死亡率、迁入率和迁出率。出生率和迁入率是种群增加的因素，而死亡率和迁出率则是种群减少的因素。此外，种群的年龄结构、性别比等也共同决定着种群数量的变化。

1．出生率和死亡率

出生率是一个广义的术语，泛指任何生物产生新个体的能力，而不论是通过生产、孵化、出芽或分裂等何种形式。出生率一般用单位时间（如年、月、日等）每 100 个个体的出生个体数表示。例如，一个由 50 只松鼠组成的种群，如果一年出生了 10 只小松鼠，它的年出生率就是 20%。出生率的高低取决于性成熟的程度、每次产仔的数量和繁殖次数。

死亡率是指一定规模的种群在单位时间内死亡的个体数目，它和出生率类似，一般是用单位时间内每 100 个个体的死亡数来表示的。在一个有 100 万人口的城市中，一年死亡了 2 万人，其死亡率就是 2%。造成生物死亡的原因很多，如饥饿、伤病、严寒、遭捕食或寄生、自相残杀和意外事故等。即使没有这些原因，生物也会因活到自然生理寿命的极限而死亡。

种群数量的变动取决于出生率和死亡率的对比关系。在一定时期内，只要种群的出生率大于死亡率，种群的数量就会增加，反之，种群的数量就会下降。

2．迁入率和迁出率

迁入指生物个体或其种子从原生活地向特定地区整群迁居的一种行为，迁出则是迁入的反向行为。迁移是大多数动植物生活周期中的基本现象。迁移有助于防止近亲繁殖，同时又是在各地方种群之间进行基因交流的过程。由于很多生物是连续分布的，所以划定种群的边界往往比较困难，因此迁入、迁出的数量不易判定。

3．年龄结构和性别比

1）年龄结构

一个种群的所有个体一般具有不同的年龄，各个龄级的个体数目与种群个体总体的比例，叫年龄比例。按从小到大龄级比例绘图，即是年龄金字塔，它表示种群的年龄结构分布。种群的年龄结构与出生率及死亡率密切相关。一般来说，如果其他条件相同，种群中具有繁殖能力的成体比例较大，种群的出生率就较高；种群中无繁殖能力的年老个体比例较大，种群的死亡率就较高。

种群中个体可分为三个生态时期：繁殖前期、繁殖期、繁殖后期。这三个年龄期的比例是有变化的(图 6-2)。

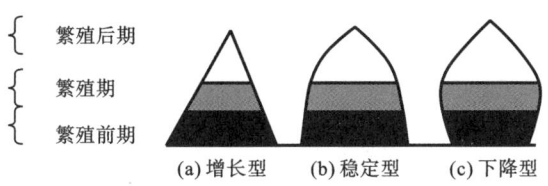

图 6-2　种群年龄比例的三种类型

利用年龄分布图(年龄金字塔)能预测未来种群的动态。图 6-2(a)是增加型(或增长型)种群,其年龄锥体呈典型的金字塔形,基部宽阔而顶部狭窄,表示种群中有大量的幼体,而老年个体很少。这样的种群出生率大于死亡率,是迅速增长的种群。图 6-2(b)是稳定型种群,其年龄锥体呈钟形,说明种群中幼体个体和中老年个体数量大致相等,其出生率和死亡率也大致平衡,种群数量稳定。图 6-2(c)是下降型(或衰退型)种群,其年龄锥体呈壶形,基部比较狭窄而顶部较宽,表示种群中幼体所占的比例很小,而老年个体的比例较大,种群死亡率大于出生率,是一种数量趋于下降的种群。

2) 性别比

性别比(性比)是种群中雄性个体与雌性个体的比例。性别比在个体不同的生长阶段具有不同的特征。如受精卵的性别比大致为 1∶1,但是到幼体出生,往往雄性多于雌性,而到了老年则雌性多于雄性。性别比在一定程度上影响着种群密度,是与种群动态有关的重要因素之一。例如,利用人工合成的性引诱剂诱杀害虫的雄性个体,破坏了害虫种群的性别比,就会使很多雌性个体不能完成交配,从而使害虫的种群密度明显降低。

(二) 种群数量动态

种群增长是种群动态的主要表现之一,是指随着时间变化,一个种群数目的增加。种群不受任何食物、空间等条件的限制,则种群就能发挥其内禀增长能力,数量迅速增长,呈现指数增长(又称 J 型增长)(图 6-3),这种规律称为指数增长规律。种群的指数增长也可理解为种群数量按固定不变的比率增长。指数增长是在某种"无限环境"条件下,种群的生殖潜能充分发挥时所呈现的增长规律。例如,实验室里培养的细菌、草履

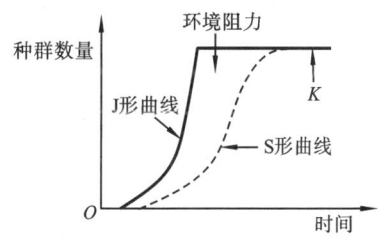

图 6-3　种群增长曲线

虫等单细胞生物,大鼠笼中的鼠,在实验初期,食物充足,空间宽敞,都呈现指数增长,其曲线呈急剧上升的形状。

自然种群不可能长期地按几何级数增长。当种群在一个有限空间中增长时,随着密度的上升,有限空间资源会减少,其他限制增多,种内竞争增强,从而就会影响到种群的出生率和死亡率,降低种群的实际增长率,直到停止增长,甚至使种群数量下降。种群在有限环境条件下连续增长的主要形式为逻辑斯蒂增长(又称为 S 型增长)(图6-3)。S 形曲线有上渐近线,即 S 形曲线渐近于 K 值(环境容纳量,即某一环境在长期基础上所能维持的种群最大数量)。S 型增长在达到 K 值以后,并不总是稳定在这个水平上,有时候会突

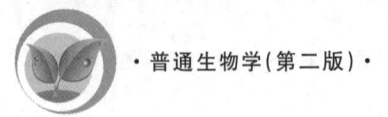

然出现长时间的下降,更多的是在 K 值附近出现波动。特别是处于自然条件下的具有复杂生活史的动物种群,即使环境因素相当稳定,种群数量几乎无一例外地出现波动和涨落。

(三) 种群数量的调节

影响或调节种群数量的因子大致可以区分为密度制约因子和非密度制约因子两大类。密度制约因子相当于生物因子,如捕食、寄生、流行病、食物等,非密度制约因子则相当于气候等非生物因子,如土壤、水分、光照、温度等。密度制约因子的作用强度随种群密度的加大而增强。非密度制约因子对种群的影响则不受种群密度本身的制约,因此对种群密度无法起调节作用。

种群的密度制约调节是一个内稳定过程,当种群上升到一定水平时,某些密度制约因子就会发生作用,并借助于降低出生率和增加死亡率而调节种群的增长。一旦种群数量降到一定水平以下,这些因子的作用就会减弱,使种群出生率增加和死亡率下降。这样一种反馈调节机制将会导致种群数量的上下波动。一般来说,种群波动将发生在种群平衡密度的附近,对种群平衡密度的任何偏离都会引发调节作用,由于时滞效应的存在,种群很难刚好保持在平衡密度的水平上。

三、种间关系

(一) 植食和捕食

植食现象是指动物吃植物,一切动物都直接或间接地依赖植物为食。植食动物的数量对植物的数量有显著影响,而后者反过来又限制动物的数量,在长期进化过程中,这种相互关系已经形成了一种微妙的平衡。植物的生产量足够养活所有动物,而被动物吃掉的往往只是植物生产量中"过剩"的那一部分,所以在一个自然群落中虽然动物要吃掉大量植物,但不会影响群落成分和结构的稳定性。

捕食现象是指动物吃动物,也是群落物种间最基本的相互关系之一。前者称捕食者,后者称被捕食者或猎物。捕食者是构成复杂食物链的必要环节,它通常位于食物链和营养级的较高位置或顶位。捕食者的存在使群落中的营养物和能量流通渠道变得多样化,并且提高了群落中能量的利用率,使生物之间的关系变得更加错综复杂。由于捕食现象是在长期进化过程中形成的,因此捕食者和被捕食者在形态、行为和生理上都有着多方面的适应性,这种适应的形成常常表现为协同进化的性质。

(二) 竞争

两个物种利用同一有限资源时,便会发生种间竞争。两个物种越相似,它们共同的生态要求就越多,竞争也就越激烈。因此,生态要求完全相同的两个物种在同一群落中就无法共存,这就称为竞争排除原理。

物种之间通过竞争所发生的分化,有时是极其微小的,不一定能被人们的眼睛所觉察到,但是从竞争原理出发,它们之间肯定会存在形态上、生理上或行为上的微小差异,而且这些差异足以保证它们的生态要求不完全相同。这就是一片森林、一片草原、一个山谷或一个湖泊中会同时生活着那么多种生物的原因,而整个大自然呈现在我们面前的是一个更加丰富多彩和琳琅满目的生物世界。竞争使大自然充满活力,生机盎然。

(三) 互惠

互惠是指对双方都有利的一种种间关系,但这种关系并没有发展到彼此相依为命的程度,如果解除这种关系双方都能正常生存。

蚜虫和蚂蚁是互惠的著名事例,蚂蚁喜吃蚜虫分泌的蜜露并把蜜露带回巢内喂养幼蚁。蚂蚁常用触角抚摸蚜虫,让蚜虫把蜜露直接分泌到自己口中,同时,蚂蚁精心保护蚜虫,驱赶并杀死蚜虫的天敌,有时还把蚜虫衔入巢内加以保护。

(四) 共生

共生是指两种不同生物之间所形成的紧密互利关系。在共生关系中,一方为另一方提供有利于生存的帮助,同时也获得对方的帮助。共生是物种之间不能分开的一种互利关系,这种互利已经达到如此密切的程度,以致如果失去一方,另一方也就不能生存。如地衣是单细胞藻类和真菌的共生体。

(五) 共栖

共栖是指两种生物生活在一起,对一方有利,对另一方也无害的种间关系。例如,有些附生植物附着在大树上,借以得到充足的光照,但是并不吸收大树体内的营养。

(六) 寄生与拟寄生

一种生物生活在另一种生物的体内或者体表,并从后者摄取营养以维持生活,这样的种间关系就称为寄生或者拟寄生。前者称为寄生物,后者称为寄主。生活在一起的两种生物,如果一方获利并对另一方造成损害但并不把对方杀死,就称为寄生。而拟寄生则总是导致寄主死亡,这一点又使拟寄生更接近捕食现象。有趣的是寄生昆虫本身有时也会被其他寄生昆虫所寄生,这样就形成了寄生链,例如蚜小蜂寄生在蚜虫体内,瘿蜂寄生在蚜小蜂体内,而金小蜂又寄生在瘿蜂体内,这种现象称重寄生。

不同物种混居,必然出现以食物、空间等资源为核心的种间关系。长期进化的结果,又使各种各样的种间关系得以发展和固定。种群之间的相互作用可能是单方面的,也可能是相互发生的。从理论上讲,任何物种对其他物种的影响只可能有三种,即有利、有害或无利无害的中间态。

生物种间关系按性质可归为两类:一类是种间互助性质的相互关系,如互惠、共生、共栖等;另一类是种间对抗性的相互关系,如寄生、捕食、竞争等。这些关系都是生物界长期进化的结果。随着生态系统的演化和趋于稳定,种间关系也进化并趋于稳定。

第三节 生物群落

在一定生活环境中的所有生物种群的总和叫做生物群落,简称群落。组成群落的各种生物种群不是任意地拼凑在一起的,而是有规律地组合在一起形成一个稳定群落的。群落具有一定的结构、一定的种类构成和一定的种间相互关系,并可在环境条件相似的不

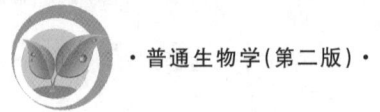

同地段重复出现。群落的性质是由组成群落的各种生物的适应性以及这些生物彼此之间的相互关系所决定的。这些适应性和相互关系将决定群落的结构、功能和物种多样性。实际上群落就是各个物种适应环境和彼此相互适应过程的产物。

一、群落的基本特征与结构

(一)群落的基本特征

一个生物群落具有下列基本特征:一定的外貌;一定的种类组成;一定的群落结构;形成群落环境;不同物种之间的相互影响;一定的动态特征;一定的分布范围;群落的边界特征。

(二)群落的结构

群落中各种生物在空间上的配置状况,即为群落的结构。群落的结构包括垂直结构和水平结构。

1. 垂直结构

群落的垂直结构指群落在垂直方面的配置状态,其最显著的特征是成层现象,即在垂直方向分成许多层次的现象。

群落的垂直结构即群落的层次性,主要是由植物生长型决定的。生长型是指植物的外貌特征,主要生长型有苔藓、草本、灌木和乔木,它们自下而上配置在群落的不同高度上,形成群落的垂直结构。植物的垂直结构又为不同种类的动物创造了栖息环境,在每一个层次上都有一些动物特别适应于在那里生活,从而就表现出动物的垂直结构。

在群落垂直结构的每一个层次上都有各自所特有的动物种类,在每个层次上活动的动物种类,在一天之内或一个季节之内是有变化的,这些变化是对各层次上生态条件变化的反应,也可能是各种生物相互竞争的结果。一般说来,群落的层次性越明显,分层越多,群落中的动物种类也越多。因此,草原的层次比较少,动物的种类也比较少;森林的层次比较多,动物的种类也比较多。在水生群落中,生物的分布和活动性在很大程度上是由光照、温度和含氧量的垂直分布决定的,这些生态因子在垂直分布上显现的层次越多,水生群落所包含的生物种类也就越多。

2. 水平结构

群落的水平结构指群落的水平配置状况或水平格局,其主要表现特征是镶嵌性。在水平方向上存在地形的起伏、光照和湿度等诸多环境因素的影响,导致各个地段生物种群的分布和密度的差异。

镶嵌性即植物种类在水平方向的不均匀配置,使群落在外形上表现为斑块相间的现象。具有这种特征的群落叫做镶嵌群落。在镶嵌群落中,每一个斑块就是一个小群落,小群落具有一定的种类成分和生活型组成,它们是整个群落的一小部分。例如,在森林中,林下阴暗的地点有一些植物种类形成小型的组合,而在林下较明亮的地点是另外一些植物种类形成的组合。这些小型的植物组合就是小群落。内蒙古草原上锦鸡儿灌丛化草原是镶嵌群落的典型例子。在这些群落中往往形成1~5 m的锦鸡儿丛,呈圆形或半圆形的丘阜。这些锦鸡儿小群落内部由于聚集细土、枯枝落叶和雪,因而具有良好的水分和养分条件,形成一个优越的局部小环境。小群落内部的植物较周围环境中返青早,生长发育好,有时还可以遇到一些越带分布的植物。

群落镶嵌性形成的原因,主要是群落内部环境因子的不均匀性,例如小地形和微地形的变化、土壤温度和盐渍化程度的差异、光照的强弱以及人与动物的影响。在群落范围内,由于存在不大的低地和高地,因而发生环境的改变形成镶嵌,这是环境因子的不均匀引起的镶嵌性的例子。土中动物,例如田鼠的活动,在田鼠穴附近形成不同于周围植被的斑块,这也是一个镶嵌性的例子。

二、群落的类型

1. 热带森林

热带森林包括热带雨林、热带季雨林和热带干旱林三种类型。热带雨林是最典型的热带森林。热带雨林地区雨量充沛,林木通常高大茂盛。最引人注目的特点是动植物种类的多样性。据调查,在 10 km^2 的热带雨林中就含有 1 500 种开花植物和 750 种树木。在马来西亚的低地热带雨林中含有 7 900 多种植物,有大量的无脊椎动物和脊椎动物,还有很多动物栖息在树上。典型的热带雨林地区如南美洲亚马逊河流域,亚洲的马来西亚、印度尼西亚等。

2. 温带落叶阔叶林

温带落叶阔叶林主要分布于西欧、东亚和北美。在我国主要分布于华北地区。温带落叶阔叶林地区气候四季分明,夏季炎热多雨,冬季寒冷干燥。构成温带落叶阔叶林的主要树种是栎、山毛榉、槭、桦、椴、桦等。它们具有比较宽薄的叶片,秋冬落叶,春夏长叶,故这类森林又叫做夏绿林。温带落叶阔叶林群落的垂直结构一般具有四个非常清楚的层次:乔木层、灌木层、草本层和苔藓地衣层。藤本和附生植物极少,各层植物冬枯夏荣,季相变化十分鲜明。夏绿林中的消费者动物有鼠、松鼠、鹿、鸟类,以及狐、狼和熊等。

3. 北方针叶林

北方针叶林主要分布在北半球高纬度的温带到亚寒带地区。树种主要是各种常绿针叶树如松、杉、柏等。北方针叶林属于严寒的大陆气候,季节变化极为明显,冬季寒冷,常有持续降雪。驯鹿、驼鹿和麋鹿是北方针叶林的主要植食动物,其他植食动物还有树栖的红松鼠以及地栖的雪兔和豪猪。它们的主要天敌是狼、猞猁和松貂。我国的大兴安岭便属于典型的北方针叶林。

4. 草原

根据草原的组成和地理分布,可将其分为温带草原和热带草原。热带草原主要分布于非洲、南美洲、大洋洲的热带季节性干旱地区。其特点是以旱生草本植物为主,并星散分布着旱生乔木或灌木的植物群落,故被称为稀树草原。非洲草原栖息着大群的角马和斑马,并伴随着许多肉食动物如狮子、猎豹和鬣狗。澳洲草原有很多有袋类哺乳动物如赤袋鼠、灰袋鼠和袋熊等。温带草原主要分布在欧亚大陆、南美洲、北美等地,我国温带草原面积很大,主要在松辽平原、内蒙古高原和黄土高原。构成草原的植物以禾本科为主,如针茅属、羊茅、白羊草、羊草、冰草等,以及苔草、冷蒿、百里香。草原是发展畜牧业的基地,大型食草有蹄动物有野牛、牦牛、叉角羚、野驴、赛加羚羊和黄羊等,穴居啮齿动物主要有旱獭、黄鼠和鼠兔。

5. 荒漠

荒漠的主要特征是雨量少,水分蒸发量大。荒漠的地形是光秃秃的,裸露的土壤极易受大风的侵蚀。荒漠中的优势植物是蒿属植物、藜属灌木和肉质旱生植物,此外还有其他种类的植物如丝兰、仙人掌和各种短命植物。荒漠植物和动物都能适应干旱的环境,植物只在有水时才开花结果,它们以种子度过干旱期,只在温度和湿度适宜时才发芽、开花和产生种子,如果不下雨这些短命植物就不生长。动物也和植物一样采取避开干旱的生活对策,它们在干旱季节不是进入夏眠就是进入冬眠。

6. 苔原

苔原(见图 6-4)又称冻原和冻土带,分布在寒带针叶林以北的环北冰洋地带,在世界各地的高山上也有高山苔原。苔原的特点是严寒、生长季短、雨量少和没有树木生长。苔原的植被结构简单,种类稀少,生长缓慢,只有那些能忍受强风吹袭和土粒冰粒击打的植物才能生存下来。如羊胡子草、苔草、矮石楠和泥炭藓等植物。在北极苔原生活着较多的草食动物,如旅鼠、雪兔、驯鹿和麝牛等。

图 6-4 苔原

7. 淡水生物群落

淡水包括池塘、湖泊与河流。池塘和湖泊是静止的淡水水体,湖泊通常比池塘大而深。河流是流动的淡水水体。池塘与湖泊由于水的流动性差,水较浅,阳光一般能到达水体的底部,因此水生植物种类较为丰富,如芦苇、香蒲、睡莲以及大量的浮游植物。在池塘与湖泊的不同水层分别分布有浮游动物、鲢鱼、鳙鱼、草鱼、青鱼、螺等水生动物。河流由于水具有一定流动性,植物和藻类很少在急流中生存,水生动物种类也比池塘、湖泊少。

8. 海洋生物群落

由于海洋异常广阔,不同区域深度、光照、盐分不同,生物种群结构也不相同,可进一步划分为沿岸带、浅海带、半深海带、深海带等类型。

沿岸带或潮间带,即与陆地相接的地区。虽然该带内的生物几乎都是海洋生物,但那里实际上是海陆之间的群落交错区,其特点是有周期性的潮汐。生活在潮间带的生物除要防止海浪冲击外,还要经受温度和水淹与暴露的急剧变化,从而发展出许多有趣的形态和生理适应特征。潮间带的底栖生物又因底质为沙质、岩石和淤泥而分化为不同类型。

浅海带位于潮间带以下,也称为亚沿岸带,包括从几米深到 200 m 左右的大陆架范围,世界主要经济渔场几乎都位于大陆架和大陆架附近,这里具有丰富多样的鱼类。

浅海带以下沿大陆坡之上为半深海带,而海洋底部的大部分地区为深海带。深海带的环境条件稳定,无光,温度在 0~4 ℃,海水的化学组成也比较稳定,底土是软的和黏的泥,压力很大(水深每增加 10 m,即增加 1 atm(1 atm=101 325 Pa))。食物条件苛刻,全靠上层的食物颗粒下沉,因而深海中没有进行光合作用的植物。由于无光,深海动物视觉器官多退化,或者具发光的器官,也有的眼极大,位于长柄末端,对微弱的光有感觉能力,适应高压的特征如薄而透孔的皮肤,没有坚固骨骼和有力肌肉。

大洋带,从沿岸带往开阔大洋,深至日光能透入的最深界限。大洋带面积很大,但水环境相当一致,唯水温有变化,尤其是暖流与寒流的分布。大洋缺乏动物隐蔽所,但保护色明显。

三、群落的演替

群落演替又称生态演替,是指在一定区域内,群落随时间而发生变化,由一种类型转变为另一种类型的生态过程。例如,一片山坡上的丛林可因山崩全部毁坏,暴露出岩石面。但又可经地衣、苔藓、草类、灌木和乔木等阶段逐步再发育出一片森林,包括重新孕育出土壤。当一个群落的总初级生产力大于总群落呼吸量,而净初级生产力大于动物摄食、微生物分解以及人类采伐量时,有机物质便要积累,直到与消耗平衡为止。像这样随着时间的推移,一个群落被另一个群落代替的过程就叫群落演替。群落发展到最后的稳定系统,称为系列顶极或顶极群落。

(一)群落演替的类型

根据演替出现的起始点,可以将群落演替分为原生演替和次生演替两类。原生演替开始于从未被生物占据过的区域,又称初级演替,如在岩石、沙丘、冰川泥上开始演替。其演替速度缓慢,所需时间漫长。次生演替是指在原来就有生物群落或曾经被生物占据过的地方发生演替,又称次级演替,如火烧演替、弃耕演替、放牧演替等。其演替速度较迅速,所需时间相对较短。

(二)群落演替的过程

群落演替的过程可人为地划分为三个阶段。①侵入定居阶段(先锋群落阶段):一些物种侵入裸地定居成功并改良了环境,为以后入侵的同种或异种物种创造了有利条件。②竞争平衡阶段:通过种内或种间竞争,优势物种定居并繁殖后代,劣势物种被排斥,相互竞争过程中共存下来的物种在资源利用上达到相对平衡。③相对稳定阶段:物种通过竞争,平衡地进入协调进化,资源利用更为充分有效,群落结构更加完善,有比较固定的物种组成和数量比例,群落结构复杂,层次多。

群落的演替有规律,有一定方向,可以预测。一块弃耕农田如果任其自由发展,那么不要很久,农田里就会长满各种野草,几年之后草本植物开始减少和消失,各种灌木却繁茂地生长起来,再过一些年,杨树和松树也在这里长了起来,灌木又被挤到了次要地位,最

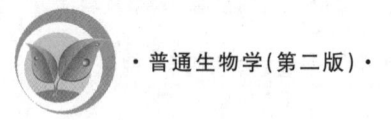

后这块农田演变成一片森林,这片森林在不受外界干扰的情况下将会长期占领那里,成为一个非常稳定的植物群落。上述农田的演变过程是一些植物取代另一些植物,一个群落取代另一个群落的过程,直到出现一个稳定群落才会终止。

从草本植物到灌木、从灌木到森林、从森林到稳定群落这一完整的演替过程就称为一个演替系列,而演替所经历的每一个具体的群落就称为演替系列阶段。每一个演替系列阶段所经历的时间长短是不一样的,短则一两年,长则几十年或几百年不等。在寒冷的阿拉斯加,即使是先锋植物阶段的演替(地衣苔藓群落)也需要花费 25～30 年的时间,而在热带地区,这个阶段的演替只需 3～5 年就够了。据估计,完成热带雨林的一个演替系列,需要 400～1 000 年的时间。

一般说来,当一个群落演替到同环境处于平衡状态的时候,演替就不再进行了。在这个平衡点上群落结构最复杂、最稳定,只要不受外界干扰,它将永远保持原状。演替所达到的这个最终平衡状态即为顶极群落。

(三) 研究群落演替的意义

在自然界里,群落的演替是普遍现象,而且是有一定规律的。人们掌握了这种规律,就能根据现有情况来预测群落的未来,从而正确地掌握群落的动向,使之朝着有利于人类的方向发展。例如,在草原地区应该科学地分析牧场的载畜量,做到合理放牧。

第四节　生态系统

生态系统是指在一定的空间内生物成分和非生物成分通过物质循环和能量流动而互相作用、互相依存而构成的一个生态学功能单位。任何一个生物群落与其周围环境的组合都可以形成一个生态系统。地球上有许多大大小小的生态系统,大至生物圈、海洋和陆地,小至森林、草原、湖泊和小池塘。除了自然生态系统以外,还有很多人工生态系统,如农田、果园、城市等。生物圈是最大的生态系统。

一、生态系统的基本结构

(一) 生态系统的组成

生态系统都是由非生物成分和生物成分组成的,生物成分按其在生态系统中的功能可划分为三大功能类群,即生产者、消费者和分解者。

1. 生产者

生产者为自养生物,以绿色植物和某些藻类为主,它们通过光合作用,把环境中的无机物转化成有机物,把太阳光能转化成有机物体内的化学能。生产者在生态系统中的主要作用是进行初级生产。此外,光合细菌和化能合成的细菌也是自养生物,也参加初级生产。生产者是生态系统的基础,系统中的所有消费者都直接或间接地以植物为食;植物还是分解者最初的物质来源和能量的唯一来源。倘若生态系统中的植被被彻底破坏,这个系统也就解体了。

2. 消费者

消费者为异养生物,就是直接或间接地以植物为食的动物。由于它们只能靠吃现成的有机物维持生命,故称为消费者。直接吃植物的动物,如草食性昆虫和牛、羊等,称为一级消费者。以一级消费者为食的动物,如吃浮游动物的鱼类、吃草食性动物的鸟兽,称为二级消费者。吃二级消费者的,称为三级消费者。消费者中还有寄生生物。虽然消费者依赖于植物,但其生命活动又从多方面对植物产生影响。例如,有的动物能促进花粉和种子的传播,其粪尿和尸体分解后又可被植物重新利用。某些动物能疏松土壤,改变其物理性质。生产者与消费者的作用是相互的。

3. 分解者

分解者为异养生物,主要是一些营腐生生活的细菌和真菌,也包括一些原生动物和腐食性动物(如白蚁、蚯蚓等)。分解者能把复杂的动植物残体分解成简单的化合物,并最终将其分解为无机物,以供植物重新利用。分解过程缓慢而复杂。以池塘为例,那里有两大类分解者:第一类是蟹、蠕虫和某些软体动物,它们先把动植物残体分解成碎屑;第二类是细菌和真菌,它们把碎屑进一步分解成简单化合物和无机物。分解者在物质循环和能量流动中具有重要意义,大约有90%的陆地初级生产量需要经过分解者的分解作用,变成可利用的养分供绿色植物重新利用。如果没有分解者,生态系统中的物质循环就无法进行,这个系统也就无法维持了。

4. 非生物成分

非生物成分包括光能、热能、水、O_2、CO_2、N_2、矿物盐类、酸、碱以及其他单质和化合物。它们为生产者提供生产的能源和原料,还为生态系统中的生物提供栖息地和生活场所。

生态系统中各生物成员间最重要的联系是通过食物链(或食物网)的联系。首先是生产者通过光合作用,把太阳能转换成化学能,把自然界的无机物转化为植物体内的有机物,并通过食物链,将上述物质、能量流向消费者和分解者;水和其他营养物质也通过食物链不断地合成和分解,在非生物环境和生物之间反复地进行着生物—地球—化学的循环作用。以生物为核心的能量流动和物质循环是生态系统最基本的功能和特征。

(二) 生态系统的营养结构

生态系统的营养结构是指生态系统内各生物有机体间的营养位置和相互关系,生态系统中生产者、消费者和分解者与环境通过营养关系密切联系,同时生物与环境之间也发生密切的物质联系。

1. 食物链和食物网

在生态系统中,各种生物之间由于食物关系而形成的一种联系,叫食物链。食物链是生态系统内不同生物之间类似链条式的食物依存关系,如鹰捕捉蛇、蛇吃小鸟、小鸟捕食蝗虫、蝗虫吃草。在一个生态系统中往往会有很多食物链,由于一种消费者往往不只吃一种食物,而同一种食物又可以被不同种消费者所食,这样就将各个食物链紧密联系在一起形成复杂的网状结构,这就是食物网(图6-5)。食物网能更准确地反映生态系统中各种生物的取食关系。食物网越复杂,生态系统就越稳定;食物网越简单,生态系统就越容易发生波动和毁灭。假如在一个岛屿上只有草、鹿和狼,那么鹿灭绝,狼就会饿死;如果除了鹿以外,还有其他植食动物,那么鹿一旦灭绝,对狼的影响就不会那么大。反过来说,如果狼一旦灭绝,鹿的数量就会急剧增加,草就会遭到过度啃食,结果鹿和草的数量都会大大下降,甚至会同归于尽。但如果除了狼以外,还有其他肉食动物存在,那么狼一旦消失,其他肉食动物就会增加对鹿的捕食压力而不致使鹿群发展得太大,从而可防止生态系统的崩溃。苔原生态系统是地球上食物网结构比较简单的生态系统,因此个别物种的兴衰都有可能导致整个苔原生态系统的失调和毁灭。例如,如果构成苔原生态系统食物链基础的地衣因大气二氧化硫超标而导致生产力下降或完全消失,就会对整个生态系统产生灾难性影响。

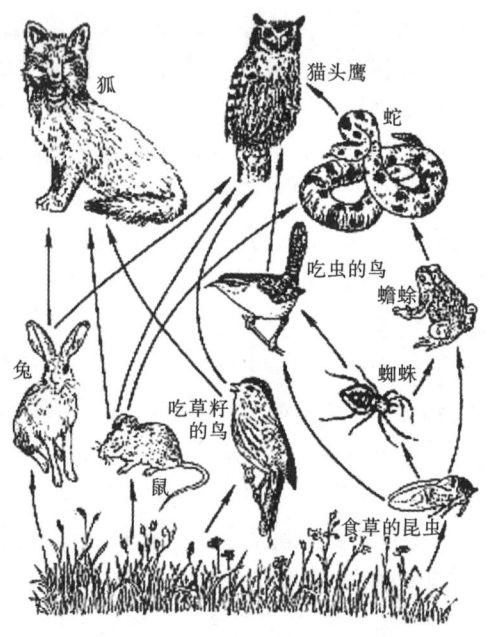

图 6-5　温带草原生态系统的食物网简图

2. 营养级和生态金字塔

生态系统各种成分之间的营养联系是通过食物链和食物网来实现的。食物链上的每一个环节称为营养级。每个生物种群都处于一定的营养级,也有少数物种兼处于两个营养级,如杂食动物。生态系统中的食物链包括活食食物链和腐食食物链两个主要类型。活食食物链从绿色植物固定太阳能、生产有机物质开始,它们属于第一营养级,草食动物属于第二营养级,各种肉食动物构成第三、第四及更高的营养级。腐食食物链则从有机体的残体开始,经土壤动物的粉碎与分解和细菌、真菌的分解与转化,以无机物的形式归还给环境,供绿色植物再次吸收。由于能量的每次传递都会损失大量能量,因此食物链通常只由4~5个环节组成。一般来说,营养级的位置越高,归属于这个营养级的生物种类和数量就越少,当少到一定程度时就不可能再维持另一个营养级中生物的生存了。

生态金字塔是指各营养级之间的某种数量关系,这种数量关系可以采用个体数量单位、生物量单位或能量单位表示,采用这些单位所构成的生态金字塔分别称为数量金字塔、生物量金字塔和能量金字塔。数量金字塔一般是下宽上窄的正锥体。有人曾仔细统计过 0.1 hm² 草原上各个营养级的生物数量,结果有草 150 万株、草食动物 20 万头(包括鼠、兔、羊和各种植食性昆虫等)、一级肉食动物 9 万头(包括鼬、狐、狼和各种捕食性昆虫)和顶位肉食动物 1 头。数量金字塔在有些情况下可以呈现出倒锥形,例如,在森林中树木的株数就比植食动物的个体数量少得多,表现为明显的上宽下窄的倒金字塔。生物量金字塔是以生物的干重表示营养级中生物的总质量(即生物量),一般来说,植物的生物量要大于植食动物的生物量,而植食动物的生物量又会大于肉食动物的生物量,因此生态金字塔的图形通常是上窄下宽的正锥体,但是在海洋生态系统中常常表现为一个倒锥体生物量金字塔,如英吉利海峡的生物量金字塔。能量金字塔是利用各营养级所固定的总能量多少来构成的生态金字塔,能量金字塔图形总是呈正锥体而绝不会出现倒锥体,因为绿色植物所固定的能量绝不会少于靠吃它们为生的植食动物所生产的能量,肉食动物所生产的能量是靠吃植食动物获得的,因此它们的能量也绝不会多于植食动物。总之,能量从一个营养级流向另一个营养级总是逐渐减少的,这一点在任何生态系统中都是一样的。

二、生态系统中的能量流动

能量流动是生态系统的基本功能之一。生态系统的能量流动是指能量通过食物网在系统内传递和耗散的过程。简单地说,就是能量在生态系统中的行为。它始于生产者,终于分解者,整个过程包括能量形态的转变以及能量的转移、利用和耗散等。

(一) 生态系统的初级生产

生态系统初级生产是指绿色植物借助光合作用所制造的有机物质,因为这是生态系统中最基本的能量固定,所以具有奠基石的作用,所有消费者和分解者都直接或间接依赖初级生产量为生,因此没有初级生产就不会有消费者和分解者,也就不会有生态系统。

在初级生产量中,有一部分是被植物自己的呼吸消耗掉了,剩下的部分才用于植物的生长和繁殖,这部分就是净初级生产量,而把包括呼吸消耗在内的全部生产量称为总初级生产量,生物量实际上就是净生产量的累积量。不同生态系统的净初级生产量和生物量有很大差异。在陆地生产系统中,净初级生产量和生物量最高的是热带雨林。总的来说,海洋的净初级生产量要比陆地的低,海洋面积约比陆地面积大一倍,但其净初级生产量只有陆地的一半。

(二) 生态系统的次级生产

次级生产是指动物靠吃植物、吃其他动物和吃一切现成有机物质而生产出来的有机物,包括动物的肉、蛋、奶、毛皮、血液、蹄、角以及内脏器官等。这类生产在生态系统中是有机物质的再生产,所以称为次级生产,归根结底次级生产量还是要依靠植物在光合作用中所生产的有机物质。所有消费者和分解者(包括大多数细菌和真菌)都属于次级生产者,因为它们都是异养生物。

从理论上讲,植物的全部净生产量都可被消费者和分解者利用并转化为次级生产量,但实际上一个生态系统中的净初级生产量没有被充分利用,常常是大部分没被利用。有

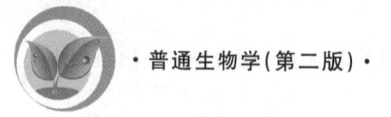

很多植物是因为不可食或生长在动物根本达不到的地方而无法被利用。被动物吃进体内的食物也会有一部分将通过动物的消化管原封不动地排至体外。次级生产量等于动物吃进的食物减掉粪便中所含有的能量,再减掉呼吸代谢所消耗的能量。显然,在所有生态系统中次级生产量都要比净初级生产量少得多。

(三) 生态系统的能量流动

在生态系统中,能量通过食物链逐级传递。太阳能是所有生命活动的能量来源,它通过绿色植物的光合作用进入生态系统,然后从绿色植物转移到各级消费者。生态系统的能量流动具有以下特点。

1. 单向流动

生态系统内部各部分通过各种途径放散到环境中的能量,再不能为其他生物所利用。生态系统的能量流动只能从第一营养级流向第二营养级,再依次流向后面的各个营养级,一般不能逆向流动,这是由动物之间的捕食关系确定的,如狼捕食羊,但羊不能捕食狼。

2. 逐级递减

因为资源利用率不高和生物的呼吸消耗,输入一个营养级的能量不可能百分之百地流入后一个营养级,能量在沿食物链流动的过程中是逐级减少的。能量沿食物链传递的平均效率为10%～20%,即一个营养级中的能量只有10%～20%的能量被下一个营养级所利用。因此,任何生态系统都需要不断得到来自外部的能量补给,如果在一个较长时期内断绝对一个生态系统的能量输入,这个生态系统就会自行消亡。

三、生态系统的物质循环

生态系统中的物质循环是生态系统的另一个基本功能,包括水的循环、碳的循环、氮的循环及其他元素如硫、磷等的循环。能量流动是单方向不可逆的,而物质的流动则是循环式的。各种物质和元素是不灭的,都可借助其完善的循环功能被生物反复利用,因此对于一个封闭的和功能完善的生态系统来说,无须从外界获得物质补给就可长期维持其正常功能。地球生物圈就是这样一个自给自足、自我维持的最大生态系统。

(一) 水循环

水的主要循环路线是从地球表面通过蒸发进入大气团,同时又不断从大气团通过降水而回到地球表面。每年地球表面的蒸发量和降水量是相等的,但陆地的降水量大于蒸发量,而海洋的蒸发量大于降水量,因此陆地每年都把多余的水通过江河源源不断输送给大海,以弥补海洋大量的亏损。生物在全球水循环中所起的作用很小,虽然植物在光合作用中要吸收大量的水,但通过呼吸和蒸腾作用又把大量的水送回大气团。水和水的循环对于生态系统具有特别重要的意义。水中携带着大量的各种化学物质(各种盐和气体)周而复始地循环,极大地影响着各类营养物质在地球上的分布。

水循环的另一个重要特点是每年降到陆地上的水大约有三分之一又以地表径流的形式流入海洋。地表径流能够溶解和携带大量的营养物质,把它们从一个生态系统搬运到另一个生态系统。这对补充某些营养物质的不足起着重要的作用。

河川和地下水是人类生活和生产用水的主要来源,人类每年所用的河川水约占河川总水量的一半,今后随着生活、灌溉和工业用水量的增加,人类还将利用更多的河川水。地下水是指植物根系所达不到而且不会因为蒸发作用而受到损失的深层水。地球所蕴藏的地下水约比地上所有河川和湖泊中的水多38倍。但随着人类对地下水的过度抽取和利用,其资源量将会越来越少。当前人类所面临的水资源问题不是由于降落到地球上的水量不足,而是水的分布不均衡;这尤其与人类人口的过于集中有关,由于人类已经强烈地参与了水的循环,致使自然界可以利用的水资源已经大为减少,水的质量也已明显下降。

(二)碳循环

碳是构成生物体的基本元素,约占生物总质量的25%。在无机环境中,以二氧化碳和碳酸盐的形式存在。自然界碳循环的基本过程如下(图6-6):大气中的二氧化碳被植物吸收,然后通过生物或地质过程以及人类活动,又以二氧化碳的形式返回大气中。

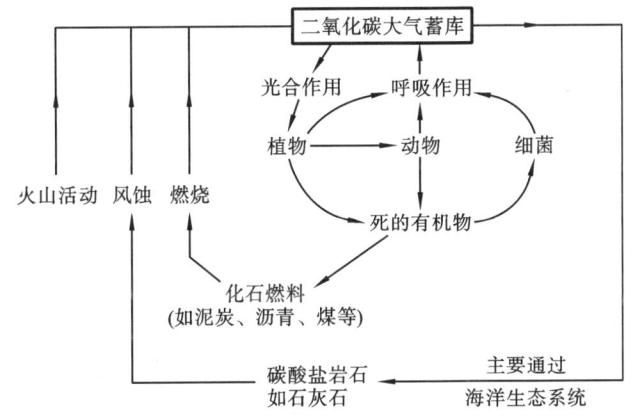

图6-6 碳循环示意图

绿色植物从空气中获得二氧化碳,经过光合作用转化成为植物体的碳化合物,经过食物链的传递,成为动物体的碳化合物。植物和动物的呼吸作用把摄入体内的一部分碳转化为二氧化碳释放入大气,另一部分则构成生物的机体或在机体内储存。动、植物死后,残体中的碳通过微生物的分解作用也成为二氧化碳而最终排入大气。一部分生物残体埋藏在地层中,经漫长的地质作用形成煤、石油和天然气等化石燃料。它们通过燃烧和火山活动放出大量二氧化碳进入大气。人类消耗大量矿物燃料对碳循环发生重大影响。

碳在生物群落和无机环境之间的循环主要是以二氧化碳的形式进行的,大气中的二氧化碳能够随着大气环流在全球范围内运动,因此,碳循环具有全球性。

大气中的二氧化碳溶解在雨水和地下水中成为碳酸,碳酸能把石灰岩变为可溶态的重碳酸盐,并被河流输送到海洋中。海水中的碳酸盐和重碳酸盐含量是饱和的,接纳新输入的碳酸盐,便有等量的碳酸盐沉积下来。通过不同的成岩过程,又形成石灰岩、白云石和碳质页岩。在化学和物理作用下,这些岩石被破坏,所含的碳又以二氧化碳的形式释放入大气中。

(三)氮的循环

氮是生命物质中不可缺少的一种元素。氮在自然界中的循环转化过程是生物圈内基本的物质循环之一。大气中的氮经微生物等作用而进入土壤,为动植物所利用,最终又在微生物的参与下返回大气中。

大气中约含 79% 的氮气,空气中含氮量虽然很大,但是氮分子不活泼,不易为大多数生物所利用。植物只能从土壤中吸收无机态的铵态氮(铵盐)和硝态氮(硝酸盐),用来合成氨基酸,再进一步合成各种蛋白质。动物则只能直接或间接利用植物合成的有机氮(蛋白质),经分解为氨基酸后再合成自身的蛋白质。在动物的代谢过程中,一部分蛋白质被分解为氨、尿酸和尿素等排至体外,最终进入土壤。动植物的残体中的有机氮则被微生物转化为无机氮(氨态氮和硝态氮),从而完成生态系统的氮循环。

构成陆地生态系统氮循环的主要环节为生物体内有机氮的合成、氨化作用、硝化作用、反硝化作用和固氮作用。植物吸收土壤中的铵盐和硝酸盐,进而将这些无机氮同化成植物体内的蛋白质等有机氮。动物直接或间接以植物为食物,将植物体内的有机氮同化成动物体内的有机氮。这一过程为生物体内有机氮的合成。动植物的遗体、排出物和残落物中的有机氮被微生物分解后形成氨,这一过程是氨化作用。在有氧的条件下,土壤中的氨或铵盐在硝化细菌的作用下最终氧化成硝酸盐,这一过程叫做硝化作用。氨化作用和硝化作用产生的无机氮都能被植物吸收利用。在氧气不足的条件下,土壤中的硝酸盐被反硝化细菌等多种微生物还原成亚硝酸盐,并且进一步还原成分子态氮,分子态氮则返回到大气中,这一过程称作反硝化作用。另一种使氮被植物利用的方法就是固氮作用,利用细菌将大气中的游离氮转变成含氮的化合物,供植物利用,如藻类中的固氮性蓝绿藻或称固氮细菌及寄生在豆科植物根部细胞的根瘤菌。根瘤菌进行固氮作用所消耗的能量由绿色植物的糖类供应,而根瘤菌将空气中的氮转变成可供植物利用的可溶性含氮盐类,两者互益的现象即为共生。另外人工合成的化学肥料如硫酸铵和硝酸盐等,亦是氮素的来源。

另外,硝酸盐还可能储存在腐殖质中并被淋溶,然后经过河流、湖泊,最后到达海洋,为水域生态系统所利用。

(四) 磷的循环

磷是生物不可缺少的重要元素,生物的代谢过程都需要磷的参与,磷是核酸、细胞膜和骨骼的主要成分,高能磷酸键在腺苷二磷酸和腺苷三磷酸之间可逆地转移,它是细胞内一切生化作用的能量。

磷是没有任何气态化合物的元素,因此是最典型的沉积型循环物质。沉积型循环物质都有两种存在方式,即岩石和溶盐,这类物质的循环都是起自岩石的风化,终于水中的沉积。岩石风化后,溶解在水中的盐便随着水流经土壤进入溪、河、湖、海并沉积在海底,其中一些长期滞留在海里,另一些可形成新的地壳,风化后又再次进入循环圈。植物和动物从溶解盐中或其他生物中获得这些物质,死后又通过分解和腐败过程而使这些物质重新回到水中和土壤中。磷的主要储存库是天然磷矿,由于风化、侵蚀作用和人类的开采活动,磷才被释放出来。一些磷经由植物、植食动物和肉食动物而在生物之间流动,待生物死亡和分解后又重返环境。在陆地生态系统中,磷的有机化合物被细菌分解为磷酸盐,其中一些又被植物吸收,另一些则转化为不能被植物利用的化合物,陆地的一部分磷则随水流进入湖泊和海洋,在淡水和海洋生态系统中,磷酸盐能够迅速地被浮游植物吸收,而后又转移到浮游动物和其他动物体内。浮游动物每天排出的磷量约与其生物量中所储存的磷量相等,从而使循环持续进行。浮游动物排出的磷有一半以上是可以被浮游植物重新吸收的无机磷酸盐。水体中的其他有机磷可被细菌利用,然后又被一些小动物取食,而这些小动物可以排泄磷酸盐。磷有一部分沉积在浅海,一部分沉积在深海。沉积在深海的磷有些又可以随着海水的上涌被带到光合作用海区并被浮游植物利用。动植物残体的下沉常导致表层海水的磷被耗尽而深水中的磷过多。

人类的活动已对磷的自然循环过程造成了很大影响。由于农作物耗尽了土壤中的天然磷,人们不得不施用磷肥。磷肥主要来自磷矿的开采、鱼粉和鸟粪。由于土壤中含有很多钙、铁和铵离子,因此大部分用作肥料的磷酸盐变成了不溶性的盐被固结在土壤中或池塘、湖泊和海洋的沉积物中,陆地表面的水流每年要把大量的磷从陆地带入海洋,而海洋中的磷回到陆地主要靠海底的上升运动。但这是一个漫长的间歇性的地质运动。另外,鸟通过排粪也可把海洋中的一些磷带回陆地,因为海鸟捕食海洋里的鱼,然后富含磷的鸟粪排在海岛和陆地上,久而久之就形成了天然的磷肥沉积层,这是人类开采的重要磷肥资源之一。此外,人类通过在海洋捕鱼每年也可把成千上万吨的磷带回陆地,但所有这些途径都远远比不上每年从陆地流失到海洋中去的磷。因此,磷的短缺很可能成为未来人类发展农业的重要限制因素。

(五) 硫循环

硫是原生质体的重要组成部分,它的主要蓄库是岩石圈,但它在大气圈中能自由移动。因此,硫循环有一个长期的沉积阶段和一个较短的气体阶段。在沉积阶段,硫被束缚在有机或无机沉积物中。岩石库中的硫酸盐主要通过生物的分解和自然风化作用进入生态系统。化能合成细菌能够在利用硫化物中含有的潜能的同时,通过氧化作用将沉积物中的硫化物转变成硫酸盐,这些硫酸盐一部分可以为植物直接利用,另一部分仍能生成硫酸盐和化石燃料中的无机硫,再次进入岩石中。从岩石释放硫酸盐的另一个重要途径是侵蚀和风化,从岩石中释放出的无机硫由细菌作用还原为硫化物,土壤中的这些硫化物又被氧化成植物可利用的硫酸盐。

自然界中的火山爆发也可将岩石库中的硫以硫化氢的形式释放到大气中,化石燃料的燃烧也将岩石中的硫以二氧化硫的形式释放到大气中,为植物所吸收。

硫的主要蓄库是硫酸盐岩,但大气中也有少量存在。虽然生物对硫的需要并不像对碳、氮和磷那么多,而且硫不会成为有机体生长的限制因子,但在硫循环中涉及许多微生物的活动,生物体需要硫合成蛋白质和维生素。植物所需的大部分硫主要来自土壤中的硫酸盐,同时可以从大气中的二氧化硫获得。植物中的硫通过食物链被动物利用,动植物死亡后,微生物分解蛋白质时将硫释放到土壤中,然后再被微生物利用,以硫化氢或硫酸盐形式而释放硫。无色硫细菌既能将硫化氢还原为元素硫,又能氧化为硫酸;绿色硫细菌在有阳光时,能利用硫化氢作为氧接收者;生活于沼泽和河口的紫细菌能使硫化氢氧化,形成硫酸盐,进入再循环,或者为生产者生物所吸收,或为硫酸还原细菌所利用。

人类对硫循环的影响很大,通过燃烧化石燃料,人类每年向大气中输送的二氧化硫已达 1.47×10^6 t,其中 70% 来源于燃烧煤。二氧化硫在大气中与水蒸气反应形成硫酸,大气中的硫酸对于环境有许多方面的影响,对人类及动物的呼吸道产生刺激作用,如果是细

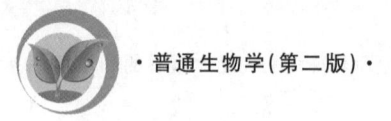

雾状的微小颗粒,还能进入肺,刺激敏感组织。二氧化硫浓度过高,就会形成灾害性的空气污染,例如伦敦 1952 年、纽约和东京 1960 年的二氧化硫灾害,造成支气管性哮喘患者大增,死亡率上升。空气中的污染物种类很多,现在往往将硫的浓度作为空气污染严重程度的指标,空气中硫含量与人的健康关系最为密切。

四、生态平衡

由于生态系统具有自我调节功能,因此在通常情况下,生态系统会保持自身的生态平衡。生态平衡包括生态系统结构上的稳定、功能上的稳定和能量输入输出上的稳定,它是一种动态平衡。一方面生产者通过光合作用不断把太阳能和无机物质转化为有机物质,另一方面消费者又通过摄食、消化和呼吸把有机物质消耗掉,而分解者则把生物死后的残体分解和转化为无机物质归还给环境供生产者重复利用,这将使能量和物质每时每刻都在生产者、消费者和分解者之间进行移动和转化。在自然条件下,生态系统总是朝着种类多样化、结构复杂化和功能完善化的方向发展,直到使生态系统达到成熟的最稳定状态为止。

当生态系统达到动态平衡的最稳定状态时,它能够自我调节和维持自己的正常功能,并能在很大程度上克服和消除外来的干扰,保持自身的稳定。有人把生态系统比喻为弹簧,它能忍受一定的外来压力,压力一旦解除就又恢复原初的稳定状态。但是生态系统的这种自我调节功能是有一定限度的,当外来干扰因素(如火山爆发、地震、泥石流、雷击火烧、人类修建大型工程、排放有毒物质、喷撒大量农药、人为引入或消灭某些生物等)超过一定限度时,生态系统自我调节功能本身就会受到损害,从而引起生态失调,甚至导致生态危机。生态危机是指由于人类盲目活动而导致局部地区甚至整个生物圈结构和功能的失调,从而威胁到人类的生存。生态平衡失调的初期往往不容易被觉察到,如果发展到出现生态危机就很难在短期内恢复平衡。为了正确地处理人和自然的关系,我们必须认识到整个人类赖以生存的自然界和生物圈是个高度复杂的具有自我调节功能的生态系统,保持这个生态系统结构和功能的稳定是人类生存和持续发展的基础,因此,人类的活动除了要讲究经济效益和社会效益外,还必须特别注意生态效益和生态后果,以便在利用自然资源的同时基本保持生物圈的稳定与平衡。

第五节　生物圈是生物的共同家园

一、生物圈

生物圈是指地球有生物存在的部分,地球表层由大气圈、水圈和岩石圈构成,三圈中适于生物生存的范围就是生物圈。它包括大气圈的下层、岩石圈的上层、整个土壤圈和水圈。生物圈是地球上最大的生态系统,水圈中几乎到处都有生物,但主要集中于表层和浅水的底层。世界大洋最深处超过 11 000 m,这里还能发现深海生物。限制生物在深海分布的主要因素有缺光、缺氧和随深度而增加的压力。大气圈中生物主要集中于下层,即与岩石圈的交界处。鸟类能高飞数千米,花粉、昆虫以及一些小动物可被气流带至高空,甚至在22 000 m的平流层中还发现有细菌和真菌。限制生物向高空分布的主要因素有缺氧、缺水、低温和低气压。在岩石圈中,生物分布的最深记录是生存在地下2 500~3 000 m处石油中的石油细菌,但大多数生物生存于土壤上层几十厘米之内。限制生物向土壤深处分布的主要因素有缺氧和缺光。由此可知,虽然生物可见于由赤道至两极之间的广大地区,但就厚度来讲,生物圈在地球上只占据薄薄的一层。

二、人类对生物圈的影响

人是生物圈中占统治地位的生物,人类不像动物那样只是以自己的存在来影响环境,人具有主观能动作用,能以自己的劳动来改造环境。人类活动对环境的影响远远超过其他生物对环境的影响,人类能大规模地改变生物圈,使其为人类的需要服务。人类在诞生以后很长的岁月里,只是自然食物的采集者和捕食者,由于人口数量较少,人类活动对环境的影响很小。随着人类文明的进步和人口的增多,人类生产活动中出现种植业和畜牧业,人类的生产活动和消费活动领域扩大,改造环境的作用越来越明显,人类对环境的影响越来越大,这时人类向环境攫取的物质与能量数量巨大,排放废物日益增多,破坏了人类与环境之间的平衡,环境开始报复人类,惩罚人类,从而产生环境问题。比较严重的如大量砍伐森林、破坏草原引起水土流失、水旱灾害和沙漠化。现代工业的出现是人类与环境关系史上的又一次大的变革,现代工业生产和人类的消费活动对全球生态环境产生了重大的影响,环境和资源问题正威胁着人类的生存。人类对生物圈的消极影响主要表现在以下几个方面。

(一)全球气候变暖

1. 近百年来全球变暖的趋势

气候学的记录显示,近百年来,全球的平均地面气温呈现明显的上升趋势。总体上,20世纪80年代的全球平均气温比19世纪下半叶升高了约0.6 ℃。这种趋势很可能继续下去,除非采取有效的措施加以控制。坐落在维也纳附近的国际应用系统分析研究所于1991年所作的预测表明,到2050年,全球变暖的幅度可能在4.5~10 ℃,到21世纪末,则在12~15 ℃。这些预测还是初步的,因为其中没有考虑海洋热力学效应引起的时间滞后效应。比较合理的预测是,到2030年,全球平均气温将比现在上升0.5~2.5 ℃,到2050年,将上升3.6~4.5 ℃。

2. 全球变暖可能产生的影响

初步研究显示,全球变暖会引起温度带的北移,进而导致大气运动发生相应的变化,全球降水也将随之发生变化。一般地,低纬度地区现有雨带的降水量会增加,高纬度地区冬季降雪量也会增多,而中纬度地区夏季降水量将会减少。对于大多数干旱、半干旱地区,降水量增多是有利的。而对于降水减少的地区,如北美洲中部、中国西北内陆地区,则会因为夏季雨量的减少变得更加干旱,水源更加紧张。

据估算,在综合考虑海水热胀、由于极地降水增加导致南极冰帽增大、北极和高山冰

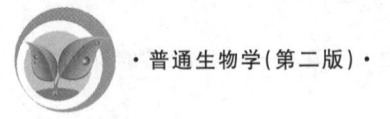

雪融化等因素的前提下,当全球气温升高 1.5～4.5 ℃时,海平面将可能上升 20～165 cm。海平面的上升无疑会改变海岸线,给沿海地区带来巨大影响,目前海拔较低的沿海地区将面临被淹没的危险。海平面上升还会导致海水倒灌、排洪不畅、土地盐渍化等其他后果。

尽管存在着许多的不确定性,但显而易见的是,全球气候变暖对气候带、降水量以及海平面的影响以及由此导致的对人类居住地及生态系统的影响是极其复杂的,必须给予应有的重视。认为这种影响从长远来看是无关紧要的看法是不负责任的。

3. 全球变暖的原因

地球大气是多种气体的混合物,其中氮气和氧气占了总量的 99％,但是起到温室效应的主要是一些微量气体,这些气体对太阳辐射的主体部分(短波和可见光)吸收很弱,而对地面发出的长波辐射吸收强烈。因此当它们在大气中的浓度增加时,大气的温室效应就会加剧,引起地球表面和大气层下部的温度升高。这些气体称为"温室气体"。"温室气体"主要包括二氧化碳、臭氧、甲烷、氯氟烃、一氧化碳等。

温室气体增加的主要原因是人类活动。以二氧化碳为例,2009 年全球大气中二氧化碳的浓度比工业革命前(1750 年前)增加了 38％。大气中二氧化碳浓度增加的原因主要有两个:首先,由于人口的剧增和工业化的发展,人类社会消耗的化石燃料急剧增加,燃烧产生大量的二氧化碳进入大气,使大气中的二氧化碳浓度增加;其次,森林毁坏使得被植物吸收利用的二氧化碳的量减少,造成二氧化碳被消耗的速度降低,同样造成大气中二氧化碳浓度升高。

(二)臭氧层破坏

大气臭氧层的损耗是当前世界上又一个普遍关注的全球性大气环境问题,它同样直接关系到生物圈的安危和人类的生存。

1. 臭氧层损耗与"臭氧洞"

臭氧(O_3)是氧气(O_2)的同素异形体,它的化学性质十分活泼,很容易跟其他物质发生化学反应。实际上,在臭氧层内,臭氧的形成是众多物质参与,经过一系列化学反应达到化学平衡的结果。臭氧在遇到 H、OH、NO、Cl、Br 时,就会被催化,加速分解为 O_2。氯氟烃之所以被认为是破坏臭氧层的物质,就是因为它们在太阳辐射下分解出 Cl 和 Br 原子。

1984 年,英国科学家首次发现南极上空出现臭氧洞。1985 年,美国的"雨云 7 号"气象卫星观测到这个臭氧洞。以后经过数年的连续观测,进一步得到证实。据 NASA 报道,"雨云 7 号"卫星上的总臭氧测定记录数据表明,近年来,南极上空的臭氧洞有恶化的趋势。目前不仅在南极,在北极上空也出现了臭氧减少现象。NASA 和欧洲臭氧层联合调查组分别进行的测定都表明了这一点。

2. 臭氧层破坏的原因

对于大气臭氧层破坏的原因,科学家中间有多种见解。但是大多数人认为,人类过多地使用氯氟烃类化学物质(用 CFCs 表示)是破坏臭氧层的主要原因。氯氟烃是一种人造化学物质,1930 年由美国的杜邦公司投入生产。在第二次世界大战后,尤其是进入 20 世纪 60 年代以后,开始大量使用,主要用作气溶胶、制冷剂、发泡剂、化工溶剂等。另外,哈龙类物质(用于灭火器)、氮氧化物也会造成臭氧层的损耗。

在平流层内离地面 20～30 km 的地方是臭氧的集中层带,在这个臭氧层中存在着氧原子(O)、氧分子(O_2)和臭氧(O_3)的动态平衡。但是氮氧化物、氯、溴等活性物质及其他活性基团会破坏这个平衡,使其向着臭氧分解的方向移动。而 CFCs 物质的非同寻常的稳定性使其在大气同温层中很容易聚集起来,其影响将持续一个世纪或更长的时间。在强烈的紫外辐射作用下它们光解出氯原子和溴原子,成为破坏臭氧的催化剂(一个氯原子可以破坏 10 万个臭氧分子)。

3. 臭氧层破坏对生物圈的影响

由于臭氧层中臭氧的减少,照射到地面的太阳光紫外线增强,其中波长为 240～329 纳米(nm)的紫外线对生物细胞具有很强的杀伤作用,对生物圈中的生态系统和各种生物,包括人类,都会产生不利的影响。

臭氧层破坏以后,人体直接暴露于紫外辐射的机会大大增加,这将给人体健康带来不少麻烦。紫外辐射增强使患呼吸系统传染病的人增加,受到过多的紫外线照射还会增加皮肤癌和白内障的发病率。此外,强烈的紫外辐射会促使皮肤老化。

臭氧层破坏对植物产生难以确定的影响。近十几年来,人们对 200 多个品种的植物进行了增加紫外照射的实验,其中三分之二的植物显示出敏感性。一般说来,紫外辐射增加使植物的叶片变小,因而减少俘获阳光的有效面积,对光合作用产生影响。对大豆的研究初步结果表明,紫外辐射会使其更易受杂草和病虫害的损害。臭氧层厚度减少 25%,可使大豆减产 20%～25%。

紫外辐射的增加对水生生态系统也有潜在的危险。紫外线的增强还会使城市内的烟雾加剧,使橡胶、塑料等有机材料加速老化,使油漆退色等。

(三) 酸雨

1. 酸雨现象

酸雨是指 pH 值低于 5.6 的大气降水,包括雨、雪、雾、露、霜。由于空气中含有二氧化碳,而二氧化碳溶于水后使水变成弱酸性,因此大气降水在通常情况下就具有一定的酸性。但是正常降水的 pH 值不会低于 5.6,因为二氧化碳饱和溶液的 pH 值为 5.6。

20 世纪 50 年代后期,酸雨首先在欧洲被察觉,进入 80 年代以后,酸雨发生的频率更高,危害更大,并打破国界扩展到世界范围,欧洲、北美和东亚是酸雨危害严重的区域。我国对酸雨的监测起步较晚,1979 年开始在北京、上海、南京、重庆、贵阳等地开展降水化学成分的测定。在 1981 年进行了一次全国性酸雨普查,监测结果是,全国有 20 多个省、市、自治区出现程度不同的酸雨,占普查数的 87%。目前酸雨已成为我国严重的区域性环境问题。

2. 酸雨的成因

降水的酸度来源于大气降水对大气中的二氧化碳和其他酸性物质的吸收。前面已经说过,二氧化碳引起的酸性是正常的。形成降水的不正常酸性的物质主要是含硫化合物、含氮化合物、HCl 和氯化物等。通常形成酸雨的物质是二氧化硫(SO_2)和氮氧化物

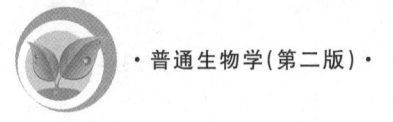

(NO_x),它们造成的酸雨占酸雨中总酸量的绝大部分。

目前大气中的硫和氮的化合物大部分是人类活动造成的,其中燃烧化石燃料(石油、天然气、煤炭)产生的二氧化硫和氮氧化物是造成酸雨的主要原因。近一个世纪以来,人类社会的二氧化硫排放量一直在上升,尤其是第二次世界大战后上升得更快,从 1950 年到 1990 年全球的二氧化硫排放量增加了约 1 倍,目前已超过 1.5×10^8 t/a。全球氮氧化物的排放量也接近 1×10^8 t/a。在各国中,美国的二氧化硫年排放量和氮氧化物排放量都是最多的,中国在二氧化硫排放量上次之。近年来世界的二氧化硫排放量上升趋缓,原因是各国大气污染防治法的实施,促使大气污染控制技术越来越多地被采用(如热电厂的烟气脱硫和除尘装置)。

中国是燃煤大国,煤炭在能源消耗中占了 70%,因而我国的大气污染主要是燃煤造成的。我国生产的煤炭,平均含硫约为 1.1%。由于初期未加以严格控制,我国在工业化水平还不算高的现在就形成了严重的大气污染状况。目前我国二氧化硫排放量已达 1 800 多万吨。二氧化硫排放引起的酸雨污染不断扩大,已从 20 世纪 80 年代初期的西南局部地区扩展到长江以南大部分城市和乡村,并向北方发展。

3. 酸雨的危害

酸雨腐蚀材料,损害森林,破坏水生和陆生生态环境,并造成农作物减产。调查结果表明,我国仅两广、川、贵四省区由酸雨造成的直接和间接经济损失,每年就达 160 亿元。酸雨使湖泊变酸,水生生物死亡。酸雨对生态系统的危害还表现在浸渍土壤,使土壤变得贫瘠,降低生态系统的初级生产力。酸雨腐蚀岩石矿物,使水体中的重金属和铝的含量增加,影响水生生态系统的正常运转。当水中铝的含量达到 0.2 mg/L 时,鱼类就会死亡。长期的酸雨侵蚀会造成森林死亡。酸雨对人体健康也造成直接影响,例如酸雨渗入地下可以使地下水中的金属含量增加,人们饮用这样的水会对人体造成危害;人们食用酸雨污染的水体中的鱼类,同样会受到身体的损害。

(四) 淡水资源紧缺,水污染加剧

随着现代工业生产的发展和大城市的兴起,工业废水量和生活污水量急剧增加,造成水体的普遍污染,被人类排放到水体中的污染物包括以下 8 类:家庭污水,微生物病原菌,化学肥料,杀虫剂、除草剂和洗涤剂,其他矿物质和化学品,水土流失的冲积物,放射性物质和来自电厂的废热等。其中每一种都会带来不同的污染,使越来越多的江河湖海变质,使饮用水的质量越来越差。单化学肥料一项就常常造成水体富营养化,使很多湖泊变成了没有任何生物的死湖。

地球上一些著名的大河,如泰晤士河、密西西比河、莱茵河和我国的长江、黄河都曾受到过严重污染,虽然经过治理情况已有很大改善,但全球河流受到普遍污染的现状仍未根本改变。耗水量的增加和水污染的加剧,导致全球性的水资源危机,目前大约有 20 亿人饮用水紧缺。严重的水资源危机对人类的生存造成了很大的威胁。

由于水体污染造成了极严重的后果,人类必须依靠强大的技术手段保护水资源,开发水资源。很多国家已采取措施对江河湖海进行保护和治理,如严格控制污染源、生产工艺无害化、工业用水封闭化、采用无水造纸法与无水印染法和建立污水处理厂等。由于采取了这些措施,因此就全球来讲,部分地区的水质已经开始恢复,一度绝迹的生物又重新出现,有的地区甚至已变成了风景宜人的旅游区。这说明只要认真治理,水污染问题也是可以解决的,虽然目前距离这一目标还很遥远。

(五)海洋污染

海洋面积辽阔,储水量巨大,因而长期以来是地球上最稳定的生态系统。由陆地流入海洋的各种物质被海洋接纳,而海洋本身却没有发生显著的变化。然而近几十年,随着世界工业的发展,海洋的污染也日趋严重,使局部海域环境发生了很大变化,并有继续扩展的趋势。

海洋的污染主要是发生在靠近大陆的海湾。由于密集的人口和工业,大量的废水和固体废物被倾入海水,加上海岸曲折造成水流交换不畅,使得海水的温度、pH 值、含盐量、透明度、生物种类和数量等性状发生改变,对海洋的生态平衡构成危害。目前,海洋污染突出表现为石油污染、赤潮、有毒物质累积、塑料污染和核污染等几个方面,污染最严重的海域有波罗的海、地中海、东京湾、纽约湾、墨西哥湾等。就国家来说,沿海污染严重的是日本、美国、西欧诸国和前苏联国家。我国的渤海湾、黄海、东海和南海的污染状况也相当严重,虽然汞、镉、铅的浓度总体上尚在标准允许范围之内,但已有局部的超标区;石油和化学需氧量(COD)在各海域中有超标现象。其中在污染最严重的渤海,污染已造成渔场外迁、鱼群死亡、赤潮泛滥、有些滩涂养殖场荒废、一些珍贵的海生资源正在丧失。

海洋污染的特点是,污染源多、持续性强,扩散范围广,难以控制。海洋污染造成的海水混浊严重影响海洋植物(浮游植物和海藻)的光合作用,从而影响海域的生产力,对鱼类也有危害。重金属和有毒有机化合物等有毒物质在海域中累积,并通过海洋生物的富集作用,对海洋动物和以此为食的其他动物造成毒害。石油污染在海洋表面形成面积广大的油膜,阻止空气中的氧气向海水中溶解,同时石油的分解也消耗水中的溶解氧,造成海水缺氧,对海洋生物产生危害,并祸及海鸟和人类。好氧有机物污染引起赤潮(海水富营养化的结果),造成海水缺氧,导致海洋生物死亡。海洋污染还会破坏海滨旅游资源。因此,海洋污染已经引起国际社会越来越多的重视。

(六)森林植被破坏严重

目前世界上密闭林覆盖面积为 2.8×10^9 hm²,占地球陆地表面积的 21%。另有 1.3×10^9 hm² 稀疏林。若再加上休耕地上重新长出来的林木、天然灌木林和退化的森林林地,则地球上森林总面积原来至少为 5.2×10^9 hm²,占总土地面积的 40%。可是,人们为了发展农业或为其他目的砍伐森林,造成世界范围的森林面积骤减。根据联合国粮农组织和环境规划署的估计,全球每年约有 1.110×10^7 hm² 森林被毁。在 1997 年世界资源研究所的记录中,全世界只有 20% 的森林仍然能保持着原始森林的原貌。根据 2006 年 3 月 2 日绿色和平组织发布的世界森林地图,用卫星图像对全球森林进行了评估,发现地球上只剩下 10% 的陆地面积是未受侵扰的原始森林。148 个森林带范围内的国家中,有 82 个国家完全失去了未受侵扰的原始森林。

(七)土地资源丧失

伴随着森林的砍伐,土地沙漠化和土壤侵蚀现象日趋严重。全球沙漠化面积已达4.0

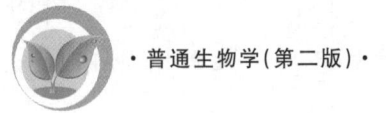

$\times 10^9$ hm^2,100 多个国家受到影响。全球每年因沙漠化损失 6.00×10^6 hm^2 以上的土地，其中包括草地 3.20×10^6 hm^2，靠雨水浇灌的农田 2.50×10^6 hm^2，人工浇灌的农田1.25×10^5 hm^2。另外，据联合国粮农组织的估计，全世界有 30%～80% 的灌溉土地不同程度地受到盐碱化和水涝灾害的危害，由于侵蚀而流失的土壤每年高达 2.40×10^{10} t。而在自然力的作用下，形成 1 cm 厚的土壤需要 100～400 年。因此，土壤侵蚀和土壤退化是一场无声无息的生态灾难。全球的草原约占陆地表面积的 20%，一般分布在干旱和半干旱地区，各大洲均有分布。过度放牧和不适当的开垦，引起草场退化，发生土壤侵蚀、土壤盐渍化和沼泽化，并进一步荒漠化，严重损害了草原动物的生存环境。

(八) 生物多样性锐减

具体内容见第七章。

三、保护我们共同的家园

(一) 控制人口

人类社会的发展，特别是人口数量增多和科学技术的进步，使人对环境的影响和作用越来越大，而对环境的依赖性逐渐减少。人类改造环境的巨大成就，使人们错误地认为，人是大自然的主人，人可以主宰地球环境。

在一定生态环境条件下，一定区域资源所能养活的人口数量是有限的，地球上的陆地是有限的，地球上的生物生产量也是有限的，因此地球上居住和生存的人口数量也是有限的。地球是人类居住的场所，地球究竟能容纳多少人口，是全人类共同关心的问题，也是人们正研究的重大问题。从环境保护角度判断，当今世界人口与环境的主要矛盾是人口的高速增长，导致环境所受到的压力过大，人口与环境的关系已经相当紧张。所以除了努力发展生产之外，还要实行计划生育。控制人口增长对减弱资源的压力，对可持续发展全球经济和保护环境都具有重大意义。

(二) 合理开发自然资源

合理开发利用自然资源，是环境保护的重要措施之一。自然资源可分为三大类：一是生态资源(恒定资源)，如光、热、水、风力、潮汐等；二是生物资源(可再生资源或可更新资源)，如动物、植物、微生物、土壤等；三是矿产资源(不可再生资源或不可更新资源)，如天然气、煤炭、石油等。自然资源是人类生产和生活资料的基本来源，是社会文明发展的前提和基础。如果资源退化了，枯竭了，就要阻碍生产的发展。采矿工业如果实行盲目开采，就会带来矿产资源枯竭。人类的生存不能离开水、空气、阳光、土地等，这些资源一旦缺少，就会给人类的生存和发展带来威胁。

我国自然资源虽然总量较多，但人均占有量少。如矿产资源潜在价值居世界第三位，可是人均占有量低于很多国家。又如水资源，我国人均仅 2 700 m^3，大大低于世界人均11 000 m^3 的占有量。再如林地面积，我国人均只有 1 100 m^2，而世界人均占有林地面积是 10 300 m^2。

开发利用自然资源，势必影响和改变环境；同时，我国保护生态环境的能力较低，又影响了自然资源的开发利用。例如，人类对土地资源的开发利用，如果不符合当地的生态环境特点,生态平衡就会遭到破坏,出现严重的自然灾害。

对资源的合理开发利用,就是对环境的最好保护。对此,人们必须树立正确的观点,认识到自然资源的有限性。就某一种资源来说,在一定条件和一定时期内,并不是取之不尽、用之不竭的,所以珍惜各种自然资源是全人类的责任。

(三) 坚持可持续发展理论,保护环境、建设环境

环境问题是伴随经济发展和社会进步而产生的,特别是与生产和消费活动,即人口增长、工业化、城市化和农业集约化,有十分密切的关系。环境问题是发展活动直接或间接的结果。像洪涝、干旱、滑坡、泥石流等自然灾害,主要是由自然力作用引起的,但乱砍滥伐森林和乱垦滥牧草原,造成植被破坏和退化等人为因素,也是这类自然灾害频发的重要原因。因此,环境问题实质上是国民经济和社会发展的问题,是环境与发展的对立统一和平衡问题。

环境与发展是当代世界面临的挑战,是国际社会普遍关注的问题。环境问题已经对人类的生存和发展构成严重威胁。保护环境,发展经济,实现可持续发展,已经成为世界人民的共识。发展经济既是人类持续生存和社会日益进步的前提,也是实现保护环境的物质保证。但经济发展不能脱离和超越环境的承载力,否则会发生环境问题,成为阻碍经济增长和社会进步的制约因素。因此,经济建设和环境保护必须协调发展,相辅相成,缺一不可。

环境问题具有广泛性、长期性、复杂性和综合性的特点。它在发展过程中产生,也必须在发展过程中解决。环境问题与人口、资源和发展密切相关,如果仅就环境问题论环境问题,无助于环境问题的彻底解决,甚至会治理了这种污染的环境问题,又出现另一种污染的环境问题,如燃煤电厂烟气脱硫,消除了大气二氧化硫,又出现了含硫固体废渣污染的难题。只有以防为主,统一规划,综合防治,强化管理,才能彻底解决环境问题。

污染防治是一项投资巨大、内容复杂、范围广泛的艰巨任务。生态破坏是一种不可逆转的过程。坚持可持续发展方式,是防治环境污染和生态破坏的基本对策。可持续发展是一种既满足当代人需要,又不对子孙后代构成危害的发展方式。只有对自然环境和自然资源适当地开发利用,才能保证自然景观不被破坏,自然资源不致枯竭,子孙后代的生存和发展才有选择和回旋的余地。

只有真正科学地解决"人与自然和谐共存"的问题,从长远利益去考虑,尊重自然、善待自然,利用自然的客观规律去科学地发展经济,同时能合理地开发、利用、保护环境资源,才能达到生态环境的保护与可持续发展的目的。

 本章小结

生物与环境是互相影响、相互依存、不可分割的统一体。环境是指围绕着生物体或者群体的空间及其中一切事物的总和。生物群落是指在一定生活环境中的所有生物种群的总和。群落具有一定的结构、一定的种类构成和一定的种间相互关系。主要的陆地生物群落有热带森林、温带落叶阔叶林、北方针叶林、草原、荒漠、苔原等。水生群落有淡水生物群落和海洋生物群落,各种类型的群落具有各自的特点。生态系统是指在一定的空间

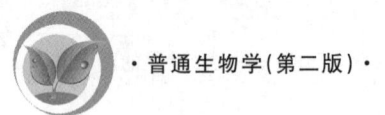

内生物成分和非生物成分通过物质循环和能量流动而互相作用、互相依存而构成的一个生态学功能单位。生态平衡包括生态系统结构上的稳定、功能上的稳定和能量输入输出上的稳定,它是一种动态平衡。生物圈是指地球有生物存在的部分,包括大气圈的下层、岩石圈的上层、整个土壤圈和水圈。生物圈是地球上最大的生态系统。

 复习思考题

1. 什么是环境?

2. 什么是生态因子?

3. 为什么说生物与环境是不可分割的统一体?

4. 什么是种群? 种群有哪些特征?

5. 什么是出生率、死亡率和自然增长率?

6. 种群有哪两种增长方式? 其增长各有什么特点?

7. 群落中物种之间有哪些主要的相互关系? 各举一个实例说明。

8. 地球上有哪些主要的陆地群落类型? 其所处环境有什么特点?

9. 什么是生态系统? 生态系统包括哪些成分?

10. 生态系统中的生产者、消费者和分解者各有什么功能?

11. 什么是营养级和生态"金字塔"?

12. 能量流动有什么特点?

13. 人类活动对生物圈产生了什么影响? 人类应如何保护自身的生存环境?

第七章

生命的起源、进化与多样性

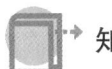 **知识目标**

1. 了解关于生命起源的几种假说、原始地球演变与生命物质基础、生物分类的阶层和双名法、生物分类系统、生物多样性的价值、我国生物多样性的特点及早期单细胞生物进化；

2. 理解原始生命的化学进化过程、物种的概念、保护生物多样性的意义；

3. 掌握原始生命的化学进化过程。

 技能目标

1. 能够通过本章的学习树立科学的进化观；

2. 会分析自然界中的一些关于进化方面的现象；

3. 会运用保护生物多样性的思想处理生活和生产中遇到的有关生物多样性保护的问题。

第一节 生命的起源

原始的生命是从哪里来的？这个问题的实质是物质如何从无生命发展为有生命。

最早的化石是 35 亿年前的包括叠层石在内的微化石，但这些都是已经具有细胞形态的生命了。从这些化石中，我们只能获得有关原始细胞的大小、细胞壁形态、细胞分裂等方面的资料，不可能了解有关核酸、蛋白质以及信息的转录、翻译系统的来源等问题，而这些问题正是研究生命起源必须解答的问题。在达尔文时代，单纯用描述和比较的方法可以得出生命进化的可信结论，却不能解决生命的起源问题。现在，人们经过努力，进行了多种复杂的实验，对于生命从无机界发展而来的历史已经有了一些了解。

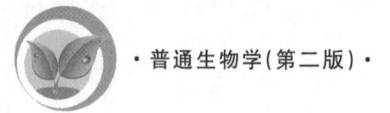

一、生命起源的几种假说

历史上关于生命的起源有多种臆测和假说,也有很多争论。

(一)创世说

创世说又称特创论,认为物种是由上帝创造出来的,并一代代繁衍下来。包括一次创造论(世界上所有生物是上帝一次性创造出来并且代代相传永远不变)和连续创造论(生物是上帝一次又一次地创造出来的,因此地球上的物种是有变化的)。特创论把生命起源这一科学命题划入神学领域,因而是不科学的。

(二)自生论

这是 19 世纪前广泛流传的理论,认为生命是从无生命物质自然发生的。古代中国人相信"腐草化为萤"(即萤火虫是从腐草堆中产生的),腐肉生蛆等;埃及人认为尼罗河谷的蛙和鳝鱼是淤泥经日光照射而产生的。在西方,亚里士多德就是一个自生论者,他甚至还编制了一个能够从无生命的物质中自然发生的物种名录。例如,他认为腐烂尸体和排泄物能产生绦虫,黏液能产生蟹、鱼、蛙和蝾螈等。在中世纪的西方虽然神创论占了统治地位,但自生论仍大有发展。例如,"树鹅学说"认为针叶树的树脂和海水的盐分结合可生出鹅和鸭,因而鹅肉、鸭肉曾一度被划为素食。

17 世纪荷兰人 J. van Helmont 虽然在光合作用的研究中有所贡献,对于生命起源问题,他却主张自生论。他还用"实验"证明,将谷粒、破旧衬衫塞入瓶中,静置于暗处,21 天后就会产生老鼠,并且这种"自然"发生的老鼠竟和常见的老鼠完全相同。J. van Helmont 的实验没有排除老鼠从外界进入的可能性,他的结果显然是错误的。

17 世纪意大利医生 Francesco Redi 第一次用实验证明腐肉不能生蛆,蛆是苍蝇在肉上产的卵孵化而成的(图 7-1)。F. Redi 的实验严谨而有说服力,此后人们才逐渐相信较大的动物(如蝇、鼠、象等)不能自然发生。但是,由于虎克发现了到处都有小的生物,如纤毛虫以及细菌等,因此人们觉得小的生物是可以自然发生的。主张生物进化的先驱拉马克也认为小的滴虫等可以自然发生,其他生物则是从这些自然发生的小生物自然进化发展而来的。意大利生物学家 L. Spallanzani 的实验证明小生物也不是自然发生的。他将肉汤装入不封口的瓶中煮沸,静置数日后,肉汤中出现微生物;如将瓶口封盖,然后煮沸、静置,肉汤中不出现微生物(图 7-2)。他的结论是肉汤中的小生物来自空气,而不是自然发生的。但自生论者则认为他把肉汤"折腾"得失去了"生命力",并且在封盖的瓶中空气也变了质,不适于生命的生存了。

| 开口瓶 | 肉上生蛆 | 瓶口封盖 | 无蛆 |

图 7-1 F. Redi 的实验

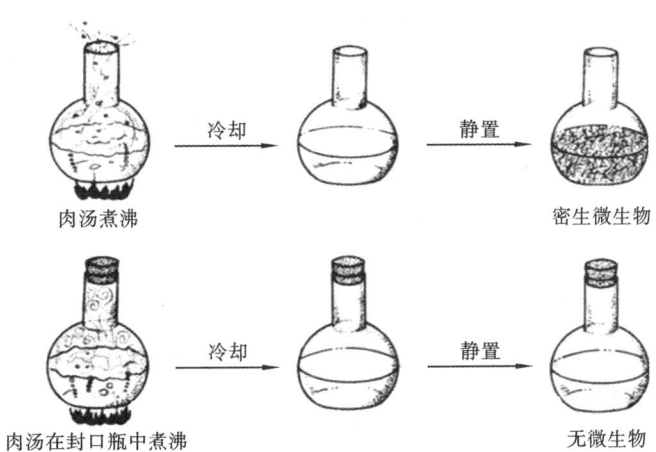

图 7-2　L. Spallanzani 的实验

法国微生物学家巴斯德的实验才彻底地否定了自生论。巴斯德根据他的发酵研究认为,生物不可能在肉汤或其他有机物中自然发生,否则灭菌、菌种选育等就都是无意义的了。他做了一系列实验证明微生物只能来自微生物,而不能来自无生命的物质。其中鹅颈瓶实验(图 7-3)是十分简单但最令人信服的。他将营养液(如肉汤)装入带有弯曲细管的瓶中,弯管是开口的,空气可无阻地进入瓶中(这就使那些认为 L. Spallanzani 的实验使空气变坏的人无话可说了),而空气中的微生物则被阻而沉积于弯管底部,不能进入瓶中。巴斯德将瓶中液体煮沸,使液体中的微生物全被杀死,然后放冷静置,结果瓶中不产生微生物。此时如将曲颈管打断,使外界空气不经"沉淀处理"而直接进入营养液中,不久营养液中就出现了微生物。可见微生物不是从营养液中自然发生的,而是来自空气中原已存在的微生物(孢子)。

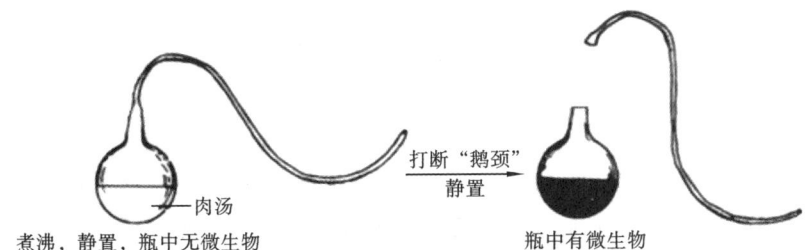

煮沸,静置,瓶中无微生物　　　　打断"鹅颈" 静置　　　瓶中有微生物

图 7-3　巴斯德的鹅颈瓶实验

1864 年巴斯德在法国国家科学院报告了他的工作。原定和他辩论的有名的自生论者 F. A. Pouchet 撤销了辩论。"生命来自生命",即生源论取得了胜利。巴斯德的工作虽然证明了在现在的条件下,生命不可能自然发生,但不能解答这样的问题:既然生命来自生命,最早的生命来自哪里呢?

(三) 宇宙发生说

这一学说认为地球上的生命来自宇宙间其他星球,某些微生物孢子可以附着在星际尘埃颗粒上而落入地球,从而使地球有了初始的生命。地球以外确实存在着有机物,当然也就有存在生命的可能,不过这不能证明地球上的生命就是来自天外的。但无论生命是来自天外,还是来自地球本身,生命总是从无生命的物质经过化学进化的阶段而来的,而地球形成的条件是能够满足化学进化的要求的。

此外,还有人主张生命和物质、能量一样是永恒的,没有发生和起源,只有传播和变迁。这种见解对于研究生命起源问题显然是无益的。

1924年苏联生物化学家奥巴林用俄文发表了《生命起源》专著。几年后,英国遗传学家霍尔丹也发表了论文,提出了与奥巴林相同的观点。1936年奥巴林改写了《生命起源》,该书增加了内容并被译成多种文字。从此,生命起源的问题也重新引起人们的广泛重视,很多人进行了研究。20世纪50年代以后,人们利用更先进的实验技术进行了更深入的研究,取得了一些成果。

这些研究表明,生命与非生命之间没有不可逾越的鸿沟,这和自生论好像很相似,其实却有根本的不同,可称为化学进化学说(新自生论)。该学说认为,生命是在长时间宇宙进化中发生的,是宇宙进化的某一阶段非生命的物质所发生的一个进化过程,而不是在现在条件下由非生命的有机物质突然发生的。这个学说因为有比较充分的根据和实验证明,因而得到多数科学家的承认,很多研究者也都以此学说为根据继续深入研究。

生命的起源可能与热泉生态系统有关,这是20世纪70年代以来,部分学者提出的观点。20世纪70年代末,科学家在东太平洋的加拉帕戈斯群岛附近发现了几处深海热泉,在这些热泉里生活着众多的生物,包括管栖蠕虫、蛤类和细菌等兴旺发达的生物群落。这些生物群落生活在一个高温(热泉喷口附近的温度达到300 ℃以上)、高压、缺氧、偏酸和无光的环境中。首先是这些化能自养型细菌利用热泉喷出的硫化物(如H_2S)所得到的能量去还原CO_2而制造有机物,然后其他动物以这些细菌为食物而维持生活。迄今科学家已发现数十个这样的深海热泉生态系统,它们一般位于地球两个板块结合处形成的水下洋崤附近。热泉生态系统之所以与生命的起源相联系,主要基于以下的事实:①现今所发现的古细菌,大多生活在高温、缺氧、含硫和偏酸的环境中,这种环境与热泉喷口附近的环境极其相似;②热泉喷口附近不仅温度非常高,而且又有大量的硫化物、CH_4、H_2和CO_2等,与地球形成时的早期环境相似。由此,部分学者认为,热泉喷口附近的环境不仅可以为生命的出现以及其后的生命延续提供所需的能量和物质,而且可以避免地球以外的物体撞击地球时所造成的有害影响,因此热泉生态系统是孕育生命的理想场所。但另一些学者认为,生命可能是从地球表面产生的,随后蔓延到深海热泉喷口周围。以后的撞击毁灭了地球表面所有的生命,只有隐藏在深海喷口附近的生物得以保存下来并繁衍后代。因此,这些喷口附近的生物虽然不是地球上最早出现的,却是现存所有生物的共同祖先。

二、原始地球演变与生命物质基础

生命的起源是宇宙进化的一部分,因此了解宇宙的进化,特别是地球的形成是必要的。目前流行一种观点:这个宇宙始于(150±30)亿年前的一次突发的大爆炸,之后,宇宙出现了由氢和氦组成的巨大星云,这个星云分裂而成许多较小的星云。由于某些原因,星云开始缓慢地收缩,并发生旋转运动。先收缩成为扁平的圆盘状,同时旋转速度逐步增加,收缩时内部收缩较快,外部较慢,到一定程度时,内部逐渐形成了一个密度较大的实体。这就是正在形成的恒星,又称为原始星。一些物质继续不断地落在它的表面,使它增大,质量增加。在收缩之前,星云的温度很低,由于引力收缩,密度加大,分子间摩擦产生的热量不能很快地辐射出去,因而温度上升,这一过程不断进行,温度继续上升,直到中心发生极高的压力,氢原子在高温下发生热核反应,释放出巨大的能量,这时就形成了一颗恒星。太阳就是这样形成的。

在原始星周围还有大量的气体和尘埃,它们一部分落到原始星上,另一部分由于旋转的加速而被甩出去。被甩出去的物质,第一,会继续围绕着原始星旋转;第二,它们会彼此吸引、碰撞而聚合成为小的团块。这些小的团块在旋转过程中也会吸引外部的物质而逐渐增大。这一过程导致许多行星的形成,地球就是这样形成的一颗行星。形成的行星还可以吸引附近更小的物体,形成它的卫星。

目前一般认为太阳系就是以上述方式形成的,地球就是太阳形成时甩出去的物体的一部分,月亮是被地球捕获的一个小的球体。

初形成时的地球与现在的地球环境是完全不同的。地球在初形成时,它的成分主要是氢和氦以及一些固体尘埃。起初它的温度比较低,有一个由固体尘埃聚合形成的内核,外面包围着一层气体,形成第一次的大气层,即初级大气圈。地球逐渐收缩,温度便逐渐升高,到温度高达一定程度时,外面的大气便完全消失。然后地球表层的温度又逐渐下降,内部温度仍然很高,表现为频繁的火山活动。地球内部的物质分解产生大量的气体,冲破地表,这就形成了第二次的大气层,叫做原始地球大气。这个大气层也不同于现在地球的大气层,它没有游离的氧气,在化学上是还原性的,一般认为它所含的都是氢的化合物,如水蒸气(H_2O)、NH_3、CH_4,也可能有 CO_2、H_2S 等。这是原始生命诞生的重要条件。因为只有在还原性大气条件下,最初形成的有机分子才能长期积累和保存下来。这些新产生的气体所形成的大气层是稳定的,生命就是在这样的大气条件下产生的。

地球刚形成时没有河流与海洋,只是大气层中含有一定量的水蒸气。当地球表面温度再降低时,由于内部温度还很高,频繁的火山活动喷出了更多的水蒸气。大气层中的水蒸气饱和冷却而形成雨水降落到地面上,雨水在地壳下陷及低落处聚集而成河流、海洋。当地壳表面温度下降到 100 ℃以下时,它们就不再变为水蒸气,而成为水。

当大气层的水蒸气凝结为雨水而降落时,大气中的一些其他气体被溶解到水里。地壳表面的一些可溶性化合物溶解在水中,因此原始海洋里积累了许多化合物,包括最原始的有机化合物(甲烷),这就为产生更复杂的化合物打下了物质基础。原始海洋就这样成了原始生命的诞生地。至于生命发生所需的能量,根据当时地球的情况,可能是来自紫外线和闪电,此外还有地壳放射性同位素的衰变以及火山、温泉放射的热等。

由于太阳、行星和陨石都是由同一宇宙星云形成的,因而根据陨石的年龄就可粗略知道地球的年龄。陨石的年龄可根据陨石中同位素的衰变来计算。也可以根据地球本身岩石中同位素的衰变直接计算地球的年龄。两种计算所得结果都表明地球可能形成于 50亿～46 亿年前。早期的地球没有任何生命的踪迹,有化石记录的生命史可追溯到 35 亿年前。

三、原始生命的化学进化

生命发生的最早阶段是化学进化,化学进化的全过程又可分为四个连续的阶段。

1. 由无机小分子生成有机小分子

奥巴林和霍尔丹推测原始大气在外界高能作用下,有可能合成一些简单的有机化合物,如氨基酸、核苷酸、单糖等。根据这个推想,科学家在实验室中模拟地球生成时的原始环境条件进行了实验。

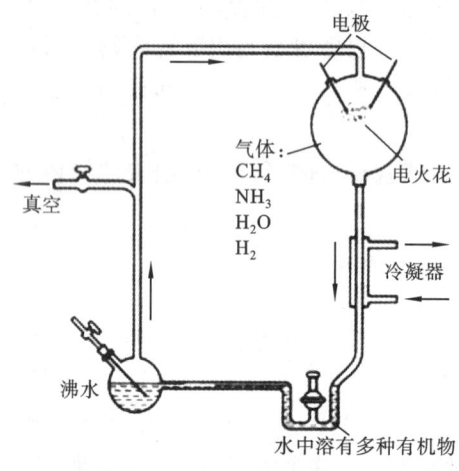

图 7-4　米勒模拟实验装置

第一个用实验证明在原始地球环境条件下,无机物可能转化为有机物的是美国芝加哥大学的米勒。1953 年,他安装了一个密闭的循环装置(图 7-4),其中充以 CH_4、NH_3、H_2 和水蒸气,用来模拟原始的大气。在密闭装置的一个烧瓶中装水,用来模拟原始的海洋。然后他给烧瓶加热,使水变为水蒸气在管中循环,同时又在管中通入电火花模拟原始时期天空的闪电放能,使管中气体能够发生反应。管中的冷凝装置使反应物溶于水蒸气中而凝集于管底。一周后,检查管中冷凝的水,发现其中果然溶有多种氨基酸、多种有机酸(如乙酸、乳酸等),以及尿素等有机分子。有些氨基酸如甘氨酸、谷氨酸、天冬氨酸、丙氨酸等和天然蛋白质的氨基酸是一样的。1957 年,在地球生命起源研究的国际会议上,米勒发表了他的实验结果,引起了各方面的极大重视,并认为他的模拟实验开创了生命起源研究的新途径。

此后,许多学者进行了类似的模拟实验,采用各种不同的气体混合物作为初始物质用以模拟原始大气,并采用放电、紫外线、电离辐射和加热等,模拟原始地球的自然能源条件,结果证明所有构成生物体的二十种氨基酸均可在原始地球条件下经多种途径产生。此外,还通过模拟实验得到了嘌呤、嘧啶、核糖、去氧核糖和脂肪酸等物质。模拟实验的广泛开展,已成为化学进化的主要研究方法。

2. 由有机小分子生成生物大分子

生命物质的最主要的两个基石是蛋白质与核酸,因此生命起源的一个关键问题,就是上述的有机小分子如何形成蛋白质及核酸等生物大分子。

关于蛋白质及核酸的合成存在的场所,人们也有一些实验与推测。一是认为发生在火山附近的高温条件下,形成的大分子物质由雨水冲刷到海洋中。例如福克斯实验室证明,无水的几种氨基酸混合后在高于 100 ℃时可合成类蛋白。原田和福克斯将天冬氨酸和谷氨酸加热到 160~200 ℃后也可合成高分子共聚物。另一种认为生物大分子的形成发生在原始海洋中,如氨基酸和核苷酸等在海水中经过长期积累浓缩,在适当的条件下(如吸附在无机矿物黏土上),可分别通过聚合作用而形成原始的蛋白质与核酸。例如,卡恰尔斯基利用蒙脱土做催化剂,使氨基酸聚合形成多肽。

类似于蛋白质和核酸的物质,在人工模拟原始地球条件下,都已能制造出来。但这些产物和现代生命的蛋白质和核酸相比还有一定的距离。它们的结构比较简单,有序程度比较低,功能也不十分专一。例如,酶的活力不高,专一性不强,一种酶可有几种作用;一种核酸可能担任几种核酸的功能等。这些分子在漫长岁月中再经演化才成为现在的更有序、功能也更复杂的蛋白质和核酸分子。

因此,我们目前对在原始的地球环境中,生物大分子是怎样起源于有机小分子的还不是很清楚。

3. 多分子体系的形成

生物大分子在单独存在时,不表现生命的现象,只有当它们形成了众多的,乃至成百万的以蛋白质和核酸分子为基础的多分子体系时,才能表现出生命的萌芽。

多分子体系是如何生成的呢?奥巴林和福克斯做了很多实验,分别提出团聚体学说和微球体学说。

奥巴林最初做的实验是这样的:他将明胶(蛋白质)的水溶液与阿拉伯胶(糖)的水溶液混在一起,在混合之前,溶液都是透明的,混合之后,变为混浊。在显微镜下可以看到在均匀的溶液中出现了小滴,即团聚体(图7-5)。实验表明,团聚体具有吸收、合成、分解、生长、生殖等类似生命的现象。奥巴林认为,原始海洋中的有机大分子浓缩成为团聚体是非生命物质向生命物质过渡的一种重要形式。有人曾在数百米至数千米深海中发现类似于团聚体的物质,这被认为是一个直接证明:团聚体样的多分子体系的确曾发生过;团聚体的确类似于原始生物。

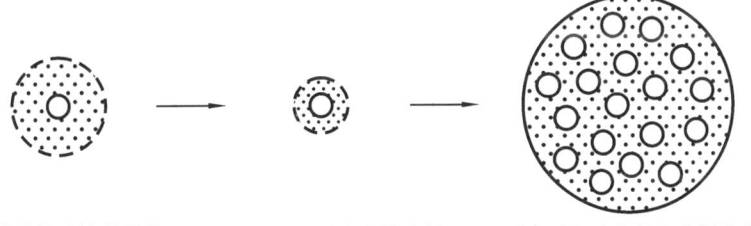

(a) 胶体粒子被很厚的   (b) 大部分结合水被消耗   (c) 脱水胶体凝聚成团聚体
   结合水所覆盖   而成为脱水胶体

图 7-5 简单团聚体生成的模式

微球体学说是福克斯提出的。福克斯发现,将干的氨基酸或实验室所得的"类蛋白质"加热浓缩,即可形成微球体(图7-6)。微球体在溶液中是稳定的,各微球体的直径是很均一的,相当于细菌的大小。微球体表现出很多生物学特性,例如:①微球体表面有双层膜,使微球体能随溶液渗透压的变化而收缩或膨胀,如在溶液中加入氯化钠等盐类,微球体就要缩小;②能吸收溶液中的类蛋白质而生长,并能以一种类似于细菌生长分裂的方式进行繁殖;③在电子显微镜下可见微球体的超微结构类似于简单的细菌;④表面膜的存在使微球体对外界分子有选择地吸收,在吸收了 ATP 之后,表现出类似于细胞质流动的活动。

从有机高分子物质组合成多分子体系,不管是以哪种模式组成,总之形成"界膜"是非常重要的,因为界膜可以将多分子体系或生命体与海水隔开,成为一个独立的系统,而且通过界膜可进行膜内外物质的交换、信息的传递、能量的转换以及刺激的传导等重要生命活动。

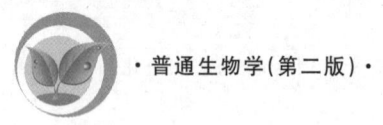

4. 原始细胞生命的形成

关于第一个细胞的起源问题,没有找到任何的化石记录,但是我们可以通过对现代生物的分析以及通过各种实验提出一些有说服力的证据。小分子的非生物合成,RNA 分子的自我复制,RNA 序列转录成为氨基酸序列,以及脂分子聚合形成包裹分隔单元的膜,所有这些事件都是在 40 亿~35 亿年前发生并由此产生原始细胞的。

在现代细胞中,最简单和最小的细胞是菌质体。菌质体是一类退化型的小细菌,寄生于动植物细胞中。一些菌质体只含有编码约 400 种不同蛋白质的核酸。这些蛋白质中,一些是酶,另一些是结构蛋白;一些存在于细胞的内部,另一些包埋在膜中。

可以推测地球上的第一个细胞比菌质体更简单,在自我繁殖上自主性更低。可是,在原始细胞和菌质体之间,实际上也在现代细胞之间,更基本的差异是:所有现代的活细胞其遗传信息储存于 DNA,而在进化早期,遗传信息被认为储存于 RNA。这两种多核苷酸类型之间微小的化学差异使这两类分子具有不同的功能。在进化中,RNA 出现在 DNA 之前,具有遗传和催化的性质。后来,DNA 起着主要的遗传作用,蛋白质成为主要的催化剂,而 RNA 保持着它们之间的联系(图 7-7)。随着 DNA 的出现,细胞变得更加复杂,这是由于 DNA 比 RNA 能够携带和传递更多的遗传信息。

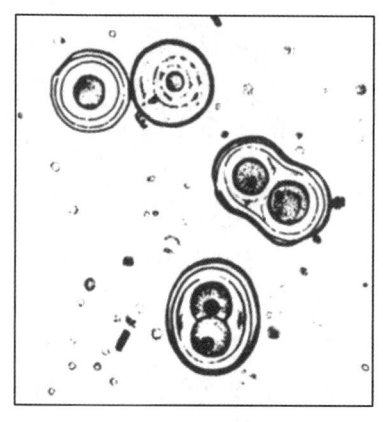

图 7-6　微球体(福克斯的实验)

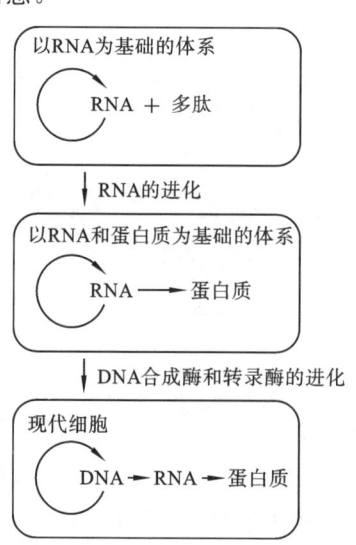

图 7-7　从 RNA 分子简单的自我复制体系到现代细胞的假定进化时期

第二节　生物的分类

一、物种的概念

有生命的自然界万物以物种的形式存在,就生物分类的目的而言,物种是生物界可依据表型特征识别和区分的基本单位。物种的概念在生命科学发展的各个时期都有争论，目前尚无统一的概念。

早在 17 世纪，约翰·雷在其《植物史》一书中把种定义为"形态类似个体之集合"，同时认为物种具有"通过繁殖而永远延续的特点"。林奈继承了约翰·雷的观点，他认为，物种是由形态相似的个体组成，同种个体可自由交配，并能产生可育的后代，异种杂交则不育。但林奈种的概念与现代生物学种的概念有一个根本区别，即其认为物种是不变的、独立的，种间没有亲缘关系。

达尔文打破了物种不变的观点，认为一个物种可变为另一个物种，种间存在不同程度的亲缘关系。但他在否定物种不变的观点时走过了头，以致否定物种的真实性。他过分强调个体差异和种间的连续性，把物种看作人为的分类单位，认为物种是为了方便起见任意地用来表示一群亲缘关系密切的个体的。

对于什么是物种的问题，近代学者也都进行了认真的研究，并提出了种种看法。从形态、生理、遗传、生态等不同角度认识物种，以及在空间和时间两个维度上认识物种，形成了以下几种不同的物种概念。

1. 表型种概念

由于绝大多数物种在表型（主要指形态特征）上易于识别和区分，因此，现代的大多数分类学家在分类实践中仍然主要以表型特征作为识别和区分物种的依据。表型种概念可表述为：物种是一群具有一定形态特征的生物个体，它们之间在形态上的相似程度明显地大于它们与其他群个体的相似程度。

2. 生殖种概念

根据群体遗传学的理论，物种被定义为互交繁殖的群体。物种之间的生殖隔离使得同种的个体共有一个基因库。基因库这个概念的产生是由于有性生殖的个体之间的基因交流，一个与其他种群生殖隔离的种群才能保持该种群基因组成的特性，即保持自己的基因库。物种的个体成员共有一个基因库，可以解释何以物种成员具有表型上的共性。生殖种概念揭示了物种的遗传学特征，使分类学与遗传学结合，理论上似乎更有道理。

3. 生态种概念

从生态学观点来看，物种是生态系统中的功能单位，不同物种因其不同的适应特征而在生态系统中占有不同的生态位，每个物种在生态系统中都处于它所能达到的最佳适应状态。每个物种在生态系统中都能保持其生态位，直至被别的物种竞争排挤，或因本身的进化改变而转移到新的生态位。

4. 时间种概念

在时间维度上识别和区分物种需要另一些标准和定义，因为物种是随着时间而进化改变的，一方面是表型的连续改变，另一方面是种内分异，形成两个或多个新的分类群。如果分类对象不仅仅是现代生存的生物，也包括地质历史上生存过的生物，那么就必须涉及时间维度，所以古生物学家需要不同于生物学的物种概念。如果对生物进行分类的目的不仅仅限于识别、鉴定和命名，而是要追溯物种之间的历史联系，那么在确定物种概念和定义物种时，也要涉及时间，涉及进化事件。

综上所述，尽管给物种下一个一方面要满足分类学的要求，在生物分类实践中有实用性,另一方面又要符合进化理论,或者说有理论上的合理性的定义是很困难的,但可以肯定的是,生物种都有以下特点。

(1)生物种不是按任意给定的特征划分的逻辑的类,而是由内聚因素联系起来的个体的集合。物种是自然界真实的存在。

(2)物种是一个可随时间进化改变的个体的集合。同种个体共有遗传基因库,并与其他物种生殖隔离,使种群保持相对稳定的基因库,从而抵消了有性生殖带来的遗传不稳定性。组成物种的种群是进化的单位。生殖隔离和进化是导致物种之间表型分异的原因。而物种的分异是生物对环境异质性的应答,使不同物种适应不同的局部环境。

物种是生态系统中的功能单位,是维持生态系统能流、物流和信息流的关键。

二、生物分类的阶层和双名法

生物种类繁多,迄今人们已鉴定命名的约有 200 万种,其中动物约有 150 万种,植物约有 40 万种。根据每年都有新种被发现这一事实,可以断言,生物种绝不止此数。为了研究和利用如此丰富多彩的生物世界,长期以来,人们将其汇同辨异,归纳综合,分门别类,系统整理,逐步建立了生物分类学。分类学的目的不仅是能够正确地识别和鉴定各种不同的生物,避免同名异物和同物异名现象,更重要的是要研究各类生物在分类系统中的地位,揭示它们彼此之间的亲缘关系,掌握各类生物的发生和发展规律,解释生物之间的内在联系,还要调查和发掘自然界丰富的自然资源,保护和利用有益的生物,控制有害生物的种群数量。

(一) 生物分类的阶层

分类学家根据生物之间相同、相异的程度与亲缘关系的远近,以不同的分类特征为依据,将生物逐级分类。18 世纪,林奈提出了我们现在采用的分类法,于 1735 年发表。这是一个等级制,具有不同层次。主要的分类等级由大到小依次为界、门、纲、目、科、属、种(表7-1)。排列在一定分类等级上的具体分类研究类群,有特定的名称和分类特征,常称分类单元,将各个分类单元按照等级顺序排列起来,构成阶层系统。

表 7-1　生物分类的等级与单元

分　类　等　级				普通裸大麦的分类位置(单元)	
中文	拉丁文	词尾	英文	中文	拉丁文
界	Regnum		Kingdom	植物界	Regnum Vegetable
门	Phylum	-phyta	Division	被子植物门	Angiospermae
亚门 总纲	Subphylum Superclassis	-phytina	Subdivision Superclass		
纲	Classis	-eae-opsida	Class	单子叶植物纲	Monocotyledoneae
目	Order	-lea	Order	莎草目	Cypresses
科 亚科 族	Familia Subfamilia Tribus	-aceae-ida -oideae -eae	Family Subfamily Tribe	禾本科 小麦族	Poaceae Triticeae

分类等级				普通裸大麦的分类位置（单元）	
中文	拉丁文	词尾	英文	中文	拉丁文
属	Genus		Genus	大麦属	*Hordeum*
种	Species		Species	普通大麦	*Hordeum vulgare* L.
亚种	Subspecies		Subspecies	多棱大麦亚种	ssp. *vulgare*（L.）Koern
变种	Varitae		Variety	普通裸大麦	*H. vulgare* var. *coeleste*
变型	Forma		Form		

为了更精确地表达分类地位，有时还可将原有等级进一步细分，在上述的每一级之前，都可增加一个"总或超级"，而在每一级之下插入一个"亚级"，分别用拉丁文名称前面冠以 super-（总）或 sub-（亚）等字头表示。于是就有了总目、亚目、总纲、亚纲等名称。这些次要等级（阶层），在分类研究中根据包括类群的多少可以使用，也可不使用。

另外，在动物分类和细菌的分类研究中，"族"常用于亚科和属之间，如蚜族，是蚜亚科和蚜属之间的一个分类单元。

每种生物均无例外地归属于这一阶层系统中，排列在一定分类等级位置上。在这个系统中，种或物种是分类的最基本的单元，因为生物是以种群或居群的形式存在的。

（1）物种　现代生物学观点认为：物种是由可以相互交配（产生能育的正常后代）的自然居群组成的繁殖群体，它与其他群体生殖隔离着，并占有一定的生态空间，拥有一定的基因型和表型，是生物进化和自然选择的产物。种是相对稳定的，又是发展的。种以下还可以设立亚种、变种、变型。

（2）亚种　某种生物分布在不同地区的种群，由于受所在地区生活环境的影响，它们在形态构造或生理机能上发生某些变化，这样的种群就称为某种生物的亚种。例如，东北虎和华南虎就是两个亚种。

（3）变种　在同一个生态环境的同一个种群内，如果由某些个体组成的小种群，在形态、分布、生态或季节上发生了一些细微的变异并有了稳定的遗传特性，那么这个小种群即称为原来种（又称模式种）的变种。

（4）变型　有形态变异，但看不出有一定的分布区，仅是零星分布的个体。

（5）品种　品种是经过人工选择和培育、具有一定经济价值和共同遗传特点的一群生物体（通常指栽培植物、牲畜或家禽等）。品种不属于自然分类系统的分类单位。作为一个品种，首先应该具备一定的经济价值。旧品种在栽培上和饲养的地位常由优良的新品种取代，所以品种的发展取决于生产的发展。

（二）生物的命名

1．种的名称——双名法

现代生物的命名，即世界通用的科学名称的命名，都是采用林奈首创的"双名法"。所谓双名法，是指每种生物的学名采用属名和种名命名，用拉丁文（或拉丁化的词）写出。第一个词是属名，相当于"姓"，采用拉丁文的名词，若用其他文字或专有名词，也必须使其拉丁化，即使词尾转化成在拉丁文语法上的单数，主格，书写时第一个字母要大写；第二个词是种名,相当于"名",第一个字母小写,大多用形容词表示,少数为名词的所有格或为同位名词,来源不拘,但不可重复属名。一个完整的学名后常附上定名人的姓氏(可缩写),首字母要大写。属名和种名在印刷时要求用有别于文内所用的字体,排印一般用斜体,但手稿中常在学名下划线,定名人姓氏不用斜体。

例如,棉蚜的学名为 *Aphis gossypii* Glover(依次为属名、种名、定名人),马铃薯的学名为 *Solanum tuberosum* L.(或 Linn)。

2. 亚种的名称——三名法

亚种的学名,由属名、种名和亚种名依次组合而成,即所谓"三名法",也就是种的学名后加上拉丁文亚种的缩写 ssp. 或 subsp.,再加上一个亚种名,亚种名的首字母用小写,印刷要求与种的学名相同,排斜体,名后附上定名人姓氏。

例如,东亚飞蝗 *Locusta migratoria* ssp. *manilensis* Linne(其中,*manilensis* 为亚种名)。

变种的命名,则在原来的完整学名之后,加上拉丁文变种的缩写 var.(动物中大多不写),然后写变种名称和变种名的定名人。

例如,天椒是辣椒的变种,其学名是:*Capsicum frutescens* L. var. *conoides* Bailey(其中 L. 为种的定名人,*conoides* 为变种名,Bailey 为变种命名人)。

3. 种以上单元的名称——单名

种以上各级单元包括亚属、属、亚科、科、总科、目等的名称,均为单名,首字母必须大写。例如,蔷薇目 Rosales、蔷薇科 Rosaceae、李属 *Prunus*。

三、生物分类系统

生物分类学是一门历史悠久的学科。古今中外,人们在不同的历史时期,都对生物进行过分类。随着对生命认识的深入,生物分类系统几经改变,从历史发展上看,在分类方法上有人为分类法和自然分类法,这两种方法也代表了分类工作发展的两个阶段。

(一)人为分类法

人们为了方便,主要凭借对生物的某些形态结构、功能、习性、生态或经济用途的认识将生物进行分类,而不考虑生物亲缘关系的远近和演化发展的本质联系,因此所建立的分类系统大都属于人为分类体系。例如,将生物分为陆生与水生、草本植物与木本植物、粮食作物与油料作物等。16 世纪我国明朝的李时珍(1518—1593)在他的《本草纲目》一书中将植物分为五部,即草部、谷部、菜部、果部和木部;将动物也分为五部,即虫部、鳞部、介部、禽部和兽部;人另属一部,即人部。又如,亚里士多德根据血液的有无,把动物区分为有血液的动物和无血液的动物两大类。

(二)自然分类法

1859 年达尔文出版的《物种起源》一书提出了进化论,从而使人们逐步认识到现存的生物种类和类群的多样性乃是由古代的生物经过几十亿年的长期进化而形成的,各种生物之间存在着不同程度的亲缘关系。分类学应该是生物进化的历史总结。

现代生物分类学在鉴定、分类的基础上,研究生物的系统发育,特别强调分类和系统发育的关系。所谓系统发育,是指任何分类单元的起源及进化的亲缘关系。研究各生物类群的分类学家,都把组建该类群的系统发育作为主要目标,以便在此基础上按照生物系统发育的历史,编制生物的多层次分类系统,即自然分类系统,重建生物类群的演化历史。自然分类系统主要有以下几种。

1. 两界系统

传统的分类认为界是最高级的分类单位。1735 年,由林奈以生物能否运动为标准,将生物划分为两界,即植物界和动物界。将细菌、真菌等都归入植物界。这个系统,从提出到 20 世纪 50 年代 200 多年间,一直被沿用着。

2. 三界系统

19 世纪前后,由于显微镜的发明和使用,发现许多单细胞生物是兼有动、植物两种属性的中间类型的生物。如褐藻、甲藻等既可自养,有的又可异养运动。因而霍格(1860)、赫克尔(1866)将所有单细胞生物和一些简单的多细胞动植物,包括细菌、藻类、真菌和原生动物归在原生生物界,提出一个力求反映生物亲缘关系的三界分类系统,即除了植物界、动物界外,增加一个原生生物界。

3. 四界系统

进一步研究表明,地球的有机体可划分为原核与真核两个基本类群,它们代表生物进化史上的两个基本阶段,细胞结构的两种基本类型。Copeland(1938,1956)提出菌界(细菌和蓝藻)、原生生物界(真菌和一部分藻类)、植物界和动物界的四界系统。

4. 五界系统

随着电子显微镜技术的发展,生物学家发现细菌、蓝藻细胞结构无核膜、核仁及膜结构形成的细胞器,从而与其他真核细胞生物有显著的不同,应另立为界。于是,魏泰克于1969 年根据细胞结构的复杂程度及营养方式的不同提出五界分类系统(表 7-2),即原生生物界(单细胞真核生物)、原核生物界(包括细菌和蓝藻等)、真菌界、植物界和动物界(图7-8)。它们组成一个纵横统一的系统,从纵的方面它显示了生命历史的三大阶段:原核单细胞阶段、真核单细胞阶段和真核多细胞阶段。在横的方面它显示了进化的三大方向:营光合作用的植物,为自然界的生产者;分解和吸收有机物的真菌,为自然界的分解者;以摄食有机物的方式进行营养的动物,为自然界的消费者(同时又是分解者)。

表 7-2 生物分界——五界系统

	原核生物 (细菌、蓝藻、原绿藻)	真核生物			
		原生生物	真菌	植物	动物
细胞结构	原核细胞	真核细胞	真核细胞	真核细胞	真核细胞
叶绿体	无,只有类囊体	有或无	无	有	无
细胞壁	胞壁酸(细菌)	有或无	几丁质和多糖,无纤维素	纤维素和其他多糖	无
纤毛或鞭毛	细菌鞭毛	9+2	如有,9+2	配子鞭毛 9+2	如有,9+2

续表

	原核生物 （细菌、蓝藻、原绿藻）	真核生物			
		原生生物	真菌	植物	动物
细胞数	单细胞或群体	单细胞或群体	多细胞	多细胞	多细胞
神经系统	无	无	无	无	有
营养方式	异养，光合异养，光合自养，化能自养	光合自养，异养（吸收及吞噬）	异养（吸收异养）	光合自养	异养（吞噬）
基因重组方式	细菌:转导,转化	接合,受精,减数分裂或无基因交流	受精,减数分裂或无基因交流	受精,减数分裂	受精,减数分裂

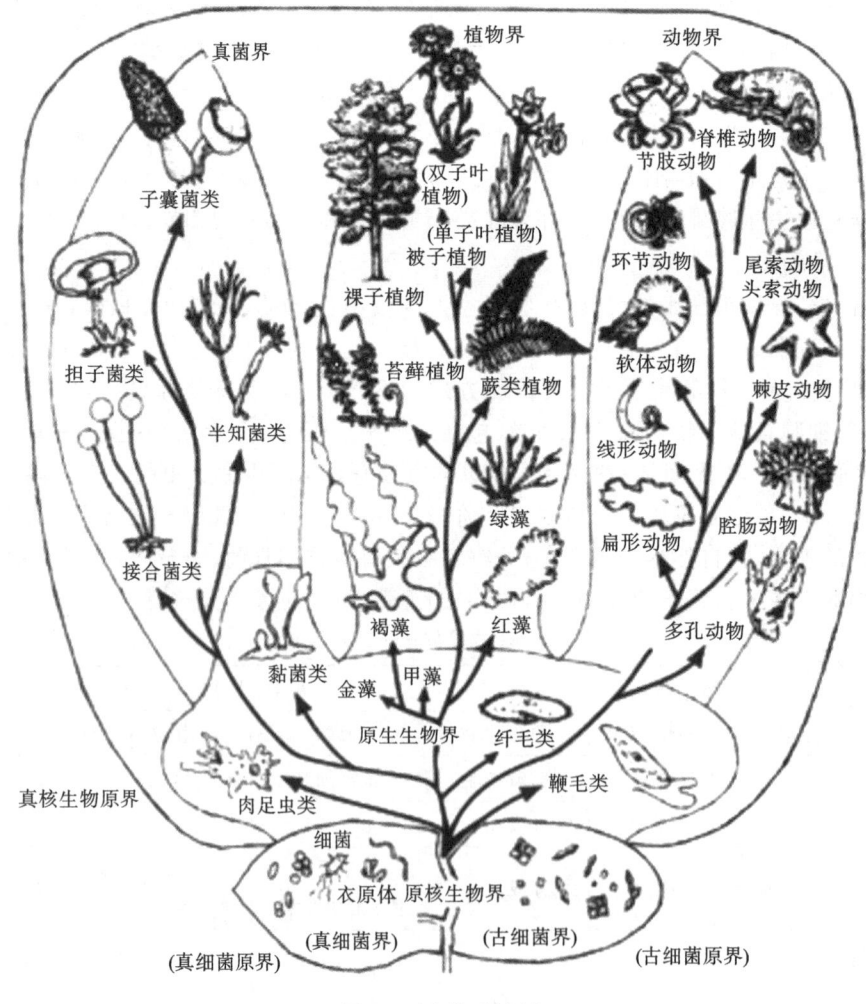

图 7-8　生物系统树

（五界系统/六界系统/三原界系统）

208

五界系统没有反映出非细胞生物阶段,我国著名昆虫学家陈世骧(1979)等提出加一个病毒界。对病毒界有异议的问题之一是关于病毒的地位。病毒是一类非细胞生物,究竟是原始类型还是次生类型仍无定论。

5. 六界系统、三原界系统

分子生物学的发展,特别是 rRNA 和 rDNA 的序列分析为整个生物界系统发育的研究提供了大量的数据。分子系统发育学已经表明,传统的 Whittaker 五界系统并不完全代表生物的五个进化谱系。

Woese 和 Wolfe(1987)认为,原核生物在进化上有两个重要分支,提出将原核生物分为两界:古细菌界(包括甲烷菌、极嗜盐菌和嗜热嗜酸菌)和真细菌界(包括古细菌以外的其他原核生物,如真细菌、蓝藻等)。真核生物分四界(原生生物界、真菌界、动物界和植物界)。因此,提出六界分类系统。

1990 年 Woese 根据分子生物学的研究资料,对生物分类又提出新的建议,认为"整个生物界可以区分为三个独立起源的大类群,它们是从共同祖先沿三条路线进化发展的"。即形成三个原界:①古细菌原界;②真细菌原界;③真核生物原界(包括原生生物、真菌、动物、植物)。在新的分类系统中,非细胞生命的病毒一般不被看作分类系统中的一个单元。

随着各学科的发展,对生物体的认识愈来愈全面,人们才有可能综合各方面的资料,最终建立起一个反映客观规律的分类系统。

第三节 生物多样性

地球上存在形形色色的生物。各种生物以及生物赖以生活的环境一起,共同组成了这个世界。那么,丰富多彩的生物有什么价值呢? 与人类的生活有什么关系呢? 人类应该如何对待与我们一起生活的其他生物呢?

一、生物多样性概念的提出

生命在地球上的出现和发展已经超过了 35 亿年,在这个漫长的历史年代中,随着地球的演化,曾经产生过千百万种生物,但是它们大多已经灭绝。现存的生物实际上只是在地球上生存过的生物总数中很少的一部分。据估计,在过去的 2 亿年中,每 27 年就有一种植物物种从生物界消失,每个世纪有 90 多种脊椎动物灭绝。自从人类近几个世纪工业化的大生产发展后,人类的活动加快了地球上物种灭绝的速度。20 世纪以来,随着世界人口的持续增长与人类活动范围与强度的不断增加,现在的物种正在以 1 000 倍于自然灭绝的速度在世界范围消失。20 世纪 80 年代以后,人们在开展自然保护的实践中逐渐认识到,自然界中各个物种之间、生物与周围环境之间都存在着十分密切的联系,因此自然保护仅仅着眼于对物种本身进行保护是远远不够的,往往也是难以取得理想效果的。要拯救珍稀濒危物种,不仅要对所涉及的物种的野生种群进行重点保护,而且要保护好它们的栖息地。或者说,需要对物种所在的整个生态系统进行有效的保护。在这样的背景

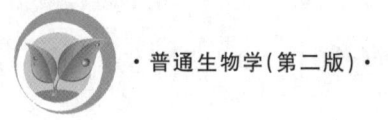
下,生物多样性和多样性保护的概念便应运而生了,因为这直接关系到人类的生存和可持续发展。

生物多样性是一个描述自然界多样性程度的一个内容广泛的概念。对于生物多样性,不同的学者所下的定义是不同的。例如,Norse 等(1986)认为,生物多样性体现在基因、物种、生态、生态系统等多个层次上。而 Wilson 等人认为,生物多样性就是生命形式的多样性(Wilson&Peter,1988;Wilson,1992)。孙儒泳(2001)认为,生物多样性一般是指"地球上生命的所有变异"。

在《生物多样性公约》(1992)里,生物多样性的解释为:"所有来源的活的生物体中的变异性,这些来源包括陆地、海洋和其他水生生态系统及其所构成生态综合体;这包括物种内、物种之间和生态系统的多样性。"

在《保护动物学》一书中,蒋志刚等(1997)给生物多样性所下的定义为:"生物多样性是生物及其环境形成的生态复合体以及与此相关的各种生态过程的综合,包括动物、植物、微生物和它们所拥有的基因以及它们与其生存环境形成的复杂的生态系统。"

综合各家的观点,我们认为:"生物多样性指的是以生命形式存在的多样性,各种生命形式间及其与环境之间的多种相互作用,以及各种生物群落、生态系统及其生境与生态过程的复杂性,反映了地球上一切生命都有各不相同的特征及生存环境。"

二、生物多样性的主要组成

生物多样性通常包括三个层次:遗传多样性、物种多样性和生态系统多样性。

(一) 遗传多样性

遗传多样性是生物多样性的重要组成部分。广义的遗传多样性是指地球上生物所携带的各种遗传信息的总和。这些遗传信息储存在生物个体的基因之中。因此,遗传多样性也就是生物的遗传基因的多样性。任何一个物种或一个生物个体都保存着大量的遗传基因,因此,可被看作一个基因库。一个物种所包含的基因越丰富,它对环境的适应能力就越强。基因的多样性是生命进化和物种分化的基础。

狭义的遗传多样性主要是指生物种内基因的变化,包括种内显著不同的种群之间以及同一种群内的遗传变异(世界资源研究所,1992)。此外,遗传多样性可以表现在多个层次上,如分子、细胞、个体等。在自然界中,对于绝大多数有性生殖的物种而言,种群内的个体之间往往没有完全一致的基因型,而种群就是由这些具有不同遗传结构的多个个体组成的。

在生物的长期演化过程中,遗传物质的改变(或突变)是产生遗传多样性的根本原因。遗传物质的突变主要有两种类型,即染色体数目和结构的变化以及基因位点内部核苷酸的变化。前者称为染色体的畸变,后者称为基因突变(或点突变)。此外,基因重组也可以导致生物产生遗传变异。

(二) 物种多样性

物种多样性是指地球上动物、植物、微生物等生物种类的丰富程度。物种多样性包括两个方面:其一是指一定区域内的物种丰富程度,可称为区域物种多样性;其二是指生态学方面的物种分布的均匀程度,可称为生态多样性或群落物种多样性(蒋志刚等,1997)。物种多样性是衡量一定地区生物资源丰富程度的一个客观指标。

在阐述一个国家或地区生物多样性丰富程度时,最常用的指标是区域物种多样性。区域物种多样性的测量有以下三个指标:①物种总数,即特定区域内所拥有的特定类群的物种数目;②物种密度,指单位面积内特定类群的物种数目;③特有种比例,指在一定区域内某个特定类群特有种占该地区物种总数的比例。

(三) 生态系统多样性

生态系统是各种生物与其周围环境所构成的自然综合体。所有的物种都是生态系统的组成部分。在生态系统之中,不仅各个物种之间相互依赖,彼此制约,而且生物与其周围的各种环境因子也是相互作用的。从结构上看,生态系统主要由生产者、消费者、分解者构成。生态系统的功能是对地球上的各种化学元素进行循环和维持能量在各组分之间的正常流动。生态系统的多样性主要是指地球上生态系统组成的功能上的多样性以及各种生态过程的多样性,包括生境的多样性、生物群落和生态过程的多样化等多个方面。其中,生境的多样性是生态系统多样性形成的基础,生物群落的多样化可以反映生态系统类型的多样性。

遗传多样性是物种多样性和生态系统多样性的基础(施立明等,1993;葛颂等,1994),或者说遗传多样性是生物多样性的内在形式。物种多样性是构成生态系统多样性的基本单元。因此,生态系统多样性离不开物种的多样性,也离不开不同物种所具有的遗传多样性。近年来,有些学者还提出了景观多样性,作为生物多样性的第四个层次。景观是一种大尺度的空间,是由一些相互作用的景观要素组成的具有高度空间异质性的区域。景观要素是组成景观的基本单元,相当于一个生态系统。景观多样性是指由不同类型的景观要素或生态系统构成的景观在空间结构、功能机制和时间动态方面的多样化程度。

三、生物多样性的价值

生物资源也就是生物多样性,有的生物已被人们作为资源利用,另有更多生物,人们尚未知其利用价值,是一种潜在的生物资源。生物多样性的价值往往不被人们重视,一般人们利用生物资源时,没有经过市场流通而直接消费,只是取而用之。生物多样性具有很高的开发利用价值,在世界各国的经济活动中,生物多样性的开发与利用均占有十分重要的地位。生物多样性的价值主要体现在以下几个方面。

1. 直接价值

直接价值也叫使用价值或商品价值,是人们直接收获和使用生物资源所形成的价值。它包括消费使用价值和生产使用价值两个方面。

消费使用价值是指不经过市场流通而直接消费的一些自然产品的价值。生物资源对于居住在出产这些生物资源地区的人们来说是十分重要的。人们从自然界中获得薪柴、蔬菜、水果、肉类、毛皮、医药、建筑材料等生活必需品。尤其在一些经济不发达地区,利用生物资源是人们维持生计的主要方式。

生产使用价值是指商业上收获时,用于市场上进行流通和销售的产品的价值。生物资源的产品一经开发,往往会具有比其自身高出许多的价值,常见的生物资源产品包括木材、鱼类、动物的毛皮、麝香、鹿茸、药用动植物、蜂蜜、橡胶、树脂、水果、染料等。

2. 间接价值

生物资源的间接价值与生态系统功能有关,它并不表现在国家的核算体制上,但它们的价值可能大大超过直接价值。而且直接价值常常源于间接价值,因为收获的动植物物种必须有它们的生存环境,它们是生态系统的组成部分。没有消费和生产使用价值的物种可能在生态系统中起着重要作用,并供养那些有使用和消费价值的物种(陈灵芝,1994)。生物多样性的间接价值包括非消费性使用价值、选择价值、存在价值和科学价值四种价值。

(1)非消费性使用价值:保护生物资源可以为人类社会带来日益增长的利益,这种效益因地域和物种的不同而各不相同。大致可归纳为以下几个方面。

① 光合作用固定太阳能,使光能经绿色植物进入食物链,从而给可收获物种提供维持系统。

② 生态系统的功能包括传粉、基因流动、异花受精的繁殖功能,维持环境的效力和对经济物种获取有益遗传品质有影响的物种,保持进化过程,在生态系统中使竞争者之间保持永恒的张力。

③ 污染物的吸收和分解,包括有机废物、农药以及空气和水污染物的分解作用。

④ 娱乐和生态旅游:人们采用不同的方式利用生物资源开展娱乐活动。在不破坏自然环境的条件下进行旅游活动称为生态旅游。如野外观鸟、赏花、森林浴等。这些活动的价值也叫休闲价值。另外,生态旅游还有一定的生态教育功能。

⑤ 保护土壤:受自然植被覆盖和凋落层保护的优质土壤可保持肥力、防止危险滑坡、保护海岸和河岸以及防止淤积作用对珊瑚礁、淡水和近海渔业的破坏。

⑥ 调节气候:生态系统对大气候及局部气候均有调节作用,包括对温度降水和气流的影响。

⑦ 稳定水流:在集水区内发育良好的植被具有调节径流的作用。植物根系深入土壤使土壤对雨水更具有渗透性。有植被地段比裸地径流较为缓慢和均匀。一般在森林覆盖地区,雨季可减弱洪水,干季在河流中仍有流水。例如马来西亚森林集水区内,每单位面积径流在高峰期大约相当于橡胶园、油棕园内径流量的50%。在径流的低峰期约为种植园的1倍。

(2)选择价值:保护野生动植物资源,可以以尽可能多的基因,为农作物或家禽、家畜的育种提供更多的可供选择的机会。例如,家猪与野猪杂交,培育形成瘦肉型猪的新品种。家鸡目前已有上百个不同的品种,均来自原鸡。紫杉和红豆杉中可提取抗癌药物。现在自然界的许多野生动植物,也许短时间内人类无法进行利用,但其价值是潜在的。也许我们的子孙后代能发现其价值,找到利用它们的途径。因此多保存一个物种,就会为我们的后代多留下一份宝贵的财富。

(3)存在价值:有些物种,尽管其本身的直接价值很有限,但它的存在能为该地区人民带来某种荣誉感或心理上的满足。例如,大熊猫、金丝猴、褐马鸡等是我国的特产珍稀动物,全国人民都引以为荣。大熊猫已成为中国的象征。

（4）科学价值：有些动植物物种在生物演化历史上处于十分重要的地位，对其开展研究有助于弄清生物演化的过程。如一些孑遗物种（银杏）。

四、我国生物多样性的一般特点

我国是地球上生物多样性最丰富的 12 个国家之一。我国野生物种和生态系统类型多，特有属、种多，科研价值高。我国生物多样性丰富程度在北半球首屈一指。我国生物多样性的特点如下。

（1）物种高度丰富　我国有高等植物 30 000 余种，仅次于世界高等植物最丰富的巴西和哥伦比亚。

（2）特有属、种繁多　我国高等植物中特有种最多，约 17 300 种，占全国高等植物的 57％以上。581 种哺乳动物中，特有种约 110 种，约占 19％。尤为人们所注意的是有"活化石"之称的大熊猫、白鳍豚、水杉、银杏、银杉和攀枝花苏铁等。

（3）区系起源古老　由于中生代末我国大部分地区已上升为陆地，在第四纪冰期又未遭受大陆冰川的影响，因此各地都在不同程度上保存着白垩纪、第三纪的古老残遗成分。如松杉类植物，世界现存 7 个科中，我国有 6 个科。动物中的大熊猫、白鳍豚（已功能性灭绝）、羚羊、扬子鳄、大鲵等都是古老孑遗物种。

（4）栽培植物、家养动物及其野生亲缘种的种质资源异常丰富　我国有数千年的农业开垦历史，很早就对自然环境中所蕴藏的丰富多彩的遗传资源进行开发利用、培植繁育，因而我国的栽培植物和家养动物的丰富度在全世界是独一无二的。例如，我国有经济树种 1 000 种以上。我国是水稻的原产地之一，有地方品种 50 000 个；我国是大豆的故乡，有地方品种 20 000 个；有药用植物 11 000 多种等。

（5）生态系统的类型丰富　我国具有陆生生态系统的各种类型，包括森林、灌丛、草原和稀树草原、草甸、荒漠、高山冻原等。由于不同的气候、土壤等条件，又进一步分为各种亚类型约 600 种。例如，我国的森林有针叶林、针阔混交林和阔叶林，草甸有典型草甸、盐生草甸、沼泽化草甸和高寒草甸等。除此之外，我国海洋和淡水生态系统类型也很齐全。

（6）空间格局繁复多样　我国地域辽阔，地势起伏多山，气候复杂多变，从北到南，气候跨寒温带、温带、暖温带、亚热带和热带，生物群落包括寒温带针叶林、温带针阔叶混交林、暖温带落叶阔叶林、亚热带常绿阔叶林、热带雨林。从东到西，随着降水量的减少，在北方，针阔叶混交林和落叶阔叶林向西依次更替为草甸草原、典型草原、荒漠化草原、草原化荒漠、典型荒漠和极旱荒漠；在南方，东部亚热带常绿阔叶林（分布于江南丘陵）和西部亚热带常绿阔叶林（分布于云贵高原）在性质上有明显的不同，发生不少同属不同种的物种替代。

五、生物多样性受威胁的原因

1. 人口迅猛增加

自从有了人类以来，人口的数量就在增长。在生产力落后的时候，人口的数量受到自然因素如旱灾、虫灾、火灾、水灾、地震等的控制;另外,人类自身制造的灾难如战争、贫困也使得人口数量得以控制。但是,现代科学技术的进步使人的数量与寿命都提高了。

19世纪工业革命后,人口的增加就成了全球的主流,在经济发展中国家最为明显。我国人口1790年约3亿,1860年约4亿,1970年达8亿,2000年超过13亿,2020年已达14亿。1830年全球人口只有10亿,1930年达到20亿,2000年达到60亿,现在达到75.85亿。

人口增加后,必须扩大耕地面积,满足吃饭的需求,这样就对自然生态系统及生存于其中的生物物种产生了最直接的威胁。2018年我国水土流失面积为 2.7369×10^6 km²,占全国国土面积(除港澳台外)的28.6%。与2011年相比,水土流失面积减少了 2.123×10^5 km²。重点地区生态向好发展,治理仍待加强。

2. 生境的破碎化

生物多样性减少最重要的原因是生态系统在自然或人为干扰下偏离自然状态,生境破碎,生物失去家园。

与自然系统相比,一般来说,退化的生态系统种类组成变化,群落或系统结构改变,生物多样性减少,生物生产力降低,土壤和微环境恶化,生物间相互关系改变。

Daily(1995)对造成生态系统退化和生物多样性减少的人类活动进行了排序:过度开发(含直接破坏和环境污染等)占35%,毁林占30%,农业活动占28%,过度收获薪材占6%,生物工业占1%。其中前三项人类活动占93%,而这些破坏最直观的结果是造成了物种生境的破碎化、栖息地环境的岛屿化。

生物多样性减少的程度取决于生态系统的结构或过程受干扰的程度,如人类对植物获取资源过程的干扰(如过度灌溉影响植物的水分循环,超量施肥影响生物地球化学循环)要比对生产者或消费者的直接干扰(如砍伐或猎取)产生的负效应要大。

一般来说,在生态系统成分尚未完全破坏前排除干扰,生态系统的退化会停止并开始恢复(如少量砍伐后森林的恢复),生物多样性可能增加。但在生态系统的功能过程被破坏后排除干扰,生态系统的退化很难停止,而且有可能加剧(如火烧山地后的林地恢复)。

3. 环境污染

随着人类的发展,环境污染也加剧。环境污染会影响生态系统各个层次的结构、功能和动态,进而导致生态系统退化。环境污染对生物多样性的影响目前有两个基本观点:一是由于生物对突然发生的污染在适应上可能存在很大的局限性,故生物多样性会丧失;二是污染会改变生物原有的进化和适应模式,生物多样性可能向着污染主导的条件下发展,从而偏离其自然或常规轨道。环境污染会导致生物多样性在遗传、种群和生态系统三个层次上降低。

(1)在遗传层次上的影响。虽然污染会导致生物的抵抗相适应,但最终会导致遗传多样性减少。这是因为在污染条件下,种群的敏感性个体消失,这些个体具有特质性的遗传变异因此而消失,进而导致整个种群的遗传多样性水平降低;污染引起种群的规模减小,由于随机的遗传漂变的增加,可能降低种群的遗传多样性水平;污染引起种群数量减小,以至于达到了种群的遗传学阈值,即使种群最后恢复到原来的种群大小,遗传变异的来源也大大降低。

（2）在种群水平上的影响。物种是以种群的形式存在的，最近研究表明，当种群以复合种群的形式存在时，由于某处的污染会导致该亚种群消失，而且由于生境的污染，该地方明显不再适合另一亚种群入侵和定居。此外，由于各物种种群对污染的抵抗力不同，有些种群会消失，而有些种群会存活，但最终的结果是当地物种丰富度会减少。

（3）在生态系统层次上的影响。污染会影响生态系统的结构、功能和动态。严重的污染可能具有趋同性，即将不同的生态系统类型最终变成基本没有生物的死亡区。一般的污染会改变生态系统的结构，导致功能的改变。值得指出的是，重金属或有机物污染在生态系统中经食物链作用，会有放大效应，最终会影响到人类健康。

4. 外来物种入侵

外来物种的入侵从字面上理解是增加了一个地区的生物多样性，事实上，历史上那些无害的生物也是通过人的努力而扩大了分布范围的，一些驯化的作物或动物已经成了人类的朋友，如我们食物中的马铃薯、西红柿、芝麻、南瓜、白薯、芹菜等，树木中的洋槐、英国梧桐、火炬树，动物饲料中的苜蓿，动物中的虹鳟鱼、海湾扇贝等，这些物种进入异国他乡带来的利益是大于危害的。

对于生态平衡和生物多样性来讲，生物的入侵毕竟是个扰乱生态平衡的过程，因为任何地区的生态平衡和生物多样性是经过了几十亿年演化的结果，这种平衡一旦被破坏，就会失去控制而造成危害。人们最初引进物种时，仅是引进了原产地生态系统的一个组分，食物网中的一些天敌或者它所控制的物种是没有办法引进的，这样，控制不好成灾就不可避免，而成灾的一个直接后果是对于当地的生态多样性造成危害，甚至是灭顶之灾。

六、保护生物多样性的意义

生物多样性是人类社会赖以生存和发展的基础。我们的衣、食、住、行及物质文化生活的许多方面都与生物多样性的维持密切相关。

（1）生物多样性为我们提供了食物、纤维、木材、药材和多种工业原料。我们的食物全部来源于自然界，维持生物多样性，我们的食物品种会不断丰富。

（2）生物多样性还在保持土壤肥力、保证水质以及调节气候等方面发挥了重要作用。黄河流域曾是我们中华民族的摇篮，在几千年以前，那里还是一片十分富饶的土地。树木林立，百花芬芳，各种野生动物四处出没。但由于长期的战争及人类过度地开发利用，这里已变成生物多样性十分贫乏的地区，到处是黄土荒坡，遇到刮风的天气便是飞沙走石，沙漠化现象十分严重。近年来由于人工植树，大搞"三北防护林"工程，生物多样性得到了一定程度的恢复，沙漠化进程得到了抑制，森林覆盖率逐年上升，环境不断得到改善。

（3）生物多样性在大气层成分、地球表面温度、地表沉积层氧化还原电位以及 pH 值等方面的调控方面发挥着重要作用。例如，现在地球大气层中的氧气含量为 21%，供给我们自由呼吸，这主要应归功于植物的光合作用。在地球早期的历史中，大气中氧气的含量要低很多。据科学家估计，假如断绝植物的光合作用，那么大气层中的氧气将会由于氧化反应在数千年内消耗殆尽。

（4）生物多样性的维持，将有益于一些珍稀濒危物种的保存。任何一个物种一旦灭绝,便永远不可能再生。今天仍生存在我们地球上的物种,尤其是那些处于灭绝边缘的濒危物种,一旦消失了,那么人类将永远丧失这些宝贵的生物资源。而保护生物多样性,特别是保护濒危物种,对于人类后代,对科学事业都具有重大的战略意义。

物种或生态系统的灭绝,以及随之造成的遗传多样性的损失是无法弥补的。因为损失的是生物在亿万年的进化中形成的资源,这个过程是不可逆的。作为地球的生命支持系统,生态系统还执行着更新大气中的氧的功能,并在生物地球化学循环中起中心作用;它能够保护土壤,调节水文等。这些都不仅涉及所在地区或所在国家,也涉及邻近地区或邻近国家,甚至整个地球。因而生物多样性的丧失不仅是某个国家、某一民族的损失,也是全世界、全人类的损失。这就是保护生物多样性一直受到国际社会普遍关注的原因。

生物多样性保护的科学概念在 1980 年就由国际自然保护联盟(IUCN)、联合国环境规划署(UNEP)、世界自然基金会(WWF)联合向世界发布的《世界自然保护大纲》(WCS)阐明。大纲指出:对人类利用生物圈的管理,旨在使生物圈为当代人产生最大的持续利益,同时保持满足人类后代需要和实现抱负的潜力,保护的内容明确包括对自然环境的保存、保护、持续利用、恢复和加强。大纲指出生物资源保护的三个主要目标:①保持基本的生态过程和生命支持系统;②保存遗传的多样性;③保证物种和生态系统的永续利用。1992 年 6 月 5 日在联合国所召开的里约热内卢世界环境与发展大会上《生物多样性公约》正式通过,并于 1993 年 12 月 29 日起生效(因此每年的 12 月 29 日被定为国际生物多样性日,从 2001 年起,根据第 55 届联合国大会第 201 号决议,国际生物多样性日由原来的 12 月 29 日改为每年的 5 月 22 日)。该公约是国际社会所达成的有关自然保护方面的最重要公约之一。到目前为止,全世界已经有 180 多个国家是该条约的缔约国。生物多样性公约的目标:①保护生物多样性及对资源的持续利用;②促进公平、合理地分享由自然资源而产生的利益。

对生物多样性的保护,实际上也是对人类生存环境的保护,也就是保护人类自己。

第四节　生命的进化

一、早期单细胞生物进化

对于单细胞生物进化为多细胞生物的过程,有很多推测,比较著名的有以下几种学说。

(一) 群体学说

认为后生动物来源于群体鞭毛虫,这是后生动物起源的经典学说。有一些日益增多的证据,因而是当代动物学中最广泛接受的学说。此学说是由赫克尔(1874)首次提出,后来由梅契尼柯夫(1887)修正,海曼(1940)又给以复兴。具体包括以下几种。

(1) 赫克尔的原肠虫学说。认为多细胞动物最早的祖先是由类似团藻的球形群体,一面内陷形成多细胞动物的祖先。这样的祖先,因为和原肠胚很相似,有两胚层和原口,所以赫克尔称之为原肠虫。

(2) 梅契尼柯夫的吞噬虫学说(实球虫或无腔胚虫学说)。一些较低等的多细胞动物的胚胎,其原肠胚的形成主要不是由内陷的方法,而是由内移的方法形成的。同时梅契尼柯夫也观察了某些低等多细胞动物,发现它们主要是靠吞噬作用进行细胞内消化,很少为细胞外消化。由此推想最初出现的多细胞动物是进行细胞内消化,细胞外消化是后来才发展的。他提出了吞噬虫学说,该学说认为多细胞动物的祖先是由一层细胞构成的单细胞动物的群体,后来个别细胞摄取食物后进入群体之内形成内胚层,结果就形成两个胚层的动物,起初为实心的,后来才逐渐地形成消化腔,所以梅契尼柯夫便把这种假想的多细胞动物的祖先叫做吞噬虫。

(3) Barnes(1987)认为,团藻样动物虽被作为鞭毛虫群体祖先的原型,但是这些具有似植物细胞的自养有机体不可能是后生动物的祖先,超微结构的证据表明,领鞭毛虫类原生动物更可能是后生动物的祖先。领鞭毛虫有些是单体的,有些是群体的。

(二) 合胞体学说

这一学说主要是 Hadzi(1953)和 Hanson(1977)提出的,认为多细胞动物来源于多核纤毛虫的原始类群。后生动物的祖先开始时为合胞体结构,即多核的细胞,后来每个核获得一部分细胞质和细胞膜形成了多细胞结构。由于有些纤毛虫倾向于两侧对称,因此合胞体学说主张后生动物的祖先是两侧对称的,并由其发展为无肠类扁虫,认为无肠类扁虫是现在生存的最原始的后生动物。对该学说,持反对意见者较多,因为任何动物类群的胚胎发育都未出现过多核体分化成多细胞的现象。实际上无肠类合胞体是在典型的胚胎细胞分裂之后出现的次生现象,最主要的反对意见是不同意将无肠类扁虫视为最原始的后生动物。体型的进化是从辐射对称到两侧对称,如果认为无肠类扁虫两侧对称是原始的,那么腔肠动物的辐射对称倒成为次生的,这显然与已经揭示的进化过程是相违背的。

(三) 共生学说

该学说认为不同种的原生生物共生在一起,发展成为多细胞动物。这一学说存在一系列的遗传学问题,因为不同遗传基础的单细胞聚在一起形成能繁殖的多细胞动物,这在遗传学上是难以解释的。

二、植物的进化

一般认为,植物、动物的共同祖先是原始绿色鞭毛生物。随着营养方式的分化,其中一支发展成植物,另一支发展成动物。动植物的出现是自然界的一次大分化。从此,它们分道扬镳,开始了各自的发展史。

植物的发展过程一般可划分为四个主要阶段。

1. 藻类植物时代

从前寒武纪至泥盆纪,地球上以藻类为主,所以称为藻类植物时代。藻类植物在进化上属低等植物。它们生活在水中,结构简单,没有根、茎、叶的分化。

最初出现的藻类植物是单细胞蓝藻,它们一直以"前寒武海"为演化中心。一部分浅海类型演化为绿藻,而另一部分深海类型则演化为褐藻、红藻等。在 9 亿~7 亿年前,出

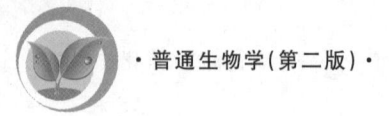

现了多细胞藻类植物后,高级藻类才开始发展。到寒武纪早期,藻类植物进化的轮廓大致形成。到4.4亿年前的志留纪,藻类植物时代结束。

藻类植物的变化可以具体划分为三个阶段,即单细胞藻类植物时代、多细胞藻类植物时代和大型藻类植物时代。

2. 蕨类植物时代

从4.4亿年到2.3亿年前的三叠纪早期,地球上以蕨类植物为主。这个时代植物已经登陆,所以又称陆生植物时代。在它的早期以裸蕨为主,中期以石松和楔叶植物为主,晚期以真蕨中的厚囊蕨和种子蕨为主。

从志留纪的中、晚期到泥盆纪的早期,大气圈中的游离氧明显增加,臭氧层开始出现。日光中的紫外线不能直接射到地球表面,这为植物的登陆创造了有利条件。化石记录表明,裸蕨是最先登陆成功的植物,它最初出现于晚志留纪。裸蕨没有根、茎、叶的分化,但已经有假根和原始的疏导组织。植物体表面还有防止水分蒸发的角质层和气孔。裸蕨类在植物进化上占有十分重要的地位。它从蕨类发展而来,随后又由它分化出具有根、茎、叶的石松亚门、楔叶亚门和羽叶亚门。真蕨类出现于3.7亿~3.59亿年前。

3.45亿~2.5亿年前,石松类、楔叶类和真蕨类极为繁盛,形成大片沼泽森林。由于它们有根、茎、叶的分化,因此为建立更好的陆地植物区系奠定了基础。但是,在蕨类植物的生活史中,受精阶段仍离不开有水的环境。这是蕨类原始性的反映,也是它们在二叠纪衰败的原因。

3. 裸子植物时代

从晚三叠纪到晚白垩纪,在植物进化中以裸子植物为主。早期主要是苏铁和本内苏铁植物;晚期在北半球主要是银杏和松柏,在南半球是松柏。晚二叠纪初期,裸子植物中的苏铁类、松柏类、银杏类等逐渐发展。进入中生代,它们更加繁盛。在中生代炎热而干燥的气候条件下,裸子植物占很显著的地位,在许多地区形成大片的森林。

裸子植物与蕨类植物相比,最大的变化是配子体寄生于孢子体上,形成了裸露的种子,并在发展过程中出现了花粉管。精子经花粉管到达卵细胞,这样,在受精作用这个十分重要的环节上,就不再受外界水的限制。有了种子和花粉管,裸子植物就发展到比蕨类植物更为高级的水平,并在造山运动剧烈的二叠纪,取代了它们在陆地上的优势地位而鼎盛于中生代。

4. 被子植物时代

被子植物是登陆植物中最高级的类群,它具有一系列更适应于陆地生活的结构。在裸子植物中,木质部的管胞兼有输水和支持的功能,但在完成这双重任务时就显得不够理想。在被子植物中,木质部出现了导管和纤维两种细胞,它们是从管胞分化出来的,其中导管专司输水机能,提高了输水功率,纤维细胞的细胞壁特别厚,形体细长,因此支持机能大大超过管胞。这样,被子植物可以快速满足面积宽厚的叶子对水分的需要,又能稳健地支持沉重的叶片,以保证光合作用的进行。特别是被子植物双受精作用和新型胚乳的出现,大大增加了胚的发育能力和后代对环境的适应性。

被子植物在早白垩纪就已出现,到晚白垩纪才开始繁荣。在白垩纪和第三纪的早期,被子植物基本上是乔木;到渐新世才出现大量的灌木和草本植物。到第三纪中期,传粉方式的多样化促进了异花授粉和杂交。在史前,不少杂交种就已出现。第四纪时,被子植物受到寒流的影响,多倍体大量出现。因此,被子植物的发展可以划分为四个阶段:第一是乔木阶段(白垩纪到始新世),第二是灌木和草本阶段(渐新世后期到新第三纪早期),第三是杂交阶段(新第三纪后期),第四是多倍体阶段(第四纪)。

三、动物的进化

多细胞动物的进化一般可分为两个主要阶段。

1. 多细胞无脊椎动物时代

从 5.7 亿年前的寒武纪到 4.05 亿年前的晚志留纪是无脊椎动物的时代。

原始的多细胞动物是从单细胞动物的群体分化来的。现存的多细胞动物大多属三胚层动物。但在地质年代,刚形成的多细胞动物则是双胚层的,它们类似于现代的腔肠动物。这种动物进一步分化出中胚层,成为三胚层动物。

关于三胚层动物的起源,由于早期的类型都是一些体型小、没有硬质外壳的动物,因此不易保存下来。留给我们的化石记录只是从古生代寒武纪早期才开始的。那时多细胞无脊椎动物至少有七个门类已出现了。可见,在前寒武纪,无脊椎动物已经走过一段漫长的历程,到了 5 亿年前的寒武纪,已是具有硬壳的无脊椎动物的鼎盛时代了。

在"寒武海"中,为数最多的是节肢动物三叶虫。它的化石数量和种类约占寒武纪海洋动物化石群的 60% 以上,因此寒武纪又称"三叶虫时代"。在寒武纪,我国绝大部分地区都是汪洋大海,因此南北各地发现了许多三叶虫化石。但由于三叶虫没有具备适应陆地生活的体形,又缺乏御敌能力,从古生代中期就日趋衰落,到了古生代末三叶虫灭绝,代之以陆生无脊椎动物昆虫类崛起。

昆虫类是节肢动物中最庞大的类群,它约占全部动物总数的 80%。昆虫不论在体形上,还是在适应环境的能力上都是十分成功的,因此它成为较早登陆的动物。到了 2.85 亿年前的晚石炭纪,翅膀发达的昆虫(如古蜻蜓)就布满了许多地区。昆虫等陆生无脊椎动物的兴起,标志着无脊椎动物从水生发展到陆生生活时代。

2. 脊椎动物时代

脊椎动物是随着有颌类的出现才开始繁盛起来的。因此,4 亿年前的晚志留纪至今,被认为是脊椎动物时代。脊椎动物的发展可分为以下五个阶段。

(1) 鱼类 大约从晚志留纪至泥盆纪是鱼类的时代。最早的有颌类动物是盾皮鱼类。盾皮鱼类出现于晚志留纪,它不仅有了上下颌,还有偶鳍。尽管盾皮鱼类在泥盆纪获得了繁荣和发展,但笨重的骨甲和不很发达的偶鳍使它仍然行动不便,因此,在泥盆纪后期,随着那些已摆脱沉重的骨甲束缚的硬骨鱼和软骨鱼的崛起,盾皮鱼类逐渐衰退灭绝。

(2) 两栖类 从泥盆纪末期到石炭纪末期(3.5 亿～2.85 亿年前)是两栖动物的时代。大约在泥盆纪末期,出现了一种称为鱼石螈的动物,它被认为是最早的两栖类,在形态上具有从鱼类到两栖类的过渡性质。鱼石螈可能是两栖动物的直接祖先或最早的两栖动物坚头类。

坚头类动物登陆后,整个脊柱就开始了分化。以后坚头类又按脊椎骨椎体发育方式

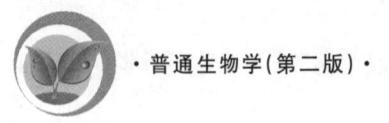

的不同分两支发展为弓椎类和壳椎类。弓椎类在石炭纪早期,同时由鱼石螈型椎体演化为始椎类和块椎类,到三叠纪又从块椎类分化出全椎类。现存的两栖类是块椎类和壳椎类的后裔。

(3)爬行类 爬行类是真正的陆生动物。最早的爬行动物杯龙类出现于石炭纪末。杯龙类是爬行纲进化的主干。双孔亚纲的晰龙目和鸟龙目俗称为"恐龙类"。恐龙出现于2亿年前的三叠纪中期,灭绝于6 700万年前的白垩纪末,在地球上曾称霸约1.4亿年之久。可以说中生代的水、陆和空间,都是它们的天下。

(4)鸟类 鸟类是从爬行类分化出来,具有恒温,并能适应飞翔生活的一支动物类群。鸟纲分为古鸟亚纲和今鸟亚纲两大类。古鸟亚纲的始祖鸟具有爬行类和鸟类的过渡形态,根据骨骼结构特点的分析,始祖鸟应起源于原始爬行类的槽齿目,出现于晚侏罗纪。到白垩纪,鸟类已属今鸟亚纲,它们与现代鸟有许多相似点。到新生代,鸟类已全部成为现代类型。

(5)哺乳类 哺乳类是最高级的一类哺乳动物。大约在2亿年前的三叠纪后期,哺乳类起源于爬行类动物兽孔目中较进步的原始兽齿类的某些类别。哺乳纲动物分为四个亚纲:始兽亚纲、原兽亚纲、异兽亚纲和兽亚纲。进入新生代后,以食虫类为基干的有胎盘类迅速分化发展,占整个哺乳动物总数的95%以上,至今一直称雄全球,因此常称新生代是哺乳动物的时代。

生命在地球上已经生存了35亿年之久,自其诞生之日起就不停息地变化,在变化中延续、演进。纵观生物的进化历史,不难看出生物个体结构的复杂性和多样性的增长趋势。图7-9概述了在漫长的地球生命史中各主要生物类型之间的进化关系。

四、人类的进化

人是万物之灵,有特别发达的大脑,有智慧,能劳动,能制造工具等。但从生物学的观点来看,人仍旧是动物。达尔文在1871年出版的《人类由来》中列举了大量的典型事例,证明人与动物起源于共同祖先。他将人类从早先的一些哲学和宗教赋予的超自然地位中拉了下来,把人类回归到自然界,并从此建立了一门以人类本身为进化研究对象的新学科——人类学。

(一)人类在自然分类系统中的地位

人既具有一定的社会(一定的文化系统),又属于自然界(生物界),故人具有双重属性,即社会的属性和自然的(生物的)属性。

从生物学观点来看,人类是一个生物种,在分类系统中有一定地位(图7-10):在横向上,人类与现存的类人猿(黑猩猩、大猩猩、猩猩、长臂猿)同属人猿超科;在垂直关系(时间维度)上,现代人类与若干化石构成人科。

智人种(现代人类)是人科中唯一现存的物种,它是由若干族组成的复合种。现代人又是一个多态种。人类也像其他生物种一样具有独特的生物学特征。

(二)人类的形态学特征

达尔文在《人类由来》一书中罗列了大量形态学证据,证明了人与其他脊椎动物具有

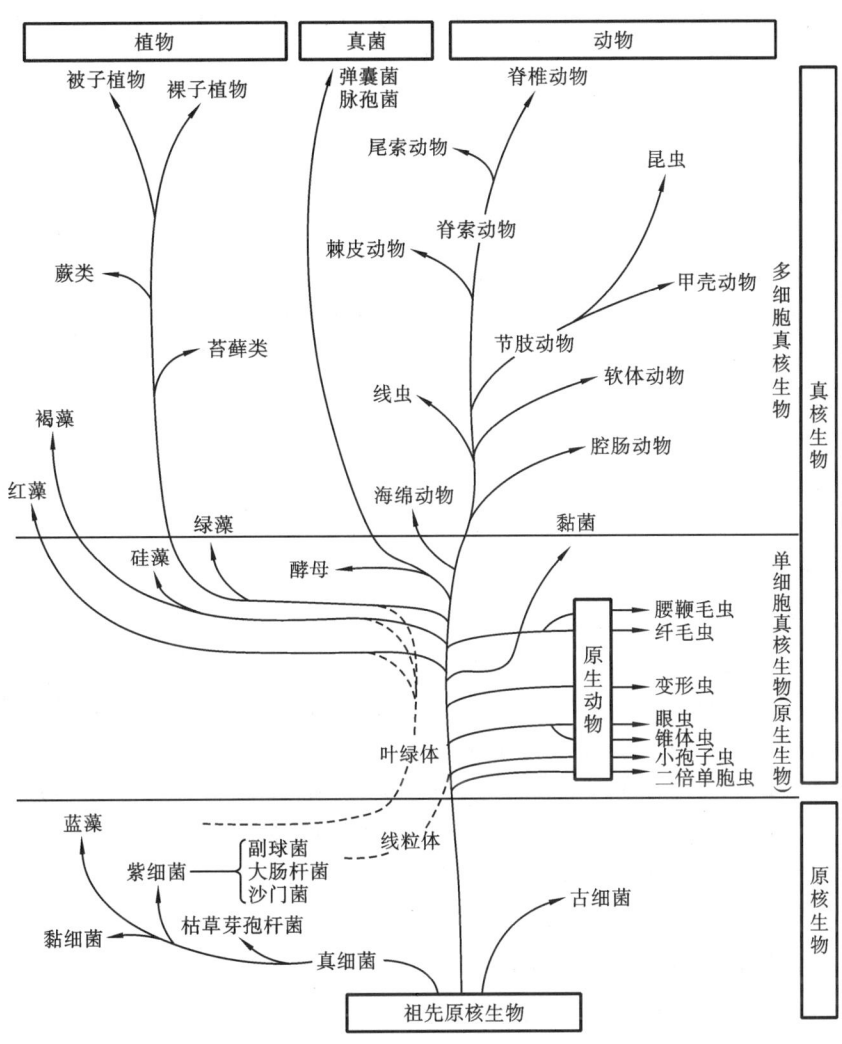

图 7-9　地球生命史中各主要生物类型之间的进化关系

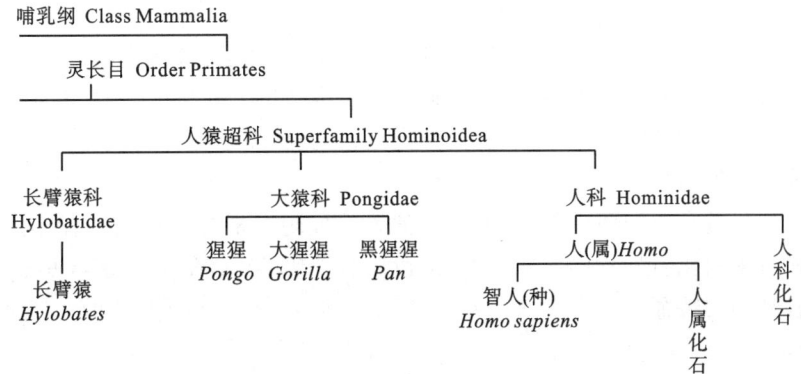

图 7-10　人在自然分类系统中的地位

221

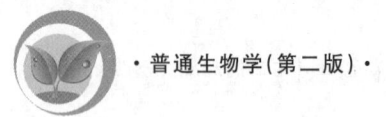

共同的祖先。人类躯体确实保留着许多脊椎动物的原始特征,例如:人具有五趾,这是多数爬行类和两栖类的特征;人具有尾椎和尾肌(退化的残留),这是几乎所有脊椎动物的特征;人的眼睛有瞬膜(两栖类、爬行类及鸟类共有的结构)的痕迹;人类还有耳肌的痕迹、盲肠的残余(阑尾);人还有发达的锁骨。

同时,人类躯体结构也保持着树栖生活方式的适应特征:人的颈椎少(颈短),腰椎也少,躯干结构紧凑,利于树上活动。人的肢体相对于躯干而言是较长的,婴儿时期前肢比后肢长,这是树栖灵长类的典型特征。人手的抓握能力很强,婴儿两手抓握力尤为显著,几个月的婴儿甚至可以两手抓握枝干使躯体悬挂,这正是树栖的适应特征。人的双目前视,具有立体视觉,树栖动物在树枝间跳跃移动需要正确地目测距离,立体视觉正是对树栖生活方式的适应。人的爪变为扁平的指甲,适于剥、刻、抓、摘果实和种子,证明人的祖先生活于树林中,以植物果实、种子为主要食物。

此外,在所有的哺乳动物中,人的体表无毛或少毛的特征是极其独特的,至于体毛退化的原因尚不明了。

(三)人类的生物进化

将现代人类的躯体结构与类人猿的躯体结构进行比较可以看出,人类躯体的进化改变与直立相关。例如:人的颅骨形态、枕骨大孔的位置的改变;S形的脊柱适于承重;髋关节的结构,股骨、膝关节、发达的跟骨和长的跗骨适合于双足直立行走。虽然人并非唯一能直立行走的动物,但人的躯干改变最适应于直立。

造成人类适应优势的许多特征都和直立相关,例如,能思维的大脑、能使用和创造工具的双手,语言,复杂的行为、感情,以及建立于其上的社会组织,均是进化的产物。但是躯体的改变也带来了许多弊端,例如,由于直立,内脏下垂(胃下垂)、静脉曲张及痔疮成为人类特有的疾病。

(四)人科谱系和现代智人种的起源

现代人类即智人与若干似人的化石祖先构成灵长目的人科。人科最早的化石代表是什么样的?人与猿何时发生分异?从最早的人科祖先到现代的智人,经历了哪些中间的进化阶段?这些都是人类生物学进化的重要问题,目前尚未完全弄清楚,仍在争论之中。

1. 人科最早的化石代表

早先,人类学家认为最早发现于印度的腊玛古猿和西瓦古猿是人科的祖先(现在分类学上将腊玛古猿归并到西瓦古猿属)。它们生存于中新世1 400万～900万年前。西瓦古猿颌骨较粗大,因此有些学者认为它可能不是人科动物,而是猩猩的祖先。而腊玛古猿则具有一些人科动物的形态特征,如犬齿退化。

腊玛古猿化石在亚洲西南部、中亚及欧洲皆有发现。根据我国云南禄丰发现的腊玛古猿与西瓦古猿的化石标本的比较研究,吴汝康将二者合并,命名为禄丰古猿,并认为具有较多人科动物的特征。

2. 南方古猿

比较肯定的人科早期化石代表是发现于非洲南部与东部的南方古猿化石。从20世纪20年代在非洲南部发现的第一个南方古猿头骨化石,到后来在埃塞俄比亚发现的最早的南方古猿化石,共发掘出相当于数百个个体的骨骼化石,生存时间从440万年前持续到大约100万年前。最早在非洲南部发现的南方古猿,因形态上的显著差异而被区分为两个种,即非洲南猿和粗壮南猿,后者比前者粗壮些。20世纪70年代在埃塞俄比亚的阿法地区发现的较老的(约350万年前)南方古猿化石被命名为阿法南猿,其中最完整的骨骼是被称为露西的,具有直立的特征,可能是已确证的最早的直立人科化石,其脑量为400~500 mL。

从形态上说,南方古猿是猿与人特征的混合,例如,阿法南猿的膝部骨骼结构显示出适应直立的特征,但臂与肩胛的结构似黑猩猩,适于攀缘,可见还未能完全离开树。

3. 能人

20世纪60年代,在东非坦桑尼亚奥杜威峡谷发现了颅骨较发达、脑量较大的头骨化石,被命名为能人。能人的脑量平均为700 mL,能直立、群居,能制造工具。能人可能是由阿法南猿进化产生的。

4. 直立人

19世纪末荷兰人杜布瓦在印尼爪哇发现的头骨和股骨化石被命名为直立猿人。其生存时间在200万~50万年前。北京周口店的北京中国猿人也被列入直立人,称北京直立人,其脑量为915~1 200 mL。在非洲、欧洲也有直立人化石被发现。

直立人的脑量比南方古猿和能人的有较大增长,头也相应增大。但头盖骨的结构仍保持较多的猿的特征。北京直立人能制造精致的石器,能用火。直立人有原始的社会组织,创造了原始的文化(旧石器时代)。

5. 智人

智人是人科中唯一现实生存着的物种。同属于智人种的现代人的不同种族的起源尚不清楚。

形态上比直立人更接近现代人,但与现代人(或晚期智人)有明显差异的人类化石在亚洲、欧洲和非洲都有发现。年龄最老的近30万年,它们被统称为早期智人,是直立人与现代人之间的进化过渡类型。

1984年在我国辽宁营口发现的金牛山人化石是迄今所知的辽宁最老的智人化石,年龄为20万~28万年,脑量为1 390 mL。尼安德特人(简称尼人)化石是欧洲发现的早期智人化石,生存时代在20万~4万年前,尼人的头骨仍有直立人的特征,但脑量已达到现代人的水平,成人头骨脑量为1 300~1 700 mL,平均为1 500 mL。

形态上与现代人几乎完全相同的人类化石,大约可追溯到5万年前,它们被称为晚期智人或现代智人,如中国的柳江人、山顶洞人等,具有黄种人的特征。在欧洲有克罗马农人、姆拉德克人,他们多少具有一些白种人或非洲黑人的特征。在非洲也发现一些具有黑人特征的晚期智人化石。由此可见晚期智人已经有分异,现代人的人种分异应在5万年前。

6. 关于现代智人种的起源

早先学者们认为现代智人种起源于非洲,并在非洲进化到某阶段后扩散到世界各地。但最近研究表明:现代智人的不同种族可能是在不同地区因地理隔离而分别进化产生的(表7-3)。

表 7-3　地质年代与生物历史对照表

宙	代	纪	世	距今年代	气候及生物
显生宙	新生代	第四纪	现代	1 万年	冰期已过,气温上升,被子植物繁茂,草本植物发达,人类发展
			更新世	300 万年	4 个冰期,北半球冰川,气温下降,直立人、早期智人,很多大型兽类灭绝
		第三纪	上新世	1 200 万年	喜马拉雅山、安第斯山、阿尔卑斯山形成,大陆各洲成型
			中新世	2 500 万年	气候冷
			渐新世	4 000 万年	被子植物取代裸子植物,繁茂
			始新世	6 000 万年	恐龙灭绝,鸟类及哺乳类大发展,适应辐射
			古新世	7 000 万年	灵长类及类人猿出现
	中生代	白垩纪		1.35 亿年	造山运动,火山活动多,大陆分开,后期冷。裸子植物衰退,被子植物发达,大爬行类灭绝,有袋类繁盛,胎盘哺乳类及鸟类兴起
		侏罗纪		1.8 亿年	温暖,湿。有内海,大陆漂移。裸子植物为主,被子植物出现。大爬行类繁茂,占统治地位
		三叠纪		2.25 亿年	气候温和干燥,晚期湿热。裸子植物成林,炭化成煤。无尾两栖类出现,爬行类恐龙占优势,原始哺乳类出现
	古生代	二叠纪		2.7 亿年	末期造山运动频繁,干热,裸子植物兴起,蕨类植物开始衰落,三叶虫及多种无脊椎动物灭绝,爬行类适应辐射
		石炭纪		3.5 亿年	造山运动,气候温湿,蕨类繁茂,原始裸子植物出现。陆生软体动物、昆虫适应辐射,两栖类繁茂,爬行类兴起
		泥盆纪		4 亿年	陆地扩大,干旱炎热,蕨类繁盛,鱼类繁盛,昆虫、两栖类兴起,三叶虫少
		志留纪		4.4 亿年	造山运动,陆地增多,陆生植物裸蕨类出现、水生无脊椎动物(苔藓虫、珊瑚)繁盛,原始鱼类出现
		奥陶纪		5 亿年	浅海广布,气候温暖,海藻繁盛,水生无脊椎动物(笔石、三叶虫、头足类)繁盛
		寒武纪		6 亿年	浅海广布,气候温和,棘皮、海绵、软体动物兴盛,原始甲壳类和三叶虫繁盛
隐生宙	元古代	没有国际性的划分方案		13 亿年	叠层石,温暖浅海,蓝藻、真核藻类,后生动物起源,末期低等无脊椎动物出现
				25 亿年	
	太古代			38 亿年	大气圈和水圈,细胞形成。晚期有菌类和低等蓝藻存在,但可靠的化石记录不多
	冥古代			46 亿年	初始大气圈,化学进化

本章小结

关于生命起源的主要假说有创世说、自生论和宇宙发生说、化学进化学说以及热泉生态系统说等几种。原始地球的形成有着复杂的演变过程。原始生命的化学进化可分为四个连续的阶段，分别是：从无机小分子生成有机小分子；由有机小分子生成生物大分子；多分子体系的形成；原始生命的形成。

物种是生物界可依据表型特征识别和区分的基本单位。物种的学名在国际上采用林奈首创的"双名法"，即采用属名和种名命名，用拉丁文或拉丁化的词写出。生物主要的分类阶层为界、门、纲、目、科、属、种。生物分类有人为分类法和自然分类法，随着科学的发展，分界工作不断深化，有两界、三界、四界、五界、六界系统等。

生物多样性指的是生命形式存在的多样性，各种生命形式间及其与环境之间的多种相互作用，以及各种生物群落、生态系统及其生境与生态过程的复杂性，反映了地球上一切生命都有各不相同的特征及生存环境。生物多样性通常包括三个层次：遗传多样性、物种多样性和生态系统多样性。保护生物多样性也是保护人类自己。

单细胞生物进化为多细胞生物的问题，比较著名的有以下几种学说：群体学说、合胞体学说、共生学说。植物的发展过程一般可划分为四个主要阶段：藻类植物时代、蕨类植物时代、裸子植物时代、被子植物时代。多细胞动物的进化一般可分为两个主要阶段：多细胞无脊椎动物时代、脊椎动物时代。在分类学上，人属于脊索动物门，脊椎动物亚门，哺乳纲，灵长目，人科，人属，智人种。

 复习思考题

1. 简述原始生命的化学进化过程。

2. 何为双名法？举例说明。

3. 什么是生物多样性？包括哪几个层次？你认为对于生物多样性保护你能做些什么？

4. 简述植物界的进化历程。

第八章

生物技术——现代生命科学的革命

 知识目标

1. 了解生物技术的发展所引发的伦理及安全性问题，正确地看待生物技术的发展及影响；

2. 理解现代生物技术的基本知识，现代生物技术的概念、内涵和基本特征；

3. 掌握基因工程、细胞工程、发酵工程、酶工程和蛋白质工程的概念和内涵。

 技能目标

能够运用生物技术相关知识分析生物技术在当地农业、食品工业、医药领域、环境与能源方面的应用。

第一节　生物技术的内容

生物技术是指以现代生命科学为基础，结合先进的工程技术手段和其他基础学科的科学原理，按照预先的设计改造生物体或加工生物原料，为人类生产出所需产品或达到某种目的。它主要包括基因工程、细胞工程、发酵工程、酶工程和蛋白质工程五个领域。

一、基因工程

（一）基因工程的概念

基因工程是指在基因水平上的遗传工程，它是用人为方法将所需要的某一供体生物的遗传物质 DNA 大分子提取出来，在离体条件下用适当的工具酶进行切割后，把它与作为载体的 DNA 分子连接起来，然后与载体一起导入某一更易生长、繁殖的受体细胞中，以让外源遗传物质在其中"安家落户"，进行正常复制和表达，从而获得新物种的一种崭新的育种技术。

（二）基因工程的基本步骤

基因工程是一项非常复杂的技术操作，它包括以下几个基本步骤。

1. 目的基因的获取

获取目的基因是实施基因工程的第一步，目的基因是指通过人工方法分离、改造、扩增并能够表达的特定基因，或者是按计划获取的有经济价值的基因，如植物的抗病（抗病毒、抗细菌）基因、种子的储藏蛋白的基因，以及人的胰岛素基因等，都是目的基因。

2. 载体构建

用人工方法，取得目的基因的适宜载体，即质粒或病毒。载体一般带有必要的标志基因，以便进行检测。

3. 目的基因插入载体

用人工的方法将目的基因与运载体结合的过程：首先用限制性内切酶和其他一些酶类，修饰或切割目的基因和载体DNA，然后用DNA连接酶将两者连接起来，使目的基因插入载体内，形成重组DNA分子。这些工作都在生物体外进行，所以又称体外DNA重组，是基因工程的核心。

4. 重组DNA导入受体细胞进行扩增

用人工方法，让携带目的基因的运载体进入新的生物细胞里，让其大量扩增或者表达，由此形成重组DNA的无性生殖系。能够接受重组DNA分子并使其稳定维持的细胞，称为受体细胞。基因工程中常用的受体细胞有大肠杆菌、枯草芽孢杆菌、土壤农杆菌、酵母菌和动植物细胞等。

5. 基因重组体的筛选与鉴定

以上步骤完成后，在全部的受体细胞中，真正能够摄入重组DNA分子的受体细胞是很少的。因此，必须通过一定的手段对受体细胞中是否导入了目的基因进行筛选与鉴定。

（三）基因工程的研究历史

基因工程的发展过程也是人类探究自然界生物和人类自身遗传奥秘的过程。自从1953年Watson和Crick提出DNA的双螺旋结构模型以来，明确了基因就是染色体上具有一定功能的DNA片段。1958年Crick提出遗传信息传递的中心法则，阐明了储存在核酸中的遗传信息的传递方向和连续性。20世纪60年代末70年代初，DNA限制性内切酶及DNA连接酶的发现使两种DNA片段能够重新连接起来，使体外DNA操作成为可能。1973年，美国斯坦福大学教授S. Cohen首先在体外进行了改造DNA的研究，成功地构建成世界上第一个体外重组的DNA分子。1974年，S. Cohen又将非洲爪蟾的DNA与大肠杆菌的质粒"拼接"，拼接后的杂合质粒进入大肠杆菌，产生了非洲爪蟾的核糖体核糖核酸（rRNA），从而完成了DNA体外重组和扩增的全过程。后来S. Cohen以DNA重组技术发明人的身份向美国专利局申报了世界上第一个基因工程的技术专利。一门新的生物学科——基因工程学也就从此诞生了。

基因工程在农牧业、工业、环境保护、医疗卫生等方面都有广泛应用。

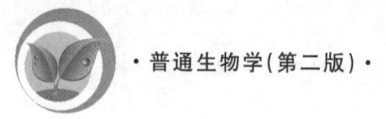
二、细胞工程

(一) 细胞工程的概念

细胞工程是指应用现代细胞生物学、发育生物学、遗传学和分子生物学的理论与方法,按照人们的需要和设计,在细胞水平上进行遗传操作,重组细胞的结构和内含物,以改变生物的结构和功能,即通过细胞融合、核质移植、染色体或基因移植以及组织和细胞培养等方法,快速繁殖和培养出人们所需要的新物种的生物工程技术。

(二) 细胞工程的研究内容

根据研究层次的不同,可将细胞工程分为染色体工程、染色体组工程、细胞质工程和细胞融合工程。根据研究水平的不同,细胞工程可分为细胞水平、组织水平、细胞器水平和基因水平。根据研究对象的不同,细胞工程可分为动物细胞工程、植物细胞工程和微生物细胞工程,通常将微生物细胞工程归为发酵工程范畴。

1. 染色体工程

染色体工程将一种生物的特定染色体,按照人们的需要来消除、添加,或同别的生物的染色体置换,或改造的技术。动物染色体工程主要采用对细胞进行微操作的方法来达到转基因的目的。植物细胞工程目前主要是利用传统的杂交回交等方法来达到改变染色体的目的。目前基因工程的操作技术多限于单个或少数基因在大肠杆菌等微生物中的表达。为了改变真核细胞的遗传性和控制高等生物的生命活动,还必须研究和开发染色体工程,建立一种新的技术体系,把所需的基因或染色体片段整合到染色体的任意位置,并能将有关遗传信息在细胞分裂中一代又一代地传递下去。目前这方面的工作还处于起步阶段。

2. 染色体组工程

染色体组工程是改变整个染色体组数的技术。自从 1937 年秋水仙素用于生物学后,多倍体的工作得到了迅速发展,例如得到三倍体西瓜、四倍体小麦、八倍体小黑麦等。

3. 细胞质工程

细胞质工程是通过物理或化学方法将细胞质与细胞核分开,再进行不同细胞间核质的重新组合,形成新的细胞。可用于细胞核与细胞质的关系方面的基础研究和育种工作。

4. 细胞融合

细胞融合是采用自然或人工的方法使两个或几个不同细胞融合为一个细胞的过程,用于产生新的品种或品系及产生单克隆抗体。单克隆抗体技术是利用克隆化的杂交瘤细胞分泌高度收益的单克隆抗体,具有很高的实用价值,在诊断和治疗病症方面有着广泛的应用前景。

5. 植物细胞工程

植物细胞工程是以植物细胞为基本单位进行培养、繁殖或按照人们的意图改变细胞的某些生物学特性,从而改良品种或获得新的生物和物种。植物细胞工程包括植物组织培养技术、细胞培养技术、原生质体融合与培养技术、亚细胞水平的操作技术等。植物细胞工程要早于动物细胞工程。

6. 动物细胞工程

动物细胞工程是以动物细胞为基本单位在体外条件下进行培养、繁殖和人为操作,使细胞产生某些人们所需要的生物学特性,从而改良品质,加速繁殖动物个体或获得有用品系的技术。动物细胞工程是一门应用性科学技术,其主要的学科基础是基础生物学和生物化学工程,另外还有遗传学、免疫学、分子生物学、生物化学、微生物学、应用物理和电子计算机等,是由多个学科综合而成的新兴技术。

动物细胞工程常用的技术手段有动物细胞培养、动物细胞融合、单克隆抗体、胚胎移植等。其中,动物细胞培养技术是动物细胞工程的技术基础。

(三) 细胞工程的研究历史

植物细胞培养的研究始于 20 世纪初。1902 年,德国植物学家哈贝兰特依据细胞学说的内容认为,每一个分离出来的高等植物的细胞都具有进一步分裂和发育的能力。到 20 世纪 30 年代,植物细胞培养研究取得了突破性进展。1955 年,米勒等学者发现激动素能促使培养细胞分裂,还可以代替腺嘌呤促进发芽。1956 年,Roetier 等首先申请了用植物细胞培养技术生产化学物质的专利。20 世纪 60 年代,Cocking 等建立了植物原生质体培养和融合技术。20 世纪 70 年代以后,外源基因片段可引入植物细胞体内,通过培养这种细胞,可获得人们需要的产物。同时,大规模培养技术方面也取得了巨大发展,1983 年,首例转基因植物培育成功。20 世纪 90 年代初,转基因植物进入产业化阶段。

动物细胞工程晚于植物细胞工程,起初应用于疫苗的生产。20 世纪 20 年代至 50 年代,已经开发出多种病毒或细菌疫苗。1951 年,Earle 等开发了能促进动物细胞体外培养的培养液,这标志近代动物细胞培养技术的开端。20 世纪 50 年代开始大规模培养动物细胞生产生物制品。20 世纪 70 年代基因重组技术和杂交瘤技术的研究发明使动物细胞工程技术的应用日益完善。1982 年,重组人胰岛素药物的推出,标志着细胞工程商业化的开始。

三、发酵工程

(一) 发酵工程的定义

发酵工程是研究微生物工业生产中各单元操作的工艺和设备的一门学科。其主要内容包括菌种的选育、培养基的配制、灭菌、扩大培养和接种、发酵过程和产品的分离提纯等方面。发酵工程是指采用现代工程技术手段,利用微生物的某些特定功能,来制备微生物菌体或其代谢产物的过程。

(二) 发酵工程的基本步骤

发酵工程基本上可分为上游工程、发酵和下游工程。其中上游工程包括优良菌种的选育、最适发酵条件(如营养成分、pH 值、温度等)的确定、营养物质的准备等。发酵部分是微生物反应过程,主要指在最适发酵条件下,发酵罐中大量培养细胞和生产代谢产物的工艺技术。这里要有严格的无菌生长环境,包括发酵开始前采用高温高压对发酵原料和发酵罐以及各种连接管道进行灭菌的技术、在发酵过程中不断向发酵罐中通入干燥无菌空气的空气过滤技术、在发酵过程中根据细胞生长要求控制加料速度的计算机控制技术，还有种子培养和生产培养的不同的工艺技术。下游工程指从发酵液中分离和纯化产品的技术，包括固液分离技术(离心分离、过滤分离、沉淀分离等工艺)、细胞破壁技术(超声、高压剪切、渗透压、表面活性剂和溶壁酶等)、蛋白质纯化技术(沉淀法、色谱分离法和超滤法等)，最后还有产品的包装处理技术(真空干燥和冰冻干燥等)。

发酵工程必须具备以下条件：某种适宜的微生物；要保证或控制微生物进行代谢的各种条件，即培养基的组成、温度、溶解氧浓度、pH 值等；微生物发酵需要的设备；提取菌体或代谢产物或精制产品的方法和设备。

(三) 发酵工程发展史

发酵工程发展到今天经历了天然发酵、纯培养技术的建立、通气搅拌发酵技术的建立、代谢控制发酵技术的建立、开拓发酵原料、基因工程等阶段。

20 世纪 20 年代的乙醇、甘油和丙酮等发酵工程，属于厌氧发酵。从那时起，发酵工程又经历了几次重大的转折，并不断地发展和完善。

20 世纪 40 年代初，随着青霉素的发现，抗生素发酵工业逐渐兴起。由于青霉素产生菌是需氧型的，微生物学家就在厌氧发酵技术的基础上，成功地引进了通气搅拌和一整套无菌技术，建立了深层通气发酵技术。它大大促进了发酵工业的发展，使有机酸、维生素、激素等都可以用发酵法大规模生产。

1957 年，日本用微生物生产谷氨酸成功，使得代谢控制发酵技术在 20 世纪六七十年代进入广泛应用的鼎盛时期，20 种氨基酸和核苷酸物质都可以采用发酵法生产，可以说在发酵原料方面，发酵技术又有了新的飞跃。

20 世纪 70 年代以后，随着 DNA 重组技术、细胞大规模培养技术、转基因技术、PCR技术、生物芯片技术等的出现，生物技术发生了革命性的变化。同时随着基因重组、细胞和组织培养、动植物细胞的大规模培养和计算机的广泛应用以及产品分离、纯化等技术的发展，发酵工程和基因工程技术的结合进入新的发展阶段。

(四) 发酵工程的内容

发酵工程的内容主要包括菌种的培养和选育、发酵条件的优化与控制、发酵反应器的设计和自动控制、产品的分离纯化和精制等过程。在食品工业(如调味品、食品添加剂、发酵食品等)、化工、医药工业(如核苷酸、抗生素、激素等)、冶金、能源开发、污水处理等领域都有广泛应用。目前已知的具有生产价值的发酵类型有以下五种。

1. 微生物菌体发酵

微生物菌体发酵是以获得微生物菌体为目的的发酵方式。传统的工业发酵有面包制作的酵母发酵及食品的微生物菌体蛋白发酵两种类型；现代的菌体发酵常用来生产一些真菌类，如各种蘑菇、冬虫夏草以及灵芝等药用真菌；还可生产生物防治剂，如苏云金杆菌、伴孢晶体可以毒杀鳞翅目、双翅目害虫。

2. 微生物酶发酵

微生物酶发酵是以获得酶制剂为目的的发酵方式。最初，人们是从动、植物组织中提取酶,但目前工业应用的酶大多来自微生物发酵,因为微生物具有种类多、产酶面广、生产容易和成本低等特点。微生物酶制剂具有广泛的用途,例如:微生物生产的青霉素酰化酶用于半合成青霉素时,制备中间体 6-氨基青霉烷胺;胆固醇氧化酶用于检查血清中胆固醇的含量;葡萄糖氧化酶用于检查血中葡萄糖的含量等。

3. 微生物代谢产物发酵

微生物代谢产物的种类很多,已知的有 37 大类。根据菌体不同生长时期的产物不同,可分为初级代谢产物和次级代谢产物。初级代谢产物指在菌体对数生长期所产生的产物,如氨基酸、核苷酸、蛋白质、核酸、糖类等,是菌体生长繁殖所必需的。次级代谢产物指在菌体生长静止期,某些菌体合成的一些具有特定功能的产物,最主要的是抗生素,还有生物碱、细菌毒素、植物生长因子等。

4. 微生物转化发酵

微生物转化发酵是利用微生物细胞的一种或多种酶把一种化合物转变为结构相关的更有价值的产物的生物化学反应。可进行的转化反应包括脱氢反应、氧化反应、脱水反应、缩合反应、脱羧反应和异构化反应等。最古老的生物转化是利用乙醇脱氢酶将乙醇转化成乙酸的乙酸发酵,生物转化还可以将葡萄糖转化成葡萄糖酸。

5. 生物工程细胞的发酵

生物工程细胞的发酵是利用生物工程技术所获得的细胞,如 DNA 重组的"工程菌"、细胞融合所得的"杂交"细胞等进行培养的新型发酵,其产物多种多样。如用基因工程菌生产胰岛素、干扰素、青霉素等,用杂交瘤细胞生产用于治疗和诊断的单克隆抗体等。

四、酶工程

(一) 酶工程概述

1. 酶的概念及研究意义

酶是由活细胞产生的具有催化功能的生物大分子。它存在于活细胞中,控制机体的各种代谢过程。按照其化学组成,可以分为蛋白酶和核酸酶。蛋白酶主要由蛋白质组成,核酸酶主要由核糖核酸(RNA)组成。细胞生命代谢中的化学反应都是在酶的催化作用下进行的。

酶存在于所有的细胞核组织中,并不断进行自我更新。组成代谢体系的生物化学反应多数是在酶的催化下进行的,而且生物体能够通过多方面因素对酶的活性进行调节和控制,使复杂的代谢活动有条不紊地进行。因此,酶在生命活动中占有极其重要的地位。

酶与生命科学密切相关,对酶的深入研究推动了多种学科的发展,产生了多个交叉学科。20 世纪以来,先后形成了生物化学、生物技术、分子生物学以及仿生学等。其中生物技术占有核心地位,其研究与应用推动了工业、农业、食品、环保、能源开发、医药卫生等方面的迅速发展,生物技术成为 21 世纪的主导学科之一。酶工程作为生物技术的分支,在上述领域的发展中起到十分重要的作用。

2. 酶工程的概念

酶工程是研究酶的生产和应用的一门学科,即将酶或者微生物细胞、动植物细胞、细

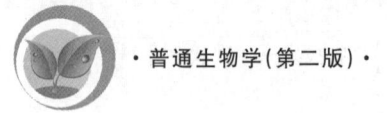

胞器等在一定的生物反应装置中,利用酶所具有的生物催化功能,借助工程手段将相应的原料转化成有用物质并应用于社会生活的一门科学技术。它包括酶制剂的制备、酶的固定化、酶的修饰与改造及酶的发酵生产等。酶工程的应用,主要集中于食品工业、轻工业以及医药工业中。

(二)酶工程技术

目前已经发现的酶有 7 000 种以上,但实际被用于工业生产的仅 10 余种。已经能够实现工业化生产的酶有淀粉酶、糖化酶、蛋白酶、葡萄糖异构酶等。概括地说,酶工程包括酶制剂的生产和应用两个方面。

1. 酶制剂的制备

初期酶制剂主要来源于动物材料,现在酶主要来自微生物。生产酶制剂的过程主要包括酶的产生、提取、纯化和固定化等步骤。

(1)酶的产生、提取和纯化 酶普遍存在于动物、植物和微生物体内。人们最早是从动植物的器官和组织中提取酶的。例如,从胰腺中提取蛋白酶,从麦芽中提取淀粉酶;现在,酶大都来自微生物发酵生产,因为微生物具有容易培养、繁殖速度快和便于大规模生产等优点。从微生物和动植物细胞中得到含有多种酶的提取液后,为了从混合液中获得所需要的某种酶,必须对提取液中的其他物质进行分离,以达到获得纯化酶的目的。

(2)酶的固定化 酶固定化技术是将纯化的酶连接到一定的载体上,使用时将被固定的酶投放到反应溶液中,催化反应结束后再将被固定的酶吸收。固定化酶一般是呈膜状、颗粒状或粉状的酶制剂,它在一定的空间范围内催化底物反应。

(3)固定化细胞 利用胞内酶制作固定化酶时,先要把细胞打碎,然后将里面的酶提取出来,这就增加了酶制剂生产的工序和成本。直接固定细胞同样可以提供所需的酶(胞内酶),因此固定化细胞同样可以代替酶进行催化反应。例如,将酵母细胞吸附到多孔塑料的表面上或包埋在琼脂中制成的固定化酵母细胞,可以用于酒类的发酵生产。

2. 酶的修饰与改造

虽然酶在工业、农业、医药、环保和能源开发等方面得到了越来越多的应用,但总体来说,大规模应用酶和酶工艺的并不多。因为酶一旦离开生活细胞,离开其特定的作用环境,常变得稳定性差、活性不高和可能具有还原性等,不适合大量生产的需要。鉴于以上原因,人们需要进行酶分子修饰的研究。

酶分子修饰是指通过各种方法使酶分子结构发生某些改变,从而改变酶的某些特性和功能,创造出天然酶不具备的某些优良性状,使其适应各方面的需要。酶分子修饰主要包括金属离子交换修饰、大分子结合修饰、肽链有限水解修饰、侧链基团修饰、氨基酸转换修饰等方法。

3. 酶的发酵生产

商业用酶主要来源于动植物组织和某些微生物。传统上从植物体内提取的酶主要有蛋白酶、淀粉酶、氧化酶等,从动物组织中提取的酶主要有胰蛋白酶、脂肪酶和凝乳酶。但是从动植物组织中提取的酶经常要涉及技术上、经济上以及道德伦理上的问题,使得许多传统的酶源已不能适应当今世界对酶的需求。为了扩大酶源,人们将目光转向了微生物。

微生物作为酶生产的主要来源有生长繁殖快、生活周期短、产量高、培养方法简单、生产原料来源丰富、机械化程度高、经济效益高、具有较强的适应性和应变能力等优点。

酶的发酵生产是指在人工控制的条件下,有目的地利用微生物培养生产所需的酶,包括产酶优良菌种的筛选、基因工程菌株的构建和微生物酶的发酵生产三个步骤。目前大部分的酶采用微生物发酵生产。

(三)酶工程的发展历史

早在几千年前,人类已开始利用微生物来制造食物和饮料。然而真正有意识地利用酶不过 100 多年的历史。真正出现酶的概念是在 1878 年。当时德国的库尼将从麦芽中分离出来的一种能够水解淀粉的物质称为"酶"。1896 年德国人巴赫纳兄弟用细砂研磨酵母细胞,然后压取汁液,并证明此不含细胞的酵母提取液也能使糖发酵。因此比较公认的看法是,酶学的研究是从 1896 年巴赫纳兄弟的实验开始的。

20 世纪初,酶学得到了迅速发展。一是发现酶的种类越来越多,二是开始了对酶的作用机理研究,同时发现了辅酶在酶催化反应中的意义。1965 年我国科学家首次人工合成具有生物活性的结晶牛胰岛素,成为酶学研究的重要里程碑。

20 世纪 70 年代以后,伴随着第二代酶——固定化酶及其相关技术的产生,酶工程才算真正登上了历史舞台。固定化酶正日益成为工业生产的主力军,在化工医药、轻工食品、环境保护等领域发挥着巨大的作用。不仅如此,还产生了威力更大的第三代酶,它是包括辅助因子再生系统在内的固定化多酶系统,它正在成为酶工程应用的主角。

五、蛋白质工程

(一)蛋白质工程的定义

蛋白质是生命的体现者,而生物体内存在的天然蛋白质,有的往往不尽如人意,需要进行改造。由于蛋白质是由许多氨基酸按一定顺序连接而成的,每一种蛋白质有自己独特的氨基酸顺序,因此改变其中关键的氨基酸就能改变蛋白质的性质。而氨基酸是由三联体密码决定的,只要改变构成遗传密码的一个或两个碱基就能达到改造蛋白质的目的。蛋白质工程的一个重要途径就是根据人们的需要,对负责编码某种蛋白质的基因重新进行设计,使合成的蛋白质变得更符合人类的需要。

蛋白质工程是在基因重组技术、生物化学、分子生物学、分子遗传学等学科的基础之上,融合了蛋白质晶体学、蛋白质动力学、蛋白质化学和计算机辅助设计等多学科而发展起来的新兴研究领域。其内容主要有两个方面:根据需要合成具有特定氨基酸序列和空间结构的蛋白质;确定蛋白质化学组成、空间结构与生物功能之间的关系。在此基础之上,实现从氨基酸序列预测蛋白质的空间结构和生物功能,设计合成具有特定生物功能的全新的蛋白质,这也是蛋白质工程最根本的目标之一。

一般认为,蛋白质工程就是通过基因重组技术改变或设计合成具有特定生物功能的蛋白质。实际上蛋白质工程包括蛋白质的分离纯化、蛋白质结构和功能的分析、设计和预测,通过基因重组或其他手段改造或创造蛋白质。从广义上来说,蛋白质工程是通过物理、化学、生物和基因重组等技术改造蛋白质或设计合成具有特定功能的新蛋白质。

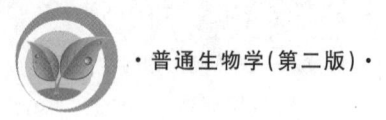

(二) 蛋白质工程的研究内容

蛋白质工程的研究内容包括任何旨在将蛋白质知识转变为实践应用的理论研究和操作技术研究。蛋白质工程研究主要包括以下四大类。

(1) 建立结构与功能之间关系的数据库。蛋白质工程的核心内容之一就是收集大量的蛋白质分子结构的信息,以便建立结构与功能之间关系的数据库,为蛋白质结构与功能之间关系的理论研究奠定基础。利用已知的蛋白质一级结构的信息开发应用研究,这是迄今蛋白质工程研究中最成功的领域。例如,利用原核细胞的信号肽直接指导牛胰蛋白酶抑制剂的分泌及加工处理过程。

(2) 定量确定蛋白质结构和功能的关系。这是目前蛋白质工程研究的主体,它包括蛋白质三维结构模型的建立,酶催化的性质、蛋白质折叠和稳定性研究,蛋白质变异的探讨等。

(3) 从混杂变异体库中筛选出具有特定结构和功能关系的蛋白质。有目的地在特定的位点上使蛋白质产生变异,然后研究结构和功能的关系,如果有了混杂的变异体库,则可筛选出具有特定结构-功能关系的蛋白质。例如,将对热不稳定的酶的基因转移至嗜热生物体内,再利用酶的某种标志选择出对热稳定的酶,既保持酶的固有的性质,又增强了热稳定性。

(4) 人工合成。根据已知结构与功能关系的蛋白质,用人工方法合成它及其变异体,完全人为控制蛋白质的性质,目前还仅限于小分子的肽链。

第二节　生物技术的应用

一、生物技术与农业

目前人类所面临的粮食安全、环境恶化、资源匮乏等问题都有待于生物技术来解决。现在高质量的水稻、玉米、小麦、土豆等粮食作物就是通过生物技术的手段来提高其产量并获得优良性状的。传统的育种方式,包括生殖杂交,将继续作为提高谷物优良性状的主要方式,还有组织培养、单倍体育种、细胞质融合工程和基因工程等现代生物技术方法将发挥越来越重要的作用。

(一) 农业生物技术的发展现状

农业生物技术的主要任务是培育转基因动植物的新品种,使它们具有高产、优质和强的抗逆性。从世界范围来说,现代农业生物技术已逐步形成。2005 年,转基因大豆等转基因作物在全球的种植面积达到 9.0×10^7 hm²,2018 年已达到 1.917×10^8 hm²。利用原生质体培养技术成功开发了数百种再生植物。生物农药业广泛用于农业生产中。在畜牧业和渔业方面已培育出转基因牛、羊、猪和鱼。利用冷冻胚胎技术已生产良种犊牛数十万头。此外,促进畜牧业增产的动物激素、酶和氨基酸等饲料添加剂及农牧业用的各种诊断试剂和疫苗等农业生物技术成就为社会创造了巨大的财富。

(二) 农业生物技术的发展热点

1. 基因组研究

21世纪基因组的研究由"结构基因组"向"功能基因组"转变。基因组的研究内容对生物技术产业产生了巨大的推动作用,以基因组为核心的生物技术产业已形成并正在迅速发展。

2. 非生物抗逆性研究

农作物基因工程已经在抗生物逆境方面取得很大的成就,抗逆性研究正在由生物性抗逆研究转向非生物抗逆性研究。农作物的非生物逆境包括干旱、水涝、盐渍、高温、低温、重金属胁迫等。随着人们对非生物逆境的作用机制和植物非生物逆境信号反应的分子机制的了解,克隆与非生物逆境信号传导相关的基因转入植物将可能使转基因植物获得对非生物逆境的抗性。

3. 目标性状的改良

农业生物技术的研究重点正从"抗性"向"品质"转移。品质改良包括水果蔬菜的延熟保鲜,增加营养价值,富含抗癌蛋白质,提高农作物的产量等方面。

4. 动植物生物反应器的构建

当人们围绕转基因作物食用问题进行激烈争论时,世界正悄悄地发生着一场农业生物技术革命,即分子农业的发展。植入新型特性的转基因动物可以生产出科学、医学、工业等领域都十分需要的生物分子,这种植物的种植方法及动物的养殖方法与常规方法一样,只是收获的目的是获取生物分子,如酶、激素、抗体、生物塑料等。目前全球有很多公司从事分子农业生产,相关研究与投资正在迅速发展中。动植物反应器研究的进展使农业这一概念的外延大大拓宽,突破了传统农业的范畴,延伸到工业及医药领域,体现了现代科学的发展趋势。

(三) 农业生物技术的应用

1. 植物细胞工程的应用

(1) 在作物遗传育种中的作用 植物细胞工程应用于作物遗传育种的意义在于它能将有利基因转移到需要改良的作物中;能克服有性杂交中不同品种、种属之间的不亲和障碍,实现远缘杂交;能加速育种进程,提高选择效率;能筛选抗性突变体,进行抗性育种等。目前使用比较广泛的有单倍体育种、多倍体育种、原生质体培养、体细胞杂交和立体受精等技术。

(2) 在植物快速繁殖中的应用 植物细胞工程还应用于植物快速繁殖。植物离体无性繁殖技术又称植物微繁殖技术,就是利用组织培养方法将植物体某一部分的组织进行培养并诱导分化成大量的小植株,从而达到快速无性繁殖的目的。其特点是繁殖速度快,周期短,占用空间小,不受季节、气候等因素的影响,可脱去病毒以及植物生长整齐一致等,可实现种苗工厂化生产,在作物改良上具有显著的经济效益和良好的应用前景。

(3) 在植物脱毒中的应用 植物病毒病严重地影响作物的产量和品质。人们常见的马铃薯、草莓、葡萄等植物,果实越种越小,而且品质越来越差,就是病毒感染导致的种质退化现象。1952 年,法国科学家首次建立了生长点培养成植株的脱毒法,从而开创了防治植物病毒病的新途径。在植物的老叶及成熟组织和器官中,病毒含量较高,在植物幼嫩的和未成熟的部位病毒的含量低,因此根据病毒在植物体内的分布不一致的特点,将茎尖分生组织切下进行组织培养则可以获得脱病毒植株。组织培养脱毒复壮可使植物病毒病得以成功解决。

(4) 在植物种质保存中的应用 种质是决定生物遗传性状,并将遗传信息从亲代传递给子代的遗传物质,含有种质并能繁殖的生物体即为种质资源。目前,植物种质资源保存的主要手段是原境保存或在异境建立种质基因库及种子库。前者需要大量的土地和人力资源,成本高,且易受自然条件的影响,后者对于保存易脱水敏感的种子和有性繁殖困难的植物无能为力,因此开发了离体保存的方法。常用的离体保存的方法有缓慢生长保存和超低温保存,前者适合中短期保存,后者适合长期保存。

农业生物技术的发展趋势是以企业技术创新为主体的产学研一体化程度越来越高,商品化速度越来越快,产业发展的关联度越来越强,对各国的政治、经济、军事、文化等方面的影响越来越大。

2. 动物基因工程的应用

目前动物基因工程领域研究的热点是转基因动物技术与动物克隆技术,具有巨大的科学意义和广泛的应用价值。将转基因技术与克隆技术融合,创建转基因克隆动物是 21 世纪培育遗传工程动物的主导性技术途径。

(1) 在动物育种中的应用 动物基因工程育种,旨在改造动物的遗传本质,从基因水平上改良动物的农业性状,以适应人类的需要。通过动物基因工程育种创造出的新的品种和生物类型具有抗病能力、抗寒能力强,动物的品质优良和动物的生长快等优点。

(2) 制备非常规畜牧产品 通过动物基因工程技术可以制备出非常规畜牧产品,如不同特性的牛奶、羊奶,以满足人类更多的需求。我国科学家成功地培育了乳汁中含有活性人凝血因子的转基因绵羊,2004 年中国农业大学又先后成功地获得了人乳清蛋白、人乳铁蛋白、人岩藻糖转移酶的基因奶牛,这些成就都为我国"人源化牛奶"的产业化奠定了重要的基础。

(3) 保护动物种质资源 种质对生产和选育有现实或潜在利用价值,可以是群体、个体,可以是部分器官、组织,也可以是染色体或基因片段。动物种质资源的保护可以保证遗传多样性不丢失。对于那些很难得到胚胎的珍稀濒危动物,可采用以体细胞为核供体,进行细胞核移植的方法来获得后代。日本、澳大利亚、中国等国家已经开始应用体细胞克隆技术进行濒危灭绝的动物如老虎、熊猫、恒河断尾猴及名贵宠物的繁殖研究。

3. 水稻基因组计划

水稻基因组计划是 1998 年由中国大陆以及中国台湾地区与日本、美国、法国、韩国、印度等国发起,多国共同完成的对水稻基因研究的国际科研工程,计划用 8 年的时间花费 2 亿美元完成水稻的基因组计划。1998 年 2 月,中、日、美、英、韩五国代表制订了"国际水稻基因组测序计划",2002 年 12 月 12 日,中国科学院、科技部、国家发展计划委员会和国家自然基金委联合举行新闻发布会,宣布中国水稻基因组"精细图"已经完成。水稻基因组计划研究包括水稻基因组测序和水稻基因组信息,是继"人类基因组计划"后的又一重大国际合作的基因组研究项目。

4. 现代生物农药

生物农药是指利用生物活体、由生物体产生的活性成分或化学合成的具有天然化合物结构的物质,制备出的可防治植物病虫害、杂草或能调节植物生长的制剂。近年来也将具有调节抗逆病虫害的转基因植物列为生物农药。

生物农药具有对人畜安全、无毒、与环境兼容性好、不杀伤天敌昆虫、选择性强、效率高、残留量小、不易使害虫产生抗药性等优点,因此生物农药更符合现代社会对农业生产可持续发展的要求。生物农药可分为微生物农药、转基因生物农药、生物化学农药和天敌生物农药四大类。

5. 微生物肥料

微生物肥料是由一种或数种有益微生物活细胞经过发酵或人工培养而生成的含有大量有益活菌体,对作物有特定肥效的特定微生物制品,主要有根瘤菌剂、固氮菌剂、磷细菌剂、抗生菌剂、复合菌剂等。

微生物肥料是活体肥料,它的作用主要靠它含有的大量有益微生物的生命活动来完成。只有当这些有益微生物处于旺盛的繁殖和新陈代谢的情况下,物质转化和有益代谢产物才能不断形成。因此,微生物肥料中有益微生物的种类、生命活动旺盛是其有效性的基础,而不像其他肥料是以氮、磷、钾等主要元素的形式和多少为基础。正因为微生物肥料是活制剂,所以其肥效与活菌数量、强度及环境条件密切相关,如温度、水分、酸碱度、营养条件及原生活在土壤中的土著微生物的排斥作用都有一定影响,因此在应用时要加以注意。

微生物肥料具有提高化肥利用率、缓和或减少农产品污染、改善农产品品质、减少环境污染、改良土壤等作用,其功效已得到人们的认可。

二、食品生物技术

食品生物技术是生物技术在食品原料生产、加工和制造中的应用,是指以现代生命科学的研究成果为基础,结合现代工程技术手段和其他学科的研究成果,用全新的方法和手段设计新型的食品和食品原料。它包括食品发酵和酿造等最古老的生物技术加工过程,也包括应用现代生物技术来改良食品原料的加工品质的基因、生产高质量的农产品、制造食品添加剂、植物和动物细胞的培养以及与食品加工和制造相关的其他生物技术,如酶工程、蛋白质工程和酶分子的进化工程等。

(一) 食品生物技术的研究内容

(1) 通过基因工程和细胞工程完成动物、植物、微生物等种之间的转移,以达到获取或改善食品原料,提高农产品的品质和提高产量的目的。

(2) 利用基因工程、发酵工程生产用于农产品保鲜的"绿色"抗氧化剂、防腐剂,以及获得工业化生产预定的食品或保健食品的功能成分。

(3) 通过基因工程、发酵工程、酶工程、蛋白质工程和分子进化工程使食品加工工艺高效化,提高食品的附加值,提高农产品的利用率,以及提高食品的保健功能。

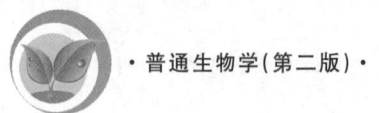

(4) 利用基因工程、酶工程和发酵工程减少食品的损失,提高食品质量管理的效率,保证食品质量和安全性。

(5) 通过发酵工程和酶工程处理废弃物,提高资源的利用率并减少环境污染。

(二) 食品生物技术在食品工业发展中的作用

食品生物技术对人类的作用具体体现如下:缓解由于人口膨胀带来的粮食短缺的问题;不断丰富食品的品种,改善食品的营养价值与感官价值,满足不同消费群体、不同生理需求的人群的需要;开发新型功能性食品,保障人类健康;开发新资源食品,拓宽人类食物来源;改进生产工艺,提高生产效率,节约能源,保护生态环境;不断完善食品检测技术,保证食品安全等。

(三) 食品生物技术的应用

1. 基因工程在食品工业中的应用

生物技术在食品工业中的应用首先是在基因工程领域,即以 DNA 重组技术或克隆技术为手段,实现动物、植物、微生物等的基因转移或 DNA 重组,以改良食品原料或食品微生物。如利用基因工程改良动物性食品的性状,改良植物食品的品质,改良果蔬采摘后的品质,改良食品加工的原料,改良微生物的菌种性能,生产酶制剂,生产保健食品的有效成分。

2. 细胞工程在食品工业的应用

细胞工程在食品工业的应用,即以细胞生物学的方法,按照人们预定的设计,有计划地改造遗传物质和细胞培养技术,包括细胞融合技术及动、植物大量控制性培养技术,以生产各种保健食品的有效成分、新型食品和食品添加剂。

3. 酶工程在食品工业的应用

酶是活细胞产生的具有高度催化活性和高度专一性的生物催化剂,可应用于食品生产过程中物质的转化。酶工程在食品工业的应用可以说是生物技术在食品工业中应用的典型代表。目前有几十种酶被广泛地应用于食品加工过程中,主要有淀粉酶、蛋白酶、葡萄糖异构酶、果胶酶、脂肪酶、纤维素酶等,其应用领域包括糖类生产、蛋白质制品加工、果汁生产、果蔬生产、速溶茶生产、酱油酿造、酿酒等。

4. 发酵工程在食品工业的应用

发酵工程本身就起源于食品制造,即采用现代发酵设备,将经优选的细胞或经现代技术改造的菌株进行放大培养和控制性发酵,获得工业化生产预定的食品或食品的功能成分。发酵工程在食品领域的应用主要包括在单细胞蛋白质生产中的应用、在食品添加剂生产中的应用、在调味品生产中的应用、在功能性食品中的应用和在饮料生产中的应用等。

三、生物技术与人类健康

医药卫生领域是现代生物技术应用最广泛、成绩最显著、发展最迅速、潜力也最大的一个领域。生物技术在医药卫生领域的应用主要表现在以下几个方面:疫苗、生物制药、医学诊断、疾病治疗和人类基因组计划等。

（一）生物技术与疫苗

疫苗是目前医学上最有潜力的防御物质，是将病原微生物（如细菌、立克次体、病毒等）及其代谢产物，经过人工减毒、灭活或利用基因工程等方法制成的用于预防传染病的自动免疫制剂。疫苗保留了病原菌刺激动物体免疫系统的特性。当动物体接触到这种不具伤害力的病原菌后，免疫系统便会产生一定的保护物质，如免疫激素、活性生理物质、特殊抗体等；当动物再次接触到这种病原菌时，动物体的免疫系统便会依循其原有的记忆，制造更多的保护物质来阻止病原菌的伤害。

疫苗按其功能可分为预防性疫苗和治疗性疫苗两类。对疾病起预防作用的疫苗称为预防性疫苗，包括牛痘苗、麻疹减毒活疫苗、卡介苗、人用狂犬病纯化疫苗、脊髓灰质炎灭活疫苗及白-百-破联合疫苗等。预防性疫苗对健康人群起到很好的免疫保护作用，但对于已经感染的机体，特别是长期带菌或携带病毒的慢性感染往往不能诱发有效的免疫应答。治疗性疫苗是对疾病起治疗作用的疫苗，包括感染性疾病的治疗性疫苗（包括由病毒、细菌、寄生虫等病原体感染疾病）、肿瘤治疗性疫苗（如前列腺癌、肾癌、黑色素癌、乳腺癌等）、自身免疫性疾病治疗疫苗（如红斑狼疮、自身免疫脑脊髓炎等）、移植用治疗性疫苗（通过封闭协同刺激分子，诱导对移植物的免疫耐受来延长移植物的存活期）、变态反应治疗疫苗（如各类过敏和哮喘等）。

疫苗按其生产工艺可分为传统疫苗和新型疫苗两种。传统疫苗指用病原体灭活或减毒以保留免疫原性，去除其传染性或毒性的方法制作的疫苗。传统疫苗有效地控制了多种传染病。20世纪80年代中期产生了一系列新型疫苗，新型疫苗指应用基因工程技术和生物化学合成技术生产的疫苗，包括基因工程亚单位疫苗、重组疫苗、合成肽疫苗、基因工程载体疫苗、核酸疫苗等。新型疫苗的应用克服了传统疫苗的一些缺陷，为疫苗的应用提供了更广阔的发展前景。

（二）生物技术与生物制药

生物制药是指利用现代化生物技术发现、筛选或生产得到的药物。目前，生物制药主要指基因重组的蛋白质分子类药物。生物制药涉及生物药物制备、生产的各种技术，主要包括现代生物技术及其下游技术。

生物药物是指运用微生物学、生物学、医学、生物化学等的研究成果，从生物体、生物组织、细胞、体液等，综合利用微生物学、化学、生物化学、生物技术、药学等科学的原理和方法制造的一类用于预防、治疗和诊断的制品。生物药物包括天然生化药物、生物制品和生物技术药物。

（三）生物技术与医学诊断

现代生物技术的发展开辟了一些诊断的新天地，新的诊断技术在疾病防治上发挥了越来越重要的作用，主要有现代分子诊断技术、酶联免疫吸附测定、DNA诊断系统、基因芯片诊断、疟疾的分子诊断和肿瘤的分子诊断等技术。

（四）生物技术与疾病治疗

临床上研究的领域主要集中在干细胞治疗和基因治疗两个方面。

干细胞是一种未分化、未成熟的细胞，是具有自我复制和多向分化潜能的原始细胞，是机体的起源细胞,是形成人体各种组织器官的原始细胞。在一定条件下,它可以分化成多种功能细胞或组织器官,医学界称其为"万用细胞"。干细胞治疗是把健康的干细胞移植到病人或自己体内,以达到修复病变细胞或重建功能正常的细胞和组织的目的。干细胞疗法就像给机体注入新的活力,是从根本上治疗许多疾病的有效方法。例如,造血干细胞移植治疗白血病和某些遗传性血液病,另外,在肿瘤和免疫系统疾病治疗中也有很好的疗效。

基因治疗是指将外源正常基因导入靶细胞,纠正或补偿因基因缺陷和异常引起的疾病,以达到治疗的目的。也就是将外源基因通过基因转移技术插入病人适当的受体细胞中,使外源基因制造的产物能治疗某种疾病。从广义说,基因治疗还可包括从 DNA 水平采取的治疗某些疾病的措施和新技术。按照分子生物学的研究方法和原理,基因治疗可分为基因置换、基因修复、基因修饰、基因失活、免疫调节等。

(五)人类基因组计划

人类基因组计划、曼哈顿原子弹计划和"阿波罗"计划并称为人类科学史上的重大工程。人类基因组计划于 20 世纪 80 年代被提出,由美国政府于 1990 年 10 月正式启动,后有英、日、中、德、法等国参加,进行了人体基因作图,测定人体 23 对染色体由 3×10^9 个核苷酸组成的全部 DNA 序列,2000 年完成了人类基因组"工作框架图",2001 年公布了人类基因组图谱及初步分析结果。其主要研究任务是人类 DNA 的测序,此外还有测序技术,人类基因组序列变异,功能基因组技术,比较基因组学,社会、法律、伦理研究,生物信息学和计算生物学及教育培训等目的。换句话说,就是要揭开组成人体 4 万个基因的 30 亿个碱基对的秘密。人类基因组计划主要应用了以下四个方面的研究方法和技术。

(1)基因连锁图分析 利用人类家族遗传史和染色体上基因交换频率的实验数据,推测任何两个已知性状的基因之间的距离,根据点测交实验确定各基因的相互位置和排列顺序,作出人类染色体上 30 000 多个基因的连锁图。

(2)基因组物理图的测定 先将染色体切割成若干个可辨认的限制性酶切片段,找出其上独特性的序列作为界标,分析各界标之间的距离,确定各片段在染色体上的实际排列顺序。

(3)基因组测序 具体分析测定人类 23 对染色体的全部基因组的碱基序列,这是人类基因组计划最繁重、耗时最多的工作,是人类基因组计划的核心部分。主要方法有核苷酸自动测定仪测定、荧光探针、标记技术等。

(4)生物(DNA)信息学分析 将人类基因组的全部 4 万个基因包括 30 亿个碱基对的序列及其信息输入计算机,利用比较统计学方法和计算机软件技术,解读人类基因组信息。

四、生物技术与能源

能源是人类赖以生存的物质基础之一,是地球演化及万物进化的动力,它与社会经济发展和人类的进步及生存息息相关。如何合理地利用现有的能源资源,始终贯穿于社会文明发展的整个过程。能源分为可再生能源和不可再生能源。可再生能源是指太阳能、风能、生物能、海洋能和水能,因为它是取之不尽、用之不竭的,因而它是生物工程的主要研究对象之一。

(一)微生物技术与石油开采

微生物采油是 20 世纪 50 年代以后发展起来的一项新的提高油田采收率的技术。当前许多国家正在加强这方面的研究。

大量的实验表明,有很多种细菌能把石油当成营养物质"吃"下去,并合成各种各样的代谢产物。这种产物可以是甲烷、氢、二氧化碳、硫化氢等气体,也可以是甲酸、乙酸等,还可以是醇、酸、酮等有机溶剂,以及蛋白质等高分子化合物和类脂体等表面活性物质。这些气体物质有助于提高油层压力,使石油体积膨胀,黏度降低;有机溶剂可以与石油互溶,降低石油的黏度,提高流动性,还可以提高水的黏度,堵塞高渗透孔道;表面活性物质在油层中可以让油、水这两种本来不互溶的液体互相溶解乳化,同洗涤剂一样把黏附在岩石表面的油洗下来。细菌这种微生物有利于提高油田采收率,这是油田进行三次采油的有效方法。

用微生物提高石油采收率的研究包括:①对已经存在于石油回收中的微生物进行更深入的生物化学、生理学方面的了解;②开发只降解很少一部分有用的石油成分的微生物;③筛选产生表面活性剂以及增黏剂的微生物。

(二)乙醇的生产

乙醇俗称酒精,是以玉米、小麦、薯类、糖蜜等为原料,经发酵、蒸馏而制成的产品。

以发酵法生产的乙醇具有和矿物燃料相似的燃烧性能,但其生产原料为生物源,是一种可再生的能源。此外,燃料乙醇燃烧过程所排放的一氧化碳和含硫气体均低于汽油,燃烧所产生的二氧化碳和作为原料的生物源所消耗的二氧化碳在数量上基本持平,这对减少大气的污染及抑制"温室效应"意义重大,燃料乙醇也因此被称为"清洁燃料"。

乙醇的工业生产方式有微生物发酵法和化学合成法两种。微生物发酵法按生产原料的不同,具体地又可分为淀粉质原料、糖蜜原料及亚硫酸盐纸浆废液生产乙醇的三种方法。我国主要以微生物发酵法生产乙醇。

化学合成法与微生物发酵法相比,具有成本低、劳动生产率高和易实现生产连续化与自动化等优点,但是化学合成法生产的乙醇中往往夹杂着异构化高级醇类,对于人的高级中枢神经有麻醉作用,不适用于饮料、食品、医药和香料等方面,而且化学合成法的投资较大。

(三)生物沼气

沼气是一种可燃性气体,主要成分为甲烷,还有二氧化碳、少量氢气、氮气、硫化氢等气体。甲烷是最简单的有机化合物,是良好的气体燃料。它的化学性质极为稳定,不溶于水,无色、无毒、无臭。

利用微生物发酵技术来处理污水和废物生产沼气,具有高效、节能、投资省、活性污泥少等特点,是生物物质有效转换的技术之一。推广和应用沼气可以充分利用生物物质能,有效解决农村能源的短缺问题,可以增加土壤有机质,提高土壤肥力,保持良好的生态环境,改善卫生条件。我国推广利用沼气,能将解决能源、肥料和环境保护密切结合在一起。

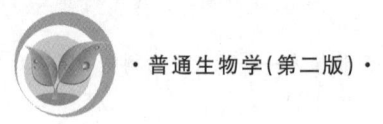

20 世纪 90 年代,沼气利用在我国得到较快的发展,并取得丰硕的成果。

(四) 清洁能源(氢气)

能源短缺和环境污染是 21 世纪世界面临的挑战性课题,而氢气以其燃烧热值高、清洁无污染、适用范围广等诸多优点,成为 21 世纪最理想的能源。氢是公认的最洁净的燃料,也是重要的化工合成原料。已经通过热化学分解、电解水、水煤气转化和甲烷裂解等方法来获得氢气。

氢气作为能源使用具有以下的优点:氢及其同位素的资源丰富;氢含有极大的潜能,氢的用途广泛;制氢的方法很多、可获性大;氢可贮、可输,能量集中、使用方便;氢是清洁能源,对其他能源起调节、补偿作用等。

五、生物技术与环境

(一) 环境生物技术的概念

环境生物技术是一门由现代生物技术与环境工程相结合的新兴交叉学科。它是直接或间接利用完整的生物体或生物体的某些组成部分、某些机能,建立降低或消除污染物产生的生产工艺,或者能够高效净化环境污染并同时生产有用物质的人工技术系统。

(二) 环境生物技术的特点

与化学、物理等其他治理技术相比,生物技术在处理环境污染物方面具有速度快、消耗低、效率高、成本低、反应条件温和、可增强自然环境的自我净化能力和无二次污染等显著优点。随着生物技术研究的进展和对环境问题认识的深入,人们已越来越意识到,现代生物技术的发展为从根本上解决环境问题提供了希望。

(三) 现代生物技术在环境保护中的应用

1. 污水的生物净化

污水中的有毒物质包括各种酚类、氰化物、重金属、有机磷、有机汞、有机酸、醛、醇及蛋白质等。目前普遍使用生物法或生物法与其他方法结合来净化污水。我国的污水处理厂主要采用的生物处理法具体包括微生物法、生物膜法、稳定塘法、土地处理法等。

微生物通过自身的生命活动可以解除污水的毒害作用,从而使污水中的有毒物质转化为有益的无毒物质,使污水得到净化。当今固定化酶和固定化细胞技术处理污水就是生物净化污水的方法之一,固定化酶和固定化细胞技术是酶工程技术。固定化酶又称水不溶性酶,是通过物理吸附法或化学键合法使水溶性酶和固态的不溶性载体相结合,将酶变成不溶于水但仍保留催化活性的衍生物。微生物细胞是天然的固定化酶反应器,用制备固定化酶的方法直接将微生物细胞固定,即可形成催化一系列生物化学反应的固定化细胞。运用固定化酶和固定化细胞可以高效处理废水中的有机污染物、无机金属毒物等。近几年我国在应用固定化细胞技术降解合成洗涤剂中的表面活性剂直链烷基苯磺酸钠方面取得较大进展,对于 100 mg/L 废水,降解率和酶活性保存率均在 90% 以上;利用固定化酵母细胞降解含酚废水的技术也已应用于废水处理。

2. 污染土壤的生物修复

重金属污染以及来自有毒有机废物的污染是造成土壤污染的主要污染物。土壤污染的生物修复是利用生物(主要是微生物、植物)作用,削减、净化土壤中重金属或降低重金属的毒性、降低有机废物的含量。其原理是:通过生物作用(如酶促反应)改变重金属在土壤中的化学形态,使重金属固定或解毒,降低其在土壤环境中的移动性和生物可利用性,通过生物吸收、代谢达到对重金属的削减、净化与固定作用。污染土壤的生物修复过程可以增加土壤有机质的含量,激发微生物的活性,由此可以改善土壤的生态结构,这将有助于土壤的固定,遏制风蚀、水蚀等作用,防止水土流失。

3. 白色污染的消除

废弃塑料和农用地膜很难分解,也不会被腐蚀,燃烧处理又会产生有害气体,因此是形成环境污染的重要成分。利用生物工程技术,不仅可以广泛地分离、筛选能够降解废弃塑料和农用地膜的优势微生物,构建高效降解菌,而且可以分离克隆降解基因并将该基因导入某一土壤微生物(如根瘤菌)中,使两者同时发挥各自的作用,将废弃塑料和农用地膜迅速降解。

4. 化学农药污染的消除

生物农药是由生物体产生的具有防止病虫害和除杂草等功能的一大类物质的总称。它们多是生物体的代谢产物,主要包括微生物杀虫剂、农用抗生素制剂和微生物除草剂等。微生物杀虫剂主要包括病毒杀虫剂、细菌杀虫剂、真菌杀虫剂、放线菌杀虫剂等,长期以来并没有得到广泛的使用。现在正在利用重组 DNA 技术克服其缺点来提高杀虫效果。例如:目前病毒杀虫剂的一个研究热点是杆状病毒基因工程的改造,正在研究将外源毒蛋白基因如编码神经毒素的基因克隆到杆状病毒中以增强杆状病毒的毒性;将能干扰害虫正常生活周期的基因如编码保幼激素酯酶的基因插入杆状病毒基因组中,形成重组杆状病毒并使其表达出相关激素,以破坏害虫的激素平衡,干扰其正常的代谢和发育,从而达到杀死害虫的目的。

5. 固体垃圾的生物处理

固体垃圾即废渣,是指人类在生产建设、日常生活和其他活动中产生的,在一定时间和地点无法利用而被丢弃的,以固态和泥状存在的物质。固体废弃物对人类环境污染很大,主要体现在占用大量土地、污染土壤和水源、污染大气等方面。

固体废弃物的生物治理技术是指依靠自然界广泛分布的微生物的作用,通过生物转化,将固体废物中易于生物降解的有机组分转化为腐殖质肥料、沼气或其他转化产品,如饲料蛋白、乙醇或糖类,从而达到固体废弃物无害化的一种处理方法。该方法主要包括堆肥法和卫生填埋法等。

第三节 生物技术安全性

一、转基因生物的安全性

(一) 转基因生物的定义

转基因生物在联合国公约《生物安全议定书》上被称为"改性活生物体"。实际上就是

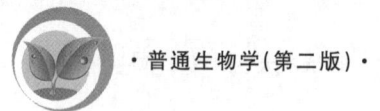

将外源 DNA 导入生物体基因组,引起了遗传改变,改变了生物的遗传组成和性状。这里强调活生物体(简称活体),活体就是能够遗传或者复制遗传材料的生物实体。比如说种子就是一个活体。

转基因食品是转基因生物的产品或者加工品,它可以是活体,也可以是非活体。比如转基因动植物直接产品、转基因的油菜子、转基因的番茄,还有一些大豆油、大豆等。转基因生物包括转基因的动物、植物和微生物。目前市场上的转基因动物还不多,几乎没有商业化的生产,主要是转基因的植物。转基因植物从 1996 年开始大面积推广。

(二) 转基因食品安全性的由来

转基因食品被不少人视为"异类",可以说,转基因食品的安全性备受人们的质疑。

在世界上,美国是转基因技术发展最快的国家,其国内转基因农作物种类最多,种植面积也最大。目前美国 60% 以上的加工食品都是以转基因农作物为原料。美国公众接受转基因食品的程度也最高,民意测验显示,大多数美国人接受并采用利用生物技术生产的粮食和食品。而抗议和抵制转基因食品最强烈的要数欧洲的消费者。据调查,66% 的法国人认为转基因食品对人体健康有害,在英国也只有 14% 的人接受转基因食品,大多数消费者对转基因食品的安全性持怀疑态度。从目前的情况看,转基因产品确实有些方面还说不清楚。比如,食品安全方面有一些让人怀疑的地方。虽然美国第一批转基因西红柿上市以来,全球有数亿人食用过数千种转基因食品,尚未报道过一例食品安全事件,我国进口转基因大豆较多,据估计约有一半的大豆色拉油中含有转基因成分,也没有出现任何问题,但国外的有些报道仍然值得关注。

(三) 转基因食品安全性评价的主要问题

1. 过敏性

在自然条件下存在着许多过敏源。在基因工程中如果将控制过敏源形成的基因转入新的植物中,则会对过敏人群造成不利的影响。所以转入过敏源基因的植物不能商品化。如美国有人将巴西坚果中的 2S 清蛋白基因转入大豆,虽然使大豆的含硫氨基酸增加,但也未获批准进入商品化生产。另外,还要考虑营养物质和抗营养因子的含量等。

目前,已有一系列方法分析食品的潜在过敏性,同时可通过建立可靠的动物模型来分析转基因生物的过敏性。

2. 有毒物质

转基因食品所导入的外源基因本身或外源性基因所表达的蛋白质是否有致毒性是转基因食品安全性评价的问题之一。从理论上讲,任何外源基因转入都可能导致遗传工程体产生不可预知的变化,包括多向效应。因此,必须确保转入外源基因或基因产物对人畜无毒。

对于转基因食品,首先应判断它与现有食品有无实质等同性,对关键营养素、毒素和其他成分进行比较。若发现受体生物有潜在的毒性,就应检测其毒素成分有无变化,插入基因是否导致毒素含量的变化或产生新的毒素。目前常使用的检测方法有 mRNA 分析、基因毒性及细胞毒性分析。当生理生化分析方法不能解决基因修饰带来的安全问题时,可使用动物饲喂实验等方法进行进一步的安全性评估。

3. 抗生素抗性标记基因安全性

抗生素抗性标记基因在遗传转化技术中是必不可少的。标记基因通常是一类抗生素基因,它用于基因工程操作中对转基因外植体的最初选择。由于抗生素常用于某些疾病的治疗,因此标记基因安全性评价是转基因食品安全性的一个重要问题。

对于这一问题的考虑主要基于转基因植物中的标记基因是否会在肠道中水平转移至微生物,从而影响抗生素的治疗效果,即人体对抗生素产生抗药性。虽然这种基因水平转移可能性很小,但在评估任何潜在健康问题时,都应考虑人体或动物抗生素的使用及胃肠道微生物对抗生素产生的抗性。

除上述转基因食品带来的食品安全性问题以外,转基因作物中的新基因是否会给食物链其他环节造成不良后果,以及转基因生物的生存竞争性是否会对自然界生物多样性产生影响,即环境安全性也是人们担忧的重点。环境安全性评价要回答的核心问题是转基因植物释放到田间去是否会将基因转移到野生植物中,或是否会破坏自然生态环境,打破原有生物种群的动态平衡。

(四) 转基因食品的检测

转基因食品检测的目的在于:通过样品的检验,鉴定样品的转基因食品特性,判定检验样品是否为转基因食品及是何种类型的转基因食品;检测样品中任何可能引起危害的内源成分及含量,确定其危害性,并为转基因食品的使用安全性评价提供依据;分析样品的卫生质量、营养质量和保健功能,为转基因食品的卫生学评价和营养评价提供依据。

转基因食品的样品检验类型按样品检验作用分为转基因食品特性检验、毒害成分检验、营养质量检验、功效成分及保健功能检验以及卫生质量检验等。

(五) 解决安全性的重要手段——加强对转基因食品的管理力度

1992 年美国食品和药物管理局(FDA)公布了转基因作物不需由 FDA 作市场前评价,除非它引起新的安全性问题。在美国国会科学委员会下属的基础研究委员会的调查报告中,坚持认为在掌握科学的证据之前不能将转基因食品作为一个新的食品级别。2001 年 7 月美国出台了《转基因食品管理草案》,规定对于来源于植物且被用于人类或动物的转基因食品,生物工程制造商必须在进入市场之前至少 120 天向 FDA 提出申请,并提供此类食品的相关资料,以确认此类食品与相应的传统产品相比具有等同的安全性。

发展中国家迫切需要解决粮食问题,对于高产的转基因产品表示欢迎,这些国家技术落后,没有相关的转基因成分的检测条件,对于标识问题也只能处于被动地位,基本是按国际组织的要求和《生物安全议定书》要求执行。

1993 年 12 月份,原国家科学技术委员会就发布了《基因工程安全管理办法》,提出了转基因的申报、审批、安全控制办法。1996 年 7 月份,原农业部又发布了《农业生物基因工程安全管理实施办法》,也是要登记、审查。1999 年,原国家环保总局发布了《中国国家生物安全框架》,提出了我国在生物安全方面的政策体系、法规框架,风险评估、风险管理技术准则,以及国家能力建设,还成立了有关的机构,发布了一个框架文件。特别重要的是 2001 年 5 月 23 日国务院公布了《农业转基因生物安全管理条例》,把农业转基因生物进行了定义,规定了对研究、实验的要求,要取得的安全证书。生产、加工,要取得生产许

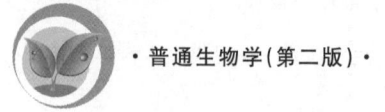

可证;经营,要取得经营许可证。要求在中国境内销售列入目录的农业转基因生物要有明显的标志。对进口与出口也作了规定,所有出口到中国来的转基因的生物以及加工的原料,都需要中国颁发的转基因生物安全证书,如果不符合要求,要退货或者销毁处理。2002年3月20日原农业部又发布了三个配套的管理办法。2002年4月8日,原卫生部发布了《转基因食品卫生管理办法》,从2002年7月1号起实施,也要求对所有的转基因食品进行标识。

对转基因食品安全管理相关法律法规的颁布和相关工作程序、方法的不断完善,标志着我国转基因食品安全管理开始进入法制化、程序化管理的阶段。

二、动物克隆

(一)动物克隆的定义

动物克隆是一种通过核移植过程进行无性繁殖的技术。发育早期的动物胚胎细胞或成年动物的体细胞,经显微手术移植到去掉细胞核的卵母细胞中之后,在适当的条件下,可以重新发育成正常胚胎。这种胚胎被移植到生殖周期相近的母体之中,可以发育成为正常动物个体。经过核移植而产生的动物,其遗传结构与细胞核供体完全相同。这种不经过有性生殖过程,而是通过核移植生产遗传结构与细胞核供体相同动物个体的技术,就叫做动物克隆。

(二)动物克隆技术的应用

动物克隆技术主要体现在它的应用上。克隆技术已展示出广阔的应用前景,概括起来大致有以下四个方面:培育优良畜种和生产实验动物;生产转基因动物;生产人胚胎干细胞用于细胞和组织替代疗法;复制濒危的动物物种,保存和传播动物物种资源。

对于发展前景,目前公认的看法是有利有弊,有利之处是它使很多不治之症有了治疗的希望,例如克隆猪的成功获得,使人类的异体移植看到希望,因为猪的器官在大小、形状及生理特点等方面与人的器官非常相似,因而克隆猪的成功使异体移植成为可能。

(三)克隆人

克隆羊"多莉"的诞生表明,哺乳动物,包括人类自身进行无性繁殖是可能的。在"多莉"诞生后,就相继有人提出了克隆人的计划。伴随着牛、鼠、猪乃至猴这种与人类生物特征最为相近的灵长类动物陆续被克隆成功,人们已经相信,总有一天,科学家会用人类的一个细胞复制出与细胞提供者一模一样的人来。自从克隆技术问世之日起,克隆人就成了人们激烈争论的话题。

1. 国际社会对克隆人的态度

目前,国际社会对于克隆人研究,普遍的态度是"禁"。2001年12月联合国大会通过决议,决定设立禁止人的生殖性克隆国际公约特别委员会,专门针对制定这一公约有关的问题进行研究,以便为联合国制定这一公约铺平道路。美国、意大利、哥斯达黎加等60多个国家主张禁止包括生殖性和治疗性克隆人在内的一切行为。英国、俄罗斯、中国、日本、比利时、法国、德国等20多个国家赞同禁止生殖性的克隆人行为,但强调是否禁止治疗性的克隆人行为可由各国自主立法决定。一些国家已根据自己的实际情况,对克隆人进行了相关的立法,我国新修订的《人类辅助生殖技术规范》中规定了"十大禁止",其中明文规定禁止克隆人;日本 2001 年实施的《克隆技术限制法》严禁克隆人,人类克隆胚胎也属禁止之列。

2. 克隆人的技术及伦理问题

(1)技术问题 克隆人在技术上不完善。许多国家目前已成功掌握动物克隆技术,但是,成功率仅为 2% 左右,而且一旦操作失误,克隆出的动物很可能出现先天性残疾甚至早夭。例如,世界首例克隆羊"多莉",就被发现存在未老先衰现象。因此,将这种极不成熟的技术应用于人类是非常不人道的,如果被克隆的人出现生理缺陷,克隆人患有各种疾病的机会就会增大。

(2)身份问题 克隆人的身份难以认定,他们与被克隆者之间的关系无法纳入现有的伦理体系。克隆人与其供体之间是兄弟姐妹还是父子或母女关系,在伦理学上难以确定。

(3)进化问题 如果通过克隆的方式进行繁殖,则人类繁殖后代的过程不再需要两性共同参与,而无性繁殖本是低等动物的繁殖方式,把它作用于高等动物属于"非自然"、"反进化"之类,这是违背自然规律的。

(4)生存性问题 从生物多样性来说,大量基因结构完全相同的克隆人可能诱发新型疾病的广泛传播,而且基因组相同的克隆人,由于无法随着自然的演变而进化,将来必然缺乏适应自然的生存能力,这对人类的生存及人类进化都是不利的。

(5)社会问题 克隆人可能因自己的特殊身份而产生心理缺陷,形成新的社会问题。除此以外,克隆人技术可能被恐怖分子滥用,成为他们将来企图控制世界的工具。

三、生物武器

生物武器是利用细菌、病毒等致病微生物以及各种毒素和其他生物活性物质来杀伤人、畜和毁坏农作物,以达成战争目的的一类武器。

(一)生物战剂

生物武器是生物战剂及其施放装置的总称,它的杀伤破坏作用靠的是生物战剂。生物战剂是构成生物武器杀伤威力的决定因素。生物战剂是军事行动中用以杀死人、牲畜和破坏农作物的致命微生物、毒素和其他生物活性物质的统称。致病微生物一旦进入机体(人、牲畜等),便能大量繁殖,破坏机体功能,导致发病甚至死亡。它还能大面积毁坏植物和农作物等。由于以往主要使用致病性细菌作为生物战剂,早期它被称为细菌武器。随着科技的发展,生物战剂早已超出了细菌的范畴。生物战剂的种类很多,据国外文献报道,可以作为生物战剂的致命微生物有数百种之多。

1. 生物战剂的种类

根据生物战剂对人类的危害程度,可将其分为致死性战剂和失能性战剂。致死性战剂病死率在 10% 以上,甚至达到 50%~90%,主要包括炭疽杆菌、霍乱弧菌、天花病毒、黄热病毒、东方马脑炎病毒、西方马脑炎病毒、斑疹伤寒立克次体、肉毒杆菌毒素等。失能性战剂病死率在 10% 以下,如布鲁氏杆菌、Q 热立克次体、委内瑞拉马脑炎病毒等。

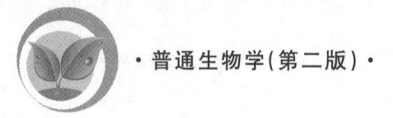

根据生物战剂的形态和病理可将其分为细菌类生物战剂、病毒类生物战剂、立克次体类生物战剂、衣原体类生物战剂、毒素类生物战剂和真菌类生物战剂等。

根据生物战剂有无传染性可将其分为传染性生物战剂和非传染性战剂。传染性生物战剂,如天花病毒、流感病毒、鼠疫杆菌和霍乱弧菌等;非传染性生物战剂,如土拉杆菌、肉毒杆菌毒素等。

随着微生物学和有关科学技术的发展,新的致病微生物不断被发现,可能成为生物战剂的种类也在不断增加。近年来,人类利用微生物遗传学和遗传工程研究的成果,运用基因重组技术,定向控制和改变微生物的性状,从而有可能产生新的致命力更强的生物战剂。

2. 生物战剂的防护

(1)戴防毒面具 防毒面具的式样很多,但主要由滤毒罐和面罩两部分组成。滤毒罐包括装填层和滤烟层。装填层内装防毒炭,用于吸附毒剂蒸气,但对气溶胶作用很小。滤烟层是用棉纤维、石棉纤维或超细玻璃纤维等做的滤烟纸制成的。为了增加过滤效果,滤烟纸折叠成数十层,它的作用是过滤放射性尘埃、生物战剂和化学毒剂气溶胶,滤效可达99.99%以上。

(2)使用防护口罩 例如,使用过氯乙烯超细纤维制成的防护口罩。这种口罩对气溶胶滤效在99.9%以上。在紧急情况下,如果没有防毒面具或特殊型的防护口罩,也可采用容易得到的材料制造简便的呼吸道防护用具,例如脱脂棉口罩、毛巾口罩、三角巾口罩、棉纱口罩以及防尘口罩等。此外,还需要保护好皮肤,以防有害微生物通过皮肤侵入身体。通常采用的办法有穿隔绝式防毒衣或防疫衣,以及戴防护眼镜等。

(3)有针对性地打预防针 为了更有效地防止生物武器的危害,在可能发生生物战的时候,可以有针对性地打预防针。对于清除生物战剂来说,可以采用的办法有烈火烧煮和药液浸喷,烈火烧煮是消灭生物战剂最彻底的办法之一。用作杀灭微生物的浸喷药物主要有漂白粉、三合二、优氯净(二氯异氰尿酸钠)、氯胺、过氧乙酸、甲醛等。对于施放的战剂微生物,由于它们可能附着在一些物品上,既不能烧,又不能煮,也不能浸、不能喷,就需要采用烟雾熏杀。此外,皂水擦洗和阳光照射以及泥土掩埋等也是可以采用的办法。

(二)生物武器的特点

生物武器具有致病性强、污染面积大、传染途径多、成本低、使用方法简单、受影响因素复杂等基本特点。

(三)生物武器造成的伤害

生物武器有极强的致病性和传染性,能造成大批人、畜受染发病,并且多数可以互相传染;受染面积广,大量使用时可达几百或几千平方千米;危害作用持久,炭疽杆菌芽孢在适宜条件下能存活数十年之久。带菌昆虫、动物在存活期间,均能使人、畜受染发病,对人、畜造成长期危害。但生物战剂受自然条件影响大,在使用上受到限制。日光、风雨、气温均可影响其存活时间和效力。采取周密的防护措施,也能大大减少它的作用。生物武器是各种武器中面积效应最大的武器。自用于战争以来,给人类带来了恐怖性灾难。中国曾是生物武器的受害国之一,中国坚决支持禁止生物武器的主张,奉行不发展、不生产、不储存生物武器的政策,并反对扩散生物武器。

国际上,从 1979 年 4 月苏联斯威尔德洛副斯克市的微生物与病毒研究基地发生的炭疽泄漏事件,造成 1 000 多人死亡及很多人中毒的情况看,军事大国始终没有停止生物战剂的研制和发展。由于生物武器比其他大规模杀伤性武器更易制造和走私,因此生物战剂的威胁不仅未消除,反而在不断增长。

目前生物武器和生物防御系统的较量中,后者不占优势,但是我们通过加强对反生物武器的生物技术研究,以及充分发挥各国人民的反恐力量,将生物武器的威胁程度降到最低。

 本章小结

现代生物技术包含基因工程、细胞工程、蛋白质工程、发酵工程和酶工程。基因工程是现代生物技术的核心内容。生物技术的应用主要体现在农业、食品工业、医药卫生、环境生物技术和能源工业等领域。在生物技术快速发展的同时,生物技术伦理及安全问题日益引起公众的关注。生物武器和转基因食品给人类带来了新的安全问题。

 复习思考题

1. 现代生物技术包括哪些内容?现代生物技术的核心是什么?

2. 现代农业生物技术的发展热点有哪些方面?

3. 什么是植物细胞工程?植物细胞工程技术在农业上有哪些应用?试举例说明。

4. 什么是生物农药?生物农药与化学农药相比,具有哪些优点?生物农药可分为哪些种类?

5. 简述食品生物技术的内涵与研究的主要内容。

6. 疫苗的作用机制是什么?

7. 目前新型的医学诊断技术主要包括哪些?

8. 人类基因组计划的实施取得的成就有哪些?

9. 现代生物技术在环境保护中的应用有哪些?

10. 如何正确看待克隆人?

11. 如何正确看待生物武器?

12. 你对转基因食品有哪些看法?

13. 转基因食品安全性评价的主要问题有哪些?

第九章

实 验 实 训

实验实训须知

一、实验实训室规则

（1）实验实训前要认真预习和准备，明确实验实训的目的、要求，了解实验实训基本原理和方法、步骤。

（2）按规定的时间进入实验实训室，保持实验实训室安静，不得进行与实验实训无关的活动。

（3）实验实训过程中，对消耗性材料要坚持节约的原则，爱护所用的仪器设备，只有在熟悉仪器的性能和使用方法后，方可对仪器进行操作。

（4）实验实训过程中，随时注意保持工作场所的整洁，废品丢入废物桶；不能把杂物丢入水池，以免堵塞水池。实验实训结束后，清洁、整理实验实训桌、仪器和其他器具。

（5）实验实训过程中要仔细观察，将实验实训中的一切现象和数据都如实地记录在报告本上，根据原始记录，认真地分析问题，处理数据，写出实验实训报告。

（6）对实验实训的内容和安排不合理的地方可提出改进意见，对实验实训中的一切现象（包括反常现象）应进行讨论，并大胆提出自己的看法。

（7）每次实验实训前必须仔细阅读实验实训指导，了解该实验实训内容、目的及操作过程。

（8）认真听取教师讲解的实验实训要点及操作过程的注意事项，严格遵守操作规程，仔细观察，认真绘图，做好作业。

（9）严格遵守实验实训室制度，实验实训室内不准随地吐痰或乱抛纸屑，上课时学生不得随意在室内走动和大声谈笑，如有事必须走动或讲话，必须轻声，以免影响别人工作。

（10）每次实验实训结束后，学生应清理仪器设备及剩余的实验实训材料，登记好实验实训设备的使用情况，按组轮流清扫实验实训室。

（11）学生要本着爱护国家财产及精简节约的原则,爱护仪器设备(如显微镜、切片等),节约实验实训材料,特别是对某些少有的实验实训材料,尤其要珍惜。

（12）野外观察时,必须做到"三认真"(认真听、认真记录、认真观察)、"二不准"(不准随意离开观察地点、对特有植物不准随意采摘标本)。

二、生物绘图

生物绘图是记录形态类实验实训结果的主要方法,是对观察对象形态的直观记录。尽管各种摄影技术在生物学的形态记录中已广泛使用,绘图仍然在生物学研究和教学活动中起着重要的辅助作用。生物学绘图要注意如下事项:

（1）使用硬铅笔(2H 或 3H),铅笔应削尖。

（2）只在纸的一面绘图,图在绘图纸上的布局要合理。一般较大的图每页绘一个,同一类的小图可以绘在一张纸上。图大小要适宜,位置略偏左,右边留着注图。

（3）要有高度的科学性,不得有科学性错误。形态结构要准确,比例要正确,要有真实感,实事求是。

（4）生物绘图一般采用点线法,即图形是由点和线组成。绘图的线条要光滑、匀称、一笔完成,不要重复描绘。以点的密度表示深浅,打点时铅笔尖要垂直于纸面,大小一致,密度均匀。

（5）图注写在图的右侧,字体用正楷,大小要均匀,不能潦草。注图线用直尺画出,间隔要均匀,图注部分接近时可用折线,但注图线之间不能交叉,图注要尽量排列整齐。

（6）在图的下方写上图的名称和必要的注明,如绘显微结构图,须注明放大倍数(目镜放大倍数×物镜放大倍数)。

三、实验实训报告的撰写

不同类型的实验实训,实验实训报告的书写格式和书写要求不完全一样。

(一)形态观察类实验实训的实验实训报告格式及说明

班级：＿＿＿＿＿＿＿ 姓名：＿＿＿＿＿＿＿ 学号：＿＿＿＿＿＿＿

实验实训×　实验实训名称

一、实验实训目的

二、实验实训内容(和实验实训方法)

三、实验实训结果

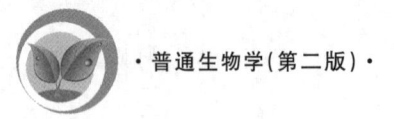
形态观察类实验实训的实验实训步骤要求简洁明了。

实验实训结果的记录方法有两种:可以用文字来表述所观察到的实验实训现象;有时,为了清晰明确地表达实验实训结果,可以用表格来表示。

形态观察类实验实训的实验实训结果还可用生物绘图来表示。由于生物绘图费时、费力,如果实验实训结果全部用绘图来完成,往往要花费大量的时间,而实验实训的核心是实验实训观察过程,学生不能把主要时间安排在绘图上,因此,教师往往会根据实验实训情况,安排学生绘适量的图。

(二)非形态观察类实验实训的实验实训报告格式及说明

班级:＿＿＿＿＿＿＿＿　姓名:＿＿＿＿＿＿＿＿　学号:＿＿＿＿＿＿＿＿

实验实训×　　实验实训名称

一、实验实训目的

二、实验实训材料和方法

三、实验实训结果

四、分析和讨论

五、结 论

实验实训方法简洁,常规方法不需要详细写出;如果是自行设计的新方法,需要详细写出。

实验实训结果是实验实训报告的重要部分。不能把实验实训的原始数据简单地罗列到实验实训报告上,必须对实验实训数据进行适当的分析处理,进行恰当的文字描述或以图表表示。

分析和讨论是根据所学的理论知识,对实验实训结果进行科学的分析和解释,并判断实验实训结果是否与理论相符。如果出现矛盾,应分析其中原因。讨论是实验实训报告的核心部分,必须独立完成。

结论是从实验实训结果和讨论中归纳出来的有高度概括性的论点。结论的文字应重点突出,简明扼要。有些实验实训报告可以没有结论。

实验实训一　光学显微镜的使用与永久装片的观察

一、目的要求

（1）了解普通光学显微镜的构造及功能。

（2）初步掌握显微镜的使用方法。

（3）初步学会永久装片的观察。

二、材料、试剂与仪器

1. 材料

植物叶片（蚕豆、豌豆等）结构永久切片、各种植物茎（南瓜、黄杨）的永久切片、人血涂片、小肠横切片、四种组织切片等。

2. 仪器

显微镜、擦镜纸等。

三、操作要点

（一）显微镜的构造与使用

1. 显微镜的构造

基本结构（图 9-1）包括机械部分和光学系统。

（1）机械部分。

①镜座：显微镜的基座，支撑镜体，装有反光镜或照明光源。

②镜柱：镜座上面直立的短柱，连接并支持载物台、镜臂及其以上部分。

③镜臂：取放显微镜时手握的部位，弯曲如臂，上连镜筒，下连镜柱。直筒显微镜镜臂的下端与镜柱连接处有一个活动关节，称倾斜关节，为便于观察，可使镜体在一定范围内后倾（一般倾斜不超过 30°）。

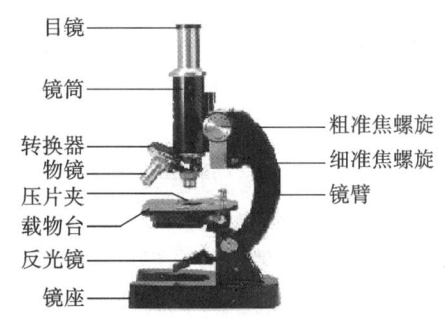

图 9-1　光学显微镜的构造

④镜筒：圆形中空的长筒，位于显微镜上部，其上端放置目镜，下端与物镜转换器相连。双筒斜式的镜筒，两筒距离可以根据两眼距离及视力来调节。镜筒的作用是保护成像光路与亮度。镜筒一般长 160 mm 或 170 mm。学生使用的多为单筒镜。

⑤转换器：装在镜筒下端的圆盘，可作圆周转动。盘上有 3～5 个螺口，在螺口上面可按顺序安装不同倍数的物镜。旋转转换器，物镜即可固定在使用的位置，保证目镜与物镜

253

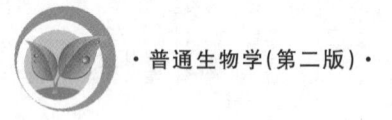

光线合轴。

⑥载物台(镜台):放置标本的平台,中央有一圆孔——通光孔,用以通过光线。上有标本推进器,用以固定和移动标本(可将标本向前、后、左、右移动)。推进器上装有游标尺,用以计算标本大小或标记被检标本的部位。

⑦调焦装置:为得到清晰的物像,必须调焦,就是调节物镜与标本之间的距离。镜臂两侧有粗、细调焦螺旋各一对,旋转时可使镜筒上升或下降。大的一对叫粗调焦螺旋,每旋转一周,可使镜筒升降 10 mm;小的一对叫细调焦螺旋,每旋转一周,使镜筒升降0.1 mm。

⑧聚光器调节螺旋:安装在镜柱的左侧或右侧,旋转它时可以使聚光器上下移动,借以调节光线。

(2) 光学部分。

光学部分包括成像系统和照明系统。成像系统包括物镜和目镜。照明系统包括反光镜或电光源、聚光器。

①物镜:安装在转换器螺口上,物镜的作用是将标本第一次放大成倒像。一般显微镜有几个放大倍数不同的物镜,其中 4×、10×为低倍物镜,40×为高倍物镜,这类物镜与标本之间不需要加任何液体介质进行观察的称为干燥物镜;而 100×为油浸物镜(使用时需在标本和物镜之间加入折射率大于 1,而与玻片折射率相近的液体,如香柏油作为介质)。

在物镜侧面刻有"40/0.65　160/0.17"的字样。"40"表示物镜放大倍数。"0.65"表示数字孔径(NA)即镜口率,镜头倍数不同,镜口率也不同,如 10×物镜镜口率为 0.25,镜口率越大,工作距离(指物镜透镜表面与盖玻片表面之间距离)越小,分辨能力越高。所谓分辨率,是指显微镜能分辨两点之间最小的距离。分辨两点间的距离越小,分辨率越大。"160"表示镜筒长 160 mm。"0.17"表示要求盖玻片的厚度为 0.17 mm。

②目镜:安装在镜筒上端,目镜的作用是将物镜放大所成的像进一步放大,便于观察。可根据观察需要选择使用其上刻有不同放大倍数(如 5×、10×等)的镜头。学生用显微镜在目镜内光阑上可用凡士林粘贴安装一段头发,在视野中则成一黑线,叫"指针",可用它指示所观察部位。根据需要,目镜内也可安装目镜测微尺,用以测量所观察物体的大小。

显微镜放大倍数＝物镜放大倍数×目镜放大倍数

③聚光器:装在载物台下方的聚光器架上,由聚光镜(几个凸透镜)和虹彩光圈(可变光阑)组成,它可以使散射光汇集成束、集中于一点,以增强被检物体的照明。聚光器可上下调节,如用高倍物镜时,视野小,则需上升聚光器;用低倍物镜时,视野大,可下降聚光器。虹彩光圈装在聚光器内,拨动操作杆,可使光圈扩大或缩小,借以调节通光量。老式显微镜的聚光器是一个其上有许多大小不等圆孔的圆盘,可转动选择合适的孔洞对准通光孔,来调节进入视野的光亮度。

④反光镜:装在聚光器或光圈盘下方的镜座插孔中,它可以朝任一方向旋转以对准光源。反光镜有平、凹两面。平面镜能反光,一般在光线充足时使用;凹面镜兼有反光和聚光作用,一般在光线不足时使用。有的显微镜使用的是电光源。

2. 显微镜成像原理

显微镜的成像放大系统由物镜和目镜两组透镜组成。标本经物镜第一次放大在目镜焦点平面上形成倒置的实像,再经目镜第二次放大达到人的眼球,最后所看到的标本,成为一个方向相反、倒置的虚像。因此使用显微镜时,标本移动的方向常和人眼所观察的物像相反。

3. 显微镜的使用方法及步骤

显微镜使用主要包括两个方面:一是光度调节;二是焦距调节。

（1）取镜和放镜。

从显微镜柜中按座号取出镜箱(内有显微镜)时,右手握住镜箱手柄,左手托住镜箱底部,以大拇指按住箱门,并靠胸前拿到座位上。用钥匙打开箱门,右手握住镜臂,左手平托镜座,保持镜体直立(不允许单手提着显微镜走动,防止目镜从镜筒中滑出),放置在桌子左侧距桌边5~6 cm处,以便于观察和防止显微镜掉落。要求桌子平稳,桌面清洁,避免直射阳光。然后用纱布揩拭镜身机械部分的灰尘,用特制擦镜纸擦拭光学部分。

（2）对光。

一般用由窗口进入室内的散射光(应避免直射阳光),或用日光灯作光源。对光时,先将低倍物镜转到中央,对准载物台的通光孔,然后用左眼（或双眼）从目镜向下观察,同时用手转动反光镜,使镜面向着光源;当光线从反光镜表面向上反射入镜筒时,在镜筒内就可看到一个圆形、明亮的视野,这时再利用聚光器或虹彩光圈调节光的强度,使视野内光线均匀、明亮又不刺眼。

（3）低倍物镜使用。

观察任何标本,都必须先用低倍物镜观察,因为低倍物镜视野大,易于发现观察目标和确定观察部位。

①放置玻片标本:升高镜筒,把玻片标本放置于标本推进器内,使材料正对通光孔的正中心。

②调整焦距:两眼从侧面注视物镜,向顺时针方向转动粗准焦螺旋,使镜筒缓慢下降(或载物台缓慢上升)至物镜距玻片5 mm处。接着用左眼或双目注视镜筒内,同时按逆时针方向慢慢转动粗调焦螺旋使镜筒慢慢上升,直至看到清晰的物像为止。绝对禁止在观察时下降镜筒,否则会压碎玻片,损坏镜头。

如果一次调焦看不到物像,则应检查玻片是否放反,或材料是否放在光轴线上(通光孔正中心),然后调整装片,再重复上述过程,直至物像出现。如果物像不够清晰,则稍微转动细准焦螺旋,到物像变得清晰为止。

③低倍物镜观察:焦距调好后,根据需要,移动标本移动器向前、后、左、右移动玻片,将观察部分移到最佳位置上,找好物像后,还可根据材料厚薄、颜色、成像反差强弱是否合适等再进行调节;如果视野太亮,可降低聚光器或缩小虹彩光圈,反之则升高聚光器或开大虹彩光圈。

（4）高倍物镜观察。

在低倍物镜观察基础上,需要观察细微结构或较小的物体时,可使用高倍物镜观察。

①选好目标:由于高倍物镜视野较小,因此使用高倍物镜前应在低倍物镜下选好欲观

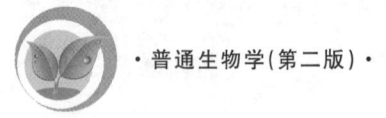

察的目标,并移至视野中央,然后转动物镜转换器,换上高倍物镜,并使之合轴,即使其与镜筒成一直线。

使用高倍物镜时,由于物镜与标本之间距离很近,因此操作时要特别仔细,以防镜头碰击玻片。

②调整焦点:在正常情况下高倍物镜转到位后,在视野中即可见到模糊的物像,只要稍许调节一下细准焦螺旋,就可获得最清晰的物像。

③调节光亮度:在换用高倍物镜时,视野变小变暗,所以要重新调节视野亮度,此时可升高聚光器或放大虹彩光圈。

(5)油镜的使用。

在使用油镜之前,也要先用低倍镜找到被检部分,变换成高倍镜调整焦点,并将被检查部分移到视野中央,然后再换用油镜。使用油镜时须先在盖玻片上滴加 1 滴香柏油才能使用。用油镜观察标本时,绝对不能使用粗准焦螺旋,只能使用细准焦螺旋调节焦点。如盖玻片过厚,必须换成薄片方可调焦,否则会压碎玻片而损坏镜头。油镜使用完毕后,应立即用擦镜纸蘸少许清洁剂擦去镜头上的油迹。

(6)调换玻片标本。

观察完毕,如需换看另一玻片标本,则转动物镜转换器,将高倍物镜换成低倍物镜,取出玻片,换上新的玻片标本,然后重新从低倍物镜开始观察。千万不要在高倍物镜下换片,以免损坏镜头。

(7)显微镜使用后的整理。

观察结束,将镜筒升高,取下玻片标本,转动物镜转换器,使物镜头转离通光孔,再下降镜筒到适当高度,并将标本推进器移到适当位置,反光镜还原与桌面垂直(竖立),擦干净镜体,最后右手握住镜臂,左手托住镜座放回镜箱中,锁上箱门,按号放回显微镜柜内。

4. 使用和保养显微镜时应注意的事项

(1)显微镜是精密仪器,使用时一定要严格遵守操作规程。不许随便拆修。

(2)随时保持显微镜清洁,不用时及时收回镜箱或用塑料罩罩好。如有灰尘,机械部分用纱布块擦拭,光学部分用镜头毛刷拂去或用吹风球吹去灰尘,再用擦镜纸轻擦,或用脱脂棉棒蘸少许乙醇-乙醚混合液由透镜中心向外轻擦,切忌用手指、纱布等擦抹。

(3)观察临时装片,一定要加盖盖玻片,还须将玻片四周溢出水汁擦干后再进行观察,并且不能使用倾斜关节,以免水、药液流出而污染镜体,损坏镜头。不要让显微镜在阳光下曝晒。电光源在不进行观察时应及时关闭。

(4)使用 40× 物镜观察时,视野内往往出现外界景物,此时可慢慢下降聚光器至景物消失,或配合使用凹面反光镜。

(5)观察显微镜时,坐姿要端正,双目张开,切勿紧闭一眼。用左眼观察,右眼作图,应反复训练。

(6)保养显微镜时要求做到防潮、防尘、防热、防剧烈震动,保持镜体清洁、干燥和转动灵活。箱内应放一袋蓝绿色的硅胶干燥剂。不用的镜头应用柔软、清洁的纸包好,置于干燥器内保存,梅雨季节要注意检查和擦拭镜头。

（二）动植物细胞基本结构观察

1. 植物（南瓜、黄杨）茎的横切片观察

取植物（南瓜、黄杨）茎的横切片，先低倍镜观察后转入高倍镜观察。注意观察不同部位细胞的大小、结构等。

2. 叶肉细胞的观察

取蚕豆叶片结构永久切片（图 9-2），注意观察叶肉细胞中的叶绿体。

3. 人血涂片的观察

观察成熟的红细胞以及各类白细胞的形态（图 9-3），并与植物细胞进行比较。

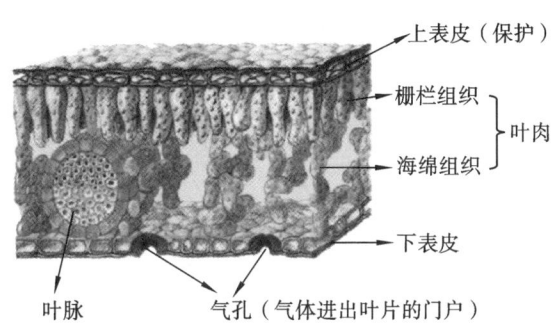

图 9-2　蚕豆叶的横切片（示意图）

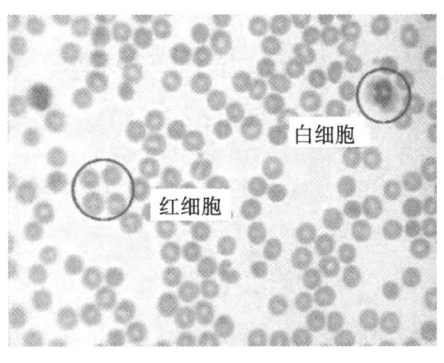

图 9-3　人血涂片

4. 小肠横切片的观察

观察小肠壁内表面单层柱状上皮细胞（图 9-4），该细胞形状细长，似柱状，其卵圆形核靠近基部。

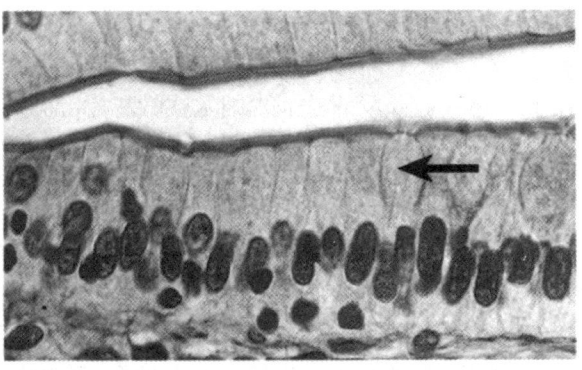

图 9-4　小肠横切片

四、思考与练习

（1）如何计算显微镜的放大倍数？

（2）动植物细胞结构有何不同？

（3）任意选择两种观察到的细胞，进行细胞显微结构图绘制。

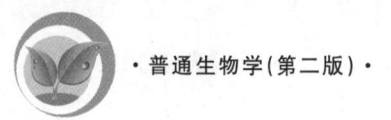

实验实训二　临时装片的制作及徒手切片的练习

一、目的要求

（1）掌握临时装片的制作方法。

（2）练习徒手切片的操作并制作成临时装片。

二、材料、试剂与仪器

1. 材料

洋葱、大叶黄杨幼茎、大叶黄杨叶片等。

2. 试剂

质量浓度为 0.01 g/mL 或 0.02 g/mL 的龙胆紫溶液或醋酸洋红染液。

3. 仪器

显微镜、载玻片、盖玻片、镊子、刀片、吸水纸、解剖针、培养皿、毛笔、滴管、纱布。

三、操作要点

1. 临时装片的制作

临时装片法是将少量的新鲜植物材料（如花粉、叶表皮或徒手切片等）放在载玻片上的水滴中，盖上盖玻片，制成临时装片，置于显微镜下观察。

具体操作步骤如下（以制作洋葱鳞片叶表皮细胞临时装片为例）：

（1）准备　擦净载玻片和盖玻片，擦时用力要均匀，否则易使其破损。在擦净的载玻片中央用滴管滴一滴水，注意水滴大小要适中。

（2）取材　在洋葱鳞片叶的内侧用镊子撕取一小块表皮（大约 5 mm^2，可先用刀片切好），放入水滴中，并用镊子展平。

（3）盖上盖玻片　右手持镊子，轻轻夹住盖玻片，使其左侧边缘与材料左边水滴的边缘接触，慢慢落下，放平盖玻片，以避免产生气泡。如水过多，材料和盖玻片易浮动，可用吸水纸条从盖玻片一侧吸去多余的水分；如水不足，盖玻片中有许多小气泡，可从盖玻片一侧用吸管滴入一些蒸馏水，另一侧用吸水纸吸引，即可将气泡赶走。

（4）染色　将染液（0.01 g/mL 或 0.02 g/mL 龙胆紫溶液或醋酸洋红染液）从盖玻片左侧边缘注入，在盖玻片右侧边缘用吸水纸吸引，使染液进入盖玻片中，直到染液浸染标本的全部，这样装片里的材料就可染上色（图 9-5）。

（5）观察　将做好的临时装片置于显微镜下观察（注意操作步骤）。

2. 徒手切片的练习

徒手切片是观察植物内部结构最简便的方法,这种方法不需要复杂的设备,可随时进行,有很大的实用价值。

剃刀是徒手切片的重要工具,双面刀片、单面刀片也可用于徒手切片。刀片必须注意保护,用过后必须洗净、擦干并涂油,以防生锈。

(1)材料的选择。

①材料不宜太硬或太软,一般选择发育正常、健康的幼茎、幼根或植物的叶片,所取材料应放入水中,防止徒手切片时萎蔫。

②若材料过于柔嫩,可用胡萝卜、土豆或塑料泡沫块等作支持物,把材料夹在其中切片(图 9-6);叶片可卷成筒状切片。

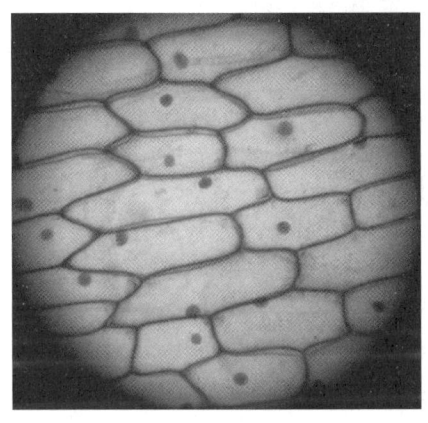

图 9-5 染色后的洋葱叶表皮细胞　　图 9-6 胡萝卜作支持物

③材料大小:一般直径不超过 5 mm,长度以 1.5～2.5 cm 为宜。

(2)徒手切片操作练习(以大叶黄杨幼茎的横切为例)。

①切片:取一小段大叶黄杨幼茎,用左手的拇指和食指夹住(为了防止刀伤,拇指略低于食指,材料的上端略高于食指),右手握住刀片(刀口向胸,与材料横切面平行),双臂夹紧,右手自左前方向右后方滑行切片。

注意:在切片前切片刀和材料都用清水湿润,使之切片时润滑,便于切片,否则材料容易破碎;在切片时中途不要停顿,且动作要均匀,切片时两手不要紧靠身体或压在桌上,动作用臂而不用腕,切勿用拉锯式的切割方法。

②选片:观察切好的薄片,先用湿毛笔沾水将切片轻轻移入盛水的培养皿中,用镊子从中挑选最薄最透明的切片(图 9-7)。

③制作临时装片:将所选取的切片放入载玻片上制成临时装片,必要时进行染色。

④观察:将做好的临时装片置于显微镜下观察。

四、问题与讨论

在制作临时装片时,应如何避免产生气泡?

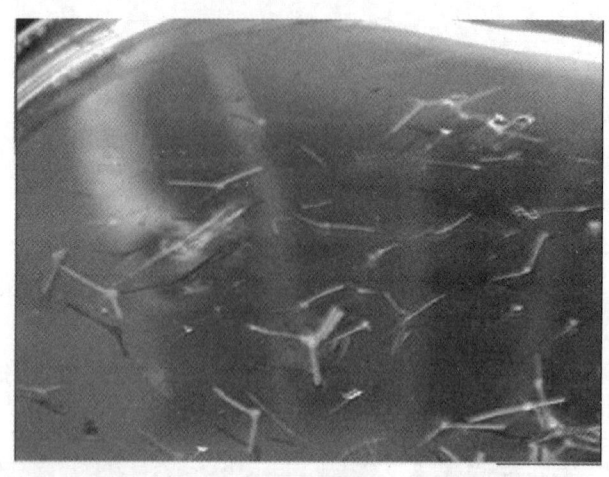

图 9-7　切取的标本

实验实训三　细胞有丝分裂的观察

一、目的要求

（1）观察植物细胞有丝分裂的过程，识别有丝分裂的不同时期。

（2）初步掌握制作洋葱根尖有丝分裂装片的技术。

（3）初步掌握绘制生物图的方法。

二、实验原理

在植物体中，有丝分裂常见于根尖、茎尖等分生区细胞。高等植物细胞有丝分裂的过程，分为分裂间期和有丝分裂期的前期、中期、后期、末期。可以用高倍显微镜观察植物细胞有丝分裂的过程，根据各个时期细胞内染色体的变化情况，识别该细胞处于有丝分裂的哪个时期。细胞核内的染色体容易被碱性染料（如龙胆紫溶液）着色。

三、材料、试剂与仪器

1. 材料

洋葱（可以用蒜、葱代替）。

2. 试剂

15％盐酸、95％乙醇溶液、0.01 g/mL 或 0.02 g/mL 龙胆紫溶液（或醋酸洋红染液）。

3. 仪器

显微镜、载玻片、盖玻片、玻璃皿、剪刀、镊子、滴管。

四、操作要点

1. 洋葱根尖的培养

在上实验实训课之前的 3～4 d,取洋葱一个,放在广口瓶上。瓶内装满清水,让洋葱的底部接触到瓶内的水面。把这个装置放在温暖的地方,注意经常换水,使洋葱的底部总是接触到水。待根长 5 cm 时,可取生长健壮的根尖制片观察(图 9-8)。

2. 装片的制作

(1) 解离 上午 10 时至下午 2 时是洋葱根尖细胞有丝分裂的活跃期,可在这个时间范围内剪取洋葱的根尖 2～3 mm,立即放入盛有 15% 盐酸和 95% 乙醇溶液的混合液(体积比 1∶1)的玻璃皿中,在室温下解离 3～5 min 后取出根尖。

图 9-8　培养好的洋葱根尖

(2) 漂洗 待根尖酥软后,用镊子取出,放入盛有清水的玻璃皿中漂洗约 10 min。

(3) 染色 把洋葱根尖放进盛有 0.01 g/mL 或 0.02 g/mL 龙胆紫溶液(或醋酸洋红染液)的玻璃皿中,染色 3～5 min。

(4) 制片 用镊子将这段洋葱根尖取出来,放在载玻片上,加一滴清水,并用镊子尖把洋葱根尖弄碎,盖上盖玻片,在盖玻片上再加一片载玻片。然后,用拇指轻轻地压载玻片,这样可以使细胞分散开来。

3. 洋葱根尖细胞有丝分裂的观察

(1) 低倍镜观察。

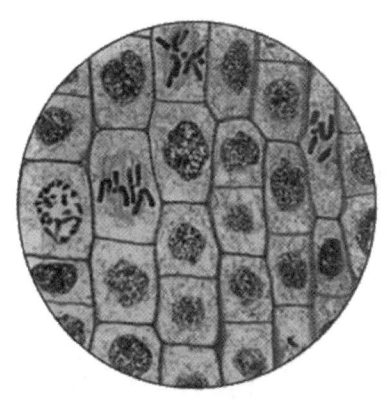

把制作成的洋葱根尖装片先放在低倍镜下观察,慢慢移动装片,要求找到分生区细胞,其特点如下:细胞呈正方形,排列紧密,有的细胞正在分裂(图 9-9)。

(2) 高倍镜观察。

找到分生区细胞后,把低倍镜移走,换上高倍镜,用细准焦螺旋和反光镜把视野调整清晰,直到看清细胞物像为止。

仔细观察,可先找出处于细胞有丝分裂中期的细胞,然后再找出前期、后期、末期的细胞。注意观察各个时期细胞内染色体变化的

图 9-9　正在分裂的分生区细胞

特点。

在一个视野里,往往不容易找全有丝分裂过程中各个时期的细胞。可以慢慢地移动装片,从邻近的分生区细胞中寻找。

如果自制装片效果不太理想,可以观察教师演示的洋葱根尖细胞有丝分裂的固定

装片。

五、洋葱根尖有丝分裂永久装片观察

（1）把洋葱根尖有丝分裂永久装片放于低倍镜下观察，找到分生区细胞。
（2）换用高倍镜观察，分别找到不同分裂期的细胞（图 9-10），可按要求绘图。

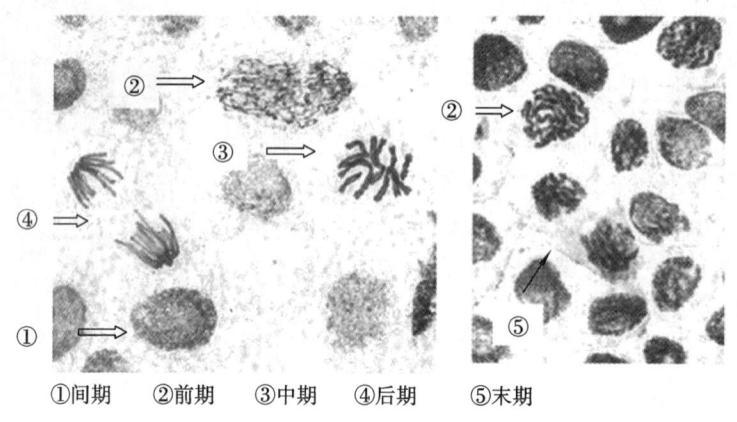

①间期　②前期　③中期　④后期　⑤末期

图 9-10　不同分裂期的细胞

六、绘图

在观察清楚有丝分裂各个时期的细胞以后，绘出洋葱根尖细胞有丝分裂的简图。要求绘植物细胞有丝分裂期中期图。

七、问题与讨论

制作好洋葱根尖有丝分裂装片的关键是什么？

实验实训四　淡水藻类植物的采集与观察

一、目的要求

（1）掌握淡水藻类植物的采集和培养方法。
（2）掌握藻类植物的结构特点。

二、材料、试剂与仪器

1. 试剂
4%甲醛溶液、碘液。

2. 仪器

显微镜、显微图像采集系统、采集瓶、培养瓶、吸管、镊子、刀、标签、记录本、浮游生物网、台纸等,相关工具书。

三、操作要点

1. 淡水藻类标本的采集

(1) 水生藻类标本的采集。

水生藻类依其形体大小可分为丝状种类和微小浮游种类。丝状种类可用镊子采集。对固着于石块等物体上的藻,可用刮刀将其从基部刮下或连同附着物一起采集。将采集到的标本放入标本瓶中并加入一些水,但水不要加得太满,应留有一定的空间;标本瓶盖应注意密封,防止样品流失。标本瓶上要贴上标签,标签上须用铅笔注明该标本采集的地点、日期和采集者。

浮游种类要用专用的浮游生物网采集,如无专用工具,也可用市售的 300 目尼龙筛绢对水体进行过滤,滤出的藻体可用少量水冲洗入标本瓶中。

采集标本时还应用记录本记下各标本的采集环境、气温、水温、pH 值、藻的附着基质、水体透明状况、藻体的手感是否滑腻等。这些都是鉴定藻类的参考条件,因此应详细记录。

新鲜的藻类标本不宜久存,应尽快对标本进行观察鉴定,好的标本可用 4‰ 甲醛溶液固定保存。

(2) 气生藻标本的采集。

气生藻类多生长在阴湿的地面、墙壁以及树干的背阴面。这类藻可用小铲刀采集,用牛皮纸包好,风干后保存。对气生藻进行观察时,可用镊子夹取少许藻体,放在载玻片上,滴一小滴水浸润后在显微镜下观察形态。

2. 几种常见藻类的采集、观察和保存

(1) 水绵 水绵材料采自池塘、水沟、稻田或水井中,太肮脏的水中少有。采集时将成团浮于水面的丝状体捞起,以水养着。室内培养时,用池塘水或静置 1 d 后的自来水在培养缸养着就行,并不需要配制专门的培养液,也不需放得太多;必须 3~5 d 换一次水,否则会腐烂发臭。水绵接合生殖的材料一般是在冬季趁水绵行接合生殖时去水绵的生长环境寻找。当确定此处的水绵大多数丝状体正在行接合生殖时,将其大量采回,以浸泡法将其固定备用。浸泡液可采用 2‰~4‰ 甲醛溶液,瓶装密封。

①观察水绵营养细胞:挑取数条生长较旺的水绵丝状体置于载玻片上,加一小滴水,盖上盖玻片,先用低倍镜观察丝状体外貌,再换高倍镜重点观察一个细胞,看清其细胞结构。加碘后比原来清楚(图 9-11)。

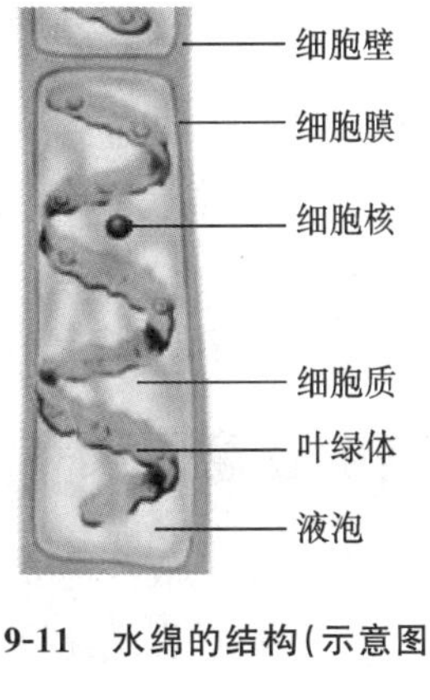

水绵丝状体(植物体)是由多数长筒形细胞相连而成,

图中标注:细胞壁、细胞膜、细胞核、细胞质、叶绿体、液泡

图 9-11 水绵的结构(示意图)

不分支,细胞壁外有很厚的果胶质,所以丝状体很滑,以手触之有滑感。一个细胞内有一至多条带状叶绿体呈螺旋状缠绕于原生质体的外围,叶绿体上有一列淀粉核,液泡很大。细胞核一个。在中央由原生质丝将它和周围的原生质连着。

②观察水绵的梯形接合:用镊子选取两根丝状体并拢在一起的水绵,置于载玻片上,加水,盖上盖玻片。置于显微镜下观察,也可以取水绵接合生殖的永久装片观察。

结合的两条丝状体平行靠近,相对的两细胞产生突起,接触连通,形成接合管,细胞中的原生质体收缩形成配子,雄配子通过接合管移入另一细胞中与雌配子结合形成合子,显微镜下看到的有的细胞是形成配子的初期,有的配子已形成但还没有形成合子,有的则已形成合子。在观察时注意区别雄配子、雌配子、接合管、合子(图9-12)。

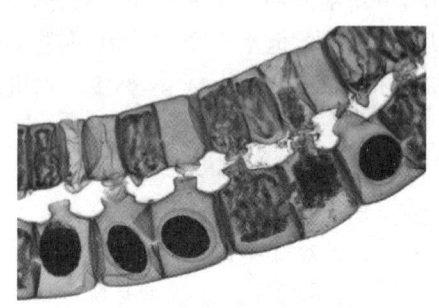

图 9-12　水绵的接合生殖

(2)硅藻　在雨后浅积水、小水沟等水质清澈的水体底部,呈棕色的表层中均有大量的硅藻生长,硅藻一般个体较小,显微镜下可见多为舟形,会缓慢滑动。

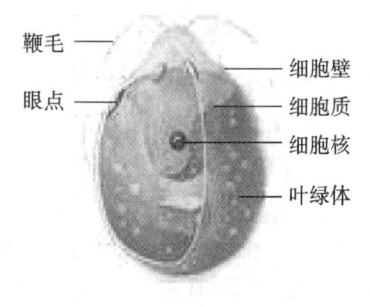

图 9-13　衣藻的结构

(3)颤藻　各种水体中均可见,以污水中较多,呈黏滑膜片状,深绿至黑褐色。显微镜下观察藻丝不分支,细胞中仅见均匀小颗粒。

(4)衣藻　多出现于春秋季富含有机物的临时小水体中,可大量繁殖而使水体呈绿色。在显微镜下观察,藻体游动,呈卵圆形,高倍镜下仔细观察,可见顶端有两条等长鞭毛(图9-13)。衣藻标本固定一般用I_2-KI溶液,以防止鞭毛脱落。固定后的标本一般可保存数周至数月。裸藻也是一种单细胞游动藻类,细胞呈梭形,顶部一根鞭毛。

(5)绿球藻　生长于树皮上,呈绿色粉末状。显微镜观察为绿色圆球状。

3. 制作标本

对采集来的藻类植物进行分离、培养、鉴定和制作标本。

四、注意事项

(1)学生一般分为6人一小组,按小组完成实验。

(2)采集过程中注意安全。

实验实训五　植物叶脉标本的制作

一、目的要求

学会制作植物叶脉标本。

二、实验原理

利用植物叶肉遇腐蚀性液体会发生腐烂,经过加热处理会烂得更快,而叶脉比较坚韧,不容易被腐蚀的原理,选择一些叶片坚硬、叶脉坚韧的植物叶片,去掉叶肉,保留叶脉,可以制作成漂亮的叶脉书签。

三、材料、试剂与仪器

1. 材料

桂花叶、丁香叶等。

2. 试剂

$NaOH$、Na_2CO_3、双氧水(或漂白粉)、染液。

3. 仪器

放大镜、镊子、烧杯、玻璃棒、电炉、牙刷、塑料盘子、小桶、吸水纸。

四、操作要点

1. 选材

选取叶脉丰富、叶质较厚、大小适中、叶面平整的桂花或丁香树的叶片,用清水洗干净备用。(图 9-14)

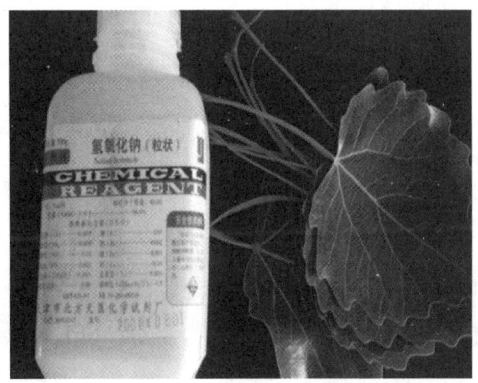

图 9-14　NaOH 与植物叶

2. 配制溶液

称取 35 g NaOH 和 25 g Na_2CO_3,放入烧杯中,加入水 1 L 使之溶解,制成溶液。

3. 加热

把配制好的溶液放到电炉上加热,快沸时把叶片浸泡在溶液中,并把电炉温度调低,一边加热一边搅拌,直到叶片变成褐色或叶肉有脱落(不同叶片加热时间长短不同,一般过 2～3 min 取一片叶子观察一下)。

4. 漂洗

叶子变成褐色或有叶肉脱落时停止加热。用镊子取出叶片,放在盛有清水的小桶中漂洗干净(一般两次以上)。

5. 刷洗

将漂洗好的叶片放在塑料盘子中,稍加入一层水,用牙刷与水平面成约 45°角顺叶脉轻轻地刷洗叶肉,刷洗时注意只能朝一个方向刷,绝对不能来回刷,以免将叶脉刷坏。从叶的背面开始,刷干净背面再刷正面,主叶脉边缘最好用敲击法去除叶肉。刷洗干净后放在吸水纸(或草纸)上晾干。

图 9-15　制作完成的叶脉书签

6. 漂白

用 20％的双氧水(或漂白粉)漂白叶脉。

7. 染色绘图

可用红墨水、蓝墨水、紫药水、品红以及其他染料对叶脉染色,还可以在叶脉上绘上自己喜欢的图案。

8. 粘贴、塑封

叶脉晾干后,可以用较硬的纸粘贴,并可以塑封保存(图 9-15)。

五、问题与讨论

还可以用哪些方法制作叶脉标本?

实验实训六　植物多样性——校园植物的调查与识别

一、目的要求

(1) 通过调查研究校园及周边的植物种群、类别,研究区域植物及其分类的基本方法。

(2) 了解校园植物种和科的识别特征。

（3）学习编制校园植物检索表，并对植物进行归纳。

二、实验原理

现在的大学校园绿化都较好，栽培及自然生长的植物种类很多。在学习了被子植物系统分类的基础理论知识后，可以充分利用校园的绿化优势，通过调查研究校园内植物的种类，熟悉研究区域植物及其分类的基本方法。

三、材料、试剂与仪器

放大镜、镊子、相机、铅笔、笔记本、检索表及相关工具书。

四、操作要点

（一）校园植物形态特征的观察与科学描述

1. 植物的性状

将观察到的植物性状记录在表 9-1 中。

表 9-1 植物的性状记录表

中文名	生长类型				茎								
	乔木	灌木	藤本	草本	形状	颜色	被毛或光滑	直立	平卧	匍匐	攀援	缠绕	其他

2. 叶

将观察到的植物的叶的特征记录在表 9-2 中。

表 9-2 叶的形态记录表

中文名	叶型		叶序				叶脉			叶缘			其他
	单叶	复叶	互生	对生	轮生	簇生	网状	平行	掌状	全缘	波状	锯齿	

3. 花序

总状类花序(如穗状、总状、圆锥、伞形等花序)、聚伞类花序(如轮伞、聚伞花序)或花单生等。

4. 花的各部分

观察、研究要极为细致、全面,从花柄开始,通过花萼、花冠、雄蕊,最后到雌蕊。

(1) 苞片　形状、颜色、数目、被毛或其他。

(2) 花萼　萼片形状、颜色、数目、离生或合生、被毛或无毛。

(3) 花冠　花瓣形态、颜色、数目、离生或合生、被毛或无毛。

(4) 雄蕊　数目、花丝离生或合生,雄蕊与花瓣,萼片对生或互生。花药的着生情况和开裂方式。

(5) 雌蕊　花柱数目、柱头分裂数或不裂或浅裂。

(6) 果实　属于何种果实?开裂或不开裂,果实的形状、大小和颜色。

(7) 种子　形状、大小和颜色,解剖种子,观察有无胚乳、胚的子叶数目。

(二) 校园植物种类的识别与鉴定

在对植物仔细观察的基础上,对校园内的植物进行识别和鉴定。对校园内特征明显、自己又很熟悉的植物,确认无疑后可直接写下名称;生疏的种类需借助于植物检索表等工具书在教师的指导下进行检索、识别。在把区域内的所有植物鉴定、统计后,写出名录并把各植物归属到科。

通过各科植物的对比观察,归纳总结出校园植物的科、属、种的识别特征,为其后的野外植物识别观察奠定一定的基础。

(三) 校园植物的归纳分类

在对校园植物识别、统计后,为了全面了解、掌握校园内的植物资源情况,还需对它们进行归纳分类。分类的方式可根据自己的研究兴趣和校园植物具体情况进行选择。对植物进行归纳分类时,要学会充分利用相关的参考文献。

下面是几种常见的校园植物归纳分类方式。

1. 按植物形态特征分类

木本植物

　乔木

　灌木

　木质藤本

草本植物

　一年生草本

　二年生草本

　多年生草本

　草质藤本

2. 按植物系统分类

藻类植物

菌类

地衣

苔藓植物

蕨类植物

裸子植物

被子植物

    双子叶植物

    单子叶植物

3. 按经济价值分类

药用植物

纤维植物

油脂植物

淀粉植物

饲用植物

材用植物

蜜源植物

香料植物

绿肥植物

观赏植物

其他经济植物

实验实训七　植物细胞、组织、器官结构的观察

一、目的要求

（1）了解各类植物组织的分布、形态结构特征、功能及相互区别。

（2）观察、认识双子叶植物和单子叶植物根、茎、叶的结构。

（3）观察、认识花药、花粉胚囊和子房的结构。

二、材料、试剂与仪器

1. 材料

洋葱根尖纵切永久装片、水稻根横切永久装片、毛茛幼根横切永久装片、棉花老根横切永久装片；南瓜茎纵切装片、玉米茎横切装片、蚕豆茎横切装片、苜蓿幼茎横切装片、椴树茎横切装片、杨树茎横切装片；葡萄茎离析装片；丁香属（或其他）植物芽纵切装片；女贞叶横切装片、天竺葵叶片横切装片、小麦叶横切装片；天竺葵叶下表皮装片、鸢尾叶下表皮装片；不同发育时期的百合花药横切装片、常见植物的花粉粒、不同发育时期的百合子房

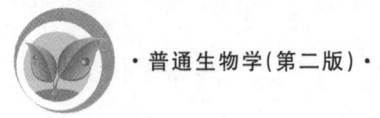

横切装片;新鲜的白菜叶、新鲜的蚕豆叶、新鲜的天竺葵叶、新鲜鸢尾的叶、新鲜梨果实等。

以上各种材料,各地可根据实验实训室具体情况选择使用。

2. 试剂

蒸馏水、碘液。

3. 仪器

显微镜、载玻片、盖玻片、镊子、刀片、吸水纸、擦镜纸、纱布块、滴管。

三、操作要点

(一) 植物组织的观察

1. 分生组织

取洋葱根尖纵切永久装片,在低倍镜下观察原分生组织和初生分生组织。原分生组织在根的生长点最尖端,细胞体积小、细胞壁薄、细胞质浓、细胞核大,无液泡或具多数小液泡,细胞为等径的多面体。原分生组织后方区域是初生分生组织,二者之间无明显界限。

2. 薄壁组织

广泛存在于植物体中,其共同结构特点是细胞体积大、近圆形、细胞壁薄、有大液泡、有发达的细胞间隙。取各类叶横切永久装片观察叶肉细胞,其细胞体积大、圆柱状,内含叶绿体,是薄壁组织中最重要的一类,称同化组织。

3. 保护组织

保护组织分布于植物体表,有保护作用。

(1)初生保护组织结构　取新鲜的白菜叶(或取天竺葵叶、蚕豆叶),撕取其下表皮制成临时装片(示范),观察双子叶植物表皮结构。高倍镜下,可见表皮细胞形状不规则,排列紧密彼此镶嵌,无细胞间隙。表皮层上分布有多个气孔器,每个气孔器由一对肾形的保卫细胞和中间的气孔组成。保卫细胞含有叶绿体。有的植物表皮上分布有表皮毛或腺毛。另取鸢尾叶下表皮装片(示范),观察单子叶植物表皮结构。高倍镜下,可见表皮细胞为狭长形状,排列整齐,有许多气孔器分布。

(2)次生保护组织结构　取椴树茎或杨树茎横切装片,观察周皮结构。显微镜下可见周皮由数层扁平细胞组成,包括木栓层(死细胞)、木栓形成层与栓内层。其中木栓层属于次生保护组织,木栓形成层属于侧生分生组织,栓内层属于薄壁组织。在局部区域木栓形成层向外分裂产生薄壁细胞,形成次生通气组织,即皮孔。

4. 机械组织

机械组织细胞特点是细胞壁部分或全部加厚。

(1)厚角组织　取蚕豆茎横切装片,观察厚角组织。蚕豆茎表皮下方具棱角的部分即为厚角组织,其细胞壁在细胞的角隅处加厚,是生活细胞。

(2)厚壁组织　取葡萄茎离析装片,可观察到许多被染成红色的长梭形木纤维细胞,其细胞壁为全部加厚的次生壁,并大多木质化。再在新鲜梨果肉靠近中部的部分挑取一个沙粒状的组织置于载玻片上,用两片载玻片将其压碎,滴一滴碘液,盖上盖玻片,制成临时装片观察。梨果肉细胞较大、近圆形,包围着颜色较暗的细胞群,这些细胞呈多边形,细胞壁异常加厚,细胞腔很小,具有明显的纹孔沟,称为石细胞。

5. 输导组织

取南瓜茎纵切装片观察。显微镜低倍镜下可观察到被染成红色的、具有各种花纹的成串管状细胞,它们是多种类型的导管。每个导管分子均以端壁形成的穿孔相互连接,上下贯通。高倍镜下可见导管依花纹不同区分为螺纹导管和网纹导管。前者管径较小,细胞壁具有螺旋形加厚并木质化的次生壁;后者管径较大,具有网状加厚并木质化的次生壁。再在镜下木质部的两侧找到染成蓝色的韧皮部,在此处可见一些口径较大的长管状细胞,即为筛管细胞。筛管细胞也是上下相连,高倍镜下可见连接的端壁所在处稍微膨大、染色较深,即为筛板,有些还可见到筛板上的筛孔。筛管无细胞核,其细胞质常收缩成一束,离开侧壁,两端较宽,中间较窄,这就是通过筛孔的原生质丝,比胞间连丝粗大,特称为联络索。在筛管旁边紧贴着一至几个染色较深、细长的伴胞。伴胞细胞质浓,具细胞核。另外,在上述的葡萄茎离析装片中可观察到梯纹导管。

6. 分泌结构

取各类叶片横切装片,观察叶表皮上由多细胞构成的腺毛结构,主脉薄壁细胞中有圆形空洞,此即为分泌腔结构。

(二)植物器官结构的观察

1. 根的结构观察

(1)根尖的形态。

取洋葱根尖纵切永久装片,在低倍镜下进行观察。根尖由四部分组成,自下而上依次是根冠、分生区、伸长区和成熟区。

(2)根的初生结构。

①双子叶植物根的初生结构:取毛茛幼根横切永久装片,置于显微镜下,由外向内观察。根的最外层为表皮,细胞排列紧密,有时能看到根毛;根初生结构的大部分为皮层,其靠外侧几层细胞小,排列紧密,叫外皮层,往内有数层排列疏松的薄壁细胞,再向内细胞逐渐变小,皮层最内一层细胞排列紧密,上有凯氏带;皮层里的部分是维管柱,包括中柱鞘、初生木质部、初生韧皮部和形成层,紧靠内皮层的1~2层细胞为中柱鞘,初生木质部呈辐射状排列,导管的管壁较厚,初生韧皮部位于两初生木质部辐射角之间,由筛管和伴胞组成,初生木质部和初生韧皮部之间的1~2层薄壁细胞为形成层。

②单子叶植物根的初生结构:取水稻根横切永久装片,在低倍显微镜下观察,由外向内依次为表皮、皮层和维管柱三部分。再换用高倍显微镜观察各部分,尤其是皮层(图9-16)。

(3)根的次生结构。

取棉花老根横切永久装片,先在低倍显微镜下由外向内依次观察,注意分清楚周皮、韧皮部、形成层、次生木质部和初生木质部。然后换用高倍显微镜观察各部分。最外面的几层细胞是周皮,包括木栓层、木栓形成层和栓内层。木栓层呈扁方形,为没有细胞核的死细胞,木栓形成层和栓内层为具有原生质体的活细胞。韧皮部(次生)由薄壁细胞组成,

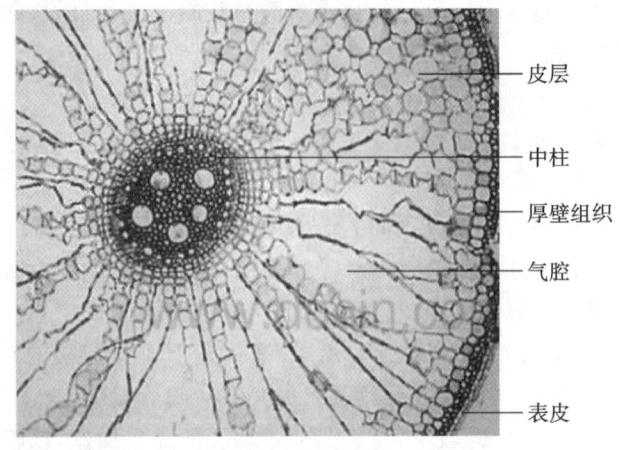

图 9-16　水稻根横切

韧皮射线呈喇叭口状;形成层位于木质部和韧皮部之间,为1～2层扁长方形的薄壁细胞。次生木质部是横切面的主要部分,常被染成红色,孔径大的为导管,小的为管胞和木纤维。初生木质部位于根的中心,呈星芒状。

2. 茎的结构观察

(1)茎尖的结构。

取丁香属植物芽纵切装片,置于显微镜下观察。从茎尖的最尖端往下依次为:最外层的原表皮;细胞近乎等径的顶端分生组织;细胞径向伸长的伸长区。

(2)双子叶植物茎的结构。

①初生结构:取首蓿幼茎横切装片,置于显微镜下观察,由外向内依次为表皮、皮层和维管柱。茎最外边排列紧密的单细胞就是表皮,呈方形或长方形,外壁覆有角质层,用高倍镜可观察到茎表皮上的保卫细胞和气孔;皮层位于表皮以内、维管柱以外,为多层细胞,散有小型分泌腔。

②次生结构:取椴树茎横切装片,置于显微镜下观察,仔细辨认和区分周皮、韧皮部、形成层、木质部和髓。

(3)单子叶植物茎的结构。

取玉米茎横切装片(图 9-17),置于显微镜下观察,区别单子叶植物和双子叶植物茎结构的异同点。

3. 叶的结构观察

(1)双子叶植物叶的结构　取女贞叶横切装片,置于显微镜下观察。表皮覆盖于叶片的上下两面,由一层排列整齐、紧密的长方形活细胞构成,外有角质层,表皮细胞之间有成对较小的保卫细胞,保卫细胞间有气孔;紧靠上表皮的柱状细胞是栅栏组织,富含叶绿体,靠近下表皮的是细胞形状不规则、间隙较大的海绵组织,叶绿体含量较少,它们共同构成叶肉;叶脉中近上表皮的为木质部,近下表皮的是韧皮部。

(2)单子叶植物叶的结构　取小麦叶横切装片,在显微镜下进行观察,可见单子叶植物的叶也是由表皮、叶肉和叶脉三部分构成。注意观察和双子叶植物叶结构的异同。

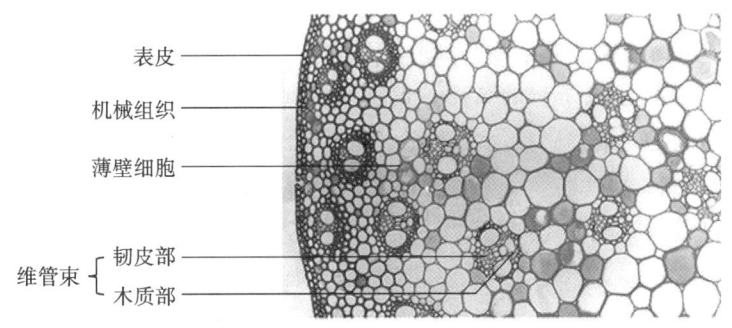

表皮

机械组织

薄壁细胞

维管束 { 韧皮部
         木质部

图 9-17 单子叶植物(玉米)茎横切

4. 花药结构的观察

取不同发育时期的百合花药横切装片(图 9-18),在显微镜下进行观察,可见花药呈蝶形,两侧各有两个花粉囊,中间有药隔相连,在药隔中可以看到自花丝通入的维管束。换高倍镜观察,花药由外至内依次为表皮、纤维层、中层、绒毡层和药室。

在成熟花药结构中,中层和绒毡层细胞已经消失,纤维层细胞壁出现明显的加厚条纹,同侧两个花粉囊在连接处开裂而成为一室。

5. 花粉粒的观察

用镊子夹取常见植物的花粉粒,分别制成临时装片,在高倍显微镜下观察。注意观察不同植物花粉粒的形状、大小、外壁花纹及萌发孔(图 9-19)。

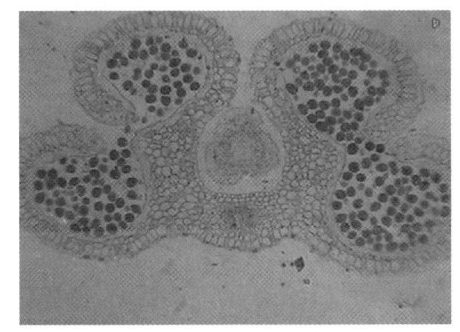

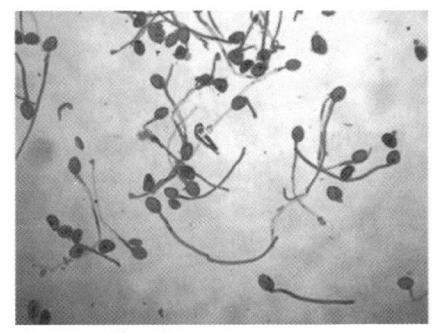

图 9-18 百合花药横切　　　　　**图 9-19 花粉萌发**

6. 子房的结构观察

取不同发育时期的百合子房横切装片,在低倍显微镜下进行观察。百合子房包括由三个心皮组成的三子房室和中轴胎座,每室着生两个倒生胚珠,由心皮组成子房壁,具有内外表皮,表皮内为薄壁细胞,并分布有维管束。

四、问题与讨论

(1)为什么根尖分生组织具有比茎端分生组织更多的分裂相?

(2)叶的表皮细胞为适应其保护功能在形态和结构上有何特点?

(3)厚角组织细胞是死细胞还是活细胞?其生理机能是什么?

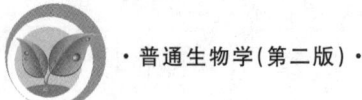

（4）单子叶植物和双子叶植物根的初生结构有何异同？

（5）单子叶植物和双子叶植物茎和叶的结构有何异同？

（6）花药、花药胚囊及子房的结构各自有何特点？

实验实训八　植物蜡叶标本的制作

一、目标要求

学会植物蜡叶标本的采集与制作方法。

二、材料、试剂与仪器

1. 试剂

汞、乙醇。

2. 仪器

标本夹、采集箱、吸水纸、枝剪、掘根铲、小铁镐、野外采集记录本、号牌、消毒盘、缝衣针、线、标本台纸、放大镜、镊子、单面刀片、胶水、胶带、小纸袋、鉴定标签（图9-20、图9-21）。

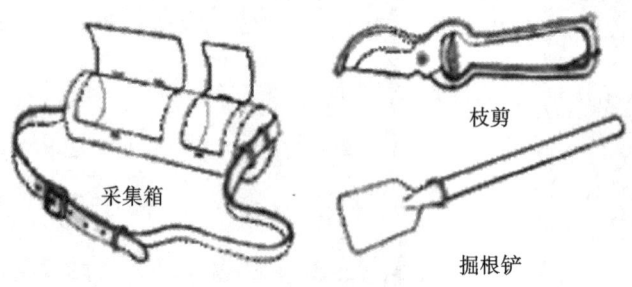

图 9-20　部分采集工具

图 9-21　植物标本夹

三、操作要点

（一）标本的采集与记录

采集一份好的植物标本，有三个要求：

①标本采得越完整越好，所采植物标本应尽可能具有较多的器官（根、茎、叶、花、果实和种子）。

②标本越能保持原样越好。

③对植物标本的生态环境的描述越清楚越好。

1. 木本植物标本的采集

木本植物包括乔木、灌木和木质藤本类。在采集时要选取生长正常、无病虫害、有花和果实的植株。用枝剪剪取长约 35 cm 的二年生枝条。把枝条末端剪成斜口，以便观察髓部。枝条剪下后，先作简单的修整，将过多的叶去掉，以便压制。采集木本植物标本时一般不需要挖取根部和剥取树皮，但当根或树皮比较特殊或有特殊经济价值时，可采集一部分附于标本上。

2. 草本植物标本的采集

草本植物的种类繁多，个体差异很大，采集方法应视具体情况而定。一般应将地上部分和地下部分都采集到（图 9-22）。

图 9-22 采集的草本植物

3. 采集记录

主要记录三个方面的内容：①生境；②对植物简单扼要的描述，主要记录干燥后无法观察的特点，如颜色、气味等；③采集人、采集时间和号码。采集使用的表格，各单位不尽相同，但一般包括表 9-3 所列内容。

表 9-3 （单位名）植物标本野外采集记录

采集号码：	标本份数：
地点：	海拔(m)：
生境：	植株高(m)：
习性：	胸径(cm)：
茎(树皮)：	叶(叶序)：
花(花序)：	果实(种子)：
土名：	正名：
学名：	科名：
采集人＿＿＿＿＿＿＿＿＿＿	采集时间＿＿年＿＿月＿＿日

用途＿＿

备注＿＿

（二）标本的压制与干燥

采集到植物标本后应及时压制干燥，其基本步骤如下：

1. 整理标本

若植物体上的枝叶过于密集，去除植物体上的一部分枝叶，以防压制后标本上的枝叶重叠太多，尤其不能使花、果实等部分重叠。然后把标本剪成长约 30 cm、宽约 25 cm 大小，以便正好能放在台纸上。若根部泥土过多，应洗净晾干后再压制。

2. 压制

把整理后的植物标本置于放有吸水纸的一扇标本夹上，将其枝叶展开，并使其中一部分小枝或叶片反折铺平，从而在同一标本上既能看到叶的腹面，又能看到叶的背面。然后，在标本上放 2～3 张吸水纸。就这样标本与吸水纸相间重叠摆放。当重叠到一定高度时，在最上面放 5～10 张吸水纸，把另一扇标本夹放在上面，用绳子将标本夹扎紧；使标本夹的四角大致相平（图 9-23）。

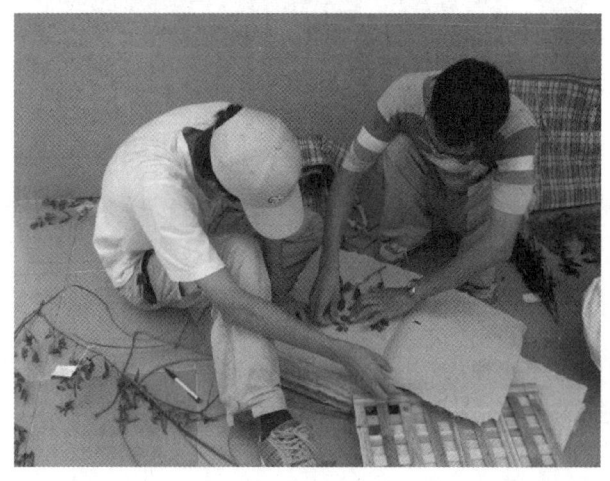

图 9-23　压制标本

3. 换纸

换纸时，将干燥的吸水纸垫在下面，把植物标本从湿纸上取出，轻轻放在吸水纸上，换完后仍按上述方法将标本夹扎好。每天换纸 2～3 次，新压制的植物标本和含水量较多的植物标本换纸次数要更多些。当植物标本基本干时，可隔天换一次纸，直到标本全部干燥为止。

（三）标本的消毒

从野外采集、压制干燥后的植物标本常带有微生物、虫和虫卵，在储藏过程中会使标本发霉、腐烂和被蛀食。因此，经压制干燥后的植物标本在装订到台纸上之前，一定要经过消毒。植物标本消毒就是用物理的、化学的方法杀死标本上的微生物、虫和虫卵，从而使标本能长期保存的过程。植物标本消毒最常用的方法是高温消毒法和化学消毒法。

1. 高温消毒法

这种消毒方法所需设备简单,操作方便,常用于标本量较少时。把要消毒的植物标本连同吸水纸一起放到温箱中,升温到 60 ℃,恒温保持 6～8 h,即可达到消毒之目的。用高温消毒法进行植物标本消毒时应注意下列三点:①植物标本一定是经压制干燥后的标本,未经压制的标本会因失水过快而收缩变形;②温箱的温度要缓缓上升;③消毒后要等到标本自然冷却并恢复原样后再轻轻取出,因为经高温消毒后的植物标本非常脆,很容易折断。

2. 化学消毒法

化学消毒法就是用氯化汞、乙醇、苯酚和樟脑等化学物质配成的消毒液杀死标本上的微生物、虫和虫卵的方法。这是目前应用最广的一种植物标本消毒方法。其特点是消毒彻底,但操作过程长,工作量大,且氯化汞等物质会污染环境。

上述植物标本消毒方法各有优、缺点,在制作植物标本时可根据具体情况采用适当的消毒方法。另外,随着科学技术的不断发展,也可采用一些对环境污染小或不污染环境、操作方便的消毒方法。

(四) 标本的装订

把植物标本装订到台纸上的过程称为标本装订。标本的装订是为了储藏、查看和交换方便。植物标本只有装订到台纸上,并附上编号、记录等,才算一份完整的标本。植物标本的装订方法简述如下。

将白色台纸(长约 39 cm,宽约 27 cm)平整地放在桌面上,然后把消毒好的植物标本放在台纸上,摆好位置,在右下角和左上角都要留出贴定名笺和野外记录笺的位置(若标本横放,在右上角和左下角都要留出贴定名笺和野外记录笺的位置)。这时便可沿标本主枝两侧用小刀在台纸上切出数个小纵口,再用具有韧性的纸条由纵口穿入,从背面拉紧,并用胶水在背面粘牢。对于小枝和某些叶片,可在其下方涂少量

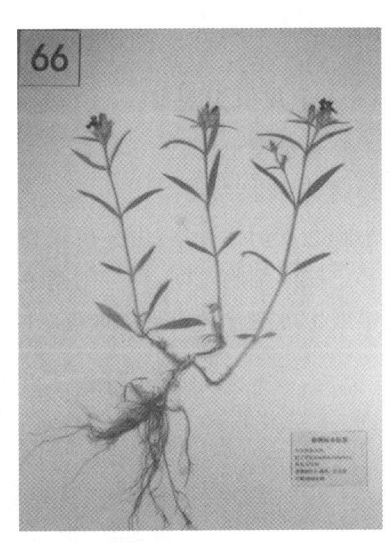

图 9-24　制作完成的植物标本

胶水,让其粘贴在台纸上。也可用纸订法、胶着法等装订植物的标本。装订后的植物标本即可用于鉴定和保存(图 9-24)。

四、问题与讨论

(1) 制作植物蜡叶标本时应注意哪些问题?

(2) 如何使蜡叶标本较好地保持原有的颜色?

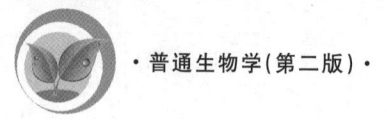

实验实训九　动物的基本组织观察

一、目的要求

了解动物体四类基本组织的形态、结构及功能。

二、材料、试剂与仪器

1．材料

四类组织的玻片标本(小肠、食道、膀胱、甲状腺、皮肤、心肌、骨骼肌、肌腱、疏松结缔组织、透明软骨、长骨、脊髓、小脑皮质、大脑皮质等组织切片)。

2．仪器

显微镜。

三、操作要点

(一)上皮组织观察

主要是被覆上皮。

1．单层柱状上皮

小肠上皮切片标本：由一层较高的棱柱形细胞并行排列组成,细胞核椭圆形,位于细胞基部。柱形细胞之间,可见细胞游离端染色很浅、细胞核位于基部的杯状细胞,且杯状细胞常因生理变化而有形态改变。小肠上皮细胞的游离端有明显的纹状缘(图9-25)。

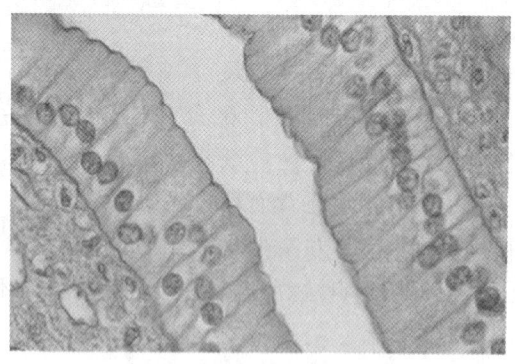

图9-25　单层柱状上皮(40×)

2．单层立方上皮

甲状腺切片标本：在显微镜下观察,其滤泡上皮细胞大致呈正方形,细胞核呈圆形,位于细胞中央,或略偏基部。

3. 复层扁平上皮

食道切片标本：在显微镜下观察，可见食道腔周围的细胞由数层组成，游离面的细胞呈扁平状，中间部分呈多角形，底部细胞近短柱状。再取皮肤玻片标本，观察它与食道的复层扁平上皮有何区别。

4. 变移上皮

膀胱玻片标本：可见其表面的细胞体积大，呈扁平或梨形等多种形态，部分细胞有 2个核。深层细胞多呈多角形，且较小，底层细胞呈矮柱状。这种上皮的细胞层数与细胞形态可随膀胱生理状态的改变而改变。

（二）结缔组织观察

1. 疏松结缔组织（图 9-26）

（1）胶原纤维　被染成浅红色，呈束状，且波纹状分散于基质内，交互排列。

（2）弹性纤维　混杂在胶原纤维之间，染成深紫色，为不成束、彼此交叉的细纤维。

（3）成纤维细胞　紧贴于胶原纤维束，细胞呈多突起、扁平状，是细胞核大、呈卵圆形的细胞。

（4）巨噬细胞　染色质颗粒较粗，着色较深，细胞核较小，这种细胞具有吞噬能力，因此有防御功能。

组织中还有细胞质着色很浅、细胞核染成蓝色、形态难以区分的各类细胞。

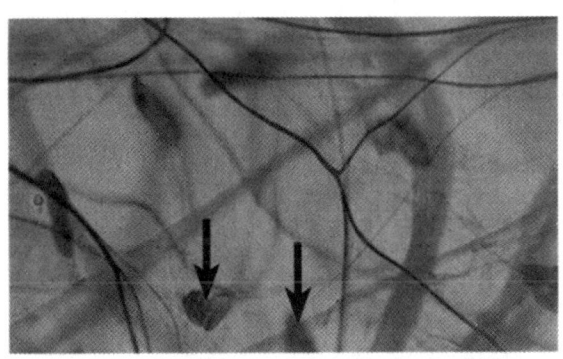

图 9-26　疏松结缔组织

2. 致密结缔组织

肌腱的纵切标本：置于显微镜下观察，可见大量平行排列的胶原纤维束，成纤维细胞成行排列在纤维束之间，细胞体呈长方形，细胞核近圆形。

3. 软骨组织

透明软骨玻片标本（图 9-27）：软骨的基质颜色均匀，基质中有许多圆形或卵圆形的陷窝，称为胞窝。常常可见 2 个或 4 个胞窝并列在一起，胞窝内有软骨细胞，细胞核染色较深，呈椭圆形，细胞质染色较浅。标本固定后，细胞收缩，胞窝可见到空隙。组成软骨的纤维是胶原纤维，但在基质中未见到，因为透明软骨的胶原纤维的折射率与基质相同，因而活体时透明，固定染色后不能看到。

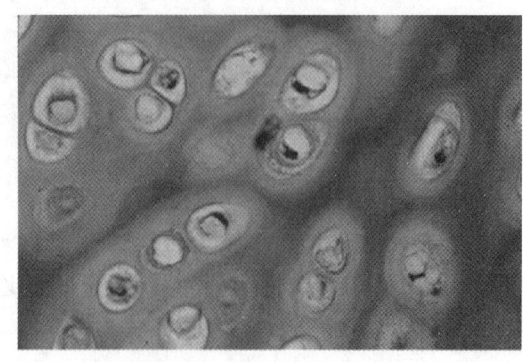

图 9-27　软骨(40×)

4. 骨组织

长骨横切磨片标本：可见许多不规则圆形或椭圆形的同心环状结构——哈弗斯(又译哈弗)系统，中间的空腔——哈弗斯管，为神经、血管的通道。在哈弗斯系统之间为不规则的骨间板。哈弗斯管之间及内、外环骨板之间斜行的，没有骨板环绕的导管——浮克曼管，即横向的血管。

哈弗斯系统骨板间的梭形裂隙为骨陷窝，骨细胞存在于其中。骨陷窝之间有大量的骨小管，多数的骨小管与骨板垂直。骨细胞借助骨小管与哈弗斯管内的血管进行营养物质和代谢产物的交换。

(三) 肌组织观察

肌组织是由特殊的肌细胞构成的。肌细胞细而长，呈纤维状，故亦称肌纤维。根据肌纤维的形态和功能，可将肌组织分为平滑肌、骨骼肌和心肌。

1. 平滑肌(小肠横切标本，图 9-28)

低倍镜：找到肌层(以苏木精-伊红染色，肌层为深红色)。肌层由内环行和外纵行的平滑肌纤维组成。

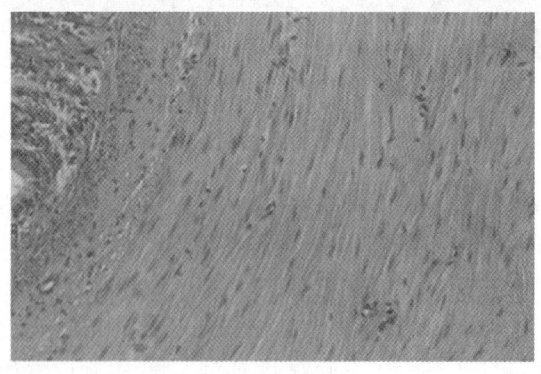

图 9-28　平滑肌(10×)

高倍镜：内层肌纤维呈长梭形，彼此镶嵌排列成环形。细胞核蓝紫色，呈椭圆或棒状。外层的纵肌，因平滑肌纤维是镶嵌排列的，所以在横切面上切到的肌纤维并不都在一个平面上，故有的有核，有的无核，且大小各不相同。

2. 骨骼肌（骨骼肌玻片标本，图 9-29）

低倍镜：骨骼肌的肌纤维集合成束，每束肌纤维由结缔组织膜分隔，这个膜称为肌束膜。如标本切得较完整，还可看见肌内膜和肌外膜，前者为分隔每条肌纤维的结缔组织膜，后者是包围整个肌肉组织的结缔组织膜。

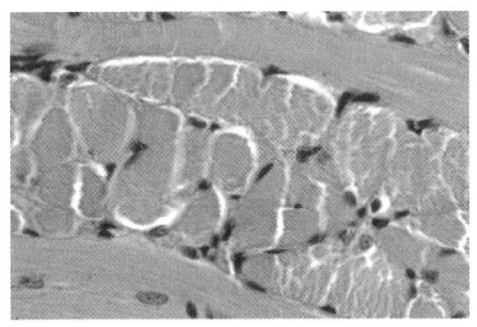

图 9-29 骨骼肌（40×）

高倍镜：骨骼肌纤维呈长圆柱形，有许多核，位于肌纤维的周边，呈卵圆形。将视野调暗些，可见每条纤维上有明暗相同的横纹，这就是明带和暗带。

3. 心肌（图 9-30）

取心肌的切片标本，在显微镜下详细观察，并比较心肌与骨骼肌和平滑肌在形态结构方面的异同点。

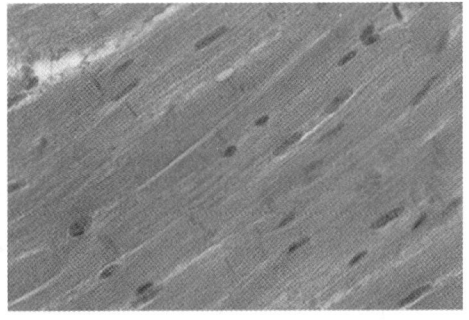

图 9-30 心肌（40×）

（四）神经组织（脊髓切片标本，图 9-31）

低倍镜：中央染色较深的部分是灰质，蝴蝶状，中间的小孔是中央管。蝴蝶形区域比较狭窄的突起为后角（即背角），较宽的突起为前角（即腹角）。包围在灰质周围，染色较浅的部分为白质。

高倍镜：灰质前角可见形态不同、大小不一的神经细胞，有一个囊泡状的大核。胞体向外突的部分，为胞突。

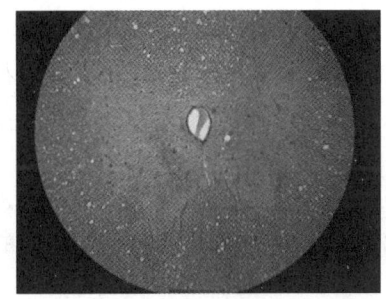

图 9-31 脊髓

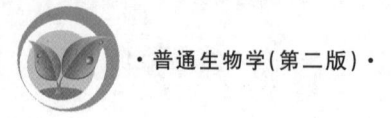

四、问题与讨论

(1) 四类基本组织各有何结构特点？
(2) 四类基本组织的主要功能分别是什么？

实验实训十　草履虫的形态结构与原生动物观察

一、目的要求

(1) 通过草履虫(*Paramecium*)及其他原生动物的观察,掌握原生动物的主要特点。
(2) 学会探索和观察动物的应激性。
(3) 认识和理解原生动物的单个细胞是一个完整的能独立生活的动物有机体,并了解一些有经济价值的种类。

二、材料、试剂与仪器

1. 材料

大草履虫、眼虫培养液,草履虫分裂及接合生殖的装片。眼虫、团藻、大变形虫、间日疟原虫等装片。

2. 试剂

蓝黑墨水、冰醋酸、5％醋酸、洋红粉末、1％氯化钠溶液、蒸馏水。

3. 仪器

显微镜、体视显微镜、镊子、漏斗、漏斗架、载玻片、盖玻片、试管、滴管、毛细滴管、玻璃棒、烧杯、量筒、移液管、滤纸、精密 pH 试纸、吸水纸、脱脂棉、秒表、橡皮吸球等。

三、操作要点

1. 草履虫临时装片的制备

为限制草履虫的迅速游动以便观察,先将少许棉花纤维撕松,放在载玻片中部,再用滴管吸取草履虫培养液,滴一滴在棉花纤维之间,盖上盖玻片,在低倍镜下观察。如果草履虫游动仍很快,则用吸水纸在盖玻片的一侧吸去部分水(注意不要吸干),再进行观察。

2. 草履虫的外形与运动

在低倍镜下,将光线适当调暗点,使草履虫与背景之间有足够的明暗反差。观察草履虫的形态,注意体形、体表纤毛、口沟的位置,草履虫游泳时有什么特点,当遇到阻挡物时虫体如何游动(图 9-32)。

3. 草履虫的内部构造

选择一个比较清晰而又不太活动的草履虫,转高倍镜下观察其内部构造。当草履虫穿过棉花纤维时,其体形可否改变? 为什么? 观察紧贴表膜的外质,内部的内质及食物泡、伸缩泡。前后两个伸缩泡的主泡与收集管之间在收缩上有何规律? 细胞核在什么位置? 能否区分大、小核?(图 9-33)

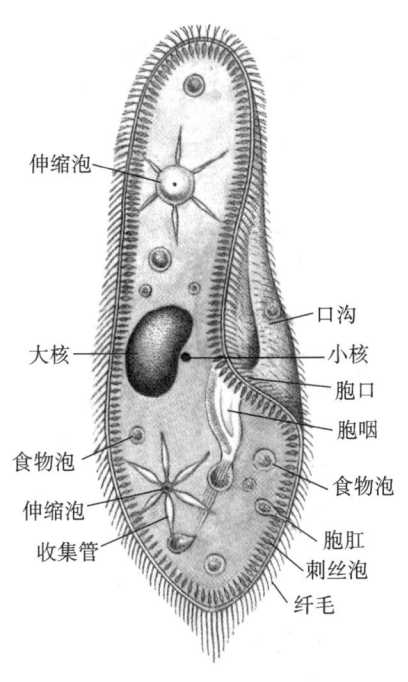

图 9-33　草履虫的内部构造(示意图)

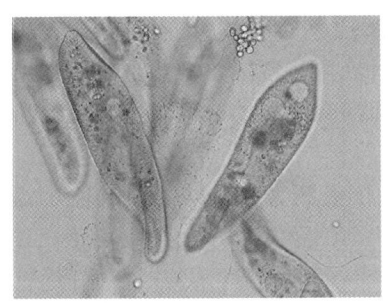

图 9-32　草履虫的外形

4. 食物泡的形成及变化

取一滴草履虫培养液于另一载玻片中央,用牙签蘸取少许洋红粉末掺入草履虫液滴中,混匀,再加少量棉花纤维并加盖玻片。立即在低倍镜下寻找一个被棉花纤维阻拦而不易游动,但口沟未受压迫的草履虫,转高倍镜下仔细观察食物泡的形成、其大小的变化及在虫体内环流的过程。

5. 草履虫的应激性实验

(1)刺丝泡的发射。

制备草履虫临时装片。在盖玻片的一侧滴一滴用蒸馏水稀释 20 倍的蓝黑墨水,另一侧用吸水纸吸引,使蓝黑墨水浸过草履虫。在高倍镜下观察,可见刺丝已射出,在草履虫体周围呈乱丝状。刺丝泡有何功用?

(2)草履虫对盐度变化的反应。

用蒸馏水稀释 1% 氯化钠溶液,配制成 0.1%、0.3%、0.5%、0.8% 等系列浓度的氯化钠溶液,分别置于小试管内。

取 5 块载玻片,第一块滴入蒸馏水作对照,后 4 块分别滴入以上配制的系列浓度氯化钠溶液。再用毛细滴管吸取密集草履虫培养液,分别滴一小滴于各载玻片的溶液中。混匀,加棉花纤维和盖玻片,制成临时装片,依次置于显微镜下观察。草履虫液不宜过多,以免稀释了盐溶液;各浓度氯化钠溶液中滴入草履虫液先后间隔时间须掌握好,以保证各盐度刺激草履虫 5 min 后观察。

（3）伸缩泡收缩频率的变动。

在低倍镜下选择 1 个清晰又不太活动的草履虫,转高倍镜下观察其伸缩泡的收缩。用秒表记录伸缩泡的收缩周期,重复 3 次计数,取平均值,并推算伸缩泡的收缩频率（次/min）。再选择 2 个草履虫,如上计数。然后计算 3 个草履虫伸缩泡的平均收缩频率。为什么要重复计数和计算平均收缩频率?

按以上方法观察、记录,计算并比较草履虫在蒸馏水和不同浓度氯化钠溶液中伸缩泡的收缩频率。伸缩泡有何功能?

此外,还注意观察草履虫在 0.8% 氯化钠溶液中时,其体形和运动有何变化。在盖玻片一侧滴加蒸馏水,另一侧用吸水纸吸引,使蒸馏水替代 0.8% 氯化钠溶液,这时观察到草履虫有何变化? 以上现象说明什么?

（4）草履虫对酸刺激的反应。

用滤纸过滤草履虫培养液。取冰醋酸和滤液配制浓度为 0.01%～0.02% 和 0.04%～0.06% 的醋酸溶液,分别置于试管中。（为什么不用蒸馏水而用草履虫培养液的滤液配制酸溶液?）用 pH 试纸测草履虫培养液和所配醋酸溶液的 pH 值。滤纸上面密集的草履虫用少量培养液收集,保存备用。

用滴管吸取密集草履虫的培养液滴于载玻片上,使液滴为直径略小于载玻片宽度的一片圆形液层。将载玻片置于体视显微镜载物台中央,用毛细滴管吸取 0.01%～0.02% 醋酸溶液,轻轻滴一小滴在载玻片上的草履虫液层中央。滴加醋酸溶液时,最好通过滴管尖端醋酸液滴与玻片上草履虫液面的接触而使酸液缓缓进入草履虫液层中央。（为什么?）在镜下观察草履虫动态,亦可肉眼观察。用 pH 试纸分别轻轻浸入液层中草履虫聚集处和滴入酸液处,检测其 pH 值。

再取一块载玻片,用 0.04%～0.06% 醋酸溶液重复以上实验,观察草履虫动态并检测液层中草履虫聚集处和滴入酸液处的 pH 值。

分析实验结果,说明草履虫对不同 pH 值的趋性。草履虫最喜酸度是多少?

6. 草履虫的生殖

取草履虫分裂生殖和接合生殖装片,于低倍镜下观察。注意观察草履虫的无性生殖是横裂还是纵裂,以及接合生殖的两虫体在何处结合。(图 9-34、图 9-35)

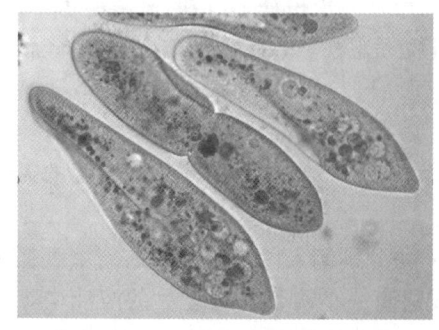

图 9-34　草履虫分裂生殖

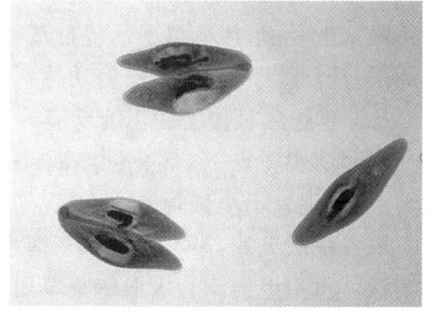

图 9-35　草履虫接合生殖

7. 眼虫的观察

在每个实验桌上有一瓶眼虫培养液,(注意:培养液是什么颜色? 这种颜色是否均匀分布? 这与光线有何关系?)从瓶里绿色较浓的一边用吸管吸一些培养液,在载玻片上滴一滴并加盖玻片,先在低倍镜下观察。

在镜内可看到许多绿色游动的眼虫,注意它们的体形(图9-36)。观察它们是如何运动的。当眼虫不甚活动时,常呈现出一种蠕动,称眼虫式运动。在高倍镜下观察一个蠕动的眼虫,注意其身体蠕动的情形。辨认眼虫的前、后端。(前端钝圆,后端尖削。)在前端有一个略呈长圆形无色透明的部分,称储蓄泡;前端的一侧有一个红色的眼点。(眼点的功用是什么? 对眼虫的生活有何意义?)细胞内有许多绿色的椭圆形小体——叶绿体。在身体中央稍靠后方处,有一个圆形透明的结构,即细胞核。将光线调暗些,可看到虫体的前端有一根鞭毛,在不停地摆动。在盖玻片的一侧加一小滴碘液能将鞭毛及细胞核染成褐色。

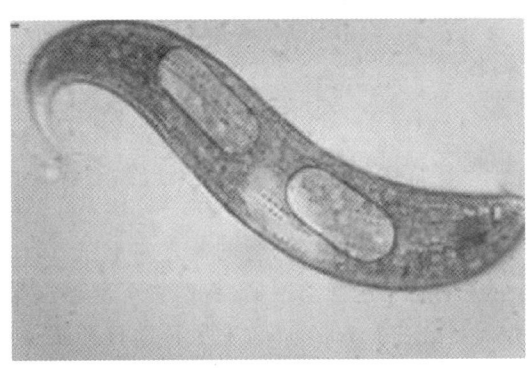

图 9-36 绿眼虫

副淀粉粒及收缩泡不易看到。有时在视野内可看到圆形不动的个体,外面形成一层较厚的包囊。(眼虫形成包囊有何意义?)

四、思考与练习

(1)绘制草履虫放大详图,标示出各种结构,并注出其名称。

(2)眼虫体内的叶绿体有何功用? 眼虫如何运动?

(3)单细胞动物有哪些细胞器的分化? 各有什么功能?

实验实训十一 昆虫标本的制作

一、目的要求

(1)学习采集、制作和保存昆虫标本的方法。

(2) 通过标本采集鉴定,熟悉当地常见害虫和天敌昆虫的形态、为害状特征和发生情况。

二、材料、试剂与仪器

1. 试剂

福尔马林、95％乙醇。

2. 仪器

捕虫网、吸虫管、采集袋、指形管或小玻瓶、采集盒、毒瓶、镊子、小刀、昆虫针(0 号、1 号、2 号、3 号、4 号)、三级台、粘虫胶、胶水、标本瓶(100 mL、200 mL、500 mL 或 1 000 mL 等)、标本盒、放大镜、展翅板、整姿板、挑针。

三、操作要点

(一)昆虫标本的采集

1. 采集方法

采集昆虫标本时可根据各种昆虫的习性选用网捕法、搜索法、诱集法、击落法(震落法)等。

(1) 网捕 能飞善跳的昆虫种类可以进行网捕。如正在飞行的昆虫,可用捕网迎头捕捉或从旁掠取。当昆虫进网后迅速摆动网柄,将网袋下部连虫带网翻到网框上。取虫时先用左手捏住网袋中部,空出右手来取毒瓶,左手帮助打开瓶盖,将毒瓶伸入网内把昆虫装进瓶内,小型蛾、蝶也可先隔网捏压其胸部,使之失去活动能力后,再放入毒瓶。对于生活于草丛或灌木丛中的昆虫,可用扫网边走边扫捕。

(2) 震落 许多昆虫有假死性,可通过摇动或敲打植物、树枝把它们震落下来,再捕捉。有些无假死性的昆虫,经震动虽不落地,但由于飞动暴露了目标,可进行网捕。

(3) 诱集 利用昆虫的某种特殊趋性或生活习性来诱集昆虫,如灯光诱集、食物诱集、潜所诱杀、性诱法等。

(4) 搜索 认真观察地面、草丛中、植物体上、树上等地方,采用搜索法采集。

2. 采集时注意事项

(1) 采到标本后,要及时做好采集记录,记录内容包括编号、采集日期、采集地点、采集人等,也要记录当时的环境、寄主以及害虫生活习性等,还要注意当地的气象记录,如气温、降水量、风力等,也要加以记载。

(2) 应尽量保持昆虫标本的完整性,若有损坏,就会失去应用价值。昆虫的翅、足、触角及蛾的鳞片等极易破损,故应避免直接用手捕捉采集和整理。对小型昆虫应特别耐心细致。

(3) 重点采集农作物的害虫和天敌昆虫。

(4) 每种昆虫都要采集一定数量的个体,尽量采全昆虫的各个虫态(卵、幼虫、蛹、成虫)。

（二）昆虫标本的制作

1. 昆虫干制标本的制作

（1）虫体针插　按昆虫体大小选用适当的昆虫针：夜蛾类一般用3号针；天蛾类等大型蛾类用4号针；叶蝉、盲蝽、小蛾类用1号或2号针。微小昆虫，用10 mm无头细微针。昆虫针插的部位因种类而异。甲虫从右翅基部内侧插入；半翅目从中胸小盾片中央垂直插入；鳞翅目、膜翅目及同翅目成虫从中胸中央插入；直翅目从前胸背板右边插入；双翅目从中胸中央偏右插入；小型蜂类可不插针，采用侧粘的方法，以免损坏其胸部特征。

（2）整姿　蝽、甲虫、蝗虫等昆虫针插以后，尽量保持活虫姿态。需将触角和足进行整姿，使前足向前，后足向后，中足向左右。

（3）展翅　蝶蛾类昆虫需要展翅。按昆虫的大小选取昆虫针，按针插部位要求插入虫体，将虫体腹部向下插入展翅板的槽内，使展翅板的两边靠紧身体，用昆虫针将翅拨开平铺在展翅板上。蜻蜓类要以后翅的两前缘成一直线为准；蝶蛾类使其两前翅后缘成直线并与身体垂直；蝇类和蜂类使其前翅顶角与头顶在一条直线上，然后拨后翅使其左右对称。最后用玻璃片压住或用光滑纸条把前后翅压住，用大头针固定，放在干燥通风处，待虫体干燥后，取下玻璃片或纸条，从展翅板上取下昆虫插入盒内，制成针插盒装标本（图9-37）。

图9-37　制作完成的针插标本

2. 小型昆虫针插标本的制作

可用粘虫胶或合成胶水把小型昆虫粘在三角纸上，再做成针插标本。

（1）装标签　每一个昆虫标本，必须附有标签。按照一定的针插部位将昆虫针插后，使用三级台整理针插昆虫和标签的位置。针帽至虫体背为8 mm，标签至针尖为16 mm（寄主、时间）、8 mm（昆虫的名称）。

（2）修补　在制作过程中，如有损坏，可以用粘虫胶或乳白胶进行修补。

3. 昆虫浸渍标本的制作

凡身体柔软或细小昆虫的成虫、卵、幼虫、蛹等，可以用防腐性的浸渍液浸泡保存在玻璃瓶内。浸泡前应先使幼虫饥饿，排出粪便。浸泡在下列保存液中。

（1）乙醇浸渍液　采用75%的乙醇浸渍液，加上0.5%～1%的甘油，常用于浸渍螨类、叶蝉和蜘蛛等标本。

（2）5%甲醛溶液　将福尔马林（40%甲醛溶液）稀释成5%甲醛溶液。

（3）绿色幼虫浸渍液　将10 g硫酸铜溶于100 mL水中，煮沸后停火，投入幼虫，投入后有退色现象。到恢复绿色时，立即取出用清水洗净，浸入5%甲醛溶液中保存。

（4）黄色幼虫浸渍液　将氯仿3 mL、冰醋酸1 mL、无水乙醇6 mL混合而成。先用

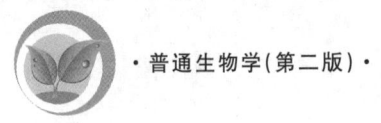

此液浸渍 24 h,然后移入 70％乙醇中保存。

(5) 红色幼虫浸渍液　用冰醋酸 4 mL、福尔马林 4 mL、甘油 20 mL、蒸馏水 100 mL 配成。

贴标签,上要写明昆虫名称、寄主及采集地点和时间。

4. 昆虫生活史标本制作

生活史标本是把昆虫一生按发育顺序,即卵、幼虫的各龄期(若虫)、蛹及成虫(雌成虫和雄成虫)及为害状,装在一个标本盒内,并放上标签。

(三) 昆虫标本的保存

昆虫标本的保存主要是防止昆虫被虫蛀食、防阳光曝晒退色、防灰尘、防鼠咬、防霉烂。制成的昆虫标本要放在阴凉干燥处,玻片标本、针插标本等必须放在有防虫药品的标本盒里,分类收藏在标本柜里。

采集、识别当地主要害虫及天敌昆虫标本,按要求分别制成针插标本、浸渍标本或生活史标本,并写出主要标本的标签和采集记载。

四、问题与讨论

采集、制作及保存昆虫标本时应注意哪些问题?

实验实训十二　硬骨鱼的观察与解剖

一、目的要求

(1) 通过对鲤鱼外形和内部结构的观察,了解硬骨鱼类的主要特征及适应水生生活的形态结构特征。

(2) 掌握硬骨鱼的一般测量方法及硬骨鱼的解剖方法。

二、材料、试剂与仪器

1. 材料

活鲤鱼。

2. 仪器

解剖盘、解剖器械、直尺等。

三、操作要点

(一) 观察

观察鱼的外形,区分头部、躯干部、尾部(图 9-38)。

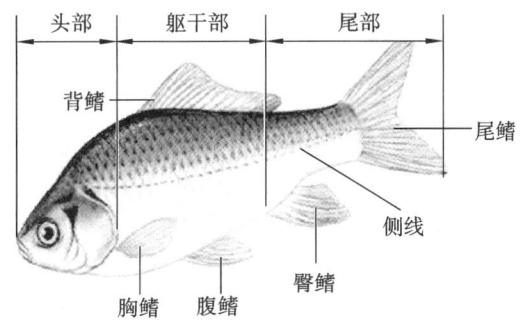

图 9-38 鲫鱼的外形

（二）测量

进行鱼的一般测量，将结果记录在表 9-4 中。

表 9-4 鲤鱼各部分数据测量表

项　　目	测　量　值	项　　目	测　量　值
全长		体重	
体长		尾柄高	
头长		尾柄长	
躯干长		尾长	
体高		眼间距	
吻长		眼后头长	
眼径		侧线鳞数	
鳍数		鳃片数	

（三）内部解剖和观察

（1）将鲤鱼置于解剖盘，使其腹面朝上，用手术刀在肛门前与体轴垂直方向切一小口。

（2）使鱼侧卧，左侧向上，自肛门前的开口向背方剪到脊柱，沿侧线下方剪到鳃盖后缘，再沿鳃盖后缘剪到下颌。

（3）将左侧体壁肌肉提起，使内脏暴露。

（4）用棉花拭净血迹及体液，置于解剖盘内观察。重点观察生殖腺、胆囊、鳔、肠、肾脏、膀胱、心脏、鳃、脑等（图 9-39）。

（5）清洗解剖器具。

四、问题与讨论

鱼类有哪些适应水生生活的形态结构特征？

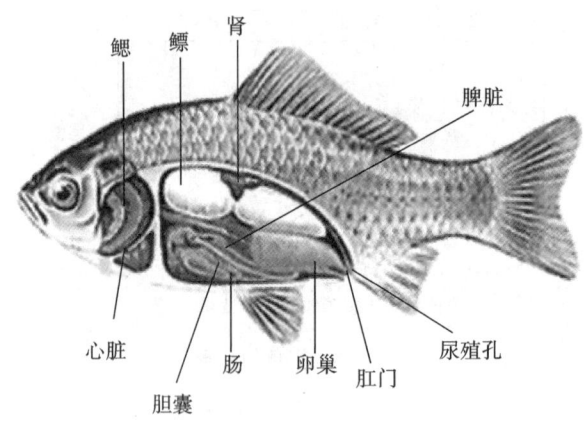

图 9-39　鲫鱼的内部结构

实验实训十三　细菌的形态观察

一、目的要求

(1) 掌握显微镜油镜的使用及保养方法。
(2) 认识细菌的形态、基本构造和特殊构造。

二、实验原理

一般显微镜有几个放大倍数不同的物镜,例如 4×、10× 为低倍物镜,40× 为高倍物镜,这类物镜与标本之间不需要加任何液体介质进行观察的称为干燥物镜;而 100× 物镜称为油浸物镜,使用时需在标本和物镜之间加入折射率大于 1 的液体,如香柏油(折射率为 1.515)作为介质,才能符合该物镜数值孔径(NA＝$n\sin\frac{\alpha}{2}$,式中的 n 即为介质的折射率,α 为镜口角)本身对介质折射率的需求。而数值孔径又与显微镜的分辨率成正比例关系,即数值孔径越大,公式 $d＝0.61\lambda/\mathrm{NA}$($d$ 为分辨距离,单位 nm;λ 为照明光波长,单位 nm;NA 为数值孔径)中的 d 越小,分辨率越高。

细菌按形态分一般有三种主要类型,即球菌、杆菌、螺旋菌,有些细菌有荚膜、鞭毛、芽孢、菌毛等特殊结构。

三、材料、试剂与仪器

1. 材料

大肠杆菌、枯草芽孢杆菌、枯草芽孢杆菌(示芽孢)、醋酸杆菌、金黄色葡萄球菌、四联球菌、八叠球菌等的装片。

2. 试剂

香柏油、二甲苯。

3. 仪器

显微镜、擦镜纸。

四、操作要点

(一) 油镜的使用方法

(1) 先用低倍物镜观察枯草芽孢杆菌或金黄色葡萄球菌的染色装片的概况。

(2) 把所要详细观察的部分移在视野中央,然后更换高倍物镜。

(3) 把载物台下降(或镜筒上升)约 1.5 cm,再把油镜转到工作位置。

(4) 在盖玻片上所要观察的位置滴一小滴香柏油,细心拧动粗调螺旋,使载物台慢慢上升(或镜筒慢慢下降)。这时要从侧面仔细观察物镜前端与标本之间的距离,先使物镜前端与油滴接触,然后慢慢上升载物台(或慢慢下降镜筒),至物镜前端接近而没有碰到盖玻片为止。这步操作要特别小心,防止油镜压碎标本或损坏油镜(油镜的工作距离为0.2 mm)。

(5) 眼睛从目镜中观察,拧动细调螺旋,使载物台慢慢下降(或镜筒慢慢上升)到能看清标本。这步操作中要特别注意不要把细调螺旋的方向拧错,以防压碎标本。如载物台上升或镜筒下降过头了或不到位,必须再从侧面观察,重复操作直至看清物像为止。仔细观察并绘图。

(6) 再次观察。下降载物台(或提升镜筒),换上另一装片,依次用低倍镜、高倍镜和油镜观察、绘图。重复观察时可比第一次少加香柏油。

(7) 观察完毕后,下降载物台(或提升镜筒)约 1 cm,移开物镜镜头,取出装片,及时做清洁工作。先用干的擦镜纸擦 1～2 次,把大部分油去掉,再用二甲苯滴湿的擦镜纸擦 2次,最后再用擦镜纸擦 1 次。擦镜纸要折成 4 层以上,且擦过之处不能再次擦拭。擦拭时要顺镜头的直径方向,不要沿镜头的圆周擦。擦拭要细心,动作要轻,不可用力擦。如果聚光器上有油滴,也要同样清洁。载玻片上的油可用"拉纸法"擦净,即把一小张擦镜纸盖在载玻片油滴上,在纸上滴一些二甲苯,趁湿把纸往外拉,这样连续操作 3～4 次,即可擦净。

(8) 擦净显微镜,将各部分还原。对号放入显微镜柜中。

(二) 细菌形态的观察

1. 观察细菌的基本形态

用低倍镜、高倍镜和油镜观察大肠杆菌、枯草芽孢杆菌、醋酸杆菌、金黄色葡萄球菌、四联球菌、八叠球菌等的染色装片(见图 9-40、图 9-41)。

2. 观察细菌的细胞结构

用低倍镜、高倍镜和油镜观察枯草芽孢杆菌(示芽孢)等细菌的染色装片。

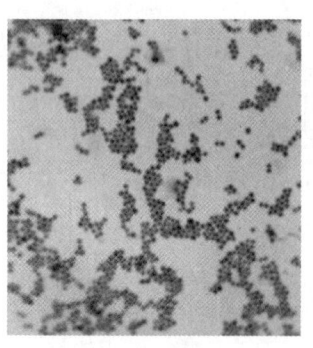

图 9-40　球菌

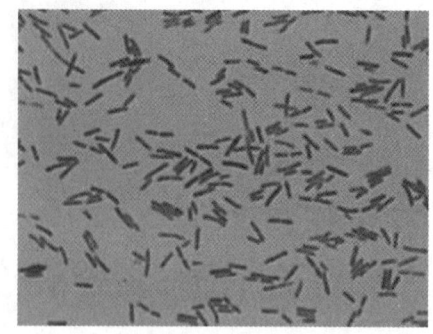

图 9-41　杆菌

五、记录

（1）分别绘制油镜下观察到的醋酸杆菌、枯草芽孢杆菌、四联球菌、八叠球菌的形态，注明物镜的放大倍数及总放大率。

（2）绘制油镜下观察到的枯草芽孢杆菌的芽孢的形态，注明物镜的放大倍数及总放大率。

六、问题及思考

（1）怎样观察细菌的形态？细菌未染色时，用油镜观察有何困难？

（2）观察细菌形态时如何区分装片上的细菌和杂质？

实验实训十四　酵母菌与霉菌的形态观察

一、目的要求

（1）观察酵母菌的形态与结构，并掌握其特征。

（2）观察霉菌的菌落特征，学会霉菌的一般制作方法。

（3）观察并掌握各种霉菌的个体形态及生长繁殖方式。

（4）进一步熟悉显微镜的使用方法。

二、实验原理

酵母菌是一类单细胞真菌，一般呈圆形、椭圆形，无性繁殖以芽孢为主，也有少数是裂殖，有些酵母菌能产生囊孢子，有的能形成假菌丝。酵母菌的菌落似细菌菌落，较大且厚，多呈白色，少数为红色。酵母菌在液体中生长可形成菌膜、菌环、沉淀和混浊。酵母菌的细胞结构较完善，即有壁、膜、质、核等结构。酵母菌的细胞形态、繁殖方式和培养特征均为菌种鉴定的依据。

酵母菌活细胞新陈代谢旺盛,活力强,还原力也强。若无毒的染料进入细胞,即被还原脱色,但死细胞及代谢作用缓慢的老弱细胞无此还原力。美蓝是无毒染料,且能被活细胞还原成无色,故可用来区别细胞的死活。

霉菌是一些小型丝状真菌、单细胞(根霉、毛霉)或多细胞(曲霉、青霉),其细胞结构与酵母菌类似,同属真核细胞。

霉菌形态较复杂,个体较大,具有分支的菌丝体和分化的繁殖器官。其菌丝分为气生菌丝与营养菌丝(菌丝比放线菌粗得多)。观察时注意菌丝是否具有横隔膜、有无假根、无性繁殖时形成何种孢子,孢子着生方式以及孢子头的构造等,以区别各种不同霉菌的形态。

霉菌菌落由分支状菌丝组成,较疏松,呈毛状、棉絮状、绒毛状或毡状。由于不同霉菌形成的孢子均有不同颜色、构造、性状,故菌落表面呈现出不同的结构和色泽特征。菌丝一般呈白色或灰白色,菌落中心的菌丝较老,先产生孢子,故常形成同心圆。

三、材料、试剂与仪器

1. 材料

面包酵母、根霉、曲霉、青霉。

2. 试剂

生理盐水、乳酸酚棉蓝染液、美蓝。

3. 仪器

显微镜、载玻片、盖玻片、接种环、酒精灯、镊子、大头针。

四、操作要点

1. 酵母菌细胞形态观察(图 9-42、图 9-43)

(1)制片 用接种环挑取一环面包酵母菌种,置于载玻片上的一滴美蓝染液中并混匀,盖上盖玻片静置 4～5 min。盖时先将盖玻片的一边与液滴接触,然后慢慢放下,避免产生气泡。

(2)镜检 用高倍镜观察酵母细胞形态及出芽情况。

2. 霉菌的形态观察

(1)制片方法:在洁净的载玻片加一滴乳酸酚棉蓝染液,用大头针或镊子从菌落的不同部位挑取菌丝体少许(连同培养基),放入载玻片上的乳酸酚棉蓝染液中,使菌丝在染液中展开,加上盖玻片。

(2)镜检。

(3)观察青霉、曲霉、毛霉、根霉的形态(见图 9-44 至图 9-47)。

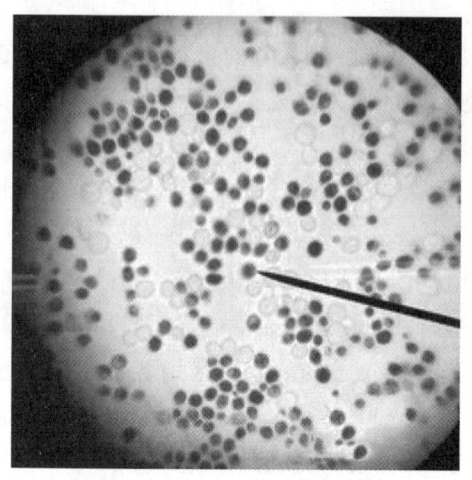

图 9-42　显微镜下的酵母菌

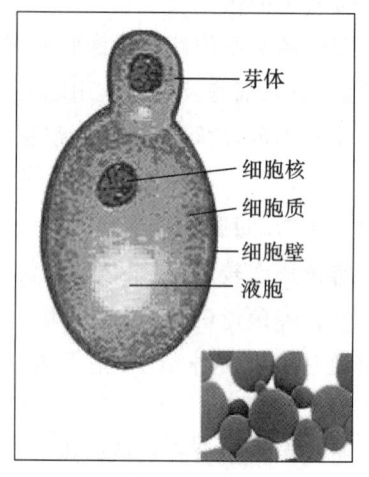

图 9-43　酵母菌结构模式图

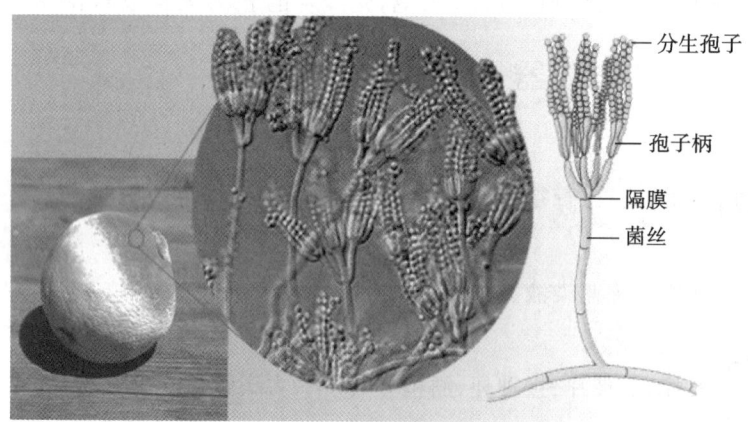

图 9-44　青霉

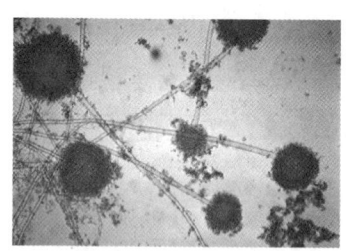

图 9-45　曲霉

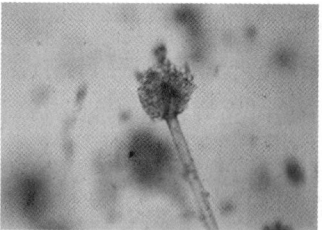

图 9-46　毛霉

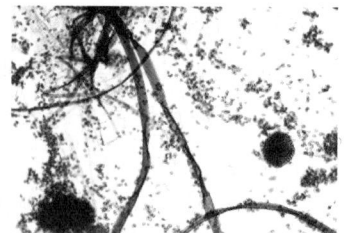

图 9-47　根霉

五、记录

1. 酵母菌的形态观察

绘图表示个体细胞的大小、形状、芽孢或裂殖情况。

2. 霉菌的形态观察

绘制镜检图并描绘霉菌菌落特征。

六、问题与讨论

（1）试比较酵母菌和细菌的形态。

（2）为什么在观察霉菌个体形态时要连同培养基一起挑起？

参考文献

[1] 顾德兴.普通生物学[M].北京:高等教育出版社,2000.

[2] 靳德明.现代生物学基础[M].3版.北京:高等教育出版社,2017.

[3] 宋志伟.普通生物学——生命科学导论[M].北京:中国农业出版社,2006.

[4] 宋林,韩威,孙承咏.大学生物基础[M].2版.北京:中国人民大学出版社,2006.

[5] 滕崇德.植物学[M].2版.长春:东北师范大学出版社,1998.

[6] 张新中,章玉平.植物生理学[M].北京:化学工业出版社,2007.

[7] 刘璋,陈其国.简明微生物学教程[M].武汉:武汉大学出版社,2004.

[8] 吴庆余.基础生命科学[M].2版.北京:高等教育出版社,2002.

[9] 杨业华.普通遗传学[M].2版.北京:高等教育出版社,2006.

[10] 朱军.遗传学[M].3版.北京:中国农业出版社,2011.

[11] 李琳,孙秀英,宋家政,等.实用医学遗传学[M].北京:军事医学科学出版社,2007.

[12] 李光.医学遗传学[M].北京:人民军医出版社,2007.

[13] 李璞.医学遗传学[M].北京:中国协和医科大学出版社,2000.

[14] 刘祖洞.遗传学[M].2版.北京:高等教育出版社,1990.

[15] 顾宏达.基础动物学[M].上海:复旦大学出版社,1992.

[16] 李难.进化论教程[M].北京:高等教育出版社,1990.

[17] 马炜梁.高等植物及其多样性[M].北京:高等教育出版社,1998.

[18] 牛翠娟,娄安如,孙儒泳,等.基础生态学[M].2版.北京:高等教育出版社,2002.

[19] 理查德·利基.人类的起源[M].吴汝康,等译.上海:上海科学技术出版社,1995.

[20] 许崇任,程红.动物生物学[M].北京:高等教育出版社,2000.

[21] 尹长民.生物奥林匹克教程[M].长沙:湖南师范大学出版社,2010.

[22] 张昀.生物进化[M].北京:北京大学出版社,1998.

[23] 张惟杰.生命科学导论[M].北京:高等教育出版社,1999.

[24] 王镜岩.生物化学[M].3版.北京:高等教育出版社,2007.

[25] 马越,廖俊杰.现代生物技术概论[M].北京:中国轻工业出版社,2007.

[26] 廖湘萍.生物工程概论[M].北京:科学出版社,2004.

[27] 贺小贤.生物工艺原理[M].北京:化学工业出版社,2003.

[28] 李博.生态学[M].北京:高等教育出版社,2000.

[29] 邓毛程.氨基酸发酵生产技术[M].北京:中国轻工业出版社,2007.

[30] 瞿礼嘉.现代生物技术导论[M].北京:高等教育出版社,1998.

[31] 宋思扬,楼士林.生物技术概论[M].3版.北京:科学出版社,2007.

[32] 左伋,蓝斐.医学遗传学[M].上海:复旦大学出版社,2015.

[33] 左伋,刘晓宇.遗传医学进展[M].上海:复旦大学出版社,2014.